超级收纳女王的3倍速魔法生活

风行全球的断舍离完全实践版

[韩] 赵允庆 / 著
尚明明 / 译

吉林出版集团有限责任公司

图书在版编目（CIP）数据

超级收纳女王的 3 倍速魔法生活：风行全球的断舍离完全实践版 /（韩）赵允庆著；尚明明译 .—长春：吉林出版集团有限责任公司，2015.5

ISBN 978-7-5534-7523-3

Ⅰ.①超… Ⅱ.①赵… ②尚… Ⅲ.①家庭生活－基本知识 Ⅳ.①TS976.3

中国版本图书馆 CIP 数据核字（2015）第 105361 号

超级收纳女王的3倍速魔法生活——风行全球的断舍离完全实践版

Chaoji Shouna Nvwan De 3 Bei Su Mofa Shenghuo —— Fengxing Quanqiu De Duan She Li Wanquan Shijian Ban

出 版 人：吴文阁
策　　划：北京今日今中图书销售中心
著　　者：[韩] 赵允庆
译　　者：尚明明
责任编辑：蔡宏浩
封面设计：北京今日今中图书销售中心
出　　版：吉林出版集团有限责任公司
出品发行：吉林音像出版社有限责任公司
　　　　　北京今日今中图书销售中心
　　　　　电话：(010) 51336038　　邮箱：tmsy188@163.com
地　　址：北京市东城区东方财富 1002 室（安化北里 2 号院 1 号楼　邮编：100062）
印　　刷：北京博图彩色印刷有限公司

开　　本：710mm × 1000mm　1/16
字　　数：320 千字
印　　张：20
版　　次：2015 年 7 月第 1 版
印　　次：2015 年 7 月第 1 次印刷
书　　号：ISBN 978-7-5534-7523-3
定　　价：49.80 元

INTRO

“以前3个小时才能完成的家务活，现在只要1小时！”

感觉家务繁重的原因——太过认真，过于追求完美

如今的家庭主妇都很聪明。她们既做得一手好饭，又能把家务整理得井井有条，同时还拥有丰富多彩的兴趣爱好。随着网络科技的发展，主妇们只需轻轻点几下鼠标，就能轻松学到生活达人的生活经验，这也使各种各样的生活妙招成了公开的秘密。因此，在网络技术高度发达的今天，只要肯下功夫，人人都可以成为生活达人。你可以像家务达人一样整理自己家的冰箱；可以按照餐厅的菜谱烹制出精致的美食；还可以为自己的家居做出洋溢着法国风情的室内设计。但是不知道为什么，每当我们看着那些别人分享的生活小妙招时，不知不觉间，却感到了压力。特别是去朋友家里做客时，看着她们家像画报图片一样精致的家居布置，我们会不自觉地想：“天呀，我绝对做不到！”“要像那样生活的话，每天岂不累死。”

现在的主妇既要做家务，又要照顾家人的生活，操心孩子的教育。她们渐渐感到，在这重重压力下，想要细致、完美地处理好家务并非易事；要想过上完美的家庭生活，更需要付出不懈的努力。

既保证质量又讲究效率的3倍速生活妙招

家庭主妇平均每天要花五六个小时做家务，可还是有干不完的活儿。刚刚收拾好的房间，一转眼的工夫又变成一团乱麻；好不容易做好了晚饭，刚一吃完，又得马不停蹄地去洗碗。每天都这样忙忙碌碌，简直没有片刻的休息时间。因此，对于每天都要反复操持的家务，主妇们都想在一个小时内结束“战斗”。平常要花两个小时准备的晚饭，用半个小时能不能做好呢？答案是肯定的！只要活学活用我们介绍的家务技巧，就能最快最好地收拾好厨房，最大限度地改善厨房环境，同时做菜的效率也能大幅度提高，再加上本书介绍的各种妙招，保证让您彻底摆脱每天单调烦琐的饭菜准备工作，将烹饪时间缩减为以前的三分之一。

就我个人而言，以前最大的苦恼就是如何在做好家务的同时，又不妨碍正常的工作。“有没有一种既不敷衍了事，又能轻松快捷地做好家务的方法呢？”我带着这样的疑问进行了各种尝试。结果远远超过我的期待！不仅做家务的速度得以提高，还节省了时间，缩减了日常开支。现在，我将自己一点一滴积攒起来的缩短家务时间的方法进行了整理，献给诸位。相信这些高效的生活妙招能够让您从此轻松应对家务。

“3倍速家务法”推荐给以下人士：

- ☑ 喜欢看电视而不喜欢做家务的家庭主妇
- ☑ 忙于工作而无暇家务的上班族妈妈和单身族
- ☑ 总找各种借口，推说时间不够用的家庭主妇
- ☑ 家务堆积如山的家庭主妇
- ☑ 想做家务，却又心有余而力不足的人

“

这样开始吧！

”

1.自我反省

首先，阅读本书的第一部分，找出自己认为做家务麻烦的理由。

仔细想一想，您想改变哪些做家务的习惯，然后针对最想改变的习惯制定一个计划。

2.从现在开始行动！

本书向您介绍快速高效处理家务的方法，但并不能代替您做家务。

“我也能像她那样将家务整理得井井有条吗？”

如果您有这样的愿望，那就从今天开始行动起来吧！

3.坚持三个月，养成习惯

如果用三个月的时间反复做同一件事，就会养成习惯。

只要养成良好的习惯，曾让您觉得麻烦的家务就会变得很容易。

要想真正从家务中解放出来，就要带着享受的心情去做您过去不想做的家务。

4.把更多的空闲时间留给自己

即使是小小的改变，如果坚持下去，也会塑造一个全新的自我。

如果您能用15分钟做好一件家务，那么就会有更多的空闲时间去享受自己渴望的生活，

您每天的生活也会变得更加充实，更加精彩！

那么，就从今天开始吧！

大家一起加油！

CONTENTS

Change Housework Style 家务革命

3个要素 让家务劳动的效率快速提升3倍

Cooking 烹饪

从精心选购食材到30分钟做好饭菜，一起加入3倍速烹饪达人的行列吧！

CHAPTER 03

Storage Plan 收纳

更合理、更高效运用空间的 3倍速收纳方法

CONTENTS

Cleaning 清洁

让房间保持365天干净整洁的 3倍速打扫妙招

CHAPTER 05

Laundering 洗熨

让全家人的衣服十年如新的 3倍速洗衣妙招

CHAPTER 01

Change Housework Style

家务革命

做家务的速度 =
减少行动 + 创新方法 + 缩短时间

3 个要素
让家务劳动的效率 1+1+1=3
快速提升 3 倍

01 100名家庭主妇都有这样的生活烦恼！

对主妇来讲，做家务是理所当然的，但家务活实在是辛苦繁杂的苦差事。想要家里一尘不染，就得十分勤劳，只要稍稍偷了一天懒，家里马上就变得一塌糊涂了。我们从博客上搜集了一些主妇们共有的生活烦恼。

- 大概是我刚开始学做饭的缘故吧，两菜一汤的家常便饭就让我忙得不可开交。即便做这样的一顿饭，也得花一个多小时。有没有快速有效的烹饪方法？ check! P66

- 我们是一对新婚夫妇，在买菜做菜上，总是扔的要比吃的多，尤其是青葱和卷心菜。有没有不浪费食物的烹饪办法？ check! P59

- 婆婆家离我家只有20分钟的路程，所以她常常来我家里。可是我家里总是乱七八糟的，婆婆连个招呼都不打就过来，这总让我感到紧张。家里来客人时，有没有快速清扫房间的好办法呢？ check! P260

- 我们家的厨房空间有些狭窄。可是要摆进厨房的东西又很多，所以东西要放在哪里以及怎样摆放等问题常常让我苦恼。请教我一些充分利用厨房空间的方法吧！ check! P126

- 我们经常在外吃饭，基本上不在家里做，因此要用剩饭剩菜装满最小的垃圾袋也得1个月的时间，由于时间太长，食物垃圾袋里总是发出刺鼻的味道。可是只装一点儿垃圾就将袋子扔掉也怪可惜的，我向妈妈请教有没有什么妙招，妈妈也说没有。帮帮我们吧！ check! P106

- 要洗的碗太多了，甚至让我想到要不要把橱柜里的碗减少一些，也许这样倒能少洗一些碗。不管怎样，洗碗这活儿真是太可怕了，有时觉得倒不如饿着更好。请快教我如何能减少要洗的碗吧！ check! P102

- 有时将洗好的衣服叠起来，衣服上会有一股很难闻的味道。所以我就会把衣服重洗一遍，可即便如此，衣服上还是有那股味道。遇到这种情况时，怎么办才好呢？ check! P293

- 整理东西的本领也是天生的吧？要不我怎么会这么不擅长整理东西呢？家里空间小的时候，我以为是地方小，所以东西没处放，可是家里空间变大了，东西还是放得乱七八糟。不管怎么做，都没有丝毫改善。我想还是得学学怎么整理东西才好。有效整理东西的方法有哪些呢？ check! P117

- 参加工作后就自己一个人过日子了，可是我不太知道该怎么清扫家里的灰尘。用湿抹布一擦，沾了水的灰尘就会弄得到处都是，所以我不知道自己有没有打扫干净。在这方面有没有什么好的建议呢？ check! P210

- 每次打扫家里的两个洗手间都让我感到筋疲力尽。本来一周打扫一次，现在看来得加强打扫才行。如果有收拾洗手间的妙招，就请教教我吧！ check! P255

- 我不太会熨衣服。每次都把老公的衬衫弄出两道褶子，怎么熨也熨不平。难道没有简单快速的熨衣方法吗？ check! P306

- 孩子一疯起来就管不住了，所以不论在外面还是在家里，他的衣服上总是沾着许多污渍，怎么也洗不干净。请教我一些有效去除污渍的方法吧！ check! P294

- 把墙上的海报揭下来的时候，壁纸也会跟着脱落。虽说不是多么严重的事，但每次看到，总感觉壁纸脱落的痕迹太明显了，很担心房主查房时会不满意。有没有不留痕迹地揭去海报的方法呢？ check! P266

02 生活方式不同，做家务的方法也不同

不可能世上的所有人都按照同一种方式生活。每个人都有各自的个性和生活习惯，因此也都有属于自己的生活方式。想要以适合自己的方式轻松生活，就得先判断出您本人的生活方式属于哪一种。

● 上班族妈妈 | 省时型生活方式

“我既要上班，又要兼顾孩子和家务，简直忙得不可开交。因为要上班，就没有多少时间做家务，还得照顾好孩子和老公，这让我非常辛苦。”

解决方法

上班族妈妈要想同时兼顾工作、家务和照顾孩子这三件事，关键就在于要充分、有效地利用时间！既然没有充足的时间，那就不要对家务抱着一丝不苟、追求完美的态度了，学会干脆利落地做好家务吧。比如，做饭时要省去那些烦琐无用的步骤；减少饭后洗碗的数量；做菜也别再讲究七盘八碗，最好做一些营养均衡的简单菜肴。

能用家用电器处理的家务，请尽量使用家用电器处理　早晨上班前，先设置好洗衣机、洗碗机和吸尘器，这些家电能帮你在下班前做好这些家务活；洗衣服时多利用烘干机，这样就能节省不少晾晒衣服的时间。这些都是省时省力的好办法。

将经常使用的物品放在容易找到的地方　采用隐藏式收纳方式，虽然看起来干净整洁，但却要花更多的时间去整理和保持。因此，对于经常使用的物品，推荐使用开放式收纳方式，即将这类物品放在经常使用的地方。

全职主妇 | 节约型生活方式

“自从我做了全职主妇，我家就成了单职工家庭，收入减少了一半，可花销还和原来一样。由于取暖费花销很大，所以这个月我把室内温度调低了1度，这样能省一笔钱。现在家里的开支能省则省，就连泡菜也不敢浪费了。”

解决方法

对于全职主妇来说，时间多既是优势也是弊端。因为没有了经济活动，好像能省下不少的钱，但如果打着节约的幌子看传单、乱购物，反而会造成不必要的浪费。所以，从现在起，准备一本家庭记账本，将“节约”作为持家过日子的准则，久而久之，您就会体会到节俭持家的乐趣。

不要一天到晚做家务　对于费时费力的家务活，一旦做得超过了限度，不但做事效率不高，还很容易变得懒惰。虽然也有人喜欢做家务，喜欢让家里一尘不染，可即便如此，过多地干家务还是会让人感到厌倦。因此，做家务时，为了保证效率，最好设定一个完成时间。

● 照顾幼儿的妈妈 | 减压型生活方式

“我正在照顾刚刚出生60天的小宝宝。丈夫不关心孩子，他希望我把全部精力都用在育儿上。这让我很难过，而且照顾小孩比想象中困难得多。虽然我已经尽力把家里大大小小的事做好了，但还是会出现各种问题。刚想做点家务活儿，孩子就又哭了。”

解决方法

育儿妈妈总是从早忙到晚，甚至连吃饭的时间都没有。对于她们来讲，持家方式的重点是减轻家务压力。既要照顾宝宝，又要做家务，两者兼顾绝非易事。为了孩子的健康，妈妈最好亲自动手给孩子做些健康可口的饭菜。所以，妈妈应该把更多的时间用在照顾和教育孩子上。相对于育儿来讲，把家收拾得整洁干净倒是次要的。

以简单的家务为主　虽然做家务也很重要，可如果累倒了，就什么也做不了了。为了避免过度劳累，妈妈们应时刻谨记“凡事从简”的原则。尽量多使用家用电器，以减少做家务的时间。做饭时，要以简单可口的菜肴为主，尽量避免制作复杂的菜肴，这样不仅能改善孩子的食欲，而且也能节省不少烹饪时间。当然，如果觉得身体太过劳累，也可以请个保姆。

不要增加物品　想要将物品收拾得井然有序，重点不在于掌握多么复杂的收纳技巧，而在于尽量不增加或减少家里不必要的物品。比如，孩子的房间里总是堆满玩具、书籍和其他的儿童用品。这些东西大都体积庞大，很难收拾。而且随着孩子的成长，我们还要购进很多新的用品。因此我们建议，与其不断购买新的儿童用品，倒不如充分发挥一物多用的功能，或是将不用的物品放到网上二手市场拍卖，这样能有效减少家里多余的物品。

● 单身族 | 能懒则懒的生活方式

“我是独自生活的单身族。由于平常工作忙，很晚才回家，所以既没时间、也没精力做家务。家里灰尘越积越多，像雪球一样滚来滚去；衣服和书籍也不断增加。”

解决方法

单身族的通病便是一回到家就懒得动。因为既没有爱唠叨的母亲在身边，也没有总是喊肚子饿的孩子要抚养，所以头脑里做家务的概念十分模糊。可是只要生活，就离不开家务。因此我们建议单身族要树立正确的生活观，学会做家务。即便再懒，也要尽可能地掌握一些简单便捷的生活方式，做些简单的家务。

少在外就餐，学会做简单的饭菜　出门前先把适量的米饭冷冻起来，这样下班做饭时就能省不少事。如果你不太会做饭，也可以去市场买些现成的调味汁浇在做好的菜里，这样也能减少烹饪时间。请记住：在外就餐容易造成暴饮暴食，而简单的家常饭菜却可以帮你塑造健康苗条的身材。

充分利用早间 15 分钟和周末时间　对于很晚才下班的上班族来说，回家后还要做家务是件非常令人讨厌的事。所以，对他们而言，家务应尽量利用周末和每天早上的 15 分钟完成。因为在时间紧迫的情况下，反而可以加快做家务的速度，提高效率。如果每天早上你能用 15 分钟来为晚饭做简单的准备，那么下班后，你就可以快速搞定晚饭，提前在干净整洁的家里舒舒服服地休息了。在收纳物品时，应将重点放在如何充分利用狭小的空间上。买家具时，不要购买透明的整理箱，应选择带柜门的家具。另外，整理物品也是件麻烦事，所以最好选择简便、不烦琐且容易保持的整理收纳方式。

03 什么是3倍速家务法?

无论是单身一族，还是家庭主妇，每天都做着同样繁重而琐碎的家务。3倍速家务妙招能帮您轻松快速地完成煮饭、打扫以及洗衣服等日常家务，使您家中长期保持干净整洁。那么到底要如何开始呢？让我们先来学习一下它的基本原理吧！

做家务，不要怕麻烦

做家务确实很麻烦，不但要天天做，而且还要反反复复地做，因此我们有必要学习更快、更简便的方法来对付家务。而早出晚归的双职工家庭主妇和单身上班族，更能切实地感受到这种必要性。现在的您，是不是还在日复一日地做着烦琐而枯燥的家务呢？那么就请稍稍休息片刻，思考一下吧！对于日复一日不断重复的家务活，其实只要稍微变换一下方式，就能使其变得简单容易。

时间＋方法＋行动＝有效提高做家务的速度

即使是做最简单的家务活，也要有3个必备要素，即时间、方法和行动。这3个要素缺一不可。比如：想要用吸尘器除尘，就得不停地走来走去，还得有可以完成这个工作的时间，同时还要思考该怎么打扫。

+3倍速↑
3倍速家务法

+1倍速↑
缩短时间

+1倍速↑
创新方法

+1倍速↑
减少行动

做家务的速度 ＝ 时间 ＋ 方法 ＋ 行动

如果将家务三要素（时间、方法、行动）分别向上提高一个等级，那么做家务的速度就能提高3倍，即缩短做家务的时间（1等级↑）、创新做家务的方法（1等级↑）、减少不必要的行动（1等级↑）。

3 倍速家务法的简单介绍

下面将向您介绍可以高效做好家务的 3 倍速家务法。我们首先来了解一下基本内容，具体的方法将在后面通过具体例子为您说明。

一件家务只需 15 分钟

如果你总是因为工作很忙而把家务一拖再拖，或者总是要花许多时间做家务，那么试一试“15 分钟家务法”吧。其实 15 分钟足够完成一件家务。只要培养出在 15 分钟内完成一件家务的习惯，那么以后只需利用琐碎的时间，就能从容地做好家务。

运用多米诺家务法提高做家务速度

看到一件家务就做一件，这样一件件地完成，总会花去不少时间。要学会将同类家务放在一起完成，这样既省时间又省材料。就像多米诺骨牌，第一枚骨牌倒下，其余的骨牌就会产生连锁反应，依次倒下。运用同样的原理，处理某件家务的时候，就设法将其他类似的家务一起处理，这样能大幅提高做家务的速度。

培养收纳能力，减少不必要的行动

越是擅长整理和收纳的主妇，越能高效快速地完成家务。所以，我们要培养良好的收纳能力，减少家里多余的物品，同时将物品归纳整理，按类摆放。这样既能快速找到所需物品，又能减少走动，从而节约做家务的时间。

1+1+1 倍速　缩短时间，创新方法，减少行动

3 倍速家务法

04 3倍速家务法的具体步骤

能为您的生活带来巨大改变的3倍速家务法有三大关键要素，即15分钟家务法、多米诺家务法和收纳新理念。通过一点一滴、有条不紊的学习与实践，相信您也能够成为轻松应对家务的持家能手。

1倍速 15分钟家务法

做家务并不需要太多时间

家务拖延者总是以“我很忙”为借口，她们总喜欢说“既要监督孩子做功课，又有许多今天必须完成的事，所以家务只能拖到以后再做了”。但是您有没有仔细算过做家务需要的时间呢？用1分钟就可以叠好一个衣柜的衣服；3分钟就可以把要洗的衣物放到洗衣机洗涤；即使用吸尘器清扫整个房间也不会超过15分钟。由此看来，大部分家务其实都可以在短时间内完成。

15分钟可以做完一件家务

我们通常都把15分钟看作是无关紧要的零碎时间，但实际上，短短的15分钟可以做许多事情。15分钟可以晾完一筐洗好的衣物，可以打扫完一间洗手间，也可以擦好家里的窗户。因此，15分钟足够顺利完成一件家务。您是不是总以“我很忙”和“时间不够用”为借口拖延做家务？但事实是，大部分家务都可以在15分钟内搞定，并不会花太多时间。

15分钟能做的几件日常小事

1.看四分之一集电视剧。

2.读3页杂志。

3.喝一杯咖啡。

4.用智能手机玩一局游戏。

5.闭着眼睛躺一会儿。

VS

15分钟可以做完的家务

1.用吸尘器打扫房间。

2.打扫一间洗手间。

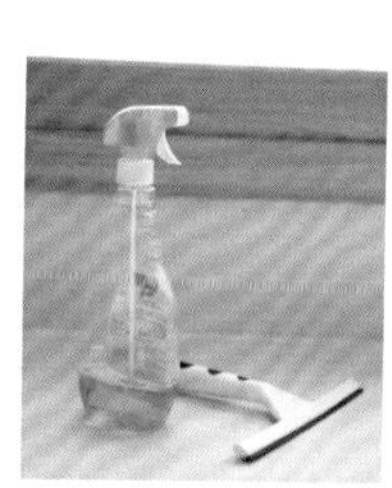
3.擦客厅的窗户和窗框。

4.用湿抹布拖地。

5.倒垃圾。

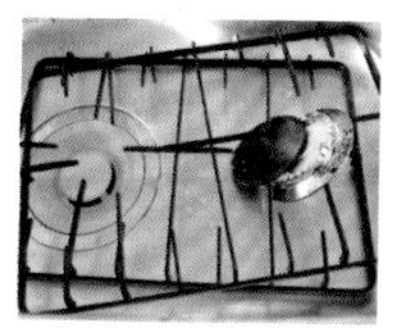
6.擦煤气灶。

7.刷锅洗碗。

8.做一道简单菜肴。

9.收拾乱七八糟的客厅。

10.叠完一筐洗好的衣物。

只要 15 分钟就能搞定！

15 分钟的时间很容易挤出来，所以不要再拖延了，马上动手做家务吧！上班族可以利用下班后 15 分钟、晚饭后 15 分钟或睡前 15 分钟等空闲时间做点家务，即便是在繁忙的工作中，相信您也可以挤出 15 分钟的空闲。与其玩智能手机或看电视而浪费 15 分钟，倒不如把这些时间积攒起来，为家人创造一个干净整洁的空间，让全家轻松愉悦地享受生活。

15分钟家务法的要领

1. 千万不要使用计时器计时 因为用计时器会让人变得急躁，从而无法坚持做家务。

2. 设定好 15 分钟的目标 先想好 15 分钟以内要做什么，然后再开始行动。

3. 以 15 分钟为一个单位 将家务活以 15 分钟为单位进行划分。以清扫厨房为例，不是用 15 分钟将厨房清扫完，而是将厨房清扫分为清理通风罩、燃气灶、瓷砖和料理台四项工作，以便使每项工作均能在 15 分钟内完成。

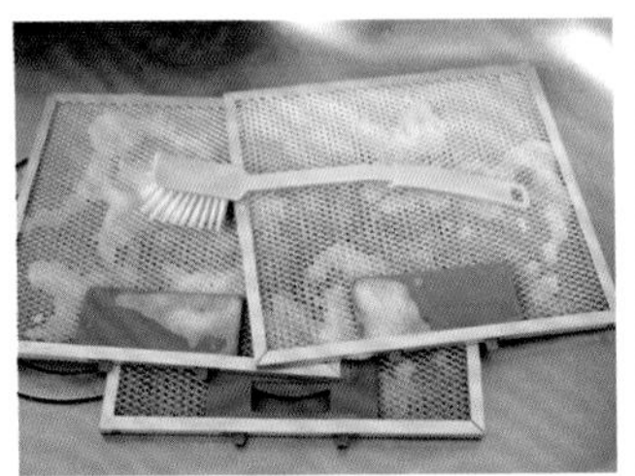
通风罩

燃气灶

瓷砖

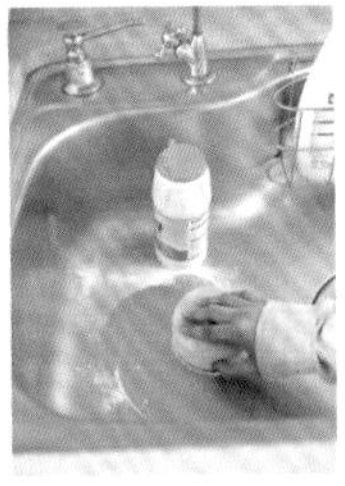
料理台

4. 专注 15 分钟只专注于完成一件家务。

5. 小空间能提高做家务的速度 不要将做家务的空间扩大，小空间更有利于提高您做家务的速度。

6. 只做 15 分钟 今天就到此为止，不要勉强自己做超过 15 分钟的家务。

7. 30 分钟家务和 1 小时家务 并非所有的家务活都能在 15 分钟内解决。有些家务可能需要 1 个小时或者 1 天的时间。对于这样的家务活，要学会灵活运用 15 分钟家务法，将其最大限度地分成若干个小任务，然后为每项任务设定好结束时间。比如腌泡菜要花很多时间，与其盲目地忙碌一整天，倒不如以 30 分钟为单位进行划分，制定好每 30 分钟要做的具体工作，这样反而能更快地完成。

2 倍速 多米诺家务法

将相似的家务打包在一起做，节省时间和材料

多米诺效应是指当第一枚骨牌倒下后，其余的骨牌就会产生连锁反应，依次倒下的现象。下面将向您介绍本书中的多米诺家务公式。

做Ⓐ的同时做Ⓑ。

一整天都在马不停蹄地收拾着，可是回头一看，还是乱七八糟的；每次都准备了一桌子的菜肴，可实际上又没什么可吃的……不过，对于不断重复的家务，如果能够灵活运用多米诺家务法，就会使做家务的时间大大减少。

保持家里干净的科学小窍门

清扫洗手间，虽说一个礼拜仅需几次，但终归是件费时费力的家务活。可如果能将这件恼人的家务与日常习惯联系起来，不断地坚持下去，那么洗手间不但能变得更干净，而且也会节省下大量时间。

Ⓐ 洗脸的时候 → Ⓑ 顺便清洗漱池

即在做某件事的同时，将同一场所内的其他事情也一起完成！简而言之，就是做 A 的同时做 B。

Ⓐ → Ⓑ → Ⓒ（使用完马桶后）弄湿卫生纸，擦马桶

即做完 A 和 B，接下来做 C。如果将原本分开的几件家务组成一组，那么就能一次性连贯地完成这几件家务。正如多米诺骨牌，当第一枚骨牌倒下后，后边的骨牌就会产生连锁反应，依次倒下。做某件家务时，如果能将其他相连的家务连贯完成，那么就能大幅提高做家务的速度。这 3 个步骤所需的时间也不过 3 分钟左右。您可以利用早晚洗漱的时间或其他零碎时间，只要一天做一次，相信您的洗手间总能保持干净卫生。

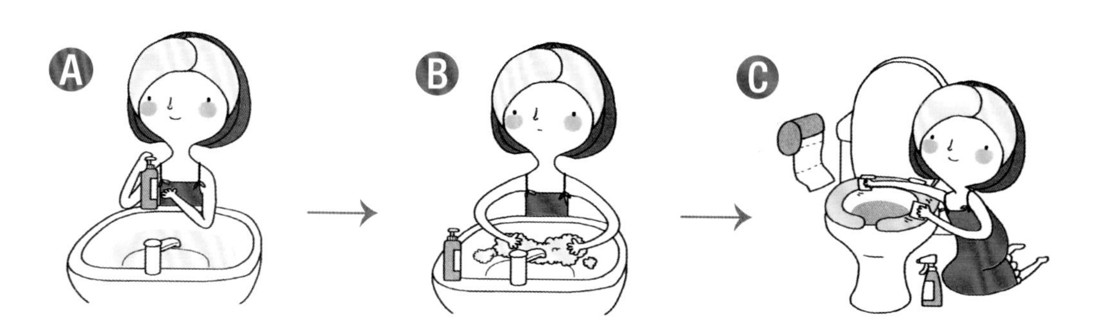

完美的生活习惯——多米诺家务法

我们可以将“看电视”和“用防静电拖把除尘”组成一组，在看电视的同时,用防静电拖把除尘。做家务是一种习惯。渐渐熟练以后，就能从容自在地应付各种烦琐的家务了。试着将日常习惯与烦琐的家务联系在一起，组合出几组“多米诺家务组合”吧！

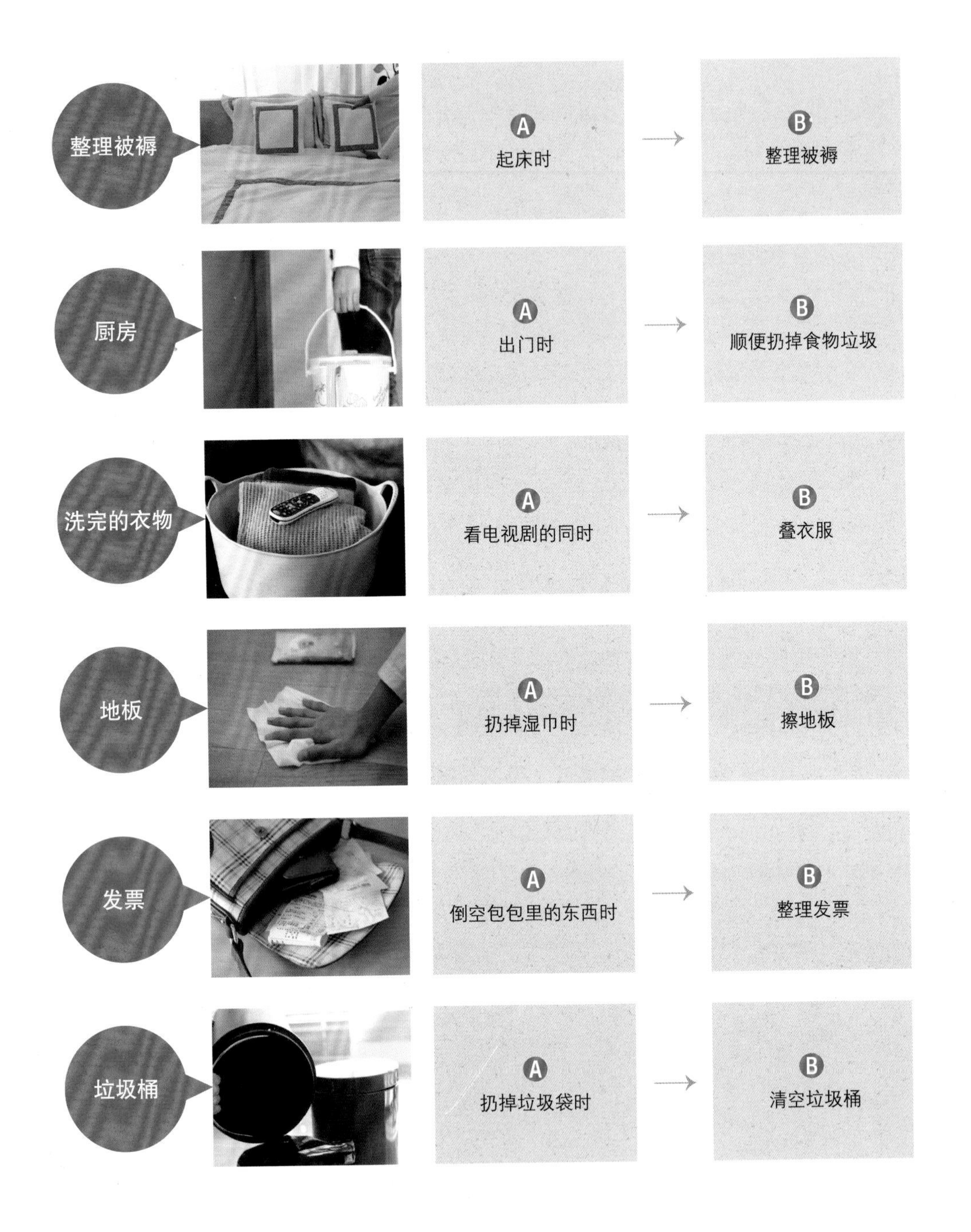

多米诺家务法的要领

1. 从每日都要重复的家务开始

想要制定出适合自己的多米诺家务法，最好先从每天都要重复做的家务开始。例如，与一个月只需清洁一两次的窗户和通风罩相比，将多米诺家务法用在每日必做的家务上会更有效果。通过不断重复，逐渐养成习惯，从而有效缩短家务劳动的时间。

2. 一次性解决每天都要重复做的简单家务

譬如做菜，乍看起来过程复杂，可仔细一瞧，就会明白它不过是由几个简单的步骤组成的而已，其他家务活也是如此。因此，将每天都要重复做的简单家务放在一起，一次性解决的话，就会有效缩短家务劳动的时间。

比如，切葱虽然简单，但每天都要做。大葱和洋葱几乎是每道菜肴里必需的食材，烹饪的时候，需要将它们切好放到菜里。因此，在切大葱或洋葱的时候，可以一次性准备一周的用量，切好后放到保鲜罐里，整个过程只需 5 分钟。这样一来，就省去了每天将它们拿出来再切好的时间（5 分钟×7=35 分钟），一周可以节省大约 30 分钟的时间。

3 倍速 收纳新理念

培养良好的收纳整理能力，减少不必要的行动

即便做一顿很简单的饭菜，也常常要在厨房乱翻一通，寻找合适的炊具和食材。想一想您有没有这种经历？如果有，那么就算您做家务的经验再丰富，也很难提高效率。因此，想要运用 3 倍速家务法提高劳动效率，首要解决的问题就是创造一个便于做家务的环境。需要物品的时候，能够马上找到；需要洗刷清理的时候，方便洗洗涮涮。收纳整理能力越强的主妇，越能在短时间内高效地完成家务。

您家的家务环境如何呢？ 家务环境核对单

如果您对某项问题的回答是 NO，就做上标记，这意味着此项就是您家家务环境的问题所在。只要把这些标记出的问题解决了，就能有效提高做家务的速度。

洗衣

- □洗漱池、排水口离洗衣机很近，便于对衣物进行预先处理和脱水作业。
- □洗涤剂、纤维柔软剂和去污剂都放在洗衣机旁边。
- □晾晒衣物的地方通风良好，不受寒冷、雨雪等天气的影响。
- □衣柜里的衣服都是按照类别收纳整理的。

打扫

- □看到灰尘，能在附近马上找到清扫工具进行打扫。
- □使用吸尘器时，地面上没有阻碍吸尘器工作的障碍物。
- □有合适的场所来收纳散乱的物品。
- □有足够大的分离回收箱和垃圾桶，保证到垃圾回收日之前能容纳所有的生活垃圾。

厨房

- □便于在冰箱内拿取所需物品，并且食材均以一人份的量进行冷冻保存，取出后能短时间内解冻。
- □所有的锅具都单独放置，不要层层叠摞，便于拿取使用。
- □调味料都集中放在某处，便于做菜时使用。
- □灶台上不摆放任何物品，能随时使用。
- □有足够大的空间晾干洗好的餐具。

做家务的速度提高了！ 有效提高收纳能力的方法

想要提高做家务的速度，就要拥有良好的收纳能力。将物品按类摆放，既能减少不必要的行动，又能节约时间。

1. 减少没用的物品

如果家里的物品太多，在收纳整理的时候，就会浪费掉许多精力和空间。简单的就是最好的！因此，赶快丢掉家里没用的东西吧！这样就能有效减少寻找以及整理物品的时间，从而提高做家务的速度。

2. 找到轻松拿取物品的位置

厨房 首先找到厨房里您最常站的位置，将两手伸开，从上面到两旁再到下面画个圆圈。圆圈的里面就是您能够轻松拿取东西的位置。将经常使用的物品放进这个圆圈内，以便拿取使用。将不常用的物品放在圆圈的下面，需要的时候蹲下来拿取。将几乎不用的物品放在圆圈的上面，需要的时候站在椅子上拿取。

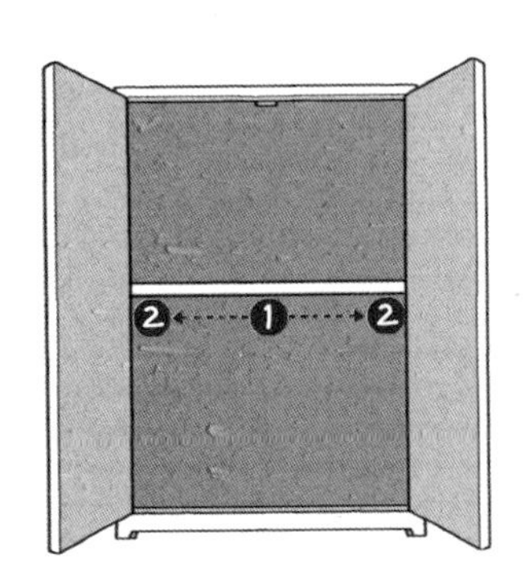

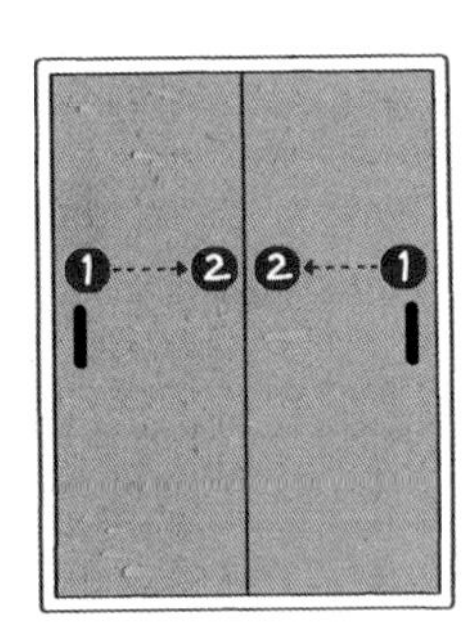

衣柜 打开柜门，首先映入眼帘的位置便是最容易拿取物品的位置。对于柜门向两侧拉开的衣柜，这个位置在中间；对于柜门从右向左滑动的衣柜，这个位置在右侧。将经常穿的衣物放在容易拿取的位置，过季的衣服放在衣柜的其他位置。

开放型整理箱

站立状态下，从肩膀到腰这段手能够轻松够到的范围就是最容易拿取物品的位置。

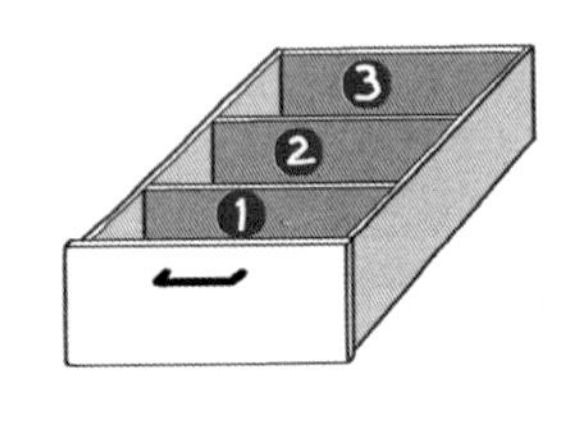

抽屉 拉开抽屉便能看见的位置就是最容易拿取物品的位置。

3. 依照距离摆放物品

就像走路会有捷径一样，做家务也有最理想的移动路线。就拿洗衣服来说，从打水的位置到洗衣的位置再到晾晒的位置，这个路径就是洗衣服的整个移动路线。如果这个路线距离很近，就能减少走动，提高做事效率。即使一天节约 1 分钟，一年下来也能节省 365 分钟，相当于 6 个小时。

4. 合理区分应该腾出的空间和应该填满的空间

合理区分应该腾出的空间和应该填满的空间，能有效提高做家务的效率。比如，带盖的收纳箱就应该装满。而将下面几个空间腾出来的话，做家务的效率就会大幅提高哦。

移动路线上　如果在吸尘器工作的移动路线上或厨房煮饭的路线上摆放物品，就会有碍行动。因此，不在这些移动路线上摆放物品，就可以减少不必要的麻烦，从而有效提高做家务的速度。

门前　衣柜门前是最容易堆积物品的位置。为了便于收纳，应该彻底腾出衣柜门前的空间。

工作台上　书桌、灶台和盥洗台等工作台上不要摆放物品，以便能随时使用。

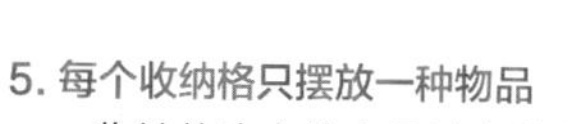

5. 每个收纳格只摆放一种物品

收纳的诀窍就在于避免将物品混合摆放。要利用隔板分类收纳，即每个收纳格只摆放一种物品。

6. 摆放的物品要便于拿取

不要将物品叠放。

将炊具的手柄朝外摆放。

纵向收纳衣物。

05 观察一下不善操持家务的人

不爱洗碗的人

最令人讨厌的家务活之一就是洗碗。好不容易做好饭，再吃完饭，看着桌子上杯盘狼藉，摆满了要洗的碗，顿感身心俱疲。不得已挣扎着站起来洗碗，却又看到其他地方也乱七八糟。越收拾越觉得乱，结果马马虎虎地胡乱收拾一下，就躺在沙发上看电视，心里想着“明天再做吧”。

不爱洗碗者的1小时

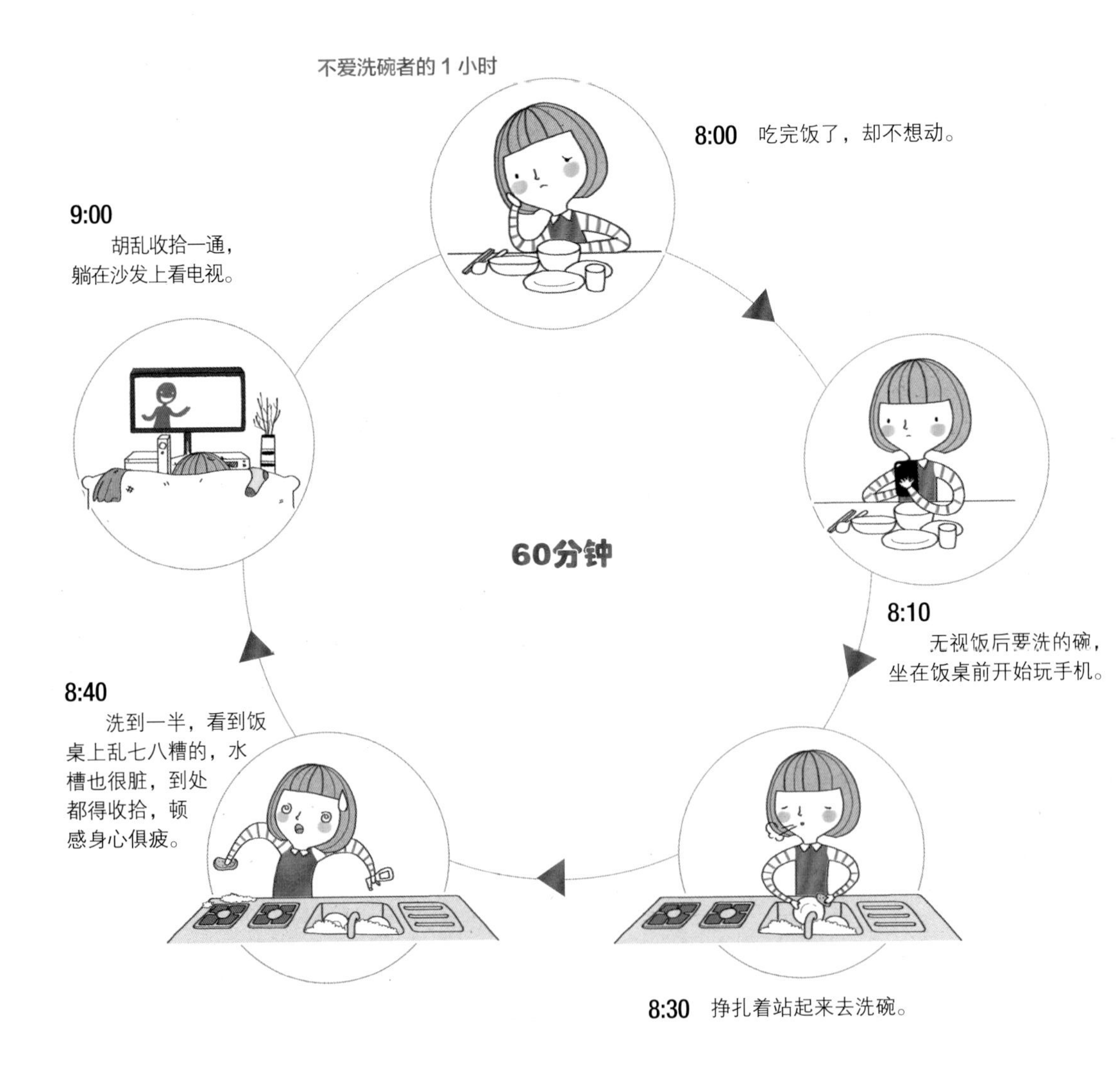

3 倍速家务法为您带来如此改变！

运用 3 倍速家务法，即使是不爱做家务的人也能打破做家务的恶性循环。主妇们花在洗碗上的时间不过 15 分钟，既然早晚都要做，那么就别拖着，马上开始做吧！洗碗时，先洗干净的餐具，再洗油腻的餐具；先洗小碗，再洗大碗。洗完碗后，再将厨房地板打扫干净。这样就能在 30 分钟内，既洗好餐具，又完成清扫工作。厨房干净了，心情也变得清爽舒畅了。

什么是 3 倍速家务法？

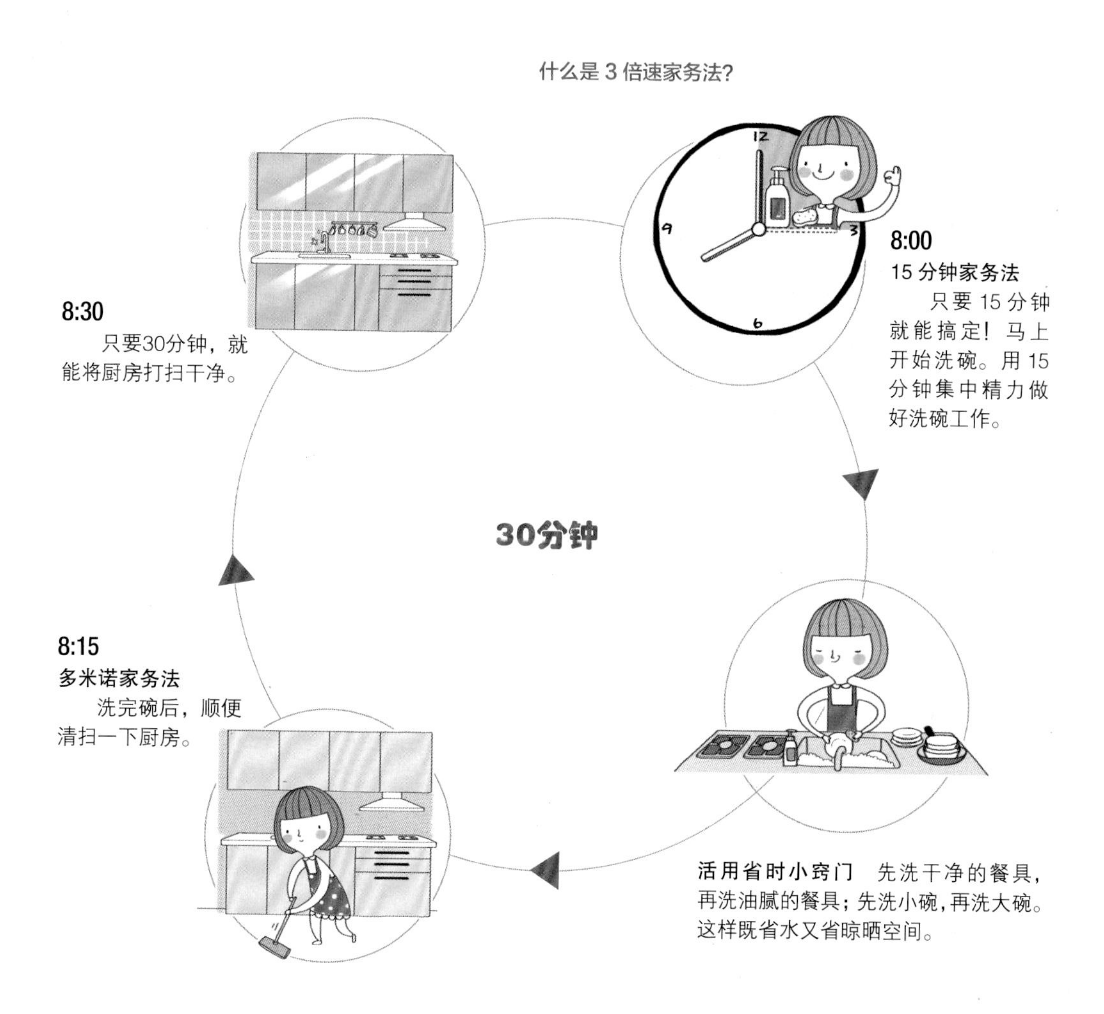

06 省时、省钱、省空间！

提高做家务的速度真有这么多好处吗？那么就一起来计算一下3倍速家务法是否真的有效果吧。通过具体的数字能更直观地体现出它的优越性哦！

下面只计算了本书500个家务妙招中的5个

一年能节省57个小时！

原来的做法		3倍速做法		节省时间
焯野菜 每次需要**20分钟**	→	同时放在1个锅里烹饪 需要**10分钟**	=	**1年节约17个小时** （以每周吃两次野菜的标准计算）
找出塑料袋套在垃圾桶里 每次需要**12分钟** （每个3分钟×4个垃圾桶）	→	将塑料袋重叠着套进垃圾桶 需要**4分钟** （每个1分钟×4个垃圾桶）	=	**1年节约7个小时** （以每周需要为垃圾桶套3次塑料袋的标准计算）
将衬衫整个熨一遍 熨1件衬衫需要 **10分钟**	→	只熨衣服的关键部位 需要**5分钟**	=	**1年节约22个小时** （以每周需要熨5件衣服的标准计算）
清洗4个锅 每次需要**4分钟** （每个1分钟×4个）	→	调整做饭的顺序， 只需清洗1个锅 需要**1分钟**	=	**1年节约7个小时** （以每周做3次饭的标准计算）
清洗玄关的抹布 每次需要**3分钟**	→	使用报纸擦地，用完扔掉 需要**0分钟**	=	**1年节约4个小时** （以每周清洗两次玄关抹布的标准计算）

下面只计算了本书500个家务妙招中的3个

一年共能节省 3120 元!

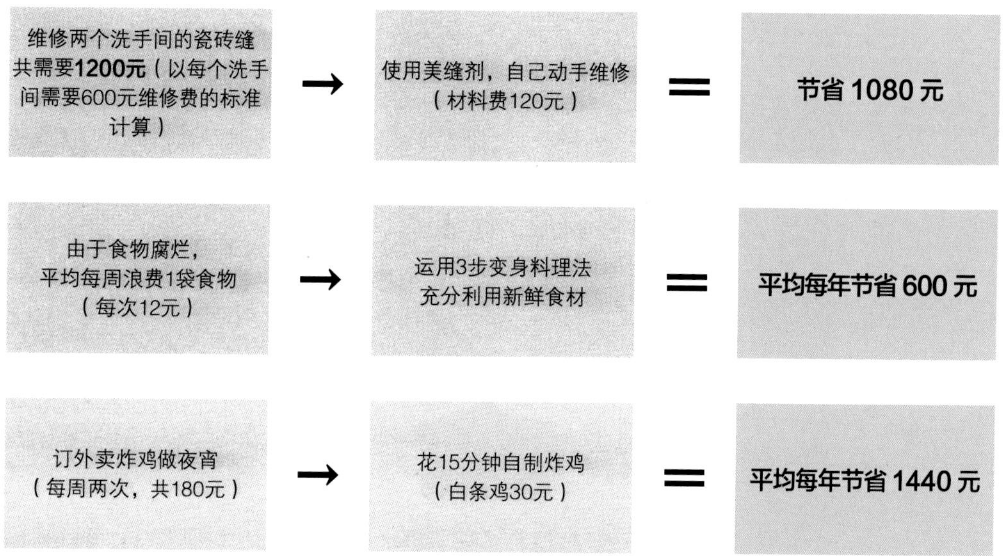

维修两个洗手间的瓷砖缝共需要**1200元**（以每个洗手间需要600元维修费的标准计算）	→	使用美缝剂，自己动手维修（材料费120元）	=	**节省 1080 元**
由于食物腐烂，平均每周浪费1袋食物（每次12元）	→	运用3步变身料理法充分利用新鲜食材	=	**平均每年节省 600 元**
订外卖炸鸡做夜宵（每周两次，共180元）	→	花15分钟自制炸鸡（白条鸡30元）	=	**平均每年节省 1440 元**

下面只计算了本书500个家务妙招中的3个

能节省出 2.22 ㎡的空间!

使用沙发	→	用大容量收纳箱把玩具放到沙发下面	=	**节省出 1.74 ㎡**
把孩子的衣服放到衣柜里	→	使用塑料链把孩子的衣服挂到房门处	=	**节省出 0.24 ㎡**（以房门处能挂 20 件衣服的标准计算）
将不使用的物品放到阳台	→	扔掉3年间都不曾使用的物品	=	**节省出 0.24 ㎡**

CHAPTER 02

Cooking

烹饪

从精心选购食材到30分钟做好饭菜，一起加入3倍速烹饪达人的行列吧！

恐怕大多数主妇都会遇到这种情况：每当准备一日三餐的时候，都会为“今天做什么饭”而苦恼。对于主妇们来说，最难做的家务非做饭莫属。如何用简单的食材做出好吃的菜肴？怎样做才能不浪费食材？怎样购买食材和处理食物垃圾？本章将为您介绍能够简单快速地解决厨房问题的3倍速家务法。

针对100位家庭主妇和单身女性展开的问卷调查！

您觉得哪项家务最难？

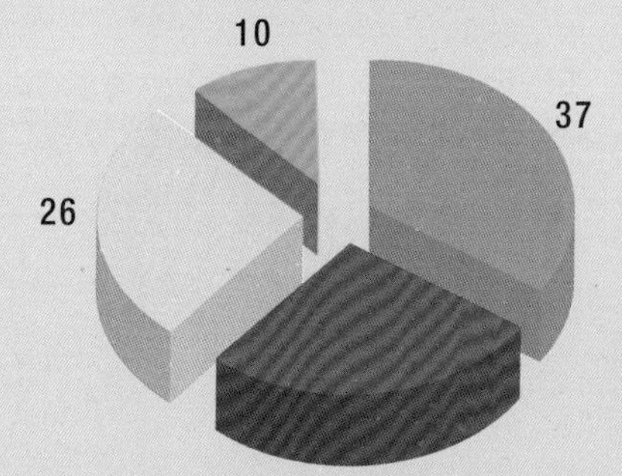

- 第1位：烹饪（做菜、洗碗、处理食物垃圾）
- 第2位：清洁（清除久积污垢、日常清扫）
- 第3位：收纳（冰箱、衣柜等的收纳与整理）
- 第4位：洗熨（洗衣服、熨衣服等）

收纳女王的3倍速厨房用具

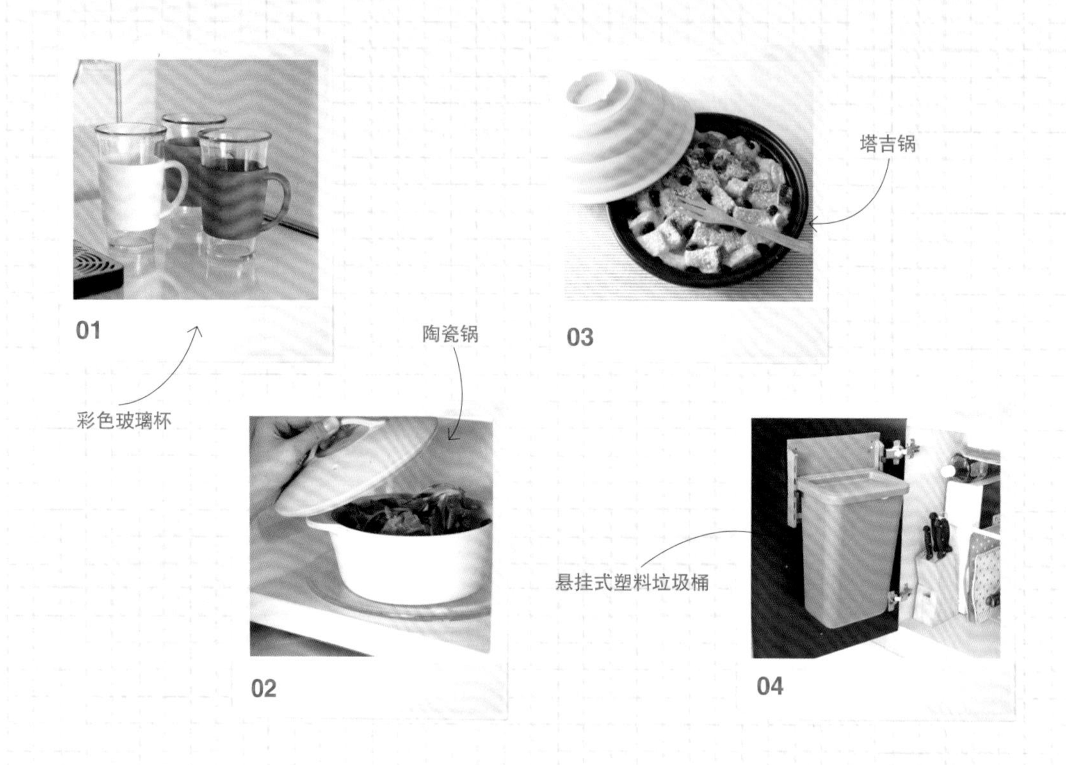

01 专属彩色杯，减少清洗量

有的家庭，全家人共用一个杯子。而我家孩子比较挑剔，只要别人用过的杯子，他就坚决不用。这个卫生习惯很好，值得表扬，但是早上一想到要清洗昨晚用过的 20 个杯子，我就痛苦不堪。为此我曾在杯子上贴上名字，不过这也只维持了一段时间……最后，我想到了一个好办法：为家里每个成员准备一个不同颜色的杯子。效果果然不错。如果您也有类似的烦恼，不妨试试这个方法。

02 能保持食物水分的陶瓷锅

陶瓷锅可以直接放在火上使用，但在微波炉中使用效果更好。使用微波炉烹饪的弊端就是食物会发干，而陶瓷锅完美地解决了这个问题，它能保持食物中的水分，既省去了使用保鲜膜的麻烦，又能保持食物的营养不流失。焯蔬菜、炖土豆或做杂烩时，都可以使用它。另外，砂锅也有相似的效果。

03 健康方便的塔吉锅

塔吉锅的锅盖是尖帽型的，利于水蒸气循环，因此就算烹饪时不放水也没关系。先将食物层层放好，浇上一些调味汁，再盖上锅盖煮，不一会儿，一道简单健康的塔吉锅料理就制作完成了。塔吉锅的锅盖是硅材质，收纳时可以折叠起来。

04 选用悬挂式垃圾桶，打造看不见垃圾桶的厨房

厨房垃圾要马上扔掉，只有这样，才能保持厨房的干净整洁。将垃圾桶挂在水槽门上，想要清理水槽里的干垃圾时，只要打开水槽门，就能在原地处理掉。看不见了垃圾，厨房显得既干净，又宽敞。

每个主妇都对自家的厨房怀有深厚的感情。锅碗瓢盆，勺筷刀叉，厨房里的每一件东西都有自己的故事。如何才能有效节省烹饪时间、扩大厨房的可使用面积？这些是每个主妇都想要解决的问题。下面我将向大家介绍几种能起到这些效果的生活用具。

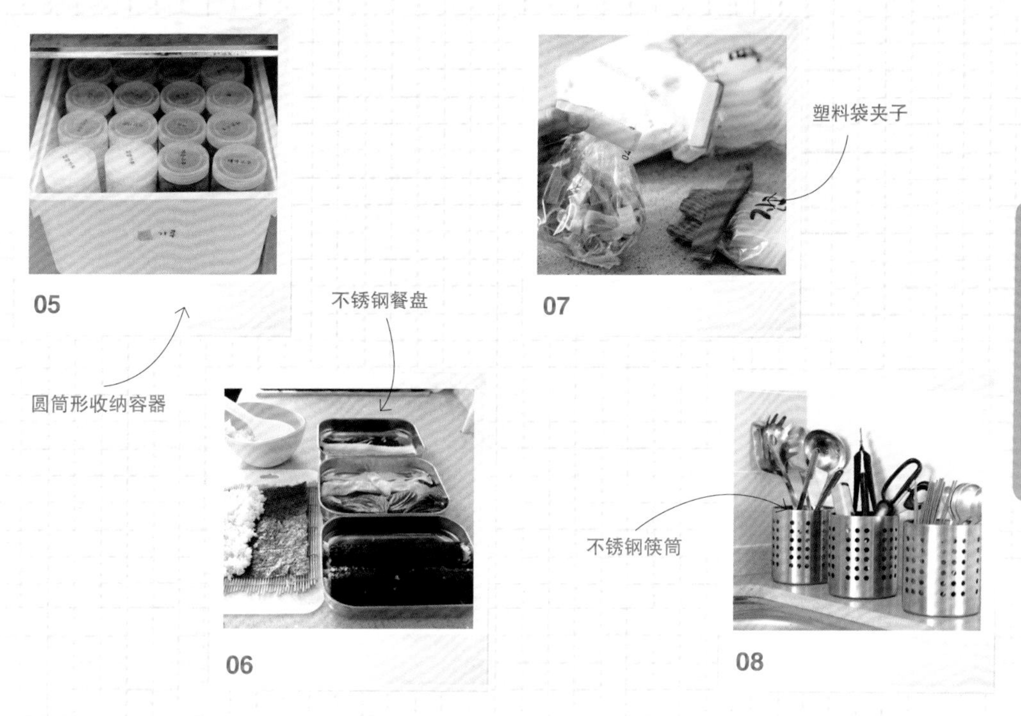

烹饪 · Precheck

05 方便实用的圆筒形收纳容器

人们收纳物品的方式随着时代而不断变化。以前的人们喜欢在物品上贴标签。现在的人们更偏爱省时省力的收纳方式。在整理冰箱抽屉时，以前的人们喜欢使用贴有标签的四方形容器，而现在的人们喜欢使用圆筒形容器。用圆筒形容器存放经常使用的食物，方便拿进拿出，能大大减少做饭的准备时间。

06 可以保持料理台整洁的不锈钢盘餐盘

做菜的时候，料理台总会被各种食物和盘子弄得乱七八糟，为此我专门购买了不锈钢餐盘来盛放食材。这样，在做炸猪排等复杂菜肴时，就能保持料理台的干净整洁了。这种餐盘配有盖子，可以直接盛着食物放到冰箱里保存，因此在准备晚餐的时候，就可以将第二天早饭的食材一起准备好，放在冰箱里保存，非常方便。

07 长时间保存食品的小工具：塑料袋夹子

将食品放在冰箱保存时，一定要准备好塑料袋夹子。它虽然价格便宜，却是保持食品和蔬菜新鲜所必不可少的工具。由于这种夹子体积太小，容易丢失，因此需要大量准备。夹子的用途很广，许多地方都可以用到它。

08 不锈钢筷筒能有效解决烹饪工具的收纳问题

我家的橱柜没有抽屉，所以我用了3个大号不锈钢筷筒来收纳烹饪工具。只要将工具分好类，使用的时候就很容易找到。我是将工具分为箸匙、不锈钢烹饪器具和其他材质的烹饪器具来分别收纳整理的。分类放置后，再把3个筷筒放在橱柜上面，使人一眼就能看到想要的工具。这种整理方式不仅美观，也便于使用。

01
收纳

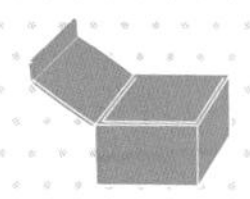

购物袋
将购物袋分为常温类和冷藏类两种

Ⓐ 购物后 → Ⓑ 利用购物袋将食品分类

食材的流程可概括为 In → Stock → Out，即采购、储存和处理。因此，要想整理好食材，就应先从采购开始。整理食材的重点就在于分类！最好的办法是将食品在超市的结算台前分好类，这样回家后，整理起来就非常方便了。

准备“常温类”和“冷藏类”两种购物袋

逛小型超市时，准备一个塑料袋就够了，但如果去大型超市，往往要买许多东西，所以最好事先多准备几个购物袋。将购物袋按照常温类和冷藏类分好后，结算时就可以按类别将食物装好。这样就省去了回家后重新整理的麻烦。

冷藏类（大型超市冰柜、冰箱里保存的食品）

冰激凌、肉类、鱼类和贝类等冷冻食品；蔬菜、牛奶等冷藏食品。

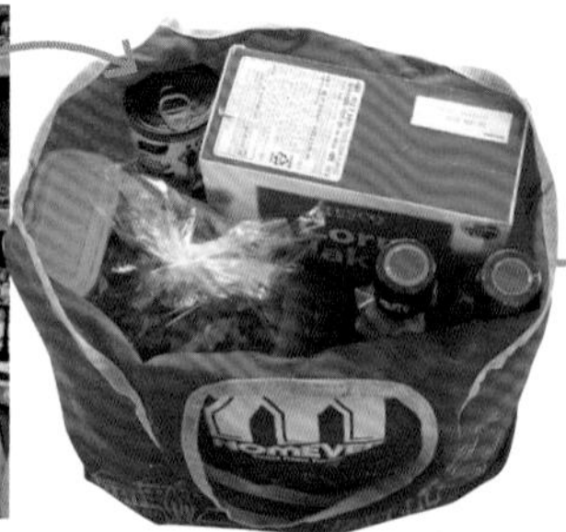

常温类（大型超市陈列台上摆放的物品）

调味品（白糖、盐、醋等），常温保存食品（咖啡、饼干、饮料等），面粉类食品（面粉、挂面、意大利面等）以及其他日用品（生活用品、洗涤剂等）。

各种肉类加工食品 从超市买来的肉类加工食品一般都是真空包装的，保存时先在冰箱的保鲜室里放上托盘，这样便于清理冰箱。

水产品、肉类等冷冻食品 在这类食品稍稍解冻后，将其分成小份，用带有拉链的包装袋密封保存。

牛奶以及其他乳制品 将新买的食品摆放在后面，快过期的食品摆在前面。同种食品纵向排列摆放，这样便于拿取。

蔬菜 如果把辣椒、金针菇、蘑菇等包装好的蔬菜混在一起保存，找起来会非常不方便。建议用牛奶包装盒做成隔板，分格保存。

调味料等常温保存的食品 按大小和形状分类保存。

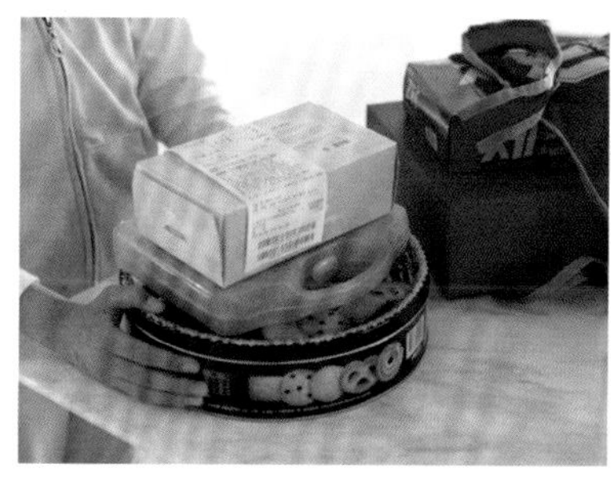

生活用品 避免将生活用品堆积在餐桌周围，让家庭成员整理好各自的用品。

在夏季利用冷藏袋，最大限度保持食物的新鲜

我们都知道，二次冷冻的食品不健康。但是逛了一圈超市回到家里，冷冻食品必然会融化。这时，我们可以利用冷藏袋来保持食物的新鲜。将冷冻食品放在冷藏袋内，即使在炎热的夏季，不另外放冰块保存，食品也能靠自身的冷气维持几个小时。

利用废弃的银箔垫制作冷藏袋 如果觉得手提小冰箱太麻烦，家里又没有现成的冷藏袋，那么就试着用废弃的银箔垫制作一个冷藏袋吧。做法非常简单。先找一个结实耐用的购物袋，然后将银箔垫裁剪后用透明胶带粘在袋子内侧，这样冷藏袋就制作完成了。

依照购物袋的大小裁剪银箔垫。将其对折，并在一边留出足够的空间当作盖子。

用透明胶带将两侧粘好。

放进带有拉链的购物袋内，这样冷藏袋就做好了。购物时带上它，即便在夏天也能保持食物新鲜。

将购物袋放在玄关处

最好将购物袋放在玄关处，这样出门购物时就不会忘记带了。将购物袋卷起来，竖着放入牛奶包装盒内，所需空间也只有一双鞋大小。

将牛奶包装盒的一面折出字母Y的形状。

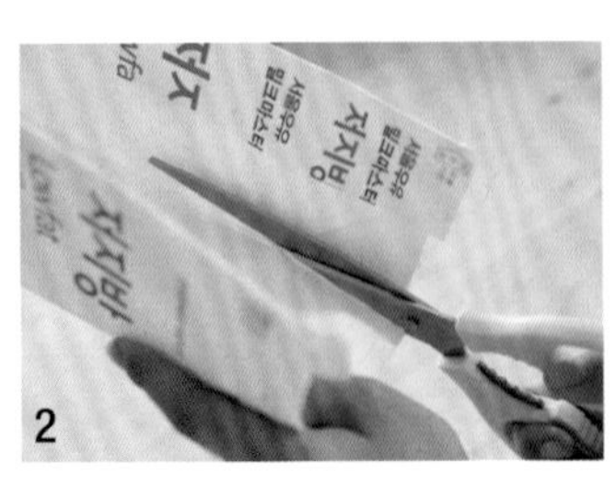

沿着折线将盒子剪开。

折叠起来，用透明胶带粘好！

整理冰箱冷藏室

节省空间的冷藏保存方法

如果将经常使用的食品放在容易拿取的位置，就能提高烹饪的速度！

由于物价不断上涨，主妇们也变得害怕购物了。每次看到蔬菜和水果越来越贵的价格，再想到冰箱里还有很多快要过期的食品，一股罪恶感就会油然而生。据统计，每人每天平均浪费 1.5 公斤食物。物价在不断上涨，冰箱里却有很多食物不得不扔掉，这种情况确实让人难受。因此，我们既要学会精打细算过日子，合理购物，又要掌握科学储藏食物的方法，合理安排冰箱空间，以减少不必要的浪费。

1. 按照使用频率放置食物

垂直方向 将常用的食物放在冰箱中间的位置。把食物放在冰箱下端的抽屉里会容易看到，但如果放在最上面的抽屉里就不容易看到了，因此要将偶尔使用的食物放在冰箱的上端。

水平方向 我们把冰箱门拉开后，一般会站在冰箱门和冰箱的主体之间取东西。因此，将食物放在距离冰箱门与主体最近的位置最方便拿取。

2. 按照重量放置食物

将重的食物放在冰箱与腰齐平的隔层里，拿取时会非常省力。将轻的食物放在冰箱的最上端和最下端的隔层里。

冰箱隔层

按重量分类放置。如果需要在隔层里放置泡菜、酱菜或辣椒酱之类很重的食物，那么可以将重物（泡菜、酱类、酱菜类）放在中间靠下的隔层，轻物（小菜、鸡蛋、瓶类）放在上面隔层。

泡菜

放置在与腰齐平的隔层中 泡菜很重，因此应放在与腰齐平的位置，即冰箱靠下的隔层，这样取放时会非常方便。装泡菜的容器很大，会占用很多空间，因此，当一盒泡菜吃剩一半时，建议将其他泡菜一起保存到该容器里。

瓶装食品

使用托盘按顺序分类放置 瓶装食品一般体积不大，如果放置在冰箱深处，拿取时会非常不方便。因此，我们建议将其按前后顺序分类放置在托盘上。将经常使用的食品放在托盘的前面，而将意大利面酱、橄榄酱、果酱等不常用的瓶装食品放在后面。这样，只要一拉托盘，就能轻松取出里面的食品。

大酱、辣椒酱

撕掉容器上的标签 大酱和辣椒酱是每日必吃的食品，因此将它们摆在前面，而将酱菜等偶尔食用的食品放在后面。最好使用专用的塑料容器来盛放大酱和辣椒酱，因为与很重的玻璃容器相比，较轻的塑料容器更便于拿取。如果觉得买的容器看起来太过花哨，那就撕掉标签吧。没了标签上五颜六色的字体，容器就显得素雅整洁了。装好酱后，可以在里边放一个小勺。

调味汁、调味料

用托盘盛放 调味汁和调味料等食品很黏稠，且容易流淌出来，因此建议用托盘盛放。将各种调味料放在一处，既整洁美观，又方便寻找。

菜肴

按体积大小存放 将菜肴放到密闭容器里，然后按容器大小放置。前面放小容器，后面放大容器，这样打开冰箱的时候就能一眼看到隔层里所有的菜肴。

生菜

洗后保存 有人认为生菜用水洗过后就容易萎蔫变质，其实恰恰相反，将生菜洗净晾干后，放到密闭容器里，可以保存一个星期。

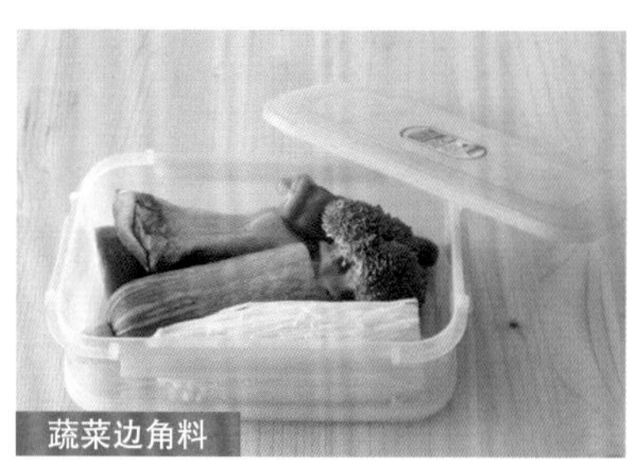

蔬菜边角料

使用专用容器存放 如果将蔬菜的边角料放到蔬菜筐里，会很容易被忽视浪费掉，因此最好准备一个专用容器来存放蔬菜的边角料，并将其放在冰箱上端的隔层上。这样，只要取出专用容器，就能马上找到各种蔬菜的边角料，非常方便。

豆腐、黄豆芽和绿豆芽

泡上水后放到前面保存 这类食物需要用水保存，只要勤于换水，就能长时间保持新鲜。豆腐一旦上冻，口感就变了，因此不要放在冷气较强的后面，而应该存放在隔层前面。豆腐和豆芽都应放在盛水的密闭容器里，只要两天换一次水，就能保持食物新鲜一星期。

鸡蛋

使用塑料瓶存放 如果把鸡蛋存放在冰箱门的格子里，就会由于开关冰箱门而使其新鲜度降低，因此最好把鸡蛋放进专用容器里，并存放在冰箱上端的隔层中。当然，我们也可以用塑料瓶制作一个装鸡蛋的容器。鸡蛋沾水后极易变质，因此当鸡蛋上沾有异物时，要用干燥的洗碗刷将表面擦净。

冷藏室（0～2℃）

肉类和鱼类容易流汁，因而最好用托盘盛放。而要避免泡菜发酸，就得将其放在适当的温度下保存，可以使用泡菜专用冰箱，如果没有，使用泡菜盒效果也很不错。

泡菜

存放在冷藏室靠里的位置 泡菜是发酵食品，如果保存不当，就会影响到它的味道。泡菜最好在5℃进行发酵，然后在零下1℃保存，因此，泡菜在腌好后的2~3周要放在冰箱隔层里发酵，然后再转移到冷藏室中保存。只要这样做，即使没有泡菜专用冰箱，也能保持泡菜的美味。维持泡菜的温度很重要，因此要将泡菜保存在冷藏室的里面。

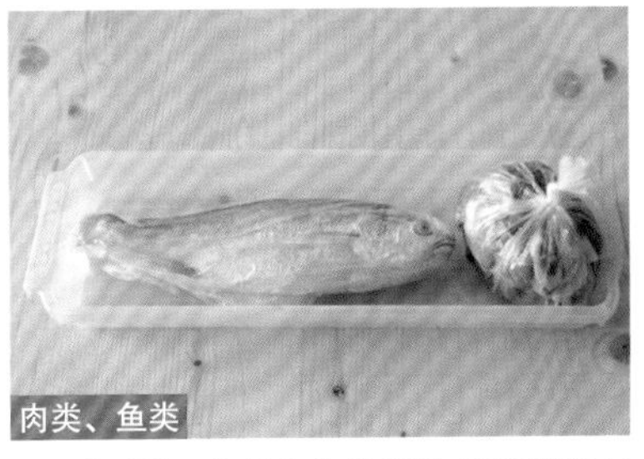
肉类、鱼类

用托盘盛放 肉类和鱼类即使用塑料袋包好存放在冰箱里，也会由于流汤、流水而弄脏周围空间。在冷藏室里放入长托盘，再把鱼类、肉类放到托盘里，就能有效解决这一问题。收拾时只需清洗托盘就可以了。

火腿、香肠

包好切口 火腿、香肠等肉制品一旦开封，有效期就会缩短一半。因此，为了避免这些食品与空气接触，要将其切口包好保存。火腿和香肠都是脂肪含量比较高的食品，最好使用金属箔纸包装，因为这样可以有效减少食物中的环境激素。

水果、蔬菜格（5 ~ 8℃）

这类食物应按大小或形状分类收纳。体积大的蔬菜放在隔层里面；体积小的蔬菜应先分类放到盒子里，再存放到冰箱里，避免互相混合在一起。不同的蔬菜，适宜保存的温度和湿度也不同。蔬菜和水果都有生命，即便被采摘下来了，它们也在呼吸和消耗能量。就像栽种植物一样，只有将它们存放在合适的温度下，才能保持新鲜。

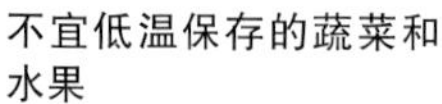

不宜低温保存的蔬菜和水果

蔬菜：番茄、黄瓜、地瓜、茄子、洋葱

水果：香蕉、柠檬、西柚、杧果、鳄梨、菠萝

热带水果

放在凉爽的环境中 就像人们在严寒的地方会被冻伤一样，如果把生长在热带地区的水果存放到低温环境中，就会破坏它们的内部组织。因此，我们可以先将热带水果存放在 7~10℃的凉爽环境中，在食用前的几个小时里，再将其放到冰箱内保存。

西红柿

用篮子存放 番茄怕湿气，因此人们喜欢将其用塑料袋包起来存放到冰箱里，但这样做常常会使番茄表皮皲裂、发霉。所以，最好先将番茄放进篮子里，存放在凉爽的地方，在食用前的几个小时里，再将其放到冰箱内保存。

土豆

用黑色塑料袋包裹 土豆在零下1℃的环境中会上冻，超过 8℃就会发芽，因此要放在冰箱里保存。另外，土豆见光易发芽，所以，最好先用报纸将其包好，再在外面裹两层黑色塑料袋，最后用夹子夹紧封口，放入冰箱保存。

带叶蔬菜

直立保存（菠菜、茼蒿等） 打蔫的花朵浇水后就会焕发生机，蔬菜也一样，淋上水保存的话，蔬菜能保持新鲜一个星期。另外，蔬菜即使被采摘下来也依然有生命，如果将其平放的话，蔬菜就会为挣扎着“站起来”而不断消耗能量。但如果保持直立，蔬菜就会减少能量消耗，也不容易打蔫。

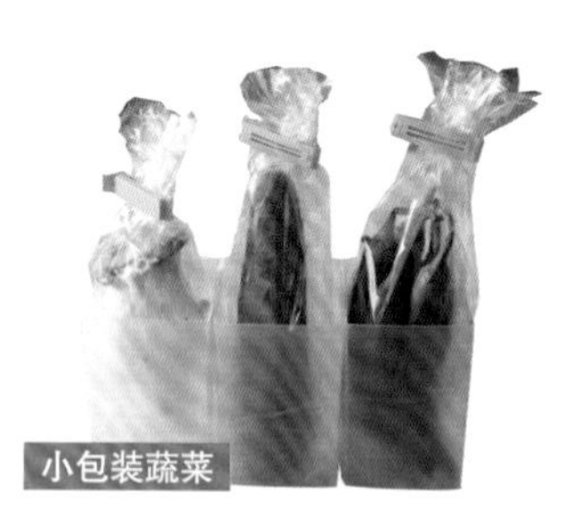

小包装蔬菜

不要切掉蔬菜把儿 保存辣椒、青椒等蔬菜时，不要切掉蔬菜把儿。可以将其竖着放在篮子、牛奶包装盒或塑料瓶等容器中。这类体积小的蔬菜不能混在一起存放，否则使用时不太容易找。另外，蔬菜边角料也不能随便丢掉，可以放在一个专门的容器里保存。

西兰花

用厨房专用纸巾包裹　西兰花直接放在冰箱里保存容易发干，因此，最好用浸了水的厨房专用纸巾将其包裹后再存放。

苏子叶

把苏梗泡在水里保存　相信许多人都有这样的经历：苏子叶放到冰箱里，没过几天就萎蔫变黑，最后不得不扔掉。其实，只需往杯子里注入水，然后把苏梗泡在水里，苏子叶就能长时间保持新鲜。平均两三天换一次水即可。

生姜

泡在水里保存　生姜易发霉，因此应把生姜洗净后，泡在盛有水的密闭容器里。只要两三天换一次水，就能保存很长时间。

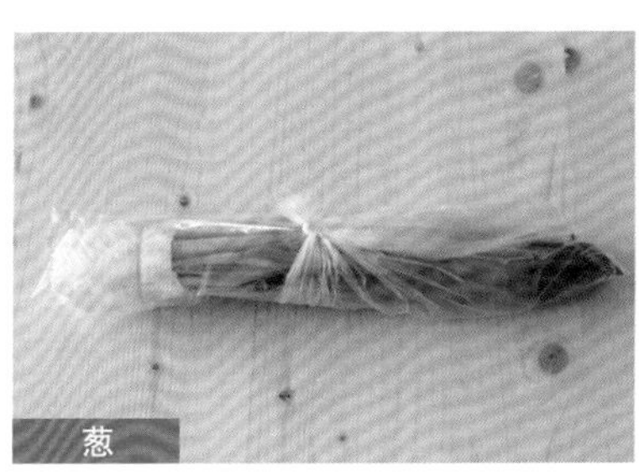

葱

保存时不要切掉根部　只要用浸过水的厨房纸巾缠住根部，再用橡皮筋扎好，葱就能长时间保持新鲜。切好的葱放进密闭容器里，马上就变得黏糊糊的，因此建议用干燥的厨房纸巾从上到下盖住青葱，用以吸收汁液。

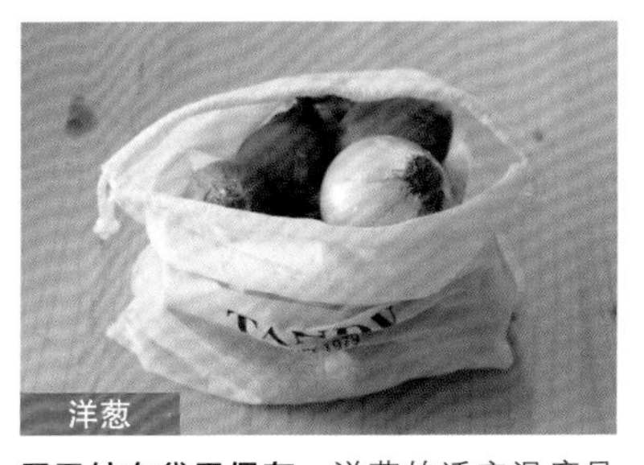

洋葱

用无纺布袋子保存　洋葱的适宜温度是15~25℃，放到冰箱里就会冻坏，所以最好放在阳台保存。可以将洋葱装进无纺布袋子里，再挂起来保存。这样有助于通风，洋葱就不会脱皮了。

香菇

蘑菇头朝下保存　香菇的头部都有孢子，孢子掉了的话，该部位就会变黑。为了保护孢子，最好将蘑菇头朝下保存。

用报纸包好后，放到泡沫箱里保存　红薯的适宜温度是13~15℃，所以不宜放到冰箱里保存。可以将红薯用报纸包裹，放到泡沫箱里保存。考虑到红薯怕湿气，所以最好在箱子上凿几个洞，保持通风。泡沫箱有隔热功能，即使在冬季，其温度变化也不大，且有遮光效果，是冬季保存红薯、洋葱和土豆的好工具。

红薯

冰箱门格（5 ~ 7℃）

利用冰箱门格时，需要进行整体考虑。由于需要经常开关，所以最好将一些常用物品放在门格里，这样拿取时会很方便。比如，可以把烹饪用的调味汁、料酒和常喝的饮料等放在里面。

黄油

切开保存 黄油黏糊糊的，每次切的时候都非常麻烦。所以最好一次性把黄油切成 10 克左右的小块，再放到容器里保存。这样，每次使用起来就非常方便了。

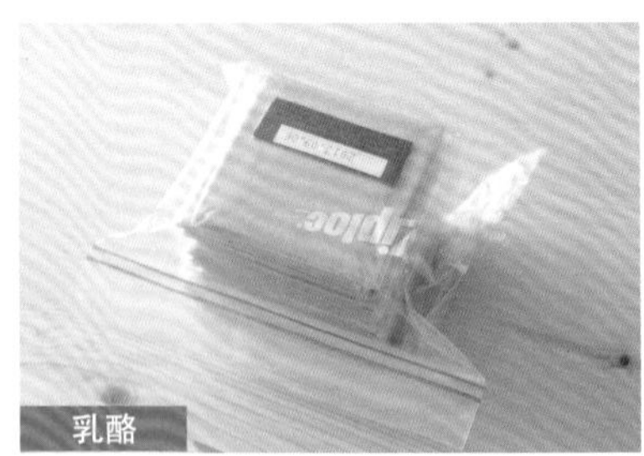

乳酪

密封保存以防变干 乳酪一旦开封，就容易变干，最好先将其用专用容器或保鲜袋装好，放在上面的冰箱门格里。别忘了将产品包装纸上的标签剪下来，与乳酪一起保存。

酸奶

按保质期排放 酸奶的有效期最为重要，因此可以参考便利店放置商品的方法，将新购来的酸奶放在后面，快到期的酸奶放在前面，这样就能避免将酸奶放过期了。

饮料

放在冰箱门格里 将饮料、牛奶等饮品放在冰箱门格里，便于拿取。记住，要将同种食品纵向摆放成一排。

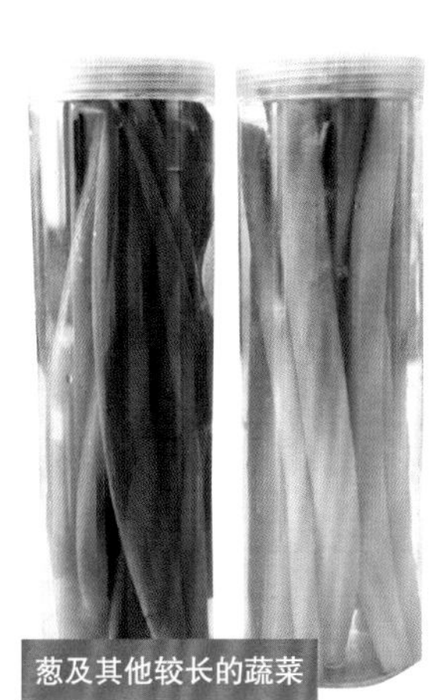

葱及其他较长的蔬菜

竖着放在冰箱门格里 即使采摘后，蔬菜也会为了挣扎着“站起来”而消耗能量。尤其是葱、芹菜、萝卜等较长的蔬菜，如果竖着存放，就能减少40%乙烯气体的产生，从而保持蔬菜的新鲜。因此，我们可以将这类蔬菜装入较长的容器，放在冰箱门格处。如果没有合适的容器，可以先将它们装进保鲜袋内，再竖着放进塑料瓶里！

调味汁

一目了然的收纳方式 “个头”小的调味汁摆在前面，“个头”大的放在后面，确保看起来一目了然。

袋装调味料

存放在一起 袋装调味料易打翻，因此可以将透明的塑料瓶剪成大小合适的容器，把这些小包调味料直立着放在里面。注意不要撕掉它们的保质期标签。

牛奶

用晾衣夹夹住开口 牛奶是易变质食品，因此要用专用夹子夹住开口，这样能够有效保持牛奶的新鲜。如果没有专用夹子，用洗干净的晾衣夹也可以。

03
收纳

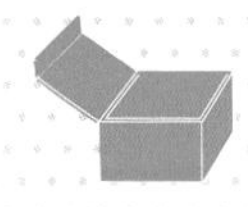

整理冰箱冷冻室

快速提高烹饪速度的冷冻保存法

为了便于使用，可以将剩余的食材冷冻起来！

仅仅使用冰箱冷冻室内的食材，您是否能准备一桌美味的菜肴？挂了霜花，还有一股异味的食物就果断扔掉吧。只要善于利用冷冻室保存食物，即使不逛市场，也能做出可口的饭菜。但也不能将剩余的食材一股脑地都塞进冷冻室存储。在冷冻食物的时候，应考虑到日后做菜的需要，尽可能地做好事先的准备工作。

最大限度地利用冷冻室的秘诀

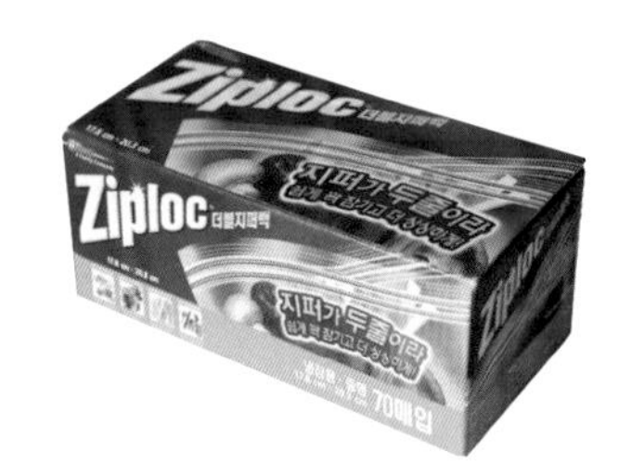

1. 要使用统一规格的自封口保鲜袋

如果保鲜袋太小，就无法装入许多食物。将食物按一人份的大小分好，再用大小适中的自封口保鲜袋保存。

与塑料保鲜袋相比，在冷冻室使用自封口保鲜袋更经济！ 普通的塑料保鲜袋在忙乱时容易撕破，而自封口保鲜袋更耐用，且能反复使用。先将食品放进普通的塑料保鲜袋，再装进自封口袋，经过双重保护，食品既易解冻，又能保鲜。

2. 压扁后快速冷冻

如果将食物按原样冷冻起来，冷冻室就装不了多少东西。为了能够最大限度地利用空间，我们可以将食品先用铝盘压扁，再放到盘子里快速冷冻起来。

不要使用塑料泡沫托盘！ 肉类等食品自带的塑料泡沫托盘会阻碍食物的快速冷冻，因此要先将食品从泡沫塑料托盘取出后再冷冻。

3. 按照一人份的大小分好

为了省去一时的麻烦而将食品整块地冷冻起来，只会给以后增添更多的麻烦。对于大块的食品，要先分好，再装入大小适中的拉链袋，以便随时取用。

4. 抽干空气

肉类和富含水分的食品都易发黏，不过，如果将其装入保鲜袋，并把袋内的空气抽干冷冻，就能避免这个问题。具体做法如下：把一人份大小的食品装入自封口袋，在袋子边缘插入吸管抽干空气，再用托盘放到冷冻室冻起来。

5. 将剩余不多的食物放在前面

将剩余不多的食物装进空的自封口袋中，存放在冰箱冷冻室最前面。

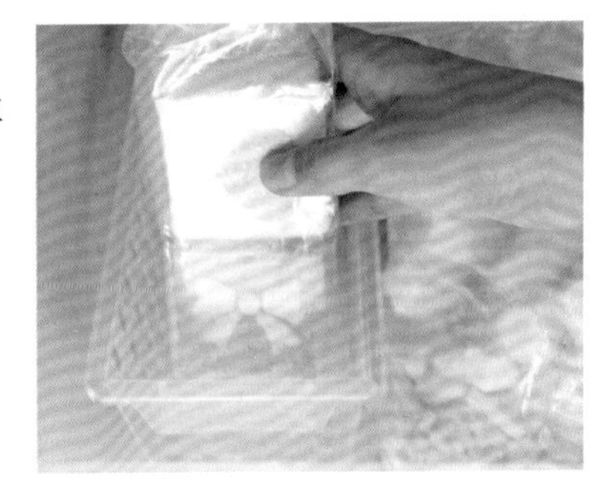

6. 冰箱门格用于存放瓶装食品

冰箱门格的设计非常便于瓶装食品的存放。将食品装进瓶状容器或塑料瓶中，就可以最大限度地利用冰箱门格的空间了。

能使做菜速度提高 3 倍的冷冻食品 Best 3

第一位

冷冻海鲜

能使普通菜肴变得更加美味的秘诀之一就是在烹饪时加入海鲜。如果在每日食用的大酱汤中加入柄海鞘或黄蚬，汤的味道就会更加鲜美。市场上销售的虾、贻贝和海螺等海鲜看起来像是活物，其实大部分是从冷冻状态中解冻了的海产品，买回家后还要再次冷冻，与其这样，倒不如直接在网上冷冻食品专卖店购买海产品，价格既便宜，又不必再次冷冻，产品也更新鲜。在购买黄蚬和章鱼时，切忌购买整块儿冷冻的，要挑选小份冷冻的。

第二位

冷冻切片烤肉

如果觉得切肉很麻烦，那就买像纸片一样薄的冷冻切片烤肉吧。买来后也不用解冻，直接保存就可以啦！在煮汤、火锅或炒菜时放进一片，既方便，又省力。

第三位

冷冻混合蔬菜

提高炒菜速度的方法之一就是减少准备时间。尤其是要做一道多种蔬菜混合的菜肴时，择菜、切菜的活儿，既烦琐又费劲。不过，如果我们事先将红萝卜、豌豆、玉米等各色蔬菜混合后冷冻起来，就可以在许多料理的最后一步加上华丽的一笔。闲暇的时候，将胡萝卜、洋葱、豌豆等蔬菜切好后冷冻起来就可以啦。

冷冻室的隔板

冰箱塞满后，想要再存放某些东西时就没有空间了。为了最大限度地利用冰箱空间，我们建议使用食品收纳箱收纳冰箱里的食品。另外，为了有足够的空间存放成箱买回的鱼干、冰激凌或蛋糕等食品，最好预留出一个空搁板。

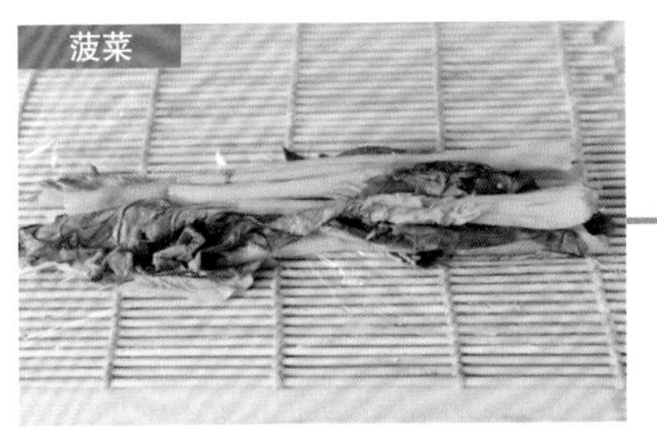

先用水焯好，再用寿司卷帘卷成卷儿

菠菜是常用食材，因此可以事先冷冻起来，这样使用时就会很方便。先用水稍微焯一下菠菜，再在寿司卷帘上铺一层保鲜膜，将一人份的菠菜放在上面卷起来，最后放到自封口保鲜袋里存放。

掰成小块，用水焯好 先将西兰花掰成小块，用水焯一遍，再放进自封口保鲜袋里冷冻起来。

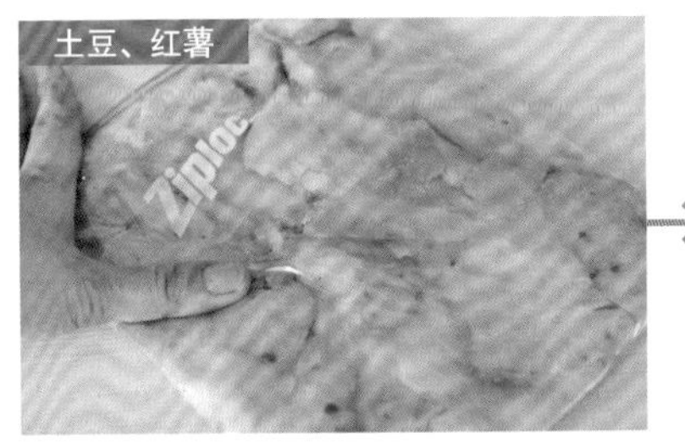

煮熟之后压扁 冷冻之后，土豆和红薯的口感会有所下降。因此，最好是煮熟之后，再压扁冷冻。这样，在微波炉中加热之后，就可以直接掺进三明治和沙拉中食用了。

用水焯后挤干水分 直接冷冻的话，平菇会变色，因此要先将平菇用水焯一遍，挤干水分后再冷冻。按一人份的量分好，装进塑料保鲜袋里存放。

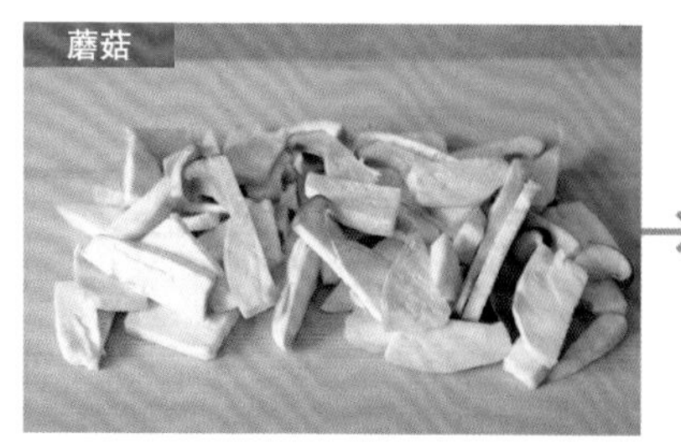

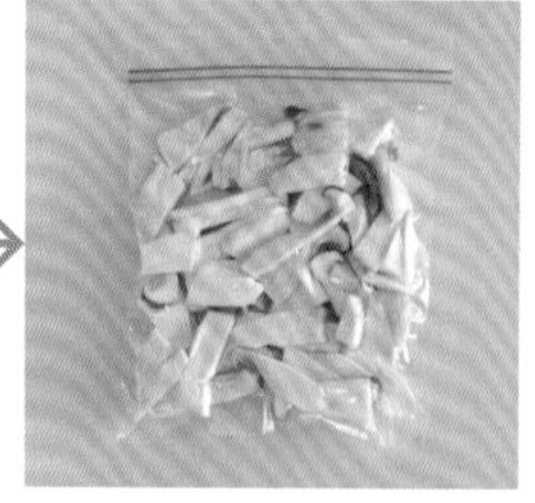

切成薄片 将蘑菇切成薄片后直接冷冻。做汤或蘑菇饼时可以直接使用。

放进自封口保鲜袋 干鱼冷冻后易碎，而将干鱼与包装附带的托盘一起放进自封口保鲜袋里冷冻，就能有效解决这个问题。当然，别忘了把托盘剪成适合保鲜袋的大小哦。

冷冻室抽屉

这里是冰箱中温度最低的地方，用于存放容易变质的各种肉类食品。

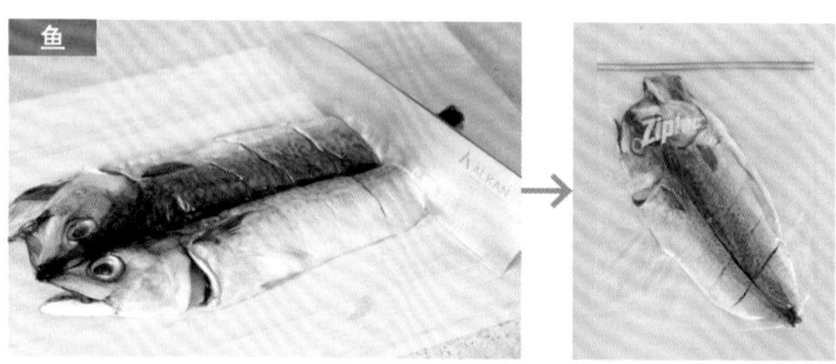

调味后在鱼身上划几刀 鱼要预先调味，再在鱼身上划几刀后冷冻起来。将鱼用塑料保鲜袋包好，放进自封口袋里。另外，脂肪多的鱼易氧化，因此要记好冷冻日期。

洗净后冷冻　黄蚬是做汤和火锅的好食材。多准备些冷冻起来，做汤时加一些会很美味。

切好冷冻　将香肠切好冷冻，解冻后就可以直接食用了。

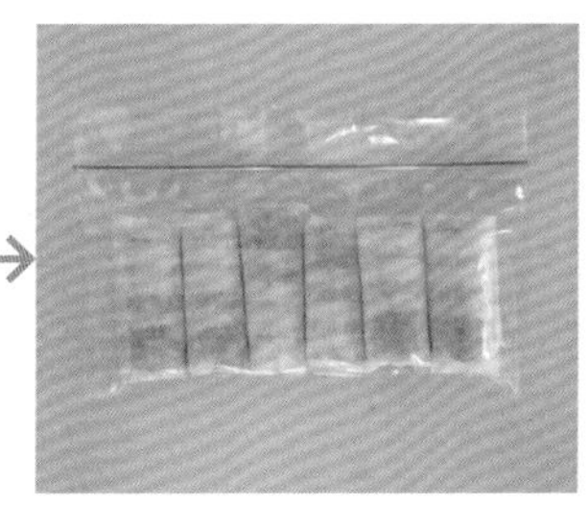

用箔纸保存冷冻　先将培根和火腿放在保鲜膜或箔纸上，然后卷起来放到冰箱里冷冻。

勾芡后冷冻　大虾、猪肉、鸡肉等油炸食品要先勾芡再冷冻。即便是冷冻食材，只要在上面浇一层凉油，然后盖上锅盖进行油炸，就可以炸得香脆可口。

放进酸奶盒冷冻　烘焙糕点一般只用蛋黄，蛋清常常剩下。这时，可以将蛋清放在酸奶盒中冷冻起来。注意，蛋黄易变质，且冷冻后口感会变差，因此不要冷冻。

冷冻室门格

这里是取东西最方便的位置，用于存放经常使用的干鱼和坚果等食物。另外，还可以利用塑料瓶将零星积攒的边角料食材放在门格上，这样用起来就方便多了。

鳀鱼、明太鱼干、海带

放在门格里保存 冷冻室里环境干燥，因此适合存放鱼干。为避免氧化和气味外泄，建议用专用容器保存。海带要先剪成大小合适的片儿，再放进专用容器里。另外，将做汤时经常使用的海带、鱼干等放在一起保存，使用时会非常方便。

辣椒

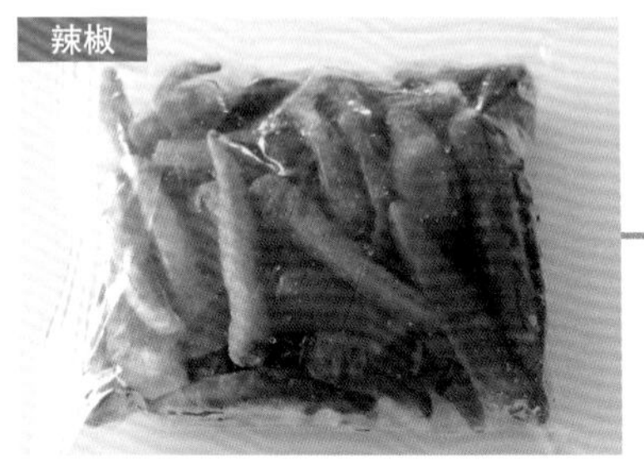

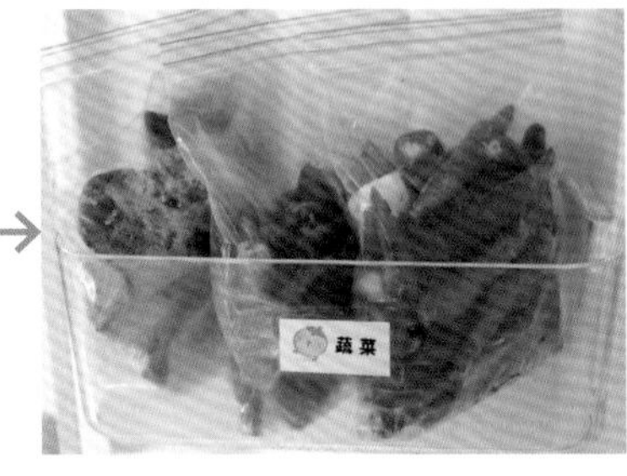

冷冻保存 赶上辣椒价格便宜的时候，就多买些回来，放到冰箱冷冻，做汤或火锅的时候都能用得上。由于辣椒在冷冻状态下也容易剁碎，因此建议将全部辣椒放在一起冷冻。

生姜

先磨碎，再冷冻 生姜放在蔬菜存放格里易发霉，最好先磨碎，放进冰格里冻成小块，再装入自封口保鲜袋里保存。

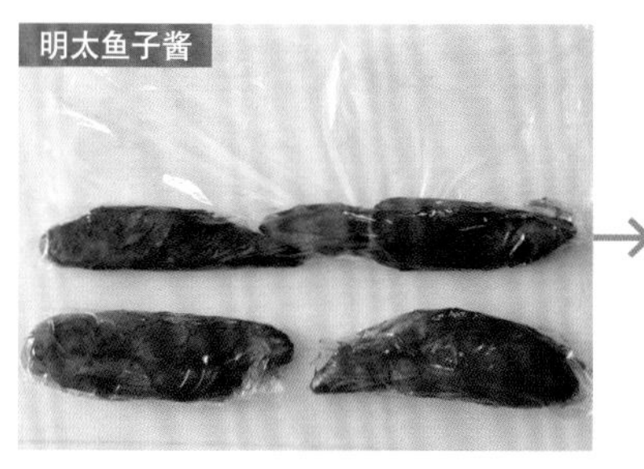

鱼酱发酵后要冷冻保存　明太鱼子酱容易变质，因此，可以将其放在保鲜膜上，像卷寿司一样卷起来，再切成小段，放到保鲜袋里保存。

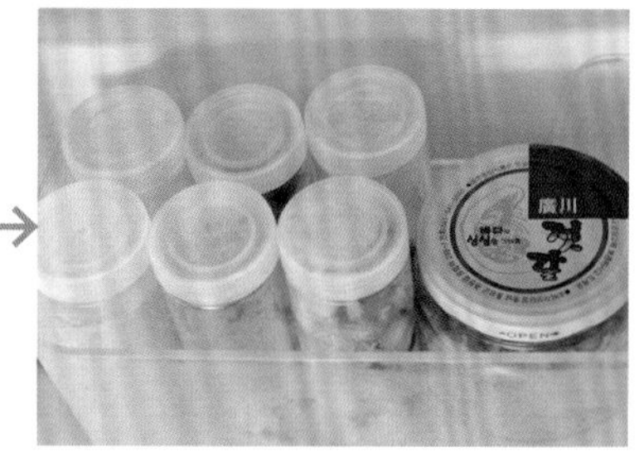

整瓶冷冻　虾酱冷藏会变色，因此要冷冻保存。

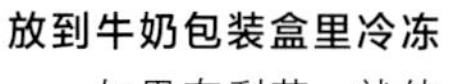

放到牛奶包装盒里冷冻　如果有剩菜，就使用牛奶包装盒保存吧。把牛奶包装盒剪成合适的大小，装入食物后，再用橡皮筋绑紧。由于看不见里面的食物，所以要在牛奶盒上标记菜名和日期。食用时，只需稍稍解冻一下，就可以放到锅里煮或用微波炉加热了。

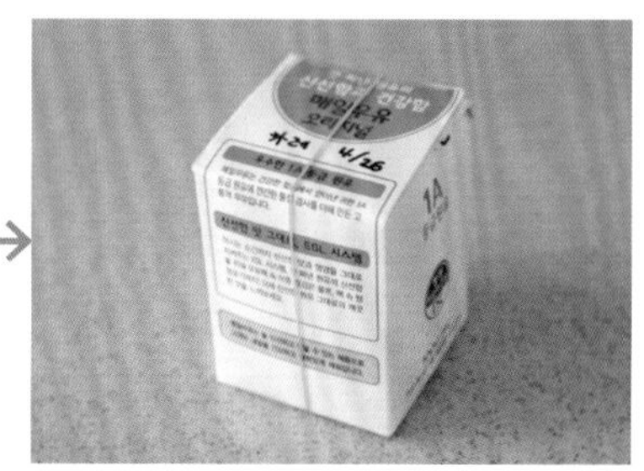

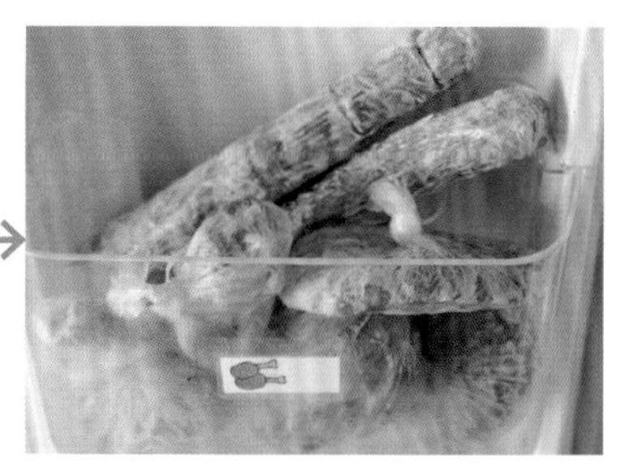

用小保鲜袋保存　将肉分成小份，压扁后装进保鲜袋中冷冻。

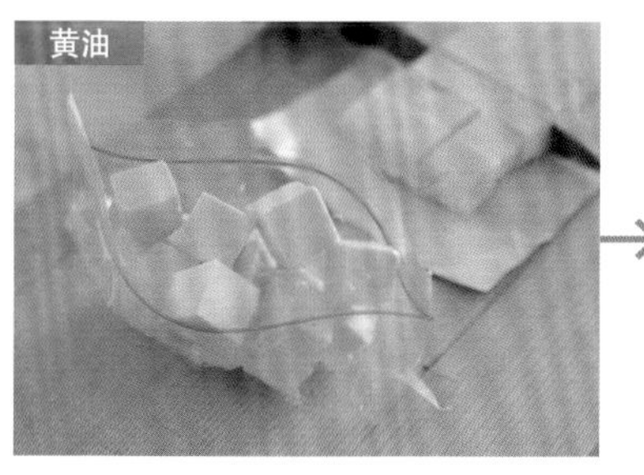

切块冷冻　在炒饭或烤面包时都要用到黄油。可以将黄油切块，放入保鲜袋里冷冻。这样，既方便使用，保存时间也能更长些。

04
料理

制定食谱①
一次性准备好一周的食谱——“3·3·3”食谱

什么是“3·3·3”食谱?

一周的食谱 = 汤类 3 种 + 肉类 3 种 + 蔬菜 3 种

每天逛逛市场，做做饭，主妇们一天的时间就过去了。家里来了客人，主妇们总说：“没准备什么菜，您随便吃点儿吧！”其实，饭菜是否可口，还真不取决于饭菜的数量。有时候花了好长时间做了半天，结果丈夫却不爱吃，宁愿就着泡菜吃米饭。

虽然主妇们总是为做菜发愁，家人却抱怨不断，这让做饭的主妇更感委屈和压力。如果您也遇到了这样的情况，那就试着运用“3·3·3”食谱吧，虽然简单，却十分有效。

运用 3·3·3 公式，制定好一周食谱

1. 一顿饭 = ①汤 + ②肉 + ③蔬菜

出乎主妇们意料的是，老公们喜欢吃的饭菜其实很简单。一碗麻辣美味的汤，一道肉菜，再配上泡菜，就能使他们胃口大开。如果再搭配一道营养丰富的凉拌菜，那就更完美了。

一顿饭基本要有①汤类（汤、火锅）②肉类（肉、海鲜）③蔬菜类（炒青菜、沙拉等）。虽然简单，但却是营养全面、科学合理的饮食搭配。

2. 准备 2 日份的 3 道菜

6 天的饭菜按“①汤 3 种 ×2 日份，②肉 3 种 ×2 日份，③蔬菜 3 种 ×2 日份”的方式准备。

	星期一　星期二	星期三　星期四	星期五　星期六
汤类	明太鱼汤	大酱汤	裙带汤
肉类	烤鲐鱼	炒猪肉	炒鱿鱼
蔬菜类	年糕大杂烩	拌生菜	炒青椒

“3·3·3”食谱的具体实施步骤

1. 准备便条纸

2. 制定 3 份食谱

	星期一　星期二	星期三　星期四	星期五　星期六
汤类	豆芽泡菜汤	泡菜汤	萝卜汤
肉类	烤猪肉	蒸鱼糕	煎肉饼
蔬菜类	凉拌东风菜	凉拌橡子粉	沙拉

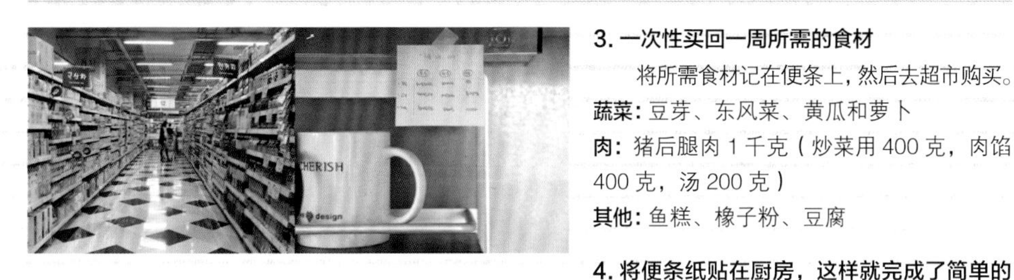

3. 一次性买回一周所需的食材

将所需食材记在便条上，然后去超市购买。

蔬菜： 豆芽、东风菜、黄瓜和萝卜

肉： 猪后腿肉 1 千克（炒菜用 400 克，肉馅 400 克，汤 200 克）

其他： 鱼糕、橡子粉、豆腐

4. 将便条纸贴在厨房，这样就完成了简单的食谱表！

5. 忙碌时在周一准备，闲暇时在周一、三、五准备

汤、砂锅　一次性做好两份汤或火锅，分两顿食用。

凉拌菜、沙拉　一次准备好两份凉拌菜或沙拉的食材，一份用于烹饪，另一份放到密闭容器里保存，这样可以有效节省烹饪时间。

炒菜、蒸菜　可以一次做好两顿的炒菜或蒸菜；也可以准备好食材，配好调料后，将其中一份放到密闭容器保存。

6. 周日吃拌饭！

用剩菜做拌饭，既好吃，又可以为冰箱腾出许多空间。

“3·3·3”食谱的优点

(1) 实践起来非常简单　想要一下子制定出一周 20~30 道菜肴的食谱绝不是件简单的事，而且也难以实践。因此尽量简单地去做吧！

(2) 可以省钱　去超市什么都不买就出来是件挺痛苦的事。将逛超市的次数降低到一次就可以省不少钱。

(3) 可以节省食材　去逛市场，看到东西就有想买的冲动，结果造成家里的许多食物还没食用就变质，不得不扔掉。制定了食谱，按照食谱来购买食材，就不会随意浪费啦。

05 料理 制定食谱②

用同种食材制作 3 道不同的料理

简单食材大变身

主妇们每天都要为“今晚吃什么”而烦恼。虽然买有各种各样的食材，可每天做出来的饭菜还是千篇一律。您是不是也有这样的苦恼呢？其原因就是您的“拿手菜”太少！并不是食材越多，做出的菜就越好吃。对于擅长烹饪的人来说，仅仅用普普通通的洋葱，就可以做出洋葱泡菜、烤洋葱和有开胃功效的酸洋葱三道菜。想知道使您家的菜谱增加的秘诀吗？想知道如何用一种食材做出多种美味佳肴吗？那就一起来学习吧！

活用简单食材，做出美味菜肴

主妇们常常因为没有做饭食材而去购物。那么，究竟是哪些东西塞满了您家的冰箱呢？去购物前，先确认一下自家冰箱里的食品吧。

家中常备的食材：

3 大常备蔬菜：土豆、南瓜、蘑菇

3 大常备干菜：鳀鱼、裙带菜、鱿鱼丝

3 大常备主食：大米、面条、粉条

3 大常备速食食品：饺子、鱼糕、泡菜

3 大常备香辛料：洋葱、大葱、大蒜

3 大常备便宜食材：豆芽、豆腐、鸡蛋

一种食材，多种烹饪方法

即便同一种食材，用煮、炖、熬、焯、蒸、煎、炒、炸等不同的烹饪方法就可以变幻出各种菜肴。比如，胡萝卜常常用作辅助食材，其实它也可以成为料理中的“主角”。通过不同的烹饪方法，我们可以用胡萝卜做成许多美味的菜肴。

胡萝卜×煮=胡萝卜汤

胡萝卜×煎=胡萝卜饼

胡萝卜×用烤箱烘烤=胡萝卜蛋糕

3 步料理大变身，一次做出 3 道菜

同种食材加入不同的调料，就会有不同的口味。只需改变调料，一道菜就能变成 3 道菜。

排骨汤 → 炖排骨 → 麻辣排骨

最具代表性的菜肴就是排骨，只需用不同的调味酱，就会呈现不同口味。

3 种不同的调味酱做出 3 道美味菜肴。

基本食材：牛排 1 千克

向去除血沫的排骨加水，再放入半个生姜、1 头大蒜和 1 根大葱，煮 1 小时左右。

第 2 步（炖排骨）

捞出煮好的排骨 600 克，加入酱料（2 大勺酱、1 勺蒜末、若干胡椒粉）和蔬菜（半根胡萝卜、2 个土豆）后，再熬 20 分钟。

第 3 步（麻辣排骨）

取出 300 克炖好的排骨，加入 1 个辣椒和 1 勺辣椒粉，再煮 10 分钟。

咖喱饭 → 沙拉 → 炖土豆

做咖喱饭时，先准备 3 人份的食材，做 3 道菜肴。由于减少了切菜和煮菜的时间，因此烹饪速度可以提高两倍。

将十豆、胡萝卜、火腿、洋葱加水煮熟，然后捞出三分之二的量，向剩余的菜中加入咖喱粉做咖喱饭。

从捞出的菜中取出一半（去除水分和洋葱），加入沙拉酱，制作土豆沙拉。

向剩下的菜里（包括肉汤）加入酱料（2 大勺酱、半勺白糖、1 小勺蒜末），制作炖土豆。

Bonus

3 步制作 3 道菜肴的优点

制作 3 道菜肴看起来非常麻烦，其实不然。因为这种方法不仅节省了切菜和煮菜的时间，也使烹饪变得更简单了，这便是它的优点。

猪肉卷 → 煎肉饼 → 肉丸

将制作煎肉饼用的肉馅包成各种各样的形状，就可以做出许多菜肴。

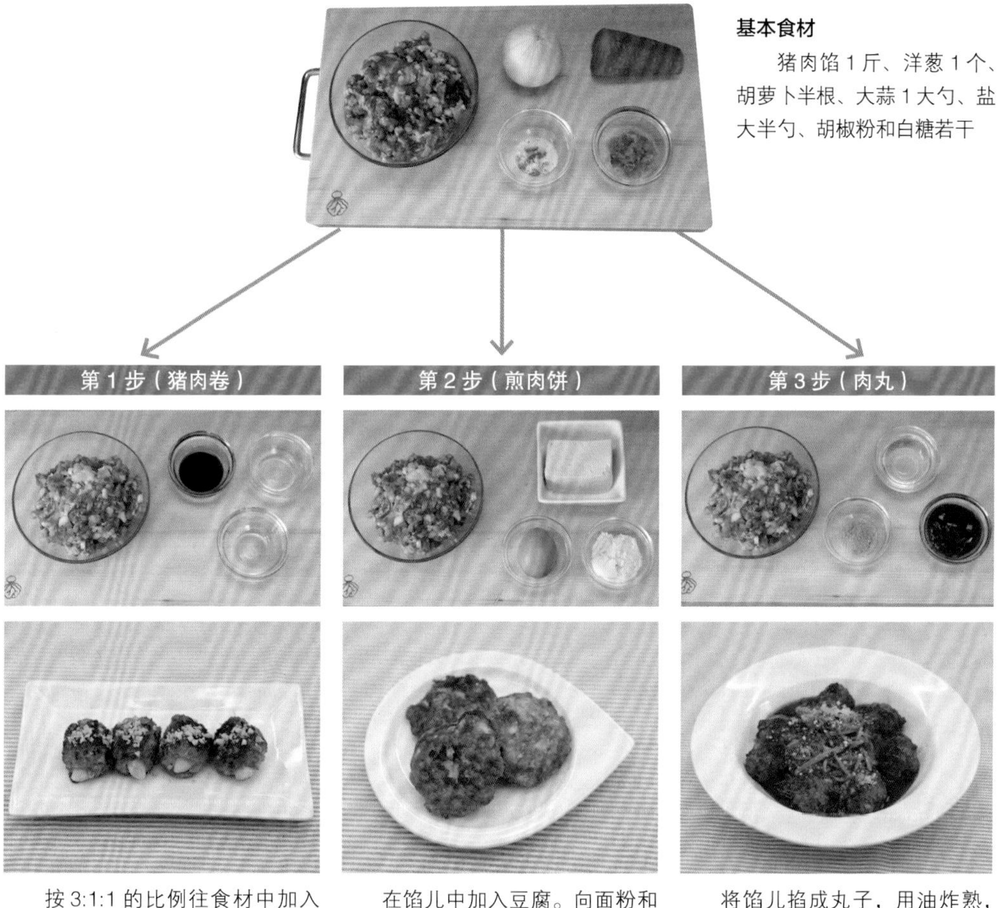

基本食材

猪肉馅1斤、洋葱1个、胡萝卜半根、大蒜1大勺、盐大半勺、胡椒粉和白糖若干

第1步（猪肉卷）

按3:1:1的比例往食材中加入酱油、白糖和香油，再放入年糕，卷好后用油煎。

第2步（煎肉饼）

在馅儿中加入豆腐。向面粉和鸡蛋中加水，然后和馅儿一起搅拌均匀，制作煎肉饼，也可以用饺子皮包饺子。

第3步（肉丸）

将馅儿掐成丸子，用油炸熟，然后每300克加入3大勺酱、大半勺白糖和500毫升水后用火炖。配着意大利面或蛋包饭吃，味道很不错哦。

使用 3 种食材，解决一周的饭菜

使用 3 种食材，变换佐料和酱料，可以做出 6 道菜肴。关键是将食材一次性全部弄好，以缩短每天的烹饪时间。

年糕 + 酱料 = 宫廷炒年糕

年糕 + 辣酱 = 辣酱炒年糕

鱿鱼 + 糖醋辣酱 = 拌鱿鱼

鱿鱼 + 辣酱 = 炒鱿鱼

虾 + 辣酱 = 鲜虾炒饭

虾 + 奶油调味酱 = 奶油意大利面

向美食屋“偷”创意

如今，商业化的餐饮业十分发达，各种各样的美食创意俯仰皆是。所以，想不起做什么菜的时候，就去美食屋里“偷”创意吧！

向小吃店学习菜肴 即使是普通的鸡蛋卷和炒鱼糕，小吃店做的看起来也更诱人。晚饭不知该做些什么的时候，就去小吃店转转吧。在那里，你可以学到如何用普通的食材做出可口的菜肴。

从美食街学习一碗料理 美食街上的饭菜特点就是在一个盘子里放有各种菜肴，这就是一碗料理。平常想把炸猪排当作饭桌上的一道菜，就还得准备两三道其他的菜肴。如果利用一碗料理，将一人份的蔬菜搭配着炸猪排做成一道简单的料理，即使没有其他菜，也很不错。

向美食博客取经 正如“好看的饼，吃起来也香”一样，菜肴也需要搭配和装饰。同一道菜放进塑料盒和放在精美的碟子里，看起来会完全不同。即便是炒年糕，如果放在漂亮精致的碟子里，也会看起来很美味。从现在开始，通过一点一滴地学习，不断增加你的“拿手菜”吧！

06
料理

适合单身族的简单料理

一人享用的 15 分钟快速晚餐

用 15 分钟烹饪法来对抗日益增长的物价和咕咕直叫的肚子吧！

方便面在如今的单身族中很受欢迎。就着鸡蛋和泡菜吃泡面，味道虽然不错，可是长此以往就对健康不利啦。“不能只吃泡面，为了身体健康，要不再吃点别的？”在这种想法的驱使下，便又开始吃速食饺子！一个人生活，最不爱干的家务就是做饭了。因为既没人给自己做饭，也没人让自己做饭，所以常常胡乱地对付一顿就算了。即使家里来了客人，也总是叫一桌子外卖或是简简单单地煮些泡面吃。可是，经常吃泡面或在外就餐，不仅容易发胖，而且花销也很大。为了保持健康和节约开支，就要自己做饭。不要懒省事，其实只要掌握了烹饪技巧，做饭一点也不麻烦。

解决方法　单身族的烦恼一：“一定得做饭吗？”

尽量少在外就餐，多在家里做饭吃

一个人生活虽然不会有大笔的开销，但也要支付房租、交通费、饭钱等日常生活支出。如果顿顿饭都要在外买着吃，那么一个月下来也是笔不小的开支。因此，只有减少饭钱，才能有效地减少生活费。

避免食用罐头

罐头食用方便，打开即食，因此很受单身族的青睐。可是，如果每天都用金枪鱼、刀鱼和午餐肉罐头来下饭，就有可能引起不孕和内分泌失调。健康一旦失去就很难再恢复了。所以尽量不要食用罐头哦。

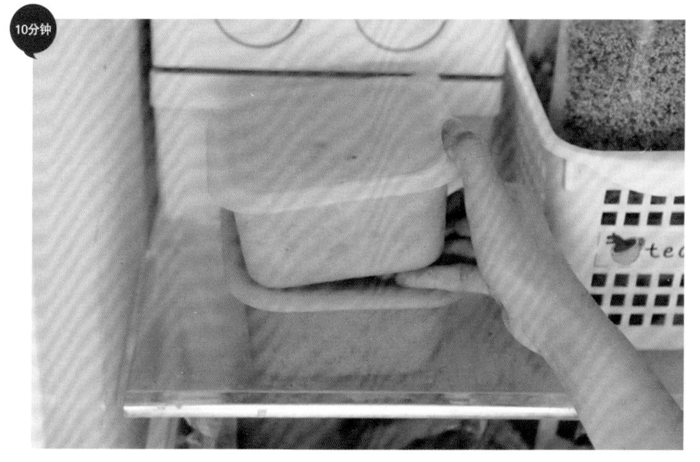

10分钟

将新做好的米饭冷冻起来

虽然刚刚蒸熟的米饭最好吃，但对于一个人生活的单身族来说，每顿都要蒸一碗米饭确实是件麻烦事。因此，最好的方法就是将蒸熟的米饭分成小碗并冷冻起来。不过我们要注意，饭在冰箱里冷冻久了就会变得难吃，因此最好在一周内吃完。

冷冻饭 + 用微波炉加热 2 分钟 = 马上可以吃的米饭

10分钟

多用拌或炒的方法

“我本来就厨艺不好……”即使厨艺不好，也有解决办法。用辣酱拌菜或者用平底锅炒菜，能有效减少做菜失败情况的发生。这些做法虽然简单，但做出来的味道却很不错。另外，可以把生菜用剪刀剪好后放入密闭容器保存，在每次做菜时加入一小把。

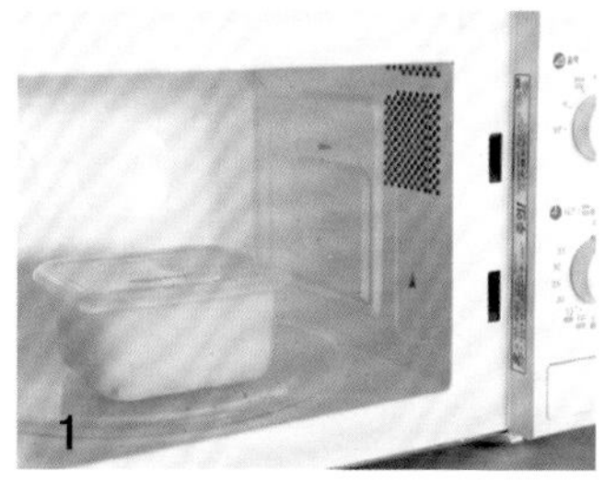

1 将冷冻饭放进微波炉。

2 一两种泡菜，加上金枪鱼等风味美食。如果再有一个煎鸡蛋和一把生拌菜的话，就更丰盛了。

3 加 1 勺辣酱搅拌。

烹饪·适合单身族的简单料理

解决方法 单身族的烦恼二："一般饭菜太复杂，想做简单点的饭！"

从超市购买汤料和调味汁

"我做的菜太难吃了，真是不会做菜呀。"不用担心，使菜肴味道变好的关键是汤料和调味汁。如果自己做不好，那么就从超市购买汤料和调味汁吧。这样既能减少煮汤和制作调味汁的时间，又能使菜肴变得美味可口，一箭双雕，何乐而不为呢？如今市场有许多健康的调味料，比如不添加味精的原物调料和直接磨碎鳀鱼、海带制成的天然调料。因此，在挑选调料的时候，要仔细选购这些健康无添加的产品。

快餐食品与营养蔬菜的搭配

15分钟

单身族的食物主要以方便面、盖饭或炒饭为主。但是这类食物虽能填饱肚子，却无法保证营养均衡。因此，对于想要省事的单身族来说，最好的方法是家中常备两种以上的蔬菜，搭配快餐食品食用。这样既省时省事，又能保持营养均衡。当然，蔬菜最好选择生菜、小白菜、洋葱、卷心菜、甜椒和西兰花等。这些可是百搭蔬菜哦！

+

煎饺 + 生菜（小白菜）= 煎饺沙拉

+

肉丸 + 蘑菇 = 蘑菇肉丸

+

奶油汤料 + 西兰花 = 奶油西兰花汤

购买现成佐料，烹制超级简单的砂锅菜

一个人生活，每顿饭都要准备几道菜肴也不太可能。这时，美味的砂锅菜就是一个不错的选择。砂锅菜营养丰富，省时省力。即使没有其他菜肴，也能成为丰盛的一餐。试着在砂锅中加入肉、蔬菜、豆腐等喜欢的食物吧。

1

将所需的各种食材切好。

2

放入食材 + 两杯水 + 汤佐料，用火煮开就做好了！

每次做好两份的量！

试着养成每次做饭都做两份的习惯吧，一份当晚饭，另一份当第二天的早饭。做炒饭的时候也可以这样，一份当晚饭，另一份只要第二天早上稍稍热一下就能吃了。还可以将食物做成饭团，放进保鲜袋，第二天早上放进微波炉稍稍热一下即可。

用杯子蒸米饭，只需 10 分钟 10分钟

如果想吃米饭，那就试着用杯子蒸一杯吧。使用微波炉，只要 10 分钟，就可以做出热乎乎的米饭哦。

1

向杯子里舀 3 勺米。

2

注入高出大米 3 厘米的水，并盖上盖子浸泡 3 分钟。

3

放在微波炉里转 3 分钟 + 暂停 1 分钟 + 再转 3 分钟。

小贴士： 水开了的话很容易溢出来，因此最好在杯子下面垫上一个盘。

4

大功告成！只要 10 分钟，就可以做出热乎乎的米饭。

像煮泡面一样简化烹饪过程

将制作大酱汤的步骤由六步简化为两步。

1 择菜、切菜

2 做鳀鱼汤

3 放入大酱

4 放入不容易煮熟的蔬菜

5 放入容易熟的蔬菜

6 放入豆腐

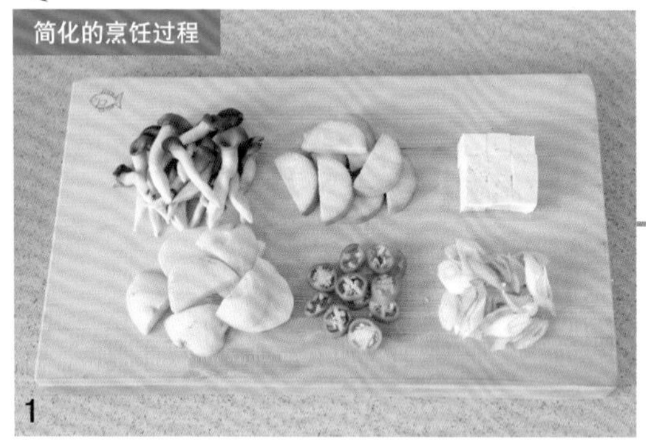

择菜、切菜。

向食材中加入大酱、鳀鱼、蒜泥和水，然后开火煮。

做咖喱汤也是如此。通常的做法是先炒肉，再放入蔬菜翻炒，然后加水煮。如果直接把各种食材放入水中煮，就可以缩短烹饪时间。当然，它的味道比一般做法做出来的要稍稍逊色，但却有一个优点——能够最大限度地保存食物的营养。

解决方法　单身族的新烦恼：“怎样才能不浪费食物？”

将菜肴装到盘子里食用

一个人生活，常常会遇到这样的情况：菜放得太久了，不得不扔掉。因此，我们可以在每次吃饭的时候，只取出够吃的菜放在盘子里。另外，可以将各种菜放在一个大盘子里，这样，既能减少洗碗数量，又能达到适量饮食的效果。

休息日自制方便食品

利用闲暇的周末，试着自制一次方便食品吧。将购买的食材全部择完、切好，然后分成两份，一份现做，另一份放到密闭容器或真空袋中保存。这样，下次做饭时，就可以随时使用已经准备好的食材，省时省力。

用 3 个塑料瓶来存放 5 千克大米，比米桶更好用！

对于单身族来说，5 千克的大米常常能吃好几个月。许多人都用米桶来储存米，其实，如果想让大米保持新鲜，用塑料瓶储米更合适。使用塑料瓶储米，大米不生虫，夏天也容易放进冰箱。只需使用 3 个塑料瓶，就可以存储 5 千克大米。

将一个小塑料瓶拦腰剪开。

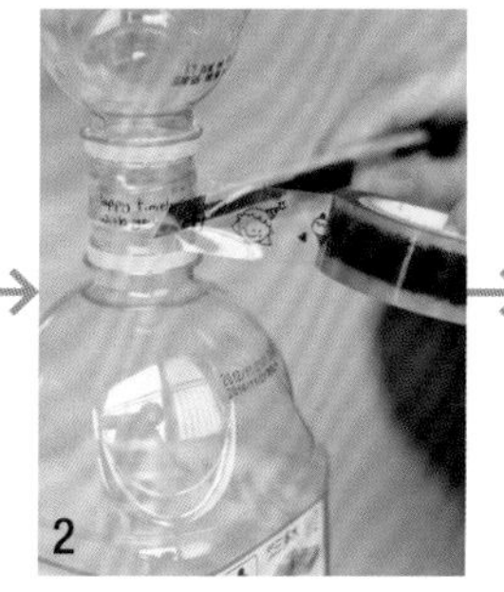

使用透明胶布将两个瓶口连接起来。

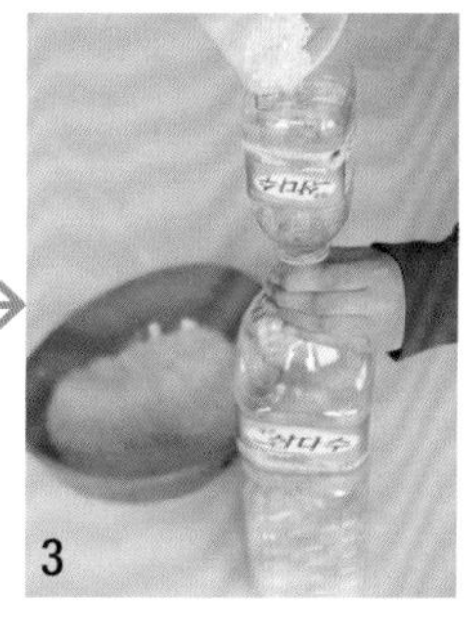

使用这个用塑料瓶制作的漏斗可以快速装好大米。

将食物垃圾存放到冷冻室里

为了不使食物垃圾产生异味，可以将其冷冻起来。将垃圾袋用夹子夹住后，放进冰箱冷冻室，等积攒到一定数量后，再一起丢掉。

将做大酱汤的食材冷冻起来

想做大酱汤，可一打开冰箱，发现蔬菜都坏掉了，您有过这样的烦恼吗？想要避免这种情况发生，那就将制作大酱汤的食材冷冻起来吧。先将蘑菇、辣椒、土豆和豆腐等切好，然后装进自封口保鲜袋冷冻起来。烹饪时，只需在水中放入大酱，等水开后，再直接加入冷冻的食材，一碗美味可口的大酱汤就做好啦。

充分利用两种食材

如果做饭所需的材料少而简单，整理冰箱就会很容易，还能减少择菜和洗碗的时间，同时又能减少最令单身族头痛的食物垃圾问题。因此，在购买食材时，要尽可能选择简单的主材料和能与之搭配的辅助材料，然后充分利用这些食材。这样做不但有上述优点，而且还能节省开支。

使用“卷心菜 + 鱼糕”两种食材制作 5 道菜

1. 卷心菜鱼糕汤

① 卷心菜切成四方形，鱼糕切成 0.5 厘米的薄片，胡萝卜切丝。

② 将食材放入鳀鱼汤，煮开后加盐和大蒜调味。

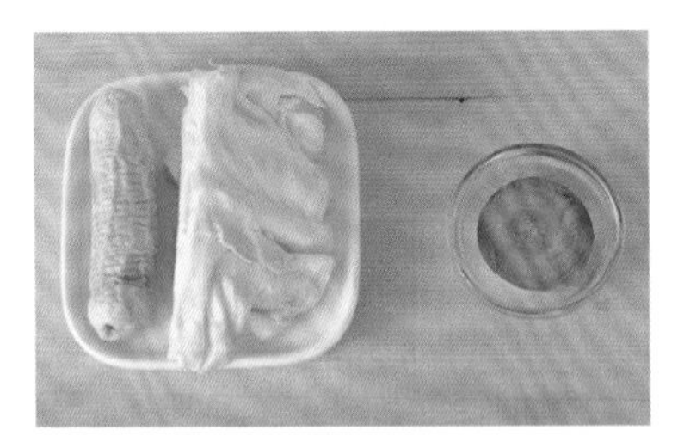

卷心菜、鱼糕 + 胡萝卜 = 卷心菜鱼糕汤

2. 炒年糕

① 将卷心菜和鱼糕切成同样大小的正方形，将年糕切好。

② 用平底锅翻炒，倒入肉汤，以 3:2:1 的比例放入辣酱、白糖、酱油，熬干后放入大蒜和大葱。

卷心菜、鱼糕 + 年糕 = 炒年糕

3. 卷心菜炒鱼糕

① 将卷心菜和鱼糕切成三角形，胡萝卜切丝。

② 放入锅中用中火翻炒，然后按 6:4:1 的比例放入酱油、饴糖和大蒜。

卷心菜、鱼糕 + 洋葱、胡萝卜 = 卷心菜炒鱼糕

4. 卷心菜炒乌冬面

① 卷心菜切成四方形，鱼糕和胡萝卜切成丁。

② 将带塑料包装的乌冬面放到微波炉里热 1 分钟，再放在漏网上用冷水冲一下。

③ 用平底锅翻炒蔬菜和乌冬面，然后按 2:2:1 的比例放入蚝油、酱油和大蒜。

卷心菜、鱼糕 + 乌冬面、胡萝卜 = 卷心菜炒乌冬面

5. 卷心菜鱼糕丸子

① 将卷心菜和鱼糕（或蟹棒）切碎。

② 按每 200 克食材 1 个鸡蛋和 2 大勺蛋黄酱的比例放入鸡蛋和蛋黄酱，然后再放入面包粉，揉成丸子。

③ 将丸子裹上面粉后用油炸。

卷心菜、鱼糕 + 鸡蛋、面包粉、蛋黄酱 = 卷心菜鱼糕丸子

07
好点子

合理选择工具，提高切菜速度

根据食材选择切菜工具，大幅缩减切菜时间

切菜也要讲技巧

切菜看似简单，却大有学问。刀不快、手又笨的人切菜，不仅会破坏蔬菜的纤维结构，损害菜肴的味道，而且还会浪费大量时间。不过，即使您手艺不好，也不用担心，只要改善切菜的方法，速度就会提高很多。另外，除了菜刀，灵活运用剪子、削皮器等工具，也可以在没有菜板的情况下简单快速地切好菜。一起来了解一下可以有效提高做饭速度的“切菜技巧”吧。

使用菜刀

切葱丝

将大葱切成两半后再切丝，这样大葱就不会滑动了。

切葱末

在大葱两面斜着切，切的同时弄碎。

萝卜丝

将又硬又圆的萝卜切丝是件很困难的事。不过，如果先将其切成片薄片，就能切出粗细均匀的萝卜丝了。

将萝卜切成 5 厘米厚的圆块。

顺着萝卜的纤维纹理纵向切薄片。

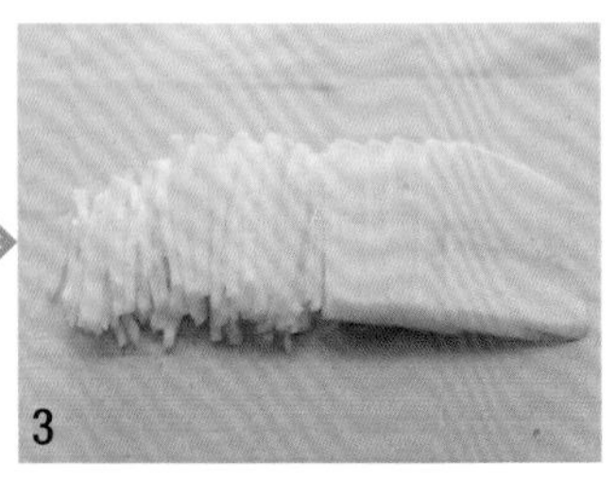

每次取 5 片萝卜切丝。

葱丝

将葱展开，这样就容易切丝了。

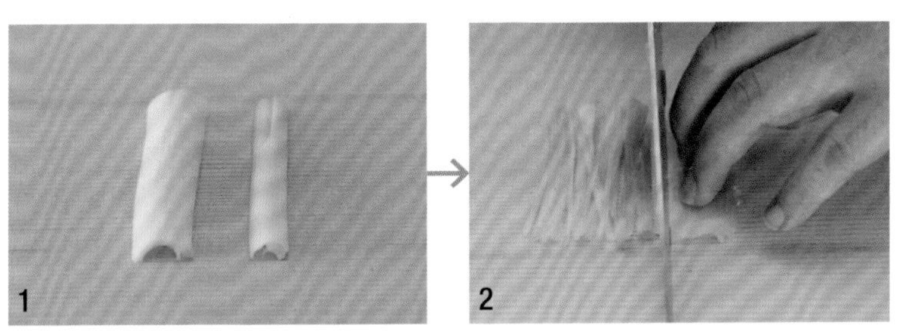

将葱切成 5 厘米的长段，然后切成两半。

将葱展开，然后切丝。

大蒜

切蒜和切洋葱一样，横竖交错地切，就能在短时间内切好。

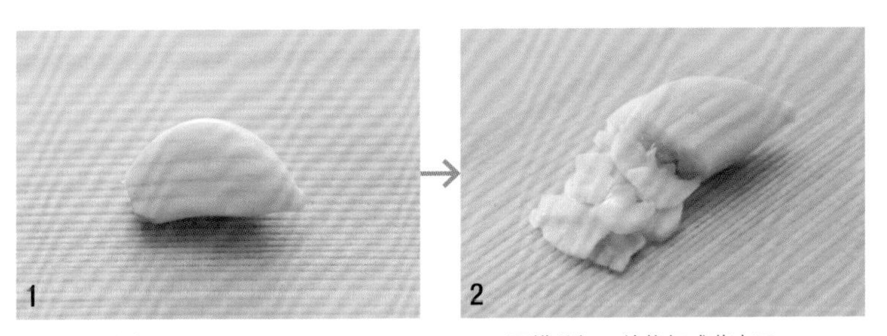

先纵向切几刀。

再横着切，就能切成蒜末了。

柿子椒

将柿子椒翻过来切。

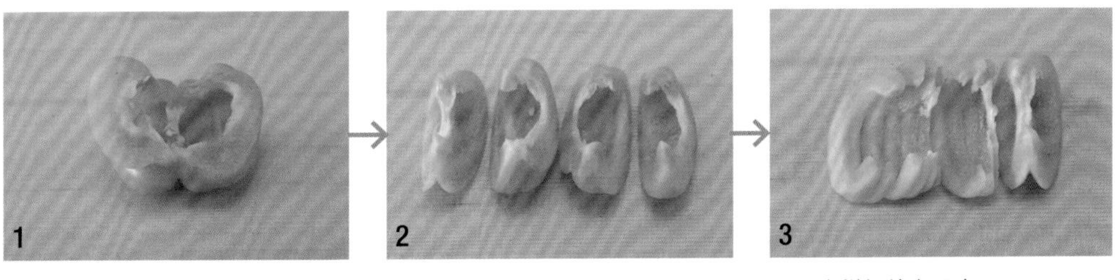

对半切开，将里面朝上放。

顺着柿子椒的沟纹切开。

这样切就容易多了。

西红柿

切西红柿的时候，刀容易滑，这样会压碎西红柿。如果用刀尖在西红柿上划一刀后再切，就可以轻松利落地切好西红柿了。

香肠

只要有一根竹签，就能把香肠切成螺旋状。这样做能使香肠受热均匀，不仅口感好，而且夹在热狗里，还能充分吸收酱汁。

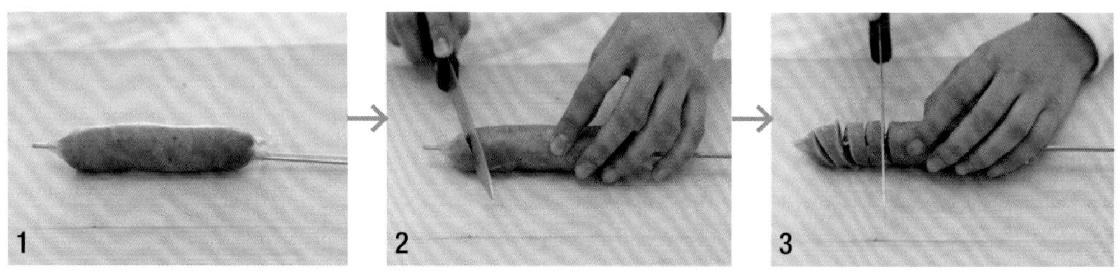

1 用竹签串好香肠。

2 从香肠的一端开始斜着切。

3 边切边转动香肠，就会切成螺旋状。

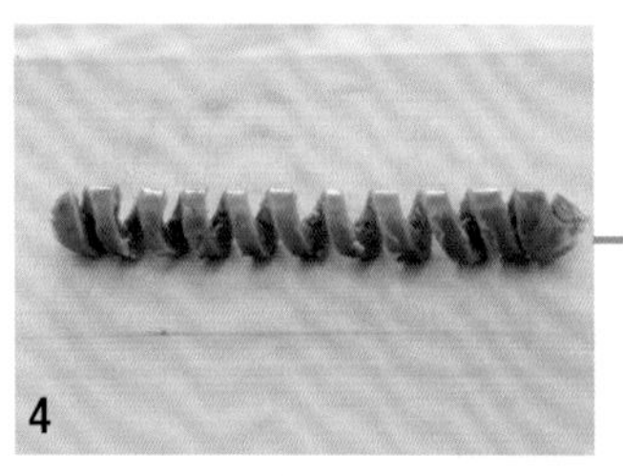

4 抽出竹签，螺旋状的香肠就切好了。

5 用平底锅烤的话，不仅口感好，而且也能充分吸收佐料。

火腿

做三明治的时候，如果想把火腿片切成厚薄相同的片儿，可以用牛奶盒套住火腿，然后紧贴盒的边缘切。这样既不会沾到手上，又可以把火腿切得很整齐。切肉冻或肉块的时候，也可以利用这个方法。

油菜

油菜梗很硬，不易熟，因此可以将油菜梗切成小块。这样做既容易入味，又能节省做菜时间。

使用削皮器

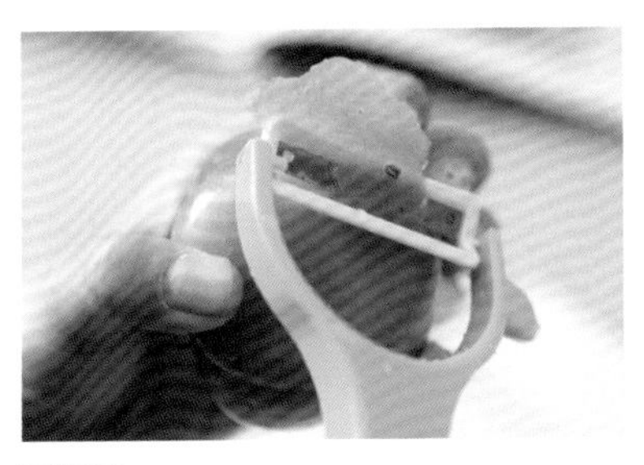

西红柿

西红柿和猕猴桃的皮都与果肉相连，很难剥掉。但是使用削皮器，就可以轻松地把皮剥下来了。

卷心菜

卷心菜切丝时，使用削皮器比使用菜刀更容易。先将卷心菜 4 等分，然后使用削皮器顺着卷心菜的纹理削丝，这样削出的菜丝比用刀切的更薄。

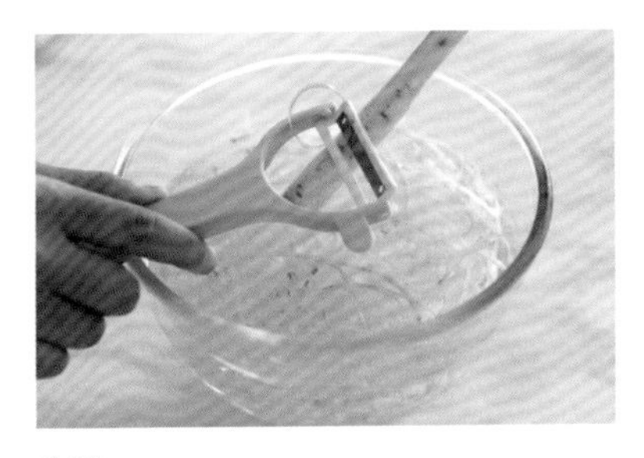

牛蒡

即使是硬邦邦的牛蒡，也可以用削皮器削丝。先在碗里准备好食醋，然后左手拿稳牛蒡，右手拉动削皮器就可以了。

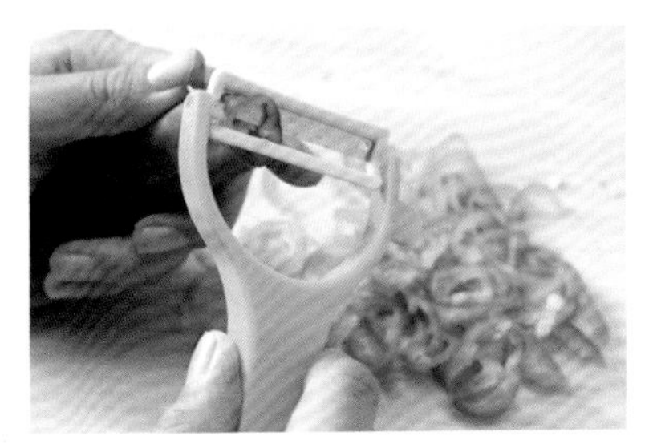

黄瓜、辣椒

黄瓜和辣椒的表皮都很滑，切起来很困难，但使用削皮器，就可以轻松将其切成薄薄的圆片。

土豆、胡萝卜

先划几刀，再用削皮器削，就可以将土豆和胡萝削成细丝。

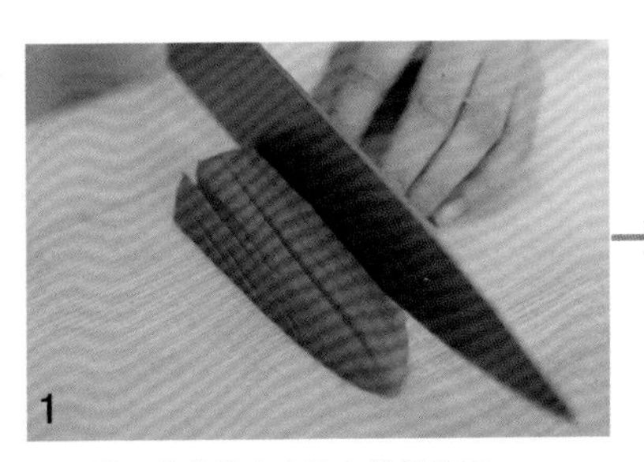

用刀在蔬菜表皮均匀地划几刀。

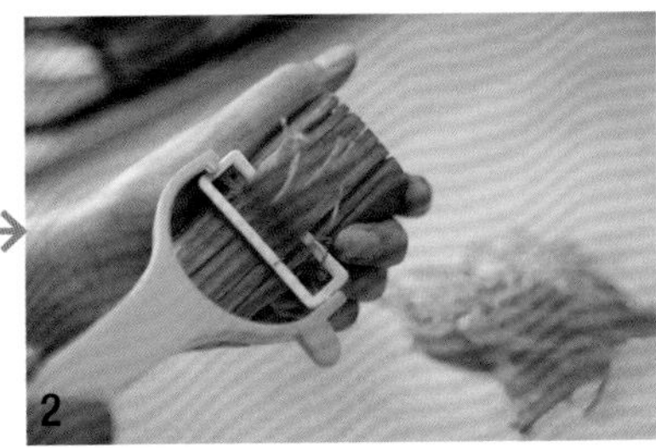

使用削皮器削丝。

使用线

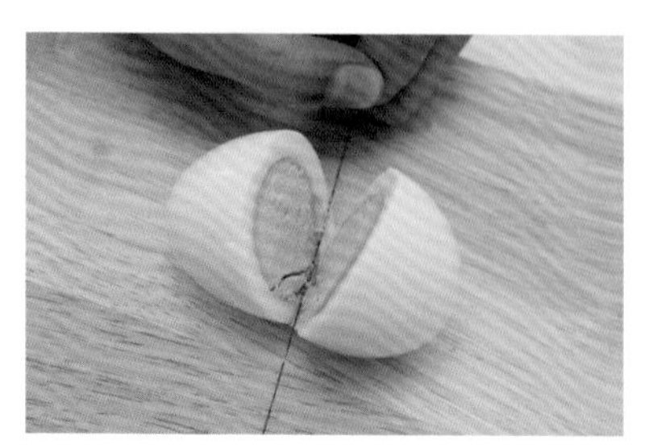

鸡蛋

用刀切鸡蛋，蛋黄很容易被压碎，外形也就不美观了。如果不想破坏鸡蛋漂亮的外形，就试着用线切吧。两手拉紧线，往鸡蛋上切一下就行了。

王冠形鸡蛋

使用牙签和线可以做出王冠形鸡蛋。

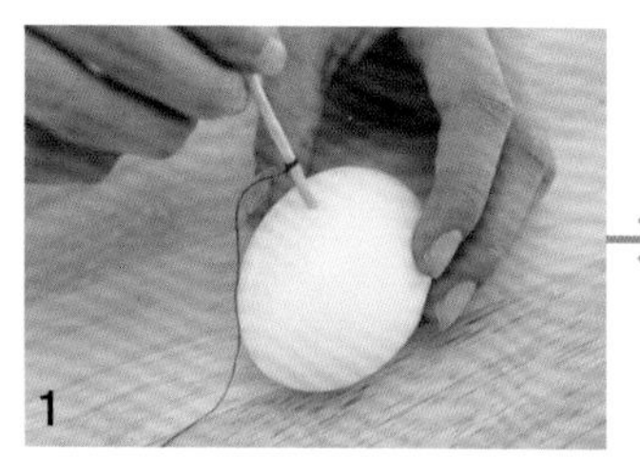

将线绑在牙签上，插在鸡蛋中央。

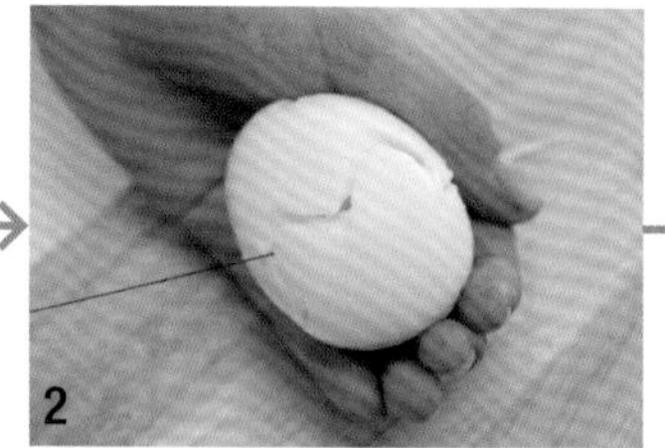

拽住线头以“之”字形切鸡蛋。

一圈下来，鸡蛋就成了美丽的王冠形。

使用剪刀

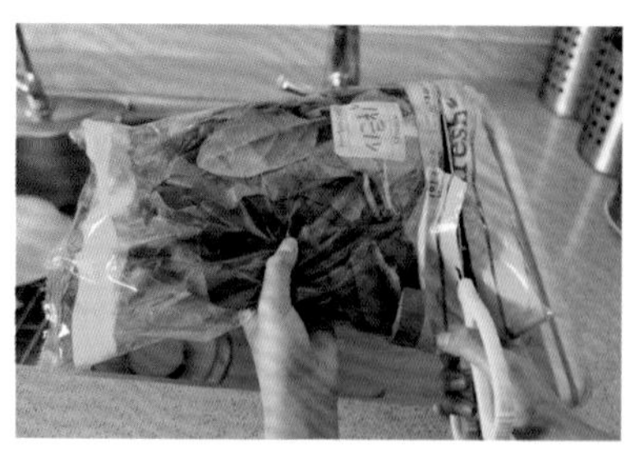

菠菜

冬季的菠菜无论洗多少遍，还是会有沙子。原因就在于菠菜的根部夹带了许多沙子。用剪刀把袋装菠菜的根部剪掉，再用水冲洗两三遍就能洗干净了。

大酱汤

在忙乱的早上，即使不用菜刀和案板，只用剪刀，也可以处理好食材。学生一般不会使用菜刀，这时就可以使用剪刀代替，既方便又安全。

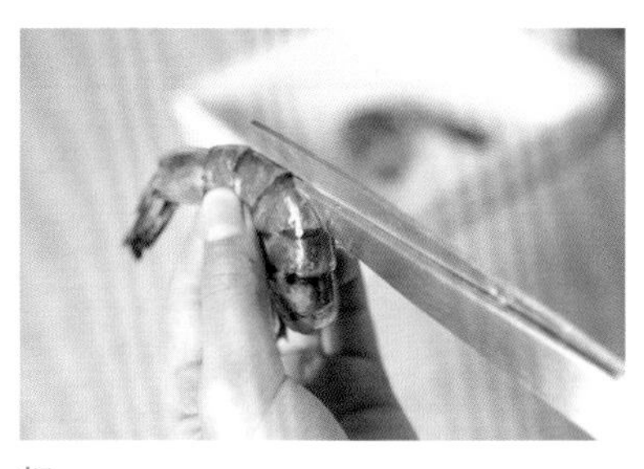

虾

使用剪刀，可以在极短的时间内收拾好大虾。在虾背上剪一下，轻轻剪开后，虾皮就会自然剥落，并且虾线也能很容易剔除。

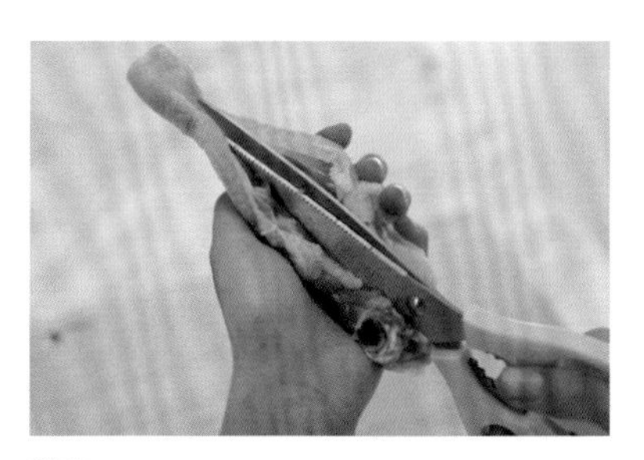

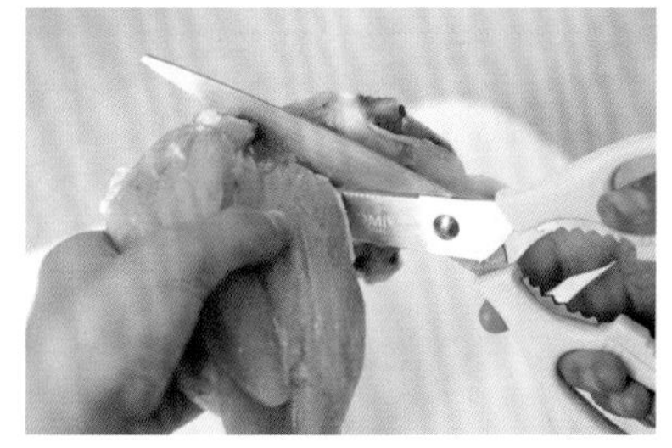

鸡肉

处理鸡肉时，使用剪刀最方便。用剪刀将鸡肉剪开，展平，接着把骨头剔除，这样就可以做鸡排啦。

鱼

刮鱼鳞时，也可以使用剪刀。左手拿鱼，右手拿着剪刀刮。这可比用刀安全方便多了。同时，由于右手可以控制刮鱼鳞的方向，能防止鱼鳞乱溅，收拾起来也很方便。

生菜、苏子叶

将菜叶卷成一团后，用剪刀剪成丝。即使不用案板，也能轻松做好拌饭用的蔬菜丝。

使用叉子和勺子

葱丝

用叉子将葱从上至下划开，就成葱丝了。取10厘米左右的葱段，用叉子插住，然后向下划一下，葱丝就做好了。

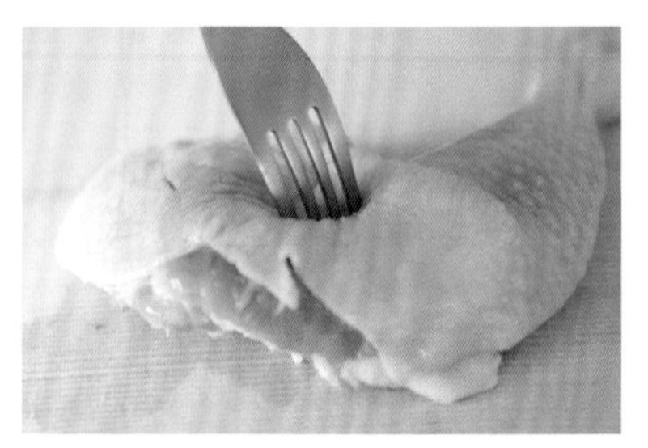

鸡肉

用叉子戳刺鸡肉，这样盐、胡椒、料酒等佐料就容易渗到鸡肉里了。

鹌鹑蛋

使用小勺，可以干净利落地给鹌鹑蛋剥皮。

先用手剥掉一部分蛋壳。

再在蛋与蛋壳之间插入小勺转一圈，这样鹌鹑蛋的蛋壳就剥掉了。

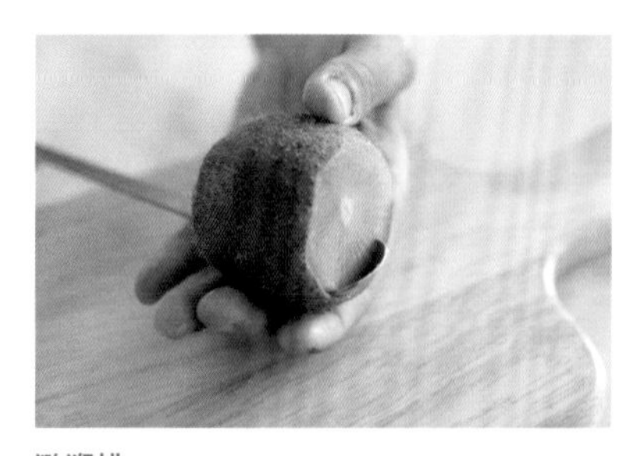

猕猴桃

先用刀切去猕猴桃的两端，再插入小勺转一圈，这样既不会弄脏手，又能剥去猕猴桃的外皮。

橙子

剥橙皮时，手指甲常常会被染成黄色，如果使用勺子，就可以避免这种情况，干净利落地剥掉橙皮。

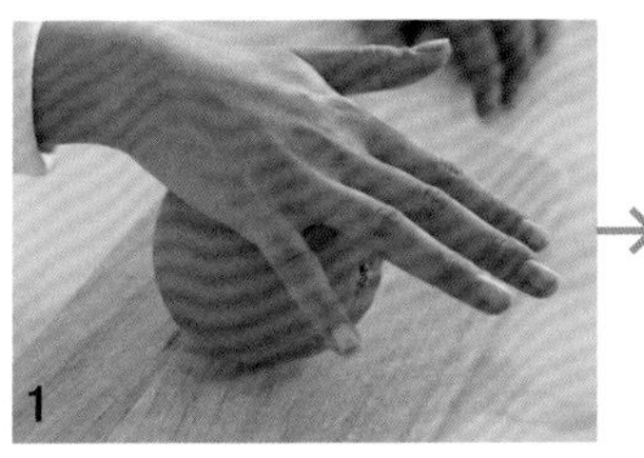

先将橙子放到地板上滚一圈。

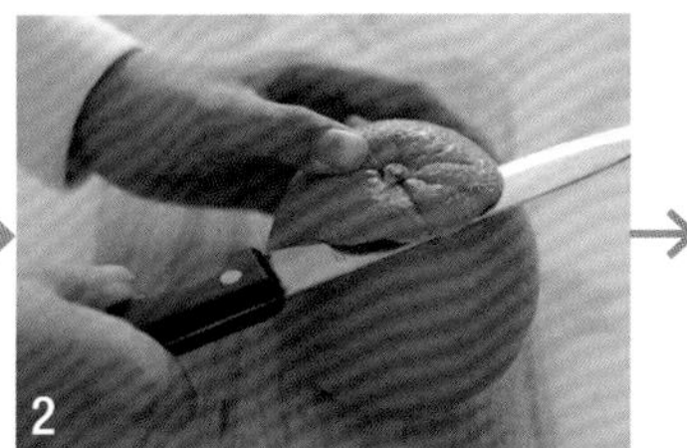

切掉橙子蒂部。

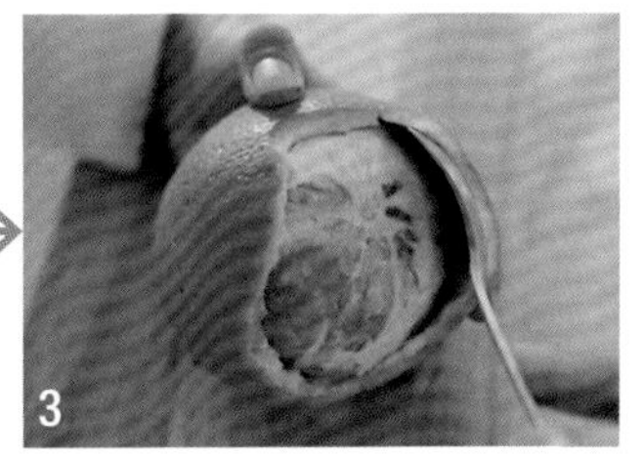

在橙皮与果肉之间插入小勺转动，这样就能轻松地剥掉橙皮了。

柠檬

先将柠檬放到地板上滚一圈，再切成两半。将叉子叉在柠檬果肉里，上下搅动，这样就能轻松挤出柠檬汁了。

如果只需少量柠檬汁，可以用筷子在柠檬上扎一个小孔，插入吸管，这样就能挤出少量的柠檬汁。用保鲜膜将剩余的柠檬包起来，可以长时间保存。

利用瓶盖

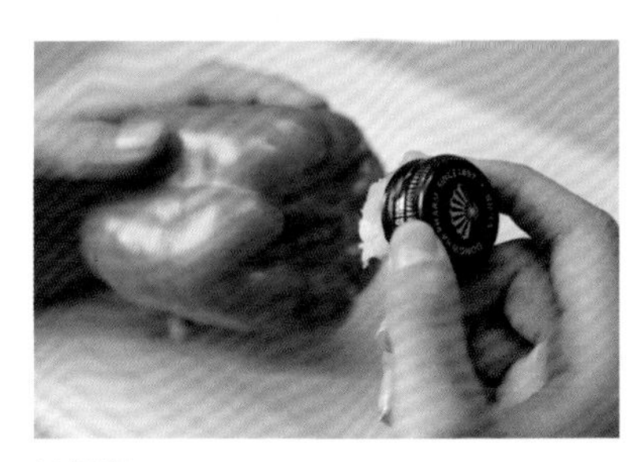

柿子椒

将瓶盖扣在柿子椒蒂上转一圈，就能把柿子椒蒂去掉了。

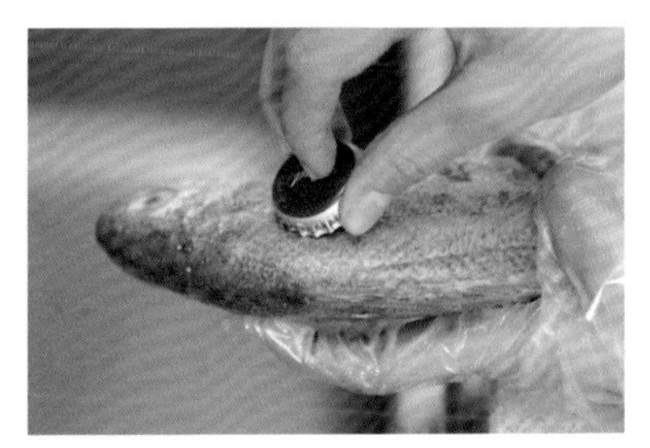

刮鱼鳞

用啤酒瓶盖刮鱼鳞。啤酒瓶盖边沿有锯齿般的凸起，可以轻松地去除鱼鳞，并且去除的鱼鳞都留在了瓶盖里面，不会到处乱溅。注意：瓶盖使用后一定要擦净晾干，以防生锈。

去除食材外皮的妙招

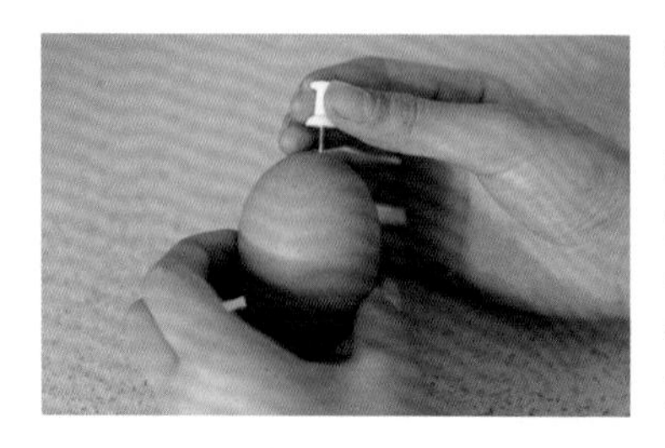

鸡蛋

煮鸡蛋前，先在鸡蛋的一端扎个孔，这样鸡蛋煮好以后就容易剥皮了。受鸡蛋内部气压的影响，越是新鲜的鸡蛋，煮好以后剥皮就越费劲。如果煮鸡蛋前，先在鸡蛋的一端扎个孔，鸡蛋里面的气体就会跑出来，在煮的过程中就不容易破裂。同时，加热后，水流进鸡蛋里面，使得鸡蛋煮好以后更容易剥皮。

土豆

炒土豆时，最花时间的工作就是去土豆皮了。如果仿照煮鸡蛋的方法，就可以快速剥掉土豆皮。

将土豆洗干净，用刀在土豆中间横着划一圈。

将土豆放进开水煮两三分钟后再放进冷水里浸 1 分钟。注意不要将土豆煮熟。

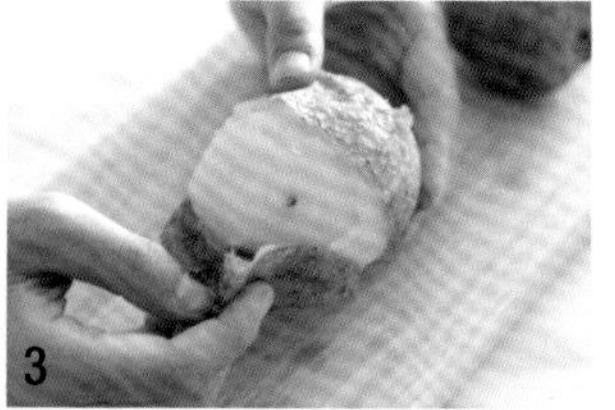

顺着刀口一拽，土豆皮就剥下来了。

栗子

栗子皮不好剥，可如果使用高压锅的话，连栗子的内皮也能像橘皮一样被轻松地剥下来。这是因为栗仁和内皮间有少量的空气，经过高压后，随着压力逐渐减小，栗子膨胀，外皮就会开裂，这时剥栗子皮就容易多了。

在栗子的尖端划出十字形口子。

小贴士：先将栗子在水里浸泡一两个小时，再用刀划口子就比较容易了。划口子时，不要将栗子放到案板上切，最好一只手拿着栗子，另一只手拿着水果刀划，这样既安全又方便。

向高压锅里注水，水面要没过栗子。用高压锅煮 7 分钟后，熄火，打开锅盖，马上放掉蒸气。

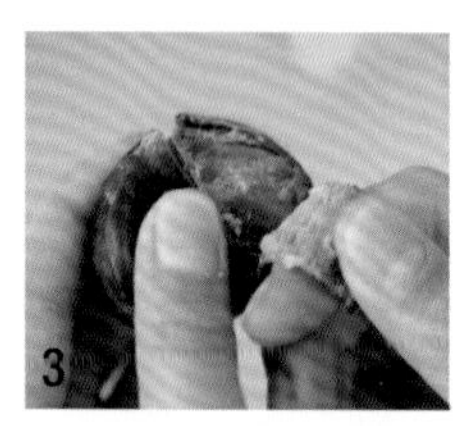

从栗子开口处轻轻一剥，栗子皮就掉了。

看到灰白色的栗仁了吧？这样栗子就剥好了。

西红柿　制作番茄汁或番茄酱时，使用叉子可以快速剥掉西红柿皮。

在西红柿上划出十字形刀口。

用叉子叉住西红柿蒂，放在燃气灶上转着烤，将表皮烤熟。

从划口的位置往下轻轻一拽，西红柿皮就掉了。

大蒜　将大蒜放进微波炉里加热 20 秒，大蒜内部的水分受热变成水蒸气，这时用手轻轻一捻，蒜皮就掉了。加热 20 秒左右，大蒜不会被烤熟，因此不会变味。需要注意的是，整头蒜加热 20 秒就够了，不要加热太久。

切掉整头蒜的根部。

把蒜放到盘子里，然后放到微波炉里加热 20 秒。

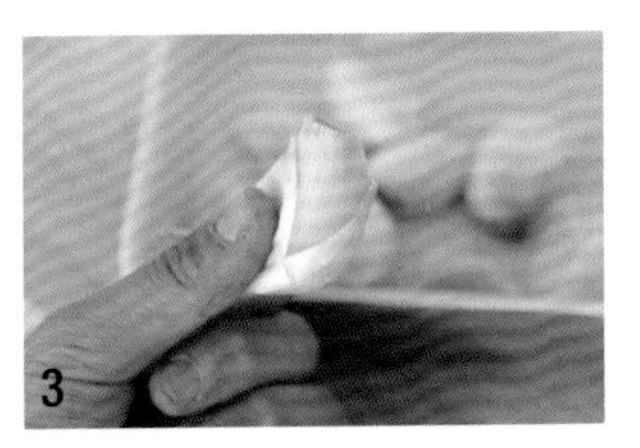
小贴士：加热过程中，大蒜内部的水分会受热膨胀，发出响声。加热后，只需用手轻捻蒜瓣，蒜皮就会自然脱落。

西柚　西柚和橙子都是果皮较厚的柑橘类水果，它们的果皮可以当作果盘用。

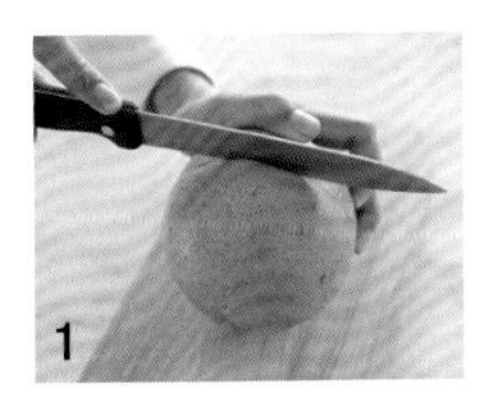
用水果刀在西柚的中间横着划一圈。

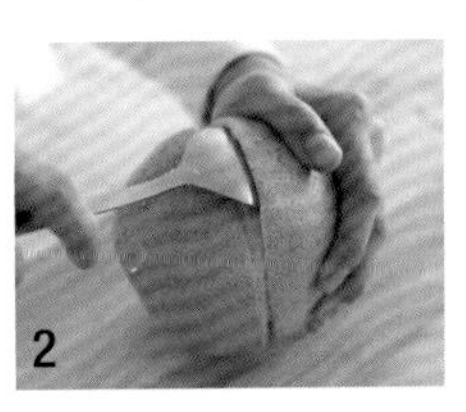
用勺子将果皮和果肉分离。

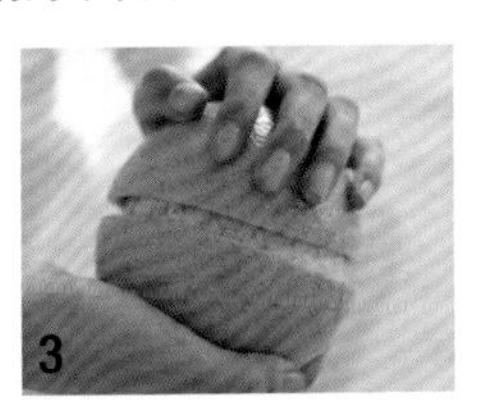
像拧瓶盖一样转动，西柚的果皮就与果肉分开了。

果皮用来盛放果肉。

橘子　橘皮也能当作果盘用。

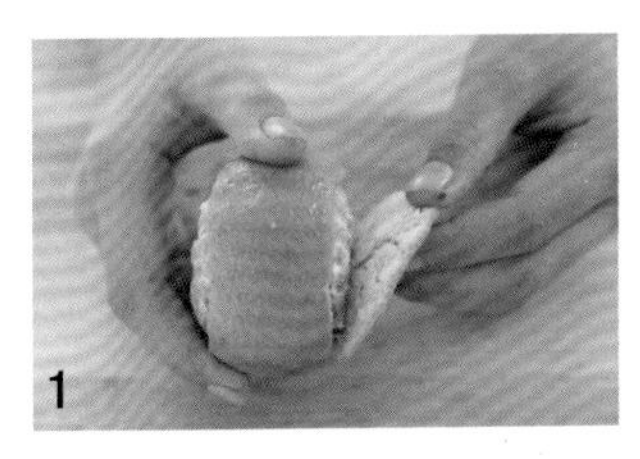
剥掉橘子上下各 1/3 的橘皮。

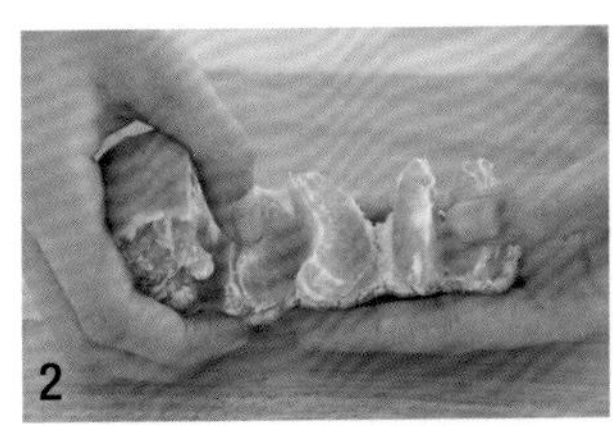
撕开中间剩余的橘皮，将橘瓣一瓣一瓣地分开。

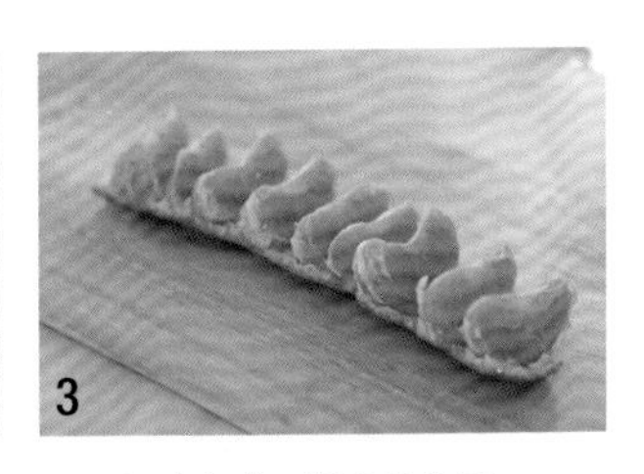
橘皮变成了漂亮的盘子。

08
好点子

烹饪前的准备
用特价食材做出美味饭菜的秘诀

学习收拾食材的妙招

买回来的冷冻肉肉质发硬，可只要在烹饪前先用水果腌一下，肉质就能变得像鲜肉一样柔嫩。主妇们只要学会这样的小妙招，就可以有效地改善食物的口感和品质，还能节省伙食费。不过，在此之前，先让我们一起来学习整理料理台的好方法吧，这可是做菜前的准备哦！

首先整理好乱糟糟的料理台

在您忙着做饭炒菜时，料理台上常会弄得乱七八糟，甚至连切菜的地方都没有了。所以，在做菜前，先整理好料理台吧。只有这样，才能提高做菜的速度。

做饭的顺序：冰箱 → 料理台 → 燃气灶

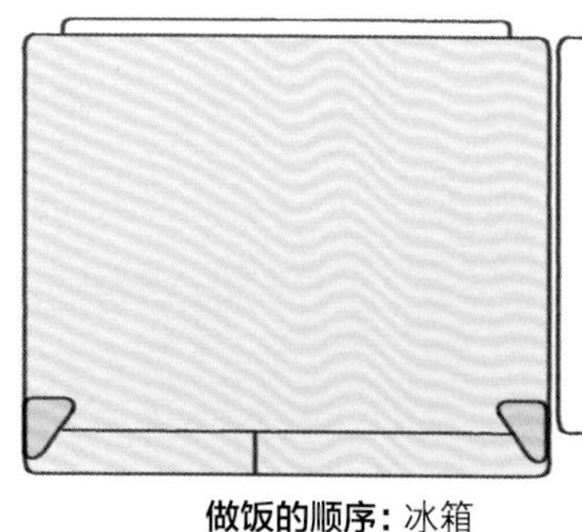

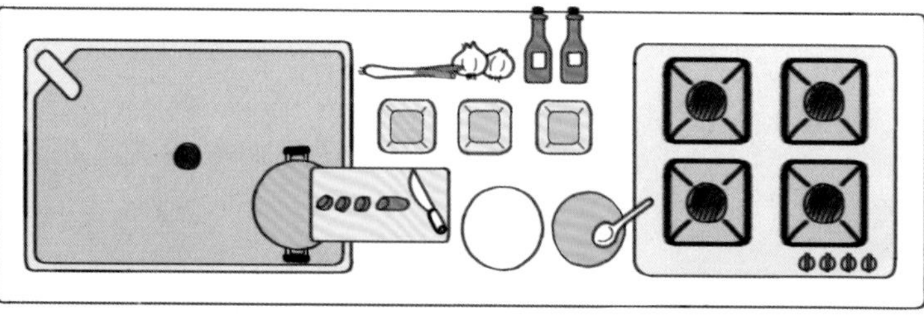

做饭的顺序：冰箱 → 料理台 → 燃气灶

做饭所需的物品：

①从冰箱里取出的食材②拌菜盆等厨具③葱、蒜等作料。按照烹饪顺序，将这些物品摆好。

空出料理台

如果有东西占着料理台，就会妨碍做饭的速度，因此要空出料理台。

按照厨具、食材、调味料的顺序依次摆放

前排是最易拿取东西的位置，因此用来摆放厨具（案板、盆、锅等），中间一排用来摆放食材，后排用来摆放作料和调味汁。

食材和调味料

这个位置用来摆放从冰箱取出的食材以及葱、蒜等作料和调味汁。用不锈钢盘或塑料盘盛放这些材料。

厨具

将锅、案板、菜盆等厨具按顺序放好。

将案板搭在水槽上

如果将切好的食材堆在案板上，就会妨碍我们切菜的速度。这时，我们可以把1/4的案板搭在水槽上，然后把锅放在案板下面的水槽里。切菜的同时，将切好的食材推到锅里，这样就提高了切菜的速度。

回收利用包装食品用的垫子

将包装食品用的垫子积攒起来，在择菜或做油炸食物时，可以用来当作盘子，这样就能有效减少洗碗的工作量了。

准备一些盛放食材的专用盘子

盛放食材的盘子是厨房里的必备工具，只是大部分的家庭都没有这样的专用盘子，而是用普通盘子代替。我们可以把不锈钢或塑料盘以及浅口的密闭容器当作专用盘子使用。准备两三个这样的专用盘子，用于分类、择菜和腌菜等。

解冻的技巧

生鲜食物要自然解冻，已经煮熟的食物可以用微波炉解冻

尤其是未经加热的生鱼、生肉，最好自然解冻或泡在水里解冻。相反，米饭、面包和年糕等经过烹饪的熟食，可以用微波炉解冻。

巧用铝合金材质的锅和平底锅，只要 10 分钟就能将肉解冻

铝的导热性能好，能快速吸收肉里的冷气。因此只要将冷冻肉放在铝合金锅上，就能快速解冻。准备两口铝合金锅，将一口锅翻过来放，然后将冷冻肉放在锅底上面；再将另一口锅压在冷冻肉上面，这样一来，解冻效果就更好了。

用重量大的碗压

用水解冻肉或鱼的时候，可以利用重量大的碗压一压。如果将带包装袋的冷冻食品放入水里，它会漂上来。这时，可以用玻璃密闭容器或较重的碗压在上面。这样，食品就会沉到水底，快速解冻。

用陈米做出香喷喷的米饭

大米没有黏性时，可以加 1 勺食用油和 1 块海带

家中的大米放得太久，就会失去黏性，这时建议加入 1 勺食用油和 1 块海带。海带的黏液可以增加大米的黏性，而食用油可以恢复大米的光泽。另外，加一些糯米也是不错的选择。

去除异味时，可以加入 1 勺食用醋

大米放久了，脂质就会氧化，从而产生异味，此时可以加入 1 勺食用醋，泡 30 分钟至 1 小时，然后淘洗一遍，就可以去除异味了。陈米的水分含量低，泡一泡会使其变得更有黏性。

软化特价肉的好方法

菠萝、猕猴桃

将肉用菠萝或猕猴桃腌 30 分钟，水果中的酶会软化肉质。与其他水果相比，菠萝和猕猴桃的酶活性较强，但是如果一次放入很多，就会使肉过度软化，因此建议每斤肉用 1 大勺水果（1/4 个猕猴桃）。

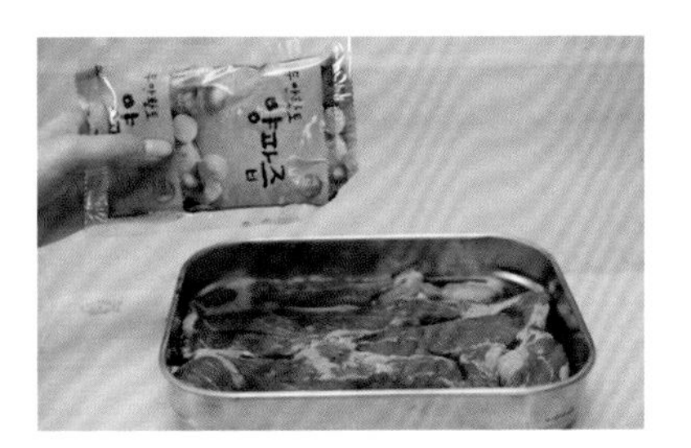

梨、洋葱汁

用去了皮的梨或洋葱把肉泡上 1 个小时左右。洋葱中的谷氨酸会渗到肉里面，使肉的味道变得更鲜美。如果使用市面上销售的梨汁或洋葱汁，就更简单方便了。

牛奶、酸奶

用牛奶或原味酸奶把肉泡上 30 分钟左右。最好每斤肉用 1 大勺的牛奶或酸奶。酸奶中的乳酸能软化肉质，使肉的味道变得更鲜美，还能去除肉的异味。

可乐

把肉泡在可乐里 10 分钟左右。可乐中的碳酸可以软化肉质。用可乐泡排骨，能软化排骨的肉质，还能让排骨的味道变得更鲜美。

扎孔

用叉子在肉上扎孔。这样会使肉的肌肉纤维分离，从而软化肉质。

用淡水煮

不要加盐，直接用淡水煮肉。因为加盐之后，汤会变咸，受渗透压的影响，肉质就无法被氧化，因此最好将肉煮到一定程度时再加盐。做酱牛肉或排骨汤的时候，也不要一开始就加盐，这样才能快速氧化肉质。

彻底去除鱼类和贝类腥味的方法

用鱼类、贝类做烧烤时，可以用盐去除腥味

鱼酱放得再久，也不会产生腥味。这是因为在盐的作用下，食物中的水分减少了，腥味自然就没了。所以，烤鱼前，最好先把鱼用盐腌5分钟，如果腥味较重，建议腌20分钟左右。这个方法可以用来长时间储存鱼类。

用鱼类、贝类做汤或炖菜时，可以用热水去除腥味

将鱼放入热水锅里煮20~30秒，当鱼的表面变色时，就将其捞出，用冷水冲洗。这个方法比较适用于做汤或炖菜用的鱿鱼、螃蟹、虾、冻明太鱼和鳕鱼等。

用鱼类、贝类炒菜时，可以用淀粉和料酒去除腥味

先用淀粉和料酒将鱼泡5分钟，然后用水冲洗。用这个方法处理冷冻大虾、黄蚬或章鱼也有不错的效果。

用鱼类、贝类做烧烤时，可以用食用醋、料酒或绿茶去除腥味

在鱼的表面撒上食用醋、料酒或绿茶，10分钟后，再用厨房专用毛巾擦干。这样不仅能去除腥味，还有杀菌效果。在鱼汤中加入绿茶，效果也不错。

在佐料里加入芥末、生姜和蒜，可以去除鱼类和贝类的腥味

芥末、生姜和蒜是有效去除鱼腥味的香辛料。吃生鱼片或烤鳗鱼时，可以将它们加在汤类或炖菜等的佐料中，这样就能有效去除腥味。

有效提高烹饪速度的佐料组合

超市出售的佐料大致有 3 类：甜丝丝的酱油类佐料、微辣的辣酱类佐料和酸溜溜的拌菜用佐料。预先准备好这 3 种调料，就省去了每次制作调味汁的麻烦，这样可以提高做菜的速度。

小贴士：不要加入辣椒和葱，因为它们容易变质。少放白糖，根据菜肴不同的口味，可以加入适量的香油。

1. 酱油类调料：酱油 300 毫升、白糖 6 大勺、糖稀 5 大勺、清酒 4 大勺、生姜汁大半勺

2. 辣酱类调料：辣椒酱 200 毫升、酱油 6 大勺、白糖 3 大勺、糖稀两大勺、蒜 1 大勺、清酒 1 大勺、生姜汁大半勺、芝麻 1 大勺、胡椒面小半勺

3. 拌菜用醋辣酱：辣椒酱 200 毫升、白糖 6 大勺、胡椒面 4 大勺、酱油 4 大勺、食用醋 6 大勺、蒜 4 大勺、生姜汁大半勺、芝麻 4 大勺

保存剩余食材的方法

蘑菇装入洗衣网晾干

做饭剩下的各种蘑菇可以装入洗衣网晾干。蘑菇放到冰箱保存，容易变色、腐烂。可以将蘑菇切成块，放进洗衣网，晾干后，再放进保鲜袋冷冻起来，当作汤或火锅的食材。蘑菇经过晒干处理后，不仅口感变好，而且维生素 D 的含量也会增加。

将剩余水果冷冻，制作奶昔

将剩余的水果去皮，切成合适的大小冷冻起来。可以将水果加到牛奶或酸奶里研磨，做出冰凉爽口的奶昔，加到红豆冰或冰激凌里食用。

将剩余的黄瓜压扁冷冻

如果将黄瓜直接冷冻，水分就会流失，从而失去清爽的口感。但如果在冷冻前先将黄瓜压扁，即使解冻后，吃起来也鲜脆可口。所以，可以先用擀面杖将黄瓜压扁，切成 3~4 厘米的段儿，再放到冰箱冷冻。

将腌肉用的猕猴桃冷冻起来

软化肉质时，只需使用少量的猕猴桃或菠萝，因此最好将猕猴桃或菠萝磨碎，冷冻保存。每斤肉需要 1 大勺的猕猴桃和菠萝，因此可以将猕猴桃和菠萝放到冰格里冷冻后，再放到保鲜袋里保存。

创意厨房工具

充分利用各种厨房工具，有效减少烹饪时间

巧用烹饪工具，减少烹饪时间

在原始社会，人们就会使用工具。原始人可以用石头进行狩猎，可以用一块石头剥掉动物的毛皮，甚至还能将动物的骨骼打磨成针。生活在现代的我们，厨房里有各种各样的工具，只要灵活运用其中的一小部分，就能完成许许多多的工作。现在就让我们一起发挥想象力，挑战一下吧。

箔纸

洗涤玻璃用品

在洗涤玻璃上的污垢时，使用箔纸比使用钢丝球的效果更好。因为使用钢丝球或抛光剂擦洗，容易在玻璃器皿上留下擦痕。而箔纸比海绵硬，又不会留下擦痕，因此适于洗涤玻璃用品。但是不要用箔纸来擦洗陶瓷碗，以防在上面留下擦痕。

用箔纸清洗烤架

箔纸既能擦干净炉灰，又不会破坏烤架上的涂层，留下擦痕。烤完鱼后，将使用过的箔纸卷成团，就可以用来擦烤架了。

让银匙和银筷恢复光泽

使用铝箔和苏打就可以使银匙和银筷变亮。

在锅里铺上箔纸，将银匙和银筷放在上面。

加入 1 勺苏打，煮 10~20 分钟。

原本发黑的银匙和银筷焕然一新。这是由于氧化的银和箔纸中的铝发生了化学反应，使银还原了。

箔纸可以使剪刀变锋利

如果剪刀钝了，就剪几下铝箔纸吧。将铝箔纸折叠，用剪刀剪几下，剪刀就会变得锃亮锋利了。这是由于铝的熔点低，在裁剪过程中，摩擦产生的热量使其熔化，修补了磨损的刀刃。

保鲜袋

包饺子

想要包饺子就得和馅，这就增加了洗碗的数量，这时如果使用保鲜袋，就方便多了。

将饺子馅放到保鲜袋里反复揉捏。

剪去保鲜袋的一角，将馅儿挤在饺子皮上，这样不必使用任何容器，省去了洗碗的麻烦。

制作烤饼

烤饼是一种简单又好吃的零食。如果将鸡蛋打到面粉上，再搅拌均匀，就会增加洗碗的麻烦。

剪去烤饼包装袋的一角，倒入搅好的鸡蛋液。

小贴士：使用广口量杯，既方便测量鸡蛋液，又便于往包装袋里倒。

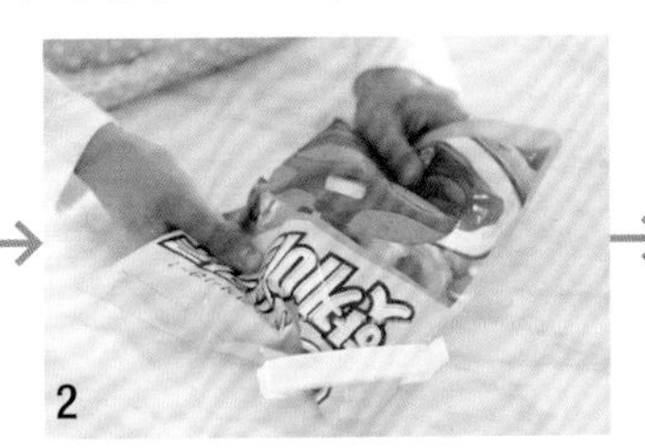

用夹子夹住开口，用手在包装袋外揉捏，使鸡蛋和面粉均匀混合。

把包装袋里的食材挤到平底锅里，制作烤饼。只要用夹子夹住封口，剩余的食材就可以放在冰箱里保存了，非常方便！

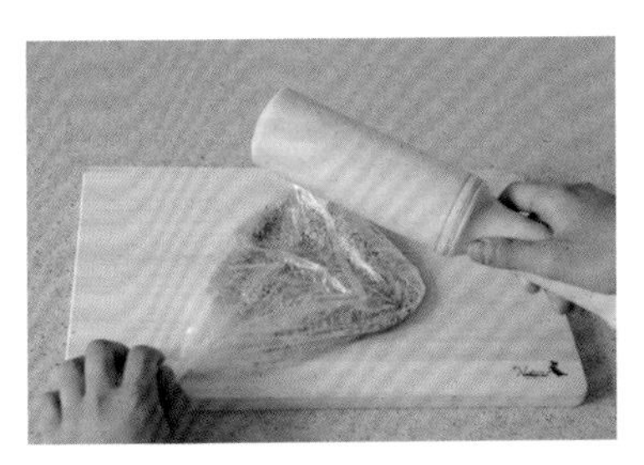

制作芝麻盐

只要有保鲜袋，即使没有石臼，也可以制作芝麻盐。将芝麻放进塑料保鲜袋里，铺到案板上，然后用擀杖在上面滚动几下，香喷喷的芝麻盐就做好了。芝麻盐放的时间过长就会氧化。而利用塑料保鲜袋，就可以一次制作少量的芝麻盐，非常方便。另外，将芝麻盐装进保鲜袋中，也便于放在冰箱里保存。

网袋

网袋可以用作洗碗刷

洗脸时，我们用洁面海绵搓泡泡。而网袋也同样可以制造出丰富的泡沫，因此可以当作洗碗刷使用。将网袋折叠几下，用尼龙绳系个蝴蝶结。由于它不会在餐具上留下擦痕，因此适合用来擦洗盘子等。

巧用网袋蒸饺子

如果想做蒸饺，又觉得拿蒸锅很麻烦，就试着用网袋来做吧。只要将网袋搭在锅里，就可以在上面蒸饺子了。

叉子

用叉子搅鸡蛋速度更快

用叉子搅鸡蛋，会使蛋清与蛋黄快速分离，混合均匀。

利用叉子擦蔬菜

用擦子擦菜时，由于菜变得越来越小，这样就容易擦到手指。如果此时用叉子叉住蔬菜，不仅可以保护手，还能把蔬菜擦得一点不剩。

用叉子包饺子

包饺子时，如果用手捏饺子皮，不仅饺子看起来不美观，而且饺子边儿也很容易裂口。利用叉子就可以解决这个问题。先在饺子皮边沿蘸点水，再用叉子使劲压几下就可以了。

打蛋器

淘米

在冬季水凉或刚刚做完美甲不想碰水的时候，可以用打蛋器来淘米。使用打蛋器淘米，比用手淘洗得更干净。

锅铲

分离蛋清和蛋黄

利用锅铲，可以完整地分离蛋清和蛋黄。先在锅铲下面放一个碗，再把鸡蛋打到锅铲上面，这样蛋清就会流到碗里。

拍蒜

利用锅铲拍蒜，既方便又不会产生噪音。把蒜放在锅铲下面稍靠近铲柄的位置，用力一压，蒜就碎了。

干燥剂

将干燥剂粘在调料盒盖上

调料遇水容易变硬。可以用双面胶将干燥剂粘在调料盒盖的下面，这样就不怕受潮了。

10 料理

烹饪方法①
同时烹饪多种食物的3倍速烹饪技巧

用水焯ⓐ菜时，同时焯ⓑ菜和ⓒ菜

作为一名经验丰富的主妇，即使记忆力随着年龄的增长有所下降，但随机应变的能力一定是与日俱增的。有些主妇依靠丰富的经验，可以做到以下几点：做饭的同时，也能把菜做好；可以最大化地利用开水；在节省时间和伙食费的同时，还能减轻洗碗的工作量。其实这些就是我们要说的同时烹饪多种食物的技巧。

使用平底锅

使用平底锅，可以同时焯几种食材。平底锅较宽，水开得也比较快，因此适合用来焯菜。最重要的是，用平底锅可以最大限度地利用开水！

通心粉沙拉

做通心粉沙拉时，将通心粉、西兰花和鹌鹑蛋一起放进平底锅焯一下。

小贴士：当食材的量较少时，先用网眼较小的网袋装好，再放入水里焯。

面条

煮面时，可以同时焯虾、西兰花等辅助食材。

饺子

煮饺子时，将饺子放进深口盘子里，再盖上锅盖蒸5分钟。最后打开锅盖，用沸水焯一下搭配食用的蔬菜。

使用电饭锅

米饭 + 菜

电饭锅的火力很大，甚至连肉都能煮熟，因此可以用它做许多普通的菜肴。尤其是对食量较少的单身一族和两口之家，可以在用电饭锅煮饭时，顺便做一些菜，从而提高做饭的效率。将蔬菜、水和咖喱同时放进耐热玻璃杯中，再把玻璃杯放进电饭锅，这样就可以同时做好米饭和咖喱菜了。不管什么菜，只要配好食材和调料，就可以一起放到电饭锅里做熟。

小贴士：将咖喱和水混合后，先放进微波炉里热 1 分钟，再放进电饭锅。注意玻璃杯里的食材不要超过杯子的 2/3，否则会溢出。

米饭 + 蒸鸡蛋糕

蒸米饭的同时，还可以蒸鸡蛋糕。蒸鸡蛋糕的器皿最好选择深口杯子，这样饭汤才不会流进杯子里；另外，杯底窄的话，就不会粘上太多饭粒。

米饭 + 面包 + 年糕

如果家里的孩子喜欢在早餐时吃面包或年糕，就可以试试这种方法。将面包和年糕一起放进蒸有米饭的电饭锅里，等上一会儿，一顿热乎乎的丰盛早餐就可以马上出炉了。

米饭 + 土豆、红薯

如果想在蒸米饭时一起蒸土豆和红薯，又不想粘上饭粒，可以将土豆和红薯放在不锈钢碗里。

用电饭锅制作婴儿辅食的方法

米饭 + 辅食

婴儿断奶以后，如果家人每天给他做一些辅食，会很费时间和工夫。因此大部分的家庭都是做好一定量的辅食，然后冷冻起来，吃的时候再热一下。这时可以利用电饭锅，在蒸饭时一起将婴儿辅食热一下。

米粥

如果想熬粥，就在杯子里以 1:10 的比例放进大米和水。为了防止溢出，煮粥的食材最好不要超过杯子的一半。

蔬菜粥

煮饭时，也可以同时熬一碗蔬菜粥。根据婴儿断奶时间的长短，将蔬菜切成合适的大小，再与大米和水同时倒进杯子或碗里，最后放到电饭锅里煮。

蔬菜、肉

将婴儿吃的蔬菜泥或肉泥倒进一个小杯子里，再放进电饭锅里煮。

11
料理

烹饪方法②

不用洗碗，也没有环境激素！环保塑料袋烹饪法

Time
15分钟

只要一个塑料袋，15 分钟做出一顿美食

如今烹饪界最流行的就是健康饮食。许多主妇为了家人吃得更健康，始终坚持“无油”“无味精”的烹饪方式，可这样做出的菜却淡而无味，难以下咽。健康菜肴并不像想象的那样简单。现在我们就介绍一种制作健康食物的方法，这种烹饪方法好处多多。使用这种方法，即使不用油，也可以使食物鲜美多汁；即使只加入一半的调料，也能全部渗入到食物中，在确保食物美味的同时，也符合现代的健康理念。只需使用塑料袋，您在家里就可以轻松地做出健康的食物。这种烹饪方法就是“环保塑料袋烹饪法”。这种烹饪方法还可以省去洗碗的麻烦，现在就一起来了解一下吧！

什么是环保塑料袋烹饪法?

环保塑料袋烹饪法，就是从烹饪的准备工作开始，到加热，然后到最后的收拾整理，全程只需 1 个塑料袋。我想这或许是所有主妇都梦寐以求的烹饪方法。

- □ 图方便省事的单身一族
- □ 需要在短时间内做好饭的上班族妈妈
- □ 想要减少盐、调料和油使用量的“亲环境”型妈妈
- □ 喜欢带饭的野营族
- □ 应对停电、停水等紧急情况时

1. 使用蔗糖环保塑料袋，不用再担心环境激素

当然，也可以使用普通的塑料袋，只是加热后会产生环境激素，因此建议使用由蔗糖废糖蜜制成的环保塑料袋。

什么是环保塑料袋?

甘蔗在生产蔗糖的过程中，会产生一种叫“废糖蜜”的副产品。它可以用于制作环保塑料袋。这种塑料袋采用环保新技术，不添加任何产生环境激素的表面活性剂，也不含增塑剂等化学成分，因此对于比较烫的食物或油性大的食物，也可以放心使用。它的耐热温度是 120℃，耐冷温度是零下 60℃。

小贴士：蔗糖环保袋可以在网上买到。

2. 不会破坏食物营养的真空烹饪法

它采用了法国真空低温烹饪法和日本的塑料袋烹饪法。这种方法在低于 100℃的低温环境下将食物慢慢弄熟，能保持食材的营养和原有味道，保持食物鲜美多汁。

来源：http://chefmadeness.worldpress.com

3. 只需半份调料、不需用油的健康料理

因为要在塑料袋内的真空状态下烹饪，所以可以使用最少量的盐、白糖和调料。与油炸或炒菜不同，这种方法可以充分利用食材原有的脂肪，因此不需另外放油。这样既保持了食物的鲜美多汁，又符合健康的饮食理念。

4. 利用剪刀更方便

真空烹饪的一大特点就是，可以用一把剪刀处理所有食材。卷心菜、鱼和其他肉类，用剪刀处理起来会非常简单。因此，为了方便，尽量多使用剪刀吧！

5. 不用洗碗

要想烹饪，就得需要盆、漏勺、锅、汤勺等各种烹饪工具，最后还得把它们清洗干净。环保塑料袋烹饪法自始至终只需 1 个塑料袋，不再使用其他烹饪工具，因此省去了清洗的麻烦。

6. 易于保存

将食材和调料放进塑料袋，再装入冰箱，烹饪前的准备工作就做好了。需要时只需解冻，就可以在家自制快餐料理了。

7. 采用同时烹饪的方法，可以节省时间

可以将几种料理同时放进一口锅中烹饪，也不必像炒菜时那样时刻看着火候，这样可以节省做菜时间。

环保塑料袋烹饪法的基本步骤

所需物品：环保塑料袋、锅、盘子

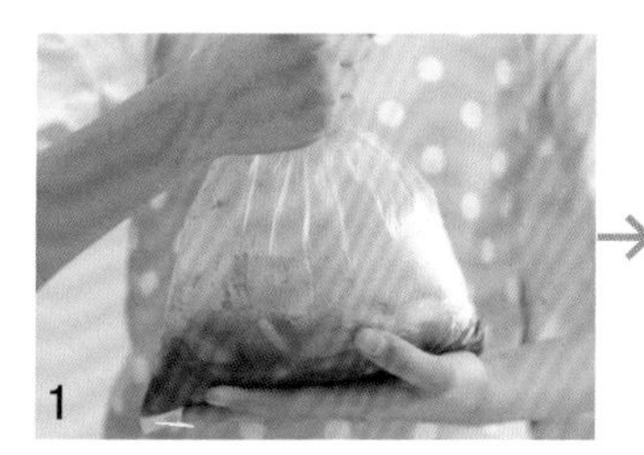

放入食材后摇匀　将食材和调料放进环保塑料袋中摇匀。

真空处理　将塑料袋放入盛满水的大碗里，挤出袋内空气。

打结　将塑料袋慢慢拧紧，提起来，然后打结。挤出塑料袋中的空气，使食物处于真空状态，烹饪时会更容易入味，且能在短时间内煮熟。

在锅里放入水和盘子，加热　向锅中加入 1/3 的水，再在水面上放 1 个盘子，然后加热。这是为了防止锅中的热气弄破塑料袋。

揭开锅盖，用微火加热　水煮开后，调成微火。将塑料袋放进去加热，注意不要盖上锅盖。

用环保塑料袋烹饪法准备一桌丰盛的晚餐

蔬菜类

番茄酱炒香肠

食材：维也纳香肠 100 克、青椒 1/4 个、甜椒 1/4 个、洋葱 1/4 个

调料：番茄酱 3 大勺、糖稀 1 大勺、蒜末 1 小勺

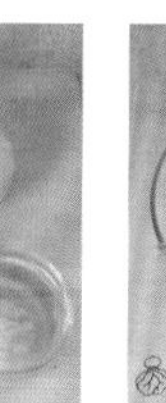

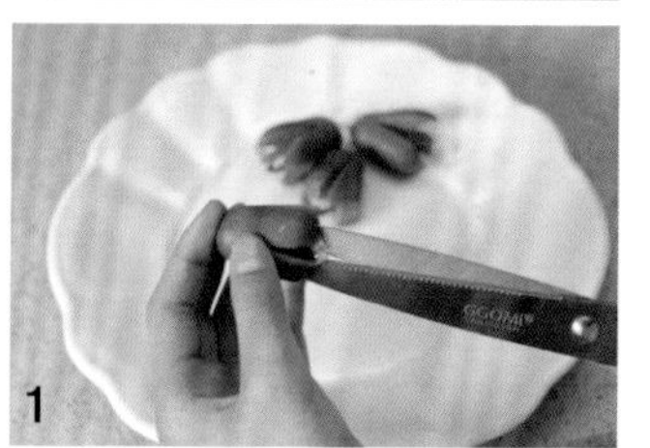

1

用剪刀收拾食材　用剪刀剪香肠和辣椒。

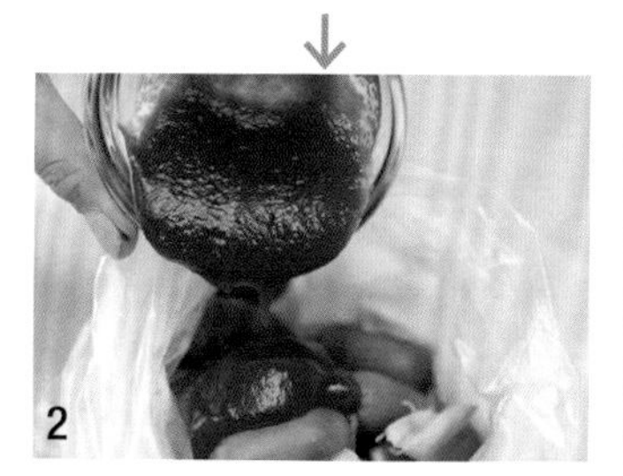

2

将材料放入塑料袋后摇匀并打结

将食材、番茄酱和蒜放入塑料袋后摇匀，挤出袋内空气并打结。

肉类

牛肉炒豆芽

食材：牛里脊肉 400 克、豆芽 1 把、小葱 2 根

调料：蚝油 1 大勺、蒜末 1 小勺、盐和胡椒粉

1

用剪刀收拾食材　用剪刀将牛肉剪成小块，再将葱剪成段。

2

将材料放入塑料袋后摇匀并打结

将食材和调料放入塑料袋后摇匀，挤出袋内空气并打结。

汤类

菠菜大酱汤

食材：菠菜半把、黄蚬半袋、豆腐 1/4 块、水 2 杯

调料：大酱 2 大勺、鳀鱼粉、蒜末 1/2 小勺

1

用剪刀收拾食材　用剪刀将豆腐剪成小四方块。

2

将材料放入塑料袋后摇匀并打结

将大酱、蒜末、鳀鱼粉放入塑料袋后揉捏，使食材充分混合，然后挤出袋内空气并打结。

3

向锅中放入水和盘子后加热　先向锅中放入水和盘子，将水煮开后，调成微火，放入塑料袋，然后再加热 10 分钟就完成了。

12 家务

洗碗
高效快速的洗碗方法

只要合理安排，就可以快速干净地洗好碗

只是做了几道菜，家里的橱柜就变得像办喜事的人家一样乱七八糟的。好不容易做好了一桌饭，正想休息的时候，看见水槽里堆着满满一摞碗，又不得不起来去收拾，洗碗真是让人讨厌的家务活儿啊。其实，只要稍微动动脑筋，洗碗的效率就能大幅度提高。那怎样才能快速干净地洗好碗呢？让我们一起来了解一下吧！

3 倍速洗碗法的 7 个基本原则

1. 洗碗前，先用饭勺或刮刀刮一刮

可以先用刮刀刮掉盘子里残留的固体食物垃圾和油垢，扔到食物垃圾桶里。沾满油渍的平底锅，清洗前可以先用饭勺仔细地刮一下，再冲洗就方便多了。另外，由于大部分的食物残渣和油垢都已经清除掉了，因此还能减少水和洗洁精的使用量。

2. 不要将沾有油渍的碗叠放

如果碗没有沾上油渍，就应该尽量避免在洗碗过程中使其沾上油渍。另外，将沾有油渍的碗摞起来堆放的话，容易弄脏碗的外面，因此建议将碗分类放置，分开洗涤。

3. 想一想洗刷的顺序

尽量使洗碗刷保持干净： 玻璃餐具 → 没沾上油渍的餐具 → 沾有油渍的餐具

如果先洗沾有油渍的餐具，就会使洗碗刷沾上油渍，致使所有的餐具都得用洗洁精清洗。应该先洗没有油渍的玻璃餐具、饭碗和汤碗，再洗沾有油渍的餐具。

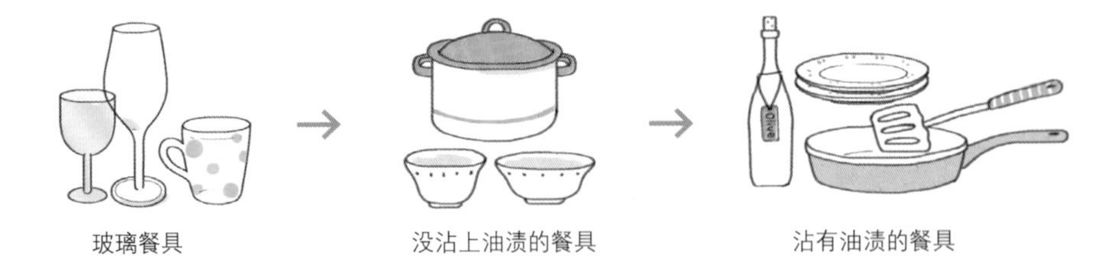

按照容易摞起来的方式清洗：
小碗 → 大碗

清洗时，按照先洗小碗、再洗大碗的顺序清洗，既方便快捷，又节省洗碗台的空间。

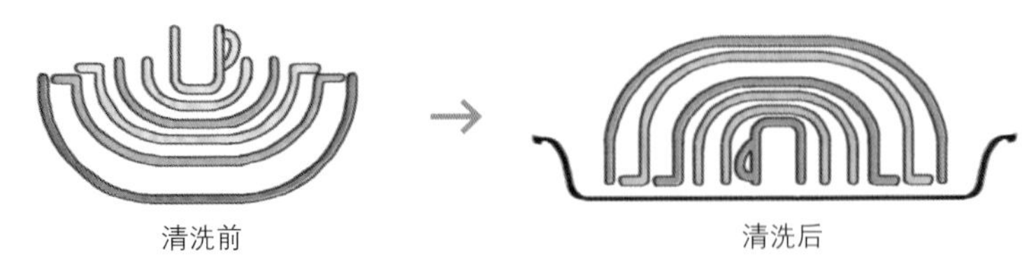

4. 尽量不使用洗洁精

只有极少数的餐具才需要使用洗洁精。洗碗时，应该充分利用洗碗刷和热水。

去除餐具污渍的 3 种方法

物理方法：用洗碗刷、刮刀和水去污

化学方法：用表面活性剂分解污渍，使其软化溶解

热水法：用热水溶解油垢

5. 决定洗涤效果的关键是泡沫！使用最少的洗洁精，搓出最多的泡沫

使用少量洗洁精，冲洗时就比较方便，如果使用过多的洗洁精，不仅清洗时费劲，而且去污效果也没有太大差别。泡沫是洗洁精发挥效果的关键所在。把餐具放入加有洗洁精的温水中，用海绵揉出泡沫后再洗刷。

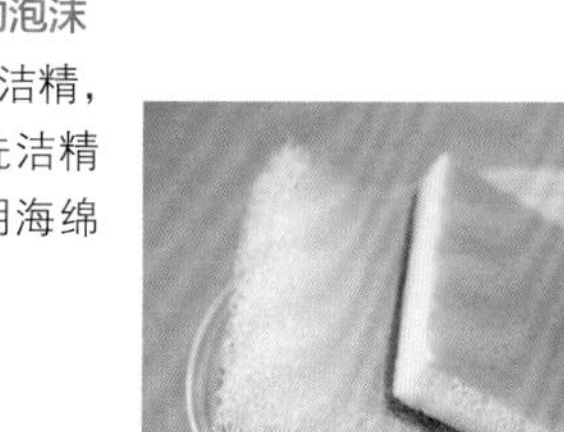

6. 根据餐具选择洗碗刷

用错洗碗刷可能会把餐具弄坏。去除焦糊状的污垢用钢丝球，洗刷塑料餐具或瓷碗时用海绵碗刷。根据餐具的不同，使用不同的洗碗刷。

7. 对洗碗刷和抹布进行杀菌处理

在所有的厨房工具中，洗碗刷上的细菌数量最多。因此，在洗碗工作结束后，一定要对洗碗刷进行杀菌处理。

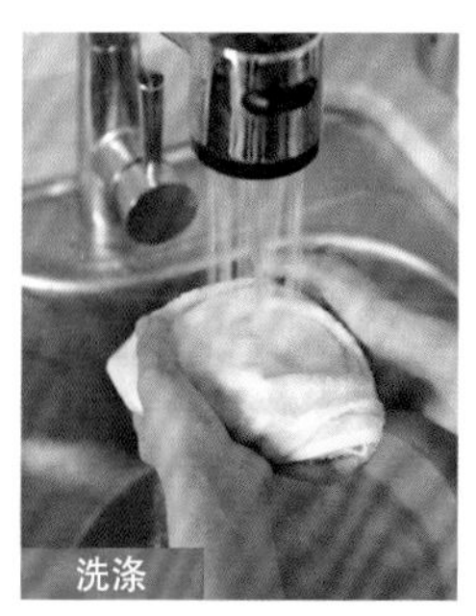

食物残渣是产生细菌的主要原因，应该将洗碗刷清洗干净。

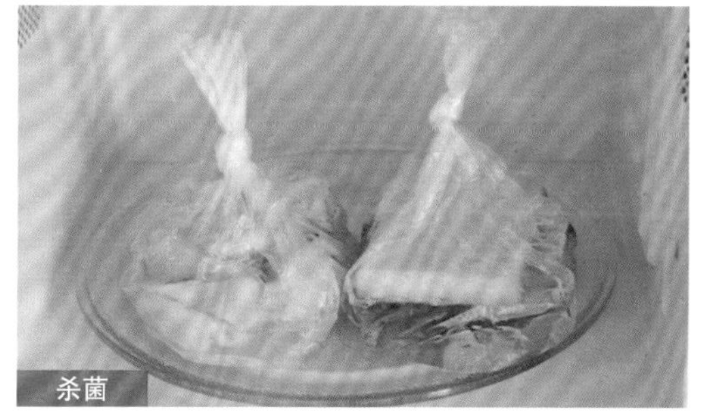

将洗碗刷放入塑料袋，注入半杯水，然后放入微波炉中加热两分钟，进行杀菌处理。平均 2~3 天杀菌一次。

挂在 S 环上晾干。

最大限度地减少洗碗数量的方法

使用大盘子

想要菜肴看起来比较丰盛，就使用几个小盘子；但如果不想洗太多的餐具，那就使用一个大盘子吧。

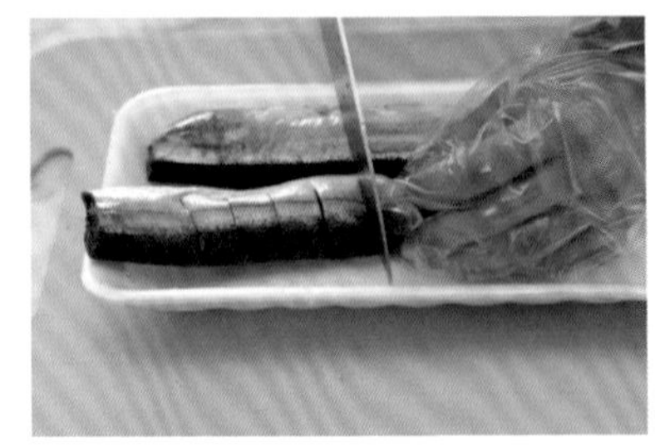

用食品包装容器代替案板

切肉时，不要直接扔掉包装用的保鲜袋或托盘，可以将它们铺在案板上，这样便于清理。

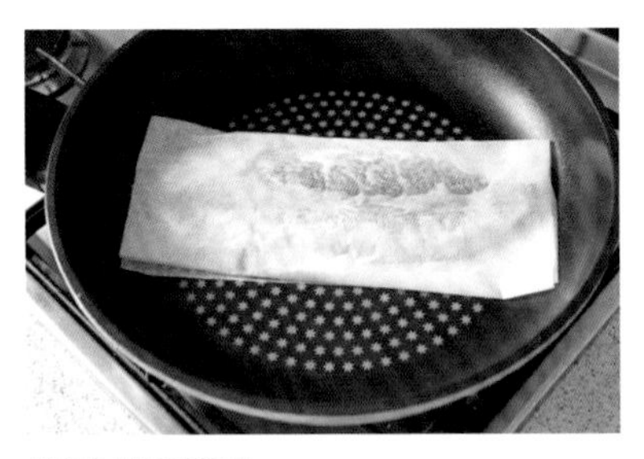

烤鱼时使用箔纸

用箔纸包裹鱼后，再放进锅里，这样做既不会让烤鱼的味道渗到锅里，又能减少餐具的使用。将鱼翻个儿时，只需将箔纸翻转一下，这样鱼肉就不会碎。

烤五花肉时，用箔纸盖住

烤五花肉时，厨房容易充满油烟。要想解决这个问题，只需在五花肉上面盖一张箔纸。另外，炒菜用很多油时，也可以在食物上面盖上箔纸，这样能防止热油溅得到处都是。

将箔纸叠成盒状

在制作土豆饼、炸猪排等油性食物时，先将箔纸叠成盒子，再将食物放在盒子里进行油炸。根据土豆饼和猪排的大小来制作合适的盒子。4个折角可以用订书机订住，以防盒子变形或裂开。炸好后只需扔掉箔纸，不必清洗任何餐具，因此非常方便。

制作油炸食品时，少放油，并盖上锅盖

做完油炸食物后，不仅洗刷餐具很麻烦，而且还会因油渍溅到燃气灶和瓷砖上，增加额外的家务活。如果能减少油的使用量，那么事后的清理工作就能轻松许多。另外，在做油炸食物时，建议将锅盖盖上，这样就能避免热油四处飞溅了。

用“塑料瓶 + 厨房专用纸巾”滤油

将塑料瓶剪开后，把厨房专用纸巾叠成漏斗状，插在塑料瓶上滤油。然后用果酱瓶等玻璃器皿把油收集起来存放。

不要倒掉焯菜的水

煮面条或焯菜的水由于温度高且富含营养，可以用来去除平底锅或燃气灶上的油渍。

锅在烹饪后要马上清洗干净

尽量少用餐具且用完后马上清洗。烹饪时，尽量使用最少的碗和锅。如果烹饪时用了许多口锅，就会增加清洗的工作量。

用剩余的芡汁清洗平底锅

平时我们都会将用不完的芡汁倒掉。其实可以用它来清除锅里的油渍，效果非常好。

可以往炸过食品的平底锅里倒入剩余的芡汁，加热。

用筷子搅动芡汁，淀粉就会吸收锅里的油渍。

将残渣倒入塑料袋，扔到食物垃圾桶里。

用面糊清洗砂锅

尽量不要使用洗洁精清洗砂锅。因为洗洁精会渗到砂锅的气孔中，砂锅经加热后，残留的洗洁精就会流到汤里面。正确的方法是用淘米水或面糊清洗沾有油渍的砂锅。

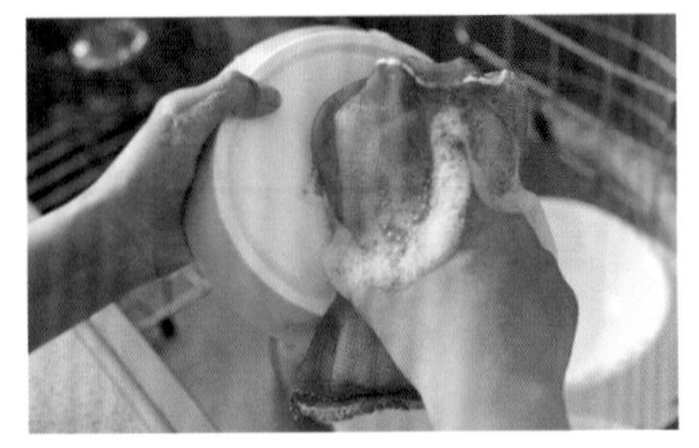

将网袋套在洗碗刷上，泡沫会增多 1 倍

将网袋套在洗碗刷上，剪掉多余部分之后，就可以使用了。这样的洗碗刷易起泡沫，可以将餐具清洗得更干净。

只要合理安排烹饪顺序，就可以减少刷锅次数

只要合理安排烹饪的顺序，就可以有效减少刷锅次数。可以用煮过蔬菜的锅炒菜或辣椒酱，之后将锅清洗一下，最后用锅煮汤，按这个顺序烹饪，就可以最大限度地减少刷锅次数。

煮菜・焯菜 → 炒菜 → 炒辣酱 → 清洗 → 煮汤

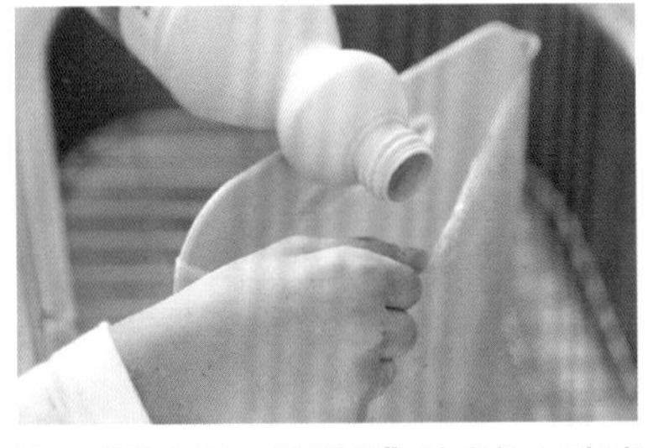

使用“消毒剂 + 塑料袋”给案板和洗碗刷杀菌

给案板彻底消毒的最有效方法就是使用消毒剂。在卫生要求严格的大酒店，一般都是用消毒剂给案板杀菌。将案板套在塑料袋里，再向塑料袋中注入稀释的消毒剂，浸泡 10 分钟左右，然后冲洗干净。在肠炎、食物中毒等疾病多发季节或收拾鱼类、肉类时，都可以使用这种方法。给洗碗刷消毒时，也可以使用同样的方法。

用“食醋 + 小苏打”消除排水口的异味

先在排水口撒一些小苏打，再倒一些食醋，等出现了泡沫，排水口的异味和污垢就都清除干净了。3 分钟后再用水冲洗一下。

减少用油量

油炸食物虽然好吃，但是事后的清理工作却很麻烦。做油炸食物时，难免热油飞溅，弄得从燃气灶到瓷砖到处都是油渍，最后不得不大扫除。想要解决这个难题，不仅要在炸的过程中盖上锅盖，还要减少油的用量。方法是在不锈钢锅中倒入少量的油，然后盖上锅盖即可。

这种油炸方式的优点

1. 油炸食物时盖上锅盖，避免了油渍到处飞溅。
2. 油的用量较少，清洗起来比较简单。
3. 将食物在低温环境下盖上锅盖油炸，食物从里到外都能熟透，不过这个方法更适合用来炸冷冻食品。

ITEM 1 炸猪排——从外到内熟透且鲜美多汁

由于是在低温下盖上锅盖进行油炸的，冷冻猪排由外到内都能熟透。

1

2

3

1. 向不锈钢锅中倒入没过猪排一半的油（0.5 厘米左右），然后用微火烧热。
2. 放入猪排，盖上锅盖。用中火加热 3 分钟后，将猪排翻个儿，再加热 3 分钟。
3. 直到整块猪排均匀熟透。香脆可口的炸猪排做好了！

ITEM 2 15 分钟就能做好的超简单消夜——炸鸡

制作炸鸡比较麻烦。不过只要掌握方法，盖上锅盖，低温油炸，就能做出香脆的炸鸡。

1

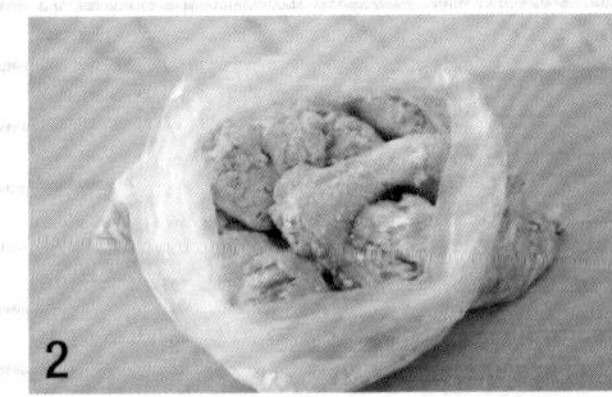
2

3

4

5

6

1. 向装有鸡块的食品袋中撒一些盐和胡椒粉调味，然后倒入一些淀粉。
2. 摇晃食品袋，使袋中的淀粉和调料与鸡块混合均匀，摇匀后放置 10 分钟。
3. 向不锈钢锅中倒入 1 厘米厚的油，用微火烧热。需要勾芡时，一定要先把油烧热，这样芡汁才不会粘锅。
4. 把油烧热以后，将鸡块放入锅里，盖上锅盖，然后用中火炸 5 分钟。
5. 翻个儿，再炸 5 分钟。
6. 鸡块由里到外都熟透了，炸鸡就做好了！

13 家务

食物垃圾

不让食物垃圾产生异味的方法

减少食物垃圾中的水分，就能消除异味

食物垃圾不但令主妇们头疼，也是国家的一大难题。尤其在夏季，各个村子、小区的居民都被食物垃圾折磨得苦不堪言。处理食物垃圾的关键是减少“水分”。只要去除了垃圾中的水分，就能有效减少食物垃圾中的异味，并能将垃圾的体积减小 20% 以上。现在，我们就来了解一下不让食物垃圾产生异味的方法吧！

处理食物垃圾的小窍门

只要减少垃圾中的水分，就能有效去除垃圾异味。

1. 避免食物沾水

不要让食材外皮沾上水 洗菜前，应先完成去皮的工作。

不要将食物垃圾放在水槽的排水口 剥掉的食物外皮不要放在水槽里，而应该直接扔进食物垃圾桶，以免沾上水。水槽中的排水口是最易滋生细菌的地方，将垃圾堵在那里容易产生异味。

2. 晾干垃圾

在阳台上铺层报纸，晒干食物垃圾

像橘皮、橙皮这类食物垃圾，不要直接扔进垃圾桶，最好先在阳台上晒干后再扔掉。这样既不会产生异味，也减轻了垃圾的重量。

用自制纸盒晒食物 做好的纸盒不仅能用来晒食物，还可用来收纳物品。

· 折纸盒的方法 ·

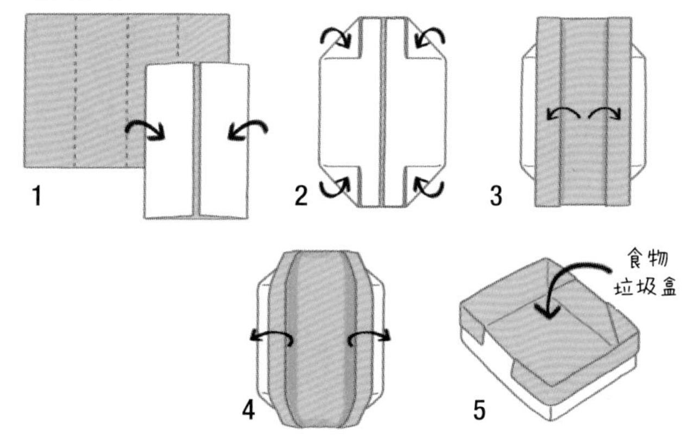

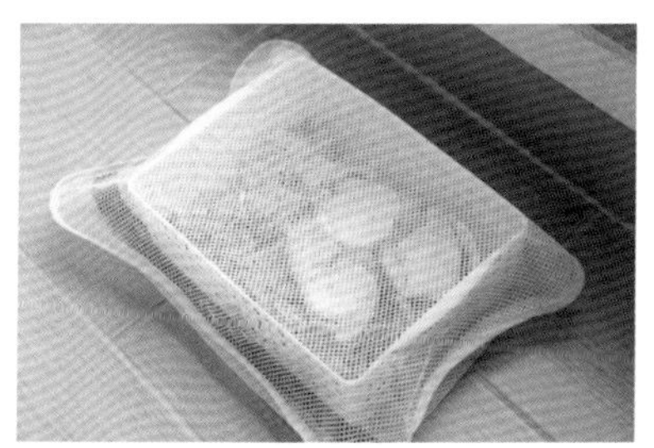

制作晾垃圾的篮子 在筐里铺上厨房专用纸巾，再套上洗衣网。在天气晴好的日子，只需半天就能把食物垃圾晾干。

在橱柜上晾干 收集一些包装食物的托盘，放在橱柜上用来晾干食物垃圾，用完后可以将托盘直接扔掉。

3. 放进冷藏室

4. 排干水分

利用塑料瓶的瓶口挤压垃圾袋，排干水分。

剪下塑料瓶的瓶口部分，插在垃圾袋上。

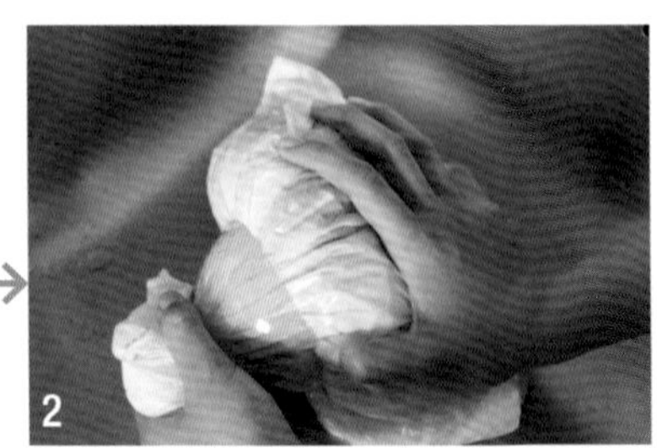

挤压垃圾袋，挤出水分。

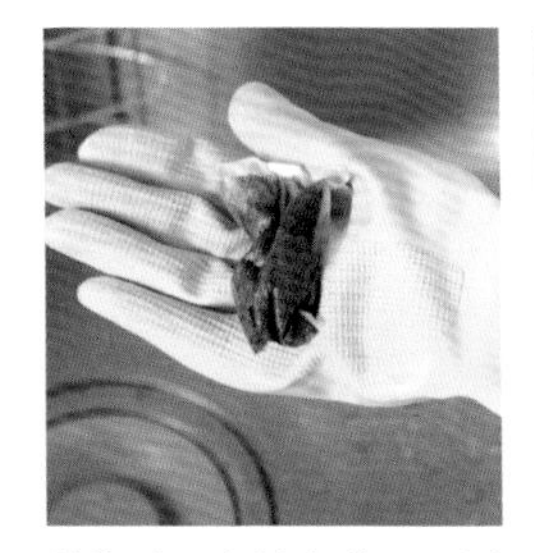

戴橡胶手套挤水分 可以戴上橡胶手套，把食物垃圾中的水分挤干。比如将茶包袋中的水分挤干净后，就可以扔掉了。

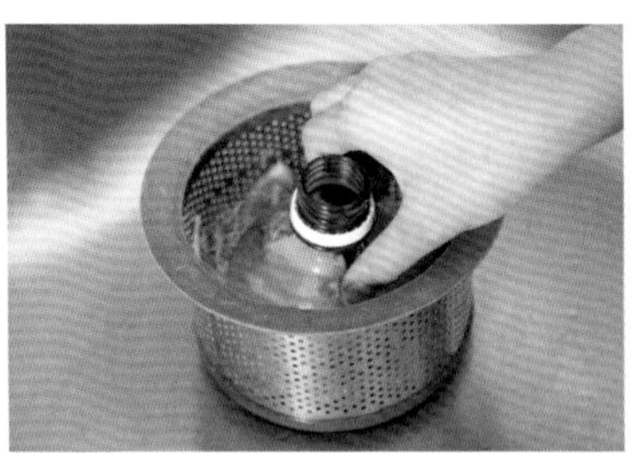

用塑料瓶的瓶口按压排水口过滤网 用塑料瓶的瓶口按压排水口过滤网中的垃圾，可以有效排出水分。

巧用废旧光盘 将废弃的光盘套在垃圾袋上，用力挤压就可以排出水分了。

5. 喷雾器

喷洒酒精或杀菌剂 将酒精或杀菌剂倒入喷雾器，每次打开垃圾桶时，都向里边喷一些。这样可以有效杀死垃圾中的细菌。

报纸＋杀菌剂 在垃圾桶的桶底铺一层报纸，然后向报纸上喷一些杀菌剂。

6. 密闭型垃圾桶

使用密闭型垃圾桶 使用密封性良好的密闭型垃圾桶，就能有效防止异味逸出。

减少食物垃圾的妙招

可以把蔬菜边角料先冷冻保存起来，在熬肉汤时再拿出来使用

如果将辣椒芯、葱白、卷心菜根等蔬菜边角料直接扔掉会非常可惜。可以把蔬菜的边角料放到自封口保鲜袋里，再放到冰箱冷冻室冷冻。等到熬肉汤时，就可以拿出来使用了。关键是每次要收集一定量的蔬菜边角料，并且不能将它们存放太久。

小贴士：用蔬菜熬出的肉汤鲜美可口，在做明太鱼汤时，只需加入一些蔬菜，就能使汤变得美味可口。

可以将存放过久的面包做成面包粉

在冰箱里存放过久的面包，可以用来制作面包粉。利用削丝器或粉碎机磨出的粗粒面包粉，看起来就像手工做的面包粉一样。将制作完成的面包粉放在自封口保鲜袋里冷冻保存。

CHAPTER
03

Storage Plan

收纳

更合理、
更高效运用空间的
3倍速收纳方法

尽管主妇们都渴望把家里收拾得干净利落、井然有序，但真要动手收拾，是不是马上就觉得“这太麻烦了，我不想做了”呢？“整理房间真是件麻烦事儿！”这是人人都有的想法。要想在繁忙的日常生活中快速、简单、细致周到地处理好家务琐事，就得熟练掌握几项基本原则。只有熟悉这些原则，将它们运用到实际生活当中，才能成为技巧与质量兼顾的 3 倍速收纳达人。

针对100位家庭主妇和单身女性展开的问卷调查！

在收纳整理物品的过程中，您觉得什么事最麻烦？

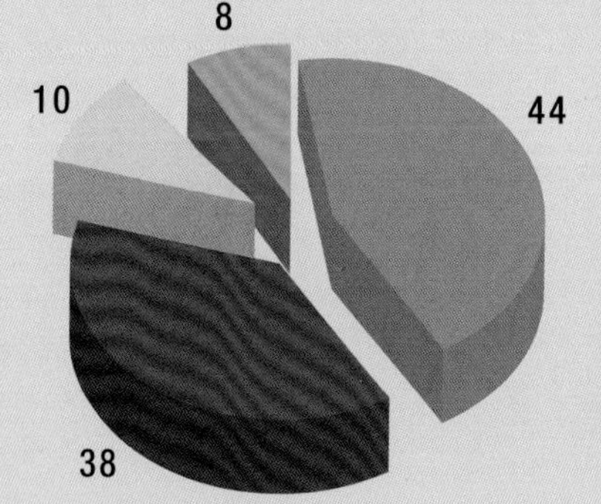

- 第1位：收纳整理后的保持（比如把东西放回原位、叠衣服等）
- 第2位：克服懒惰
- 第3位：收纳技巧（比如怎样合理划分收纳箱的空间、制作收纳容器等）
- 第4位：扔东西

收纳女王的3倍速收纳工具

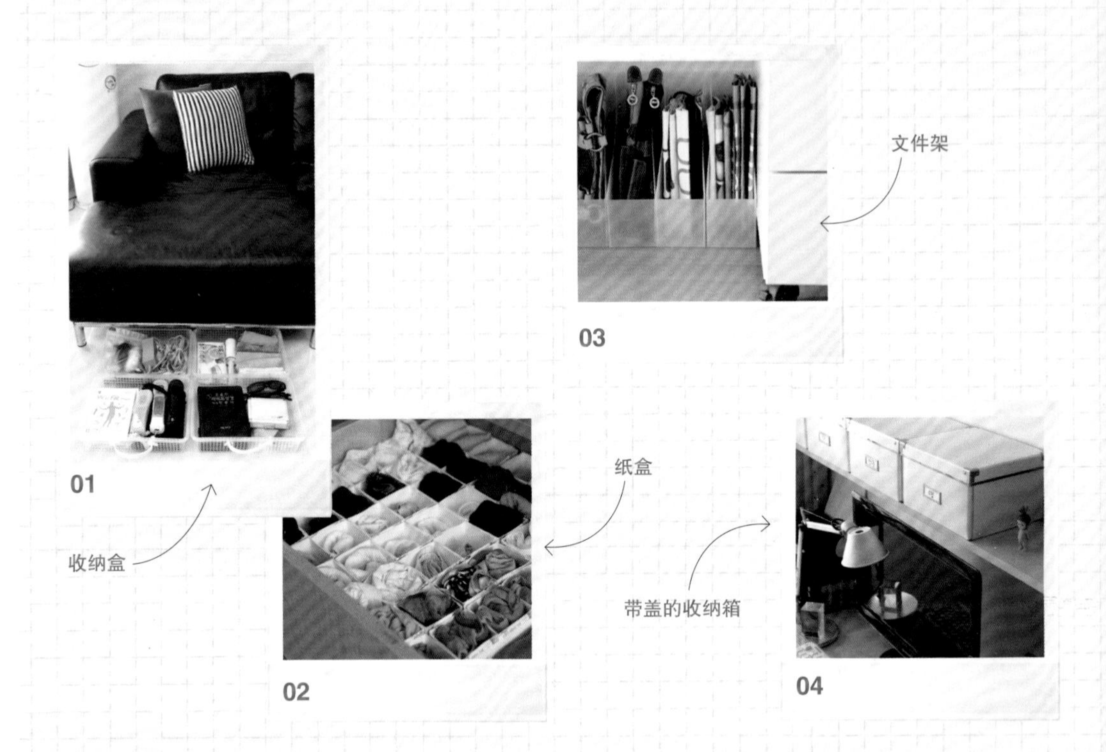

01 分类收纳——收纳盒

将各种物品分类收纳时，最常用的工具就是收纳盒了。不过，挑选收纳盒也有一些窍门。最好选择边框比较薄且形状接近正方形的收纳盒，这样可以使空间充分利用起来。另外，与实壁的收纳盒相比，带有网眼的收纳盒更好。因为带网眼的收纳盒不仅方便确认收纳的物品，而且还能用橡皮筋分出多个收纳格，实用性更高。至于颜色，最好选择白色或半透明的白色，这样可以给人一种简单干净的感觉。

02 分格收纳——纸盒

即使有再多的收纳箱，也总会在不知不觉间全部用光。因此，对于像抽屉等无法直接从外部看见的空间，可以利用饼干盒或牛奶盒来收纳整理物品。正方形盒子可以用来收纳小物品，牙膏盒等长条状的盒子可以收纳各种文具，抽纸盒等又宽又高的盒子可以用来收纳内衣。

03 竖着收纳——文件架

用文件架收纳物品时，可以将物品竖着摆放，以便于拿取。文件架一般用来整理书籍和文件，但除此之外，它还能用来收纳案板、盘子、平底锅、纸张、背包等与书籍外形相似的物品。如果用螺丝钉将其固定在门上，还能用来放置保鲜袋和洗涤剂等。

04 隐藏物品——带盖的收纳箱

有盖子的收纳箱虽不太方便取东西，却有一个最大的优点——从外面看不到盒子里面的物品。如果不想让人看到客厅的立柜和搁板上面摆放的物品，就可以使用带盖的收纳箱。另外，它还可以用来收纳指甲刀、棉签、牙签等琐碎物品。将同种颜色的收纳箱按大小和对称的方式摆放，会给人一种干净整齐的感觉。

一提到整理物品，最先想到的就是收纳格。如果收纳箱里没有收纳格，那么许多东西放在一起，就容易混杂，使用时就难以快速找到所需物品。

好的收纳工具既能让我们体会到整理东西带来的乐趣，还能使我们的生活变得简单方便。现在就一起来了解一下这些具有代表性的收纳工具吧！

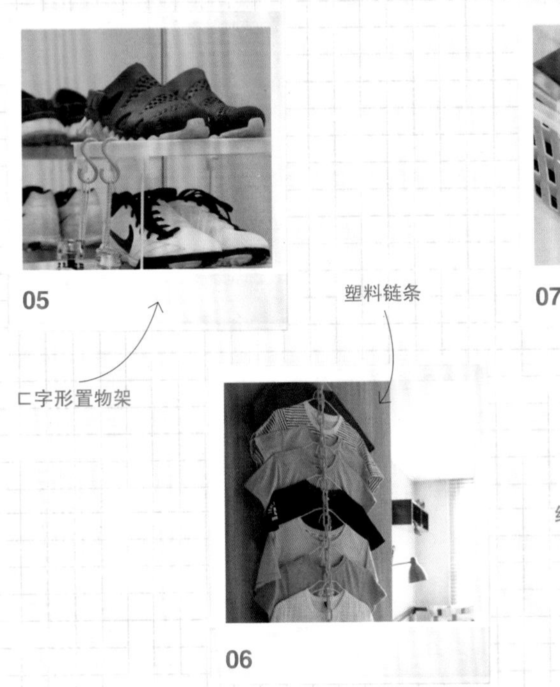

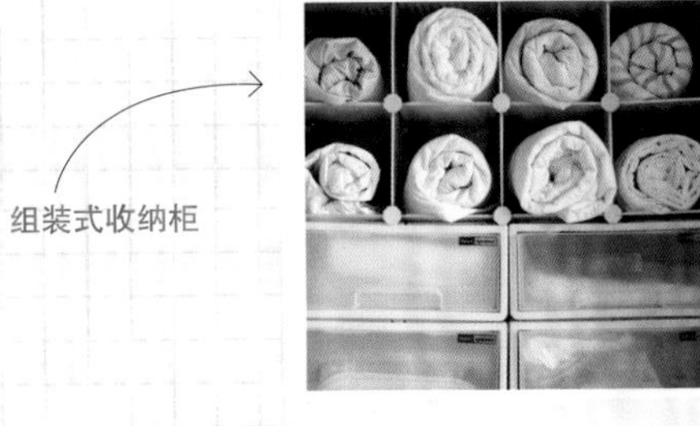

05 分类摆放——ㄷ字形置物架

如果将物品层层摞起来，拿取时就会很不方便。而ㄷ字形置物架可以将收纳空间分为两层，因此不必再使物品层层堆放，拿取时非常方便。可以用它来收纳盘子或者鞋柜里的鞋子。关键是要根据自家情况，测量出合适的搁板高度，然后再购买合适的产品。

06 成排悬挂——塑料链条

塑料链条是一种可以将物品成排挂起来的工具。用它来收纳物品会非常方便。一排链条可以悬挂许多件衣物，大大提高了空间利用率。尤其在悬挂裙子、短裤、帽子等比较短小的衣物时，就可以利用这种工具，使衣架下方的剩余空间得到充分利用。

07 固定物品——橡皮筋

在收纳松散的衣物时，可以先将其折叠，然后用橡皮筋捆扎。对于体积比较大的棉夹克或被子，可以先挤出空气，再卷成一团，用白色橡皮筋捆绑，这样可以大大减小它们的体积。将长腰带或领带卷成一团，用黄色橡皮筋绑起来，会给人一种利落整齐的印象。同时，还可以将橡皮筋套在塑料收纳箱的网眼上当隔板，有效分开箱内物品。

08 划分空间——组装式收纳柜

这是由塑料板组成的组装式收纳柜。运用这种收纳柜，可以将衣柜的内部空间按照想要的大小进行划分。可以将其安置在衣柜中衣架的下面，用来收纳皮包、牛仔裤（卷成一团后收纳起来）或内衣。当然，也可以将其放置在书桌下面或家具间的闲置空间处。

01
收纳

收纳的 3 个基本步骤

开始整理前必读的基本规则

学习数学时，如果掌握了公式，那么大部分问题都可以轻松解决。同样，收纳也有公式。尽管每个家庭的房间大小不同，摆放的家具也千差万别，但只要运用了这个收纳公式，任何空间都可以整理得干净利落。那么赶紧来了解一下这个收纳公式吧。

收纳的 3 个基本步骤

步骤 1 取东西和扔东西

买回来 1 件新东西 = 扔掉 1 件旧东西

旧物品自然是要扔掉的。只要买回来 1 件新东西，就该扔掉 1 件旧东西，只有这样，才能保持收纳物品的总量恒定。

IN<OUT 勤俭节约型　由于不增加多余的物品，因此可以毫不费力地保持整洁的环境。

IN=OUT 标准型　由于买回来 1 件新东西就会扔掉 1 件旧东西，因此没有空间不够的感觉。

IN>OUT 购物中毒型　不管怎样整理，家里的东西总是太多。只有停止购物，才能腾出更多的空间，从而摆脱这种恶性循环。

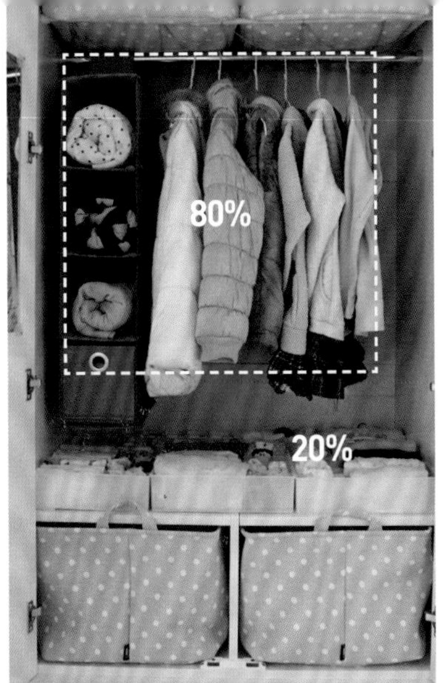

物品数量 = 家具收纳容量的 80%

衣物、书籍的数量应与衣柜、书柜的收纳容量成正比。最好的收纳方式是只占用 80% 的空间，留出 20% 的富余空间。如果超过了这个标准，就挑选出不用的物品，果断处理掉。只有减少物品数量，才能腾出更大的空间。

5 秒钟内决定要不要扔掉

对于许多物品，我们往往越看越舍不得扔。这是人的普遍心理。所以，在处理物品时，要争取做到 5 秒钟内决定要不要扔掉，以免掺杂过多的个人感情，从而影响理性判断。

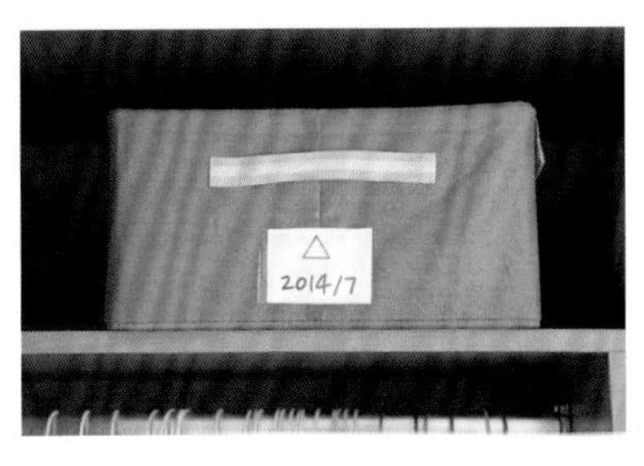

不管怎样，就是不想扔?

对于无法决定要不要扔掉的物品，就不要再放回收纳箱了，可以用一个箱子单独存放这类物品，并标记上保管期限。然后将其放在阳台或衣柜上面，如果直至保管期限结束，都没有再使用过里边的物品，那就果断地扔掉吧。

步骤 2 分类和选定收纳的位置

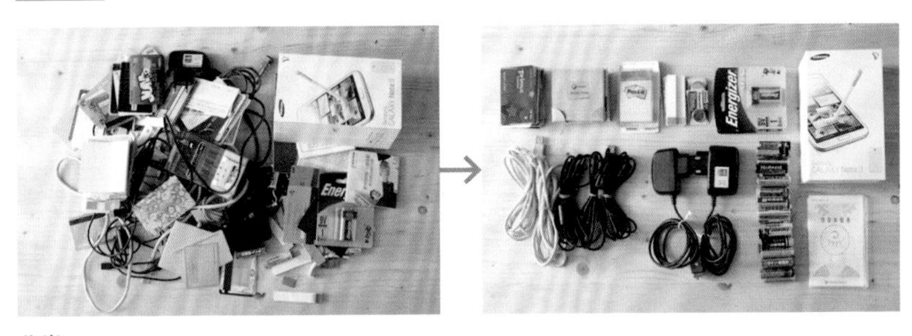

分类

将物品分类存放。将同类物品放在一起，需要时就能快速找到。

选定收纳的位置

重点是要将物品摆放在“方便拿取的位置”。

衣柜 打开衣柜时，最先看到的地方就是最方便拿取的位置。

橱柜 从肩膀至腰之间的位置是最方便拿取的位置，因为不必弯腰就能轻松拿到东西。

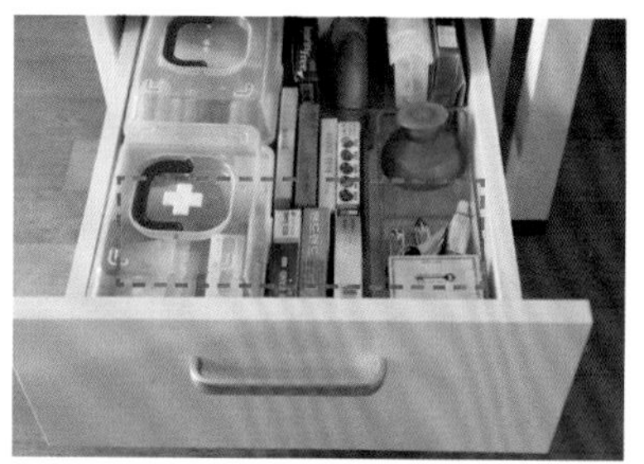

抽屉 打开抽屉最先看到的地方就是最方便拿取物品的位置。

书柜 书柜右侧是最方便拿取的位置。将经常看的书摆放在这里。

步骤3 收纳

划分收纳格

为了避免物品混杂在一处，应该一个收纳格只收纳一种物品。

横向收纳与纵向收纳

它们是收纳物品的两种基本方法。一般来说，应采用纵向方式收纳物品。

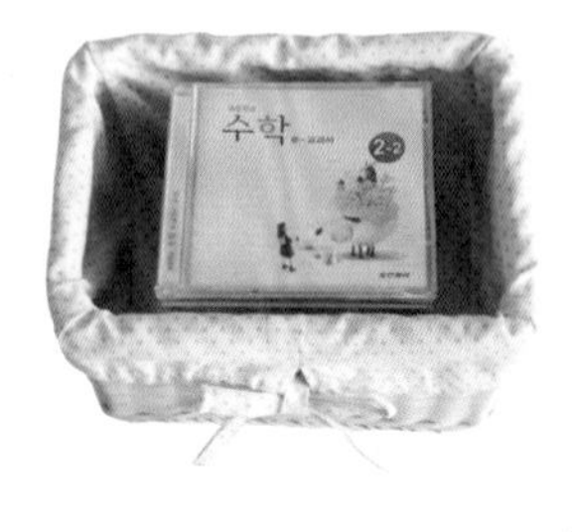

横向收纳 即横向摆放物品的方式。由于看不见下面的物品，因此寻找某个物品时，就需要从上到下翻找。采用这种收纳方法，物品容易混杂在一起，难以保持整齐有序的状态。

纵向收纳 即将物品纵向摆放的收纳方式。由于可以清楚地看到每件物品，所以不用翻找就能轻松地找出想要的物品。

02
收纳

收纳技巧

如何将物品整理得井然有序？

收纳是一门技术！让物品整洁美观又易于寻找的收纳方法

即使是品牌相同的炸鸡，每个专卖店做出的口味也有所不同。与此类似，即使利用同样的收纳箱整理物品，每个人整理后的样子也不一样。这是因为每个人都按照自己的生活经验和技巧来摆放物品。“容易看到，方便拿取”是最基本的收纳原则，为了便于整理收纳，就要遵循这一原则。如果收纳后既不便于拿取，也不容易寻找，那么过不了几天，家里就会又被翻得乱七八糟。这里总结了一些让物品整洁美观又易于寻找的收纳技巧。

步骤 1 不要把物品都摆在外面

利用粘贴、悬挂等方式进行收纳，充分利用空间。收纳的核心就是最大限度地减少摆在外面的物品数量。

不具有装饰作用的物品就应放在柜子或抽屉里，这是一项基本原则。

步骤2 改变收纳方法

将物品放进收纳箱之前，要先考虑到拿取时是否便利。在充分考虑拿取东西的便利性之后，再试着有序地摆放物品。只要在收纳时稍微动下脑筋，就可以有效减少取东西浪费的时间。

抽屉

不要层层摆放

如果将物品层层摞放进抽屉，就会因看不见下面的物品而不得不翻来找去。所以，应将物品纵向摆放。

所有物品一目了然。

需要翻动才能找到所需物品。

纵向排列

抽屉里的物品应该纵向摆放。这样，即使不将抽屉全部拉开，也能马上看到里面的所有物品。尤其是小物件，应摆放在容易看到的前排。这样，即使只把抽屉拉开一点点，也能一眼看到它们。

只拉开抽屉的 1/3，就能找到所需物品。

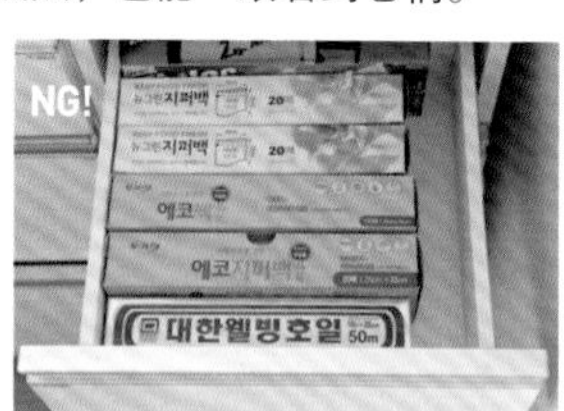

只有将抽屉全部拉开，才能找到所需物品。

搁架

同类物品纵向摆放

同类物品要采用纵向摆放的方式。如果横向摆放，拿取里面的物品会很不方便；而纵向摆放的话，就可以轻松地取出所需物品了。

纵向摆放

同类物品纵向摆放，轻松取出所需物品。

横向摆放

想要取出里面的杯子，就得先拿开前面的杯子。

后排摆放高的物品，前排摆放矮的物品

将矮的物品摆放在前排，这样即使不拿开前面的物品，也可以轻松地取出后面的物品。

所有物品一目了然。

不但看不到后面的餐具，而且还得先拿开前面的餐具，才能取出后面的餐具。

步骤 3 为了让家里看上去整洁美观，一定要将物品摆放整齐

看东西还得靠眼睛。因此，整理工作做得好不好，很大程度上取决于视觉上的观感。如果觉得整理得很认真，但家里看上去还是乱七八糟，那就试试下面的两种方法吧！

对齐摆放

将物品的前面对齐，并按大小分类摆放，能给人一种浑然一体的感觉。只要采用对齐摆放这种简单的方法，就能让家里看起来整齐美观。

即使是高低不同的书籍，也要将前面对齐摆放，这样看起来就整齐多了。

先将各种杯子按类分好后，再排成一列，看起来就整齐了。

实际上，将物体摆放整齐所花的时间很短。先分类，再摆放整齐。

统一收纳筐的颜色

由于收集在一处的物品大都具有不同的颜色，因此只有收纳筐的颜色统一，才能从整体上给人一种整齐划一、干净利落的印象。

如果您在超市里选来选去，还是不知道该选哪个颜色的收纳筐，那就选白色的吧，这样的颜色肯定不会有问题。

即使收纳筐的大小和形状各不相同，但只要颜色相同，就能给人一种整齐划一的感觉。

03
收纳

可回收利用物品大变身

材料费 0 元！可回收利用物品的妙用

将可回收利用的物品改造成收纳工具

箱子、塑料瓶等可回收利用的物品，其实都是非常好的收纳工具。利用这些物品，既不需要花钱，也不需要花时间去购物，只需动几下剪刀，就能制作出您心目中理想的收纳工具啦。现在就一起来了解一下可回收利用物品的妙用吧！

CHECK! 巧用可回收利用包装盒的方法

★每个包装盒的收纳标准

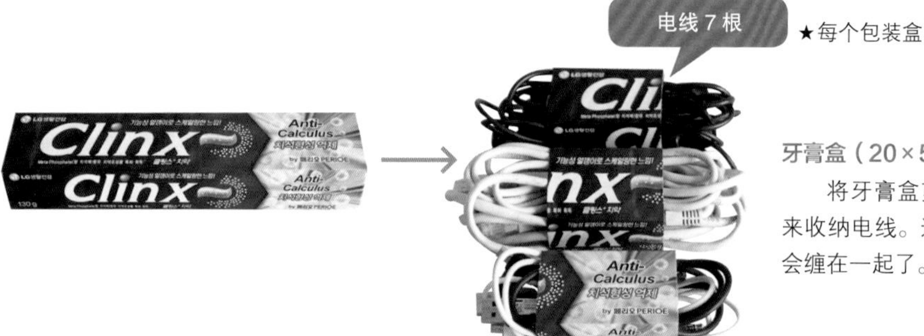

牙膏盒（20×5 厘米）

将牙膏盒剪成 3 段，用来收纳电线。这样电线就不会缠在一起了。

饼干盒

将饼干盒剪成两截，用来收纳存折和发票。

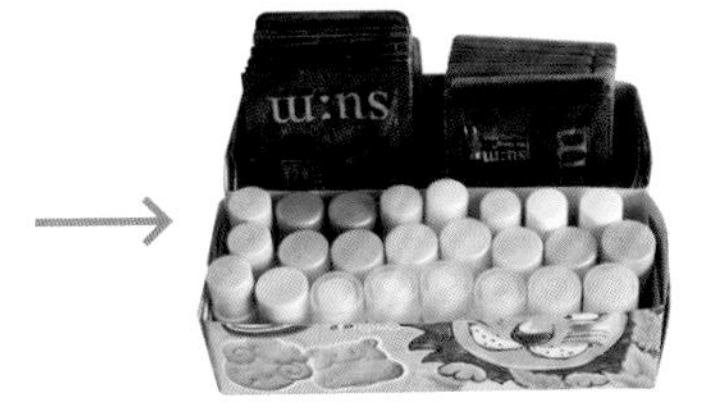

化妆品样品瓶
24 个 + 面膜 60 个

饼干盒（16×9.5 厘米）

将饼干盒横着剪开后，它的高度和大小用来收纳化妆品样品最合适。

彩色铅笔 40 根

奥利奥饼干盒（22×5 厘米）

将饼干盒剪成两截，其高度正好相当于笔的 2/3，用它来放笔最合适。

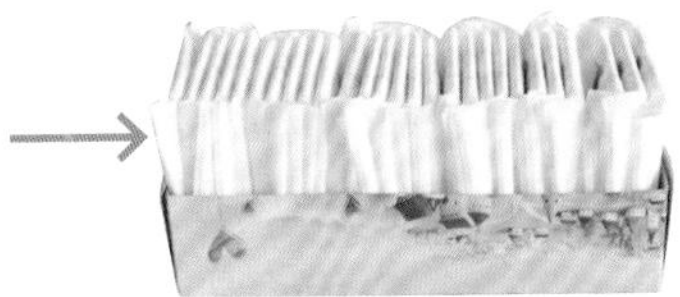

卫生巾 60 个

抽纸盒（23.5×11 厘米）

将抽纸盒剪成两部分，放在卫生间的搁架上，用来收纳卫生巾最合适不过了。

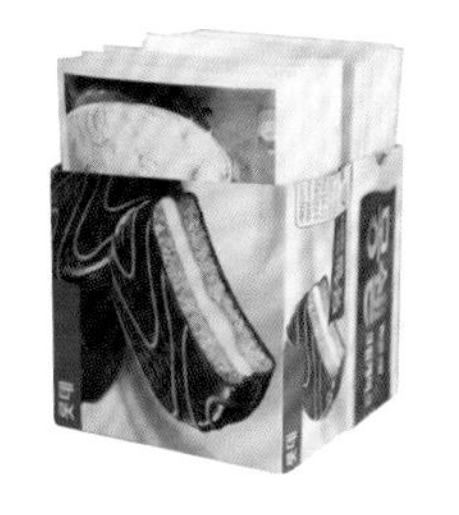

相片 360 张

蛋黄派盒（24×11 厘米）

将蛋黄派盒从中间剪开，用来收纳相片正合适。

男性内裤 8 条

曲奇饼干盒（25×20 厘米）

将饼干盒剪好后安上塑料隔板，分成 8 个收纳格，用来收纳内裤、领带、袜子、围巾等物品。

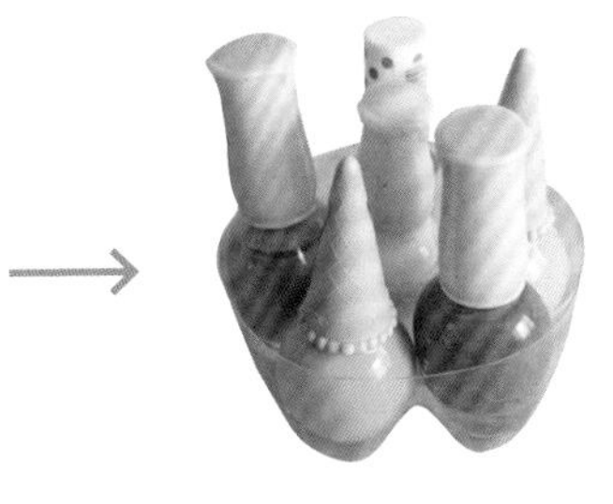

指甲油 6 瓶

可乐瓶（1.25 升）

剪下可乐瓶的底部。由于瓶底本身就具有凹凸的外形，因此很适合放在梳妆台上收纳指甲油等化妆品。

IDEA 巧用各类回收物品，大幅提高收纳效率

回收物品的妙用

缩小——剪开后叠插

将纸盒按照合适的大小剪成两部分。

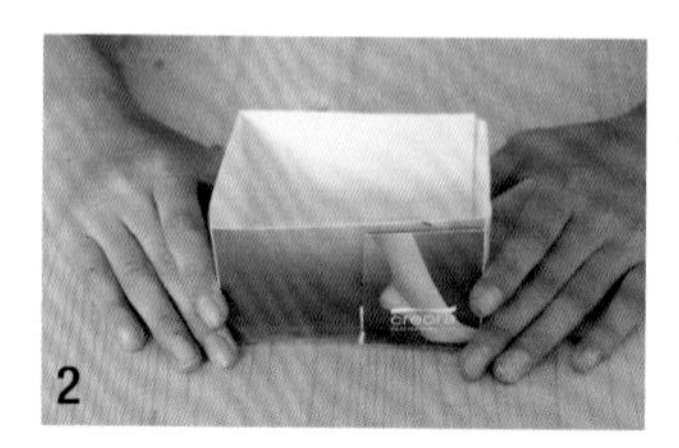

将两部分叠插起来。

等分——将盒子二等分后折叠

将盒子的一个侧面剪开，然后折叠。

用来收纳发票、护照和文件等。

收纳丝带——竖着剪一条缝

在薯片桶的侧面竖着剪出宽为 5 毫米的缝。

用来收纳丝带。

巧用有盖子的盒子

带隔板的盒子——将盒底四等分后放进盒盖里

将盒底剪开。如果想要两个收纳格，就将其二等分；想要四个收纳格，就四等分。

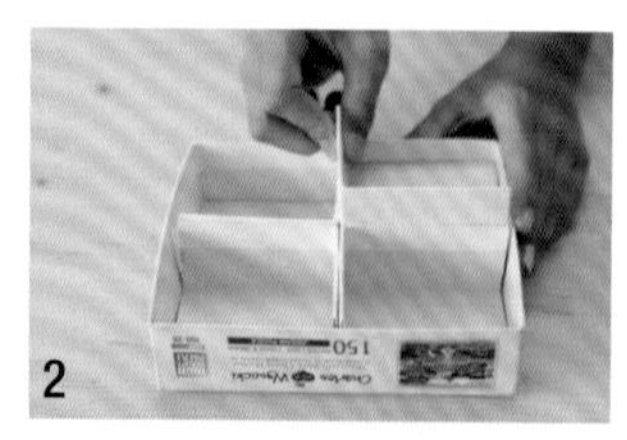

将剪开的盒底套进盒盖里。注意：将盒底的边沿朝里摆放！

根据盒子大小的不同，可以用来收纳大头钉、曲别针等小物件，还可以收纳背心、长袜等衣物。

巧用有盖子的盒子

外观整洁的盒子——将有图案的盒子翻过来折叠

准备一个表面有图案的盒子。

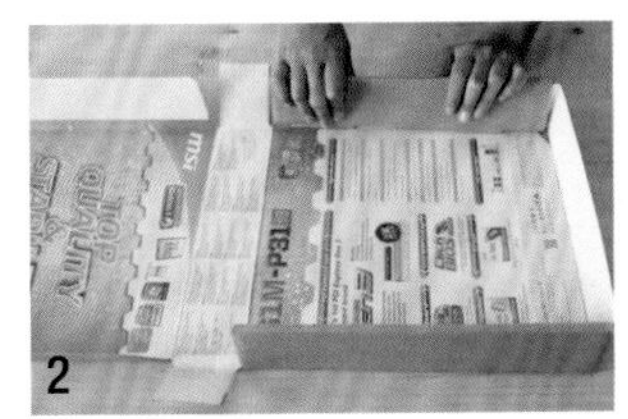

将盒子拆开后翻过来折叠。

看起来干净多了。

两侧都可以打开的盒子

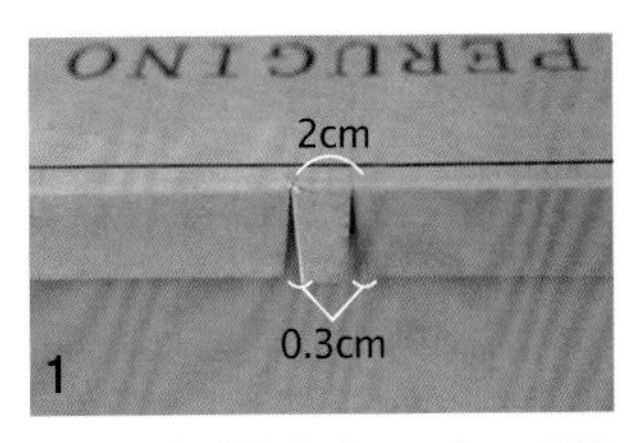

在盒盖的中央画一条 2 厘米宽的细条，再剪两个 0.3 厘米宽的 V 字形缺口。

利用尺子折叠。

在盒子中央系一条丝带。这样，两侧都可以打开的盒子就做好了！用起来非常方便哦。

巧用快递盒

带隔板的盒子——剪开快递盒的纸板进行组装

剪下快递盒的盒盖，因其宽度与盒子相同，所以剪下来以后就可以当作收纳盒的隔板。

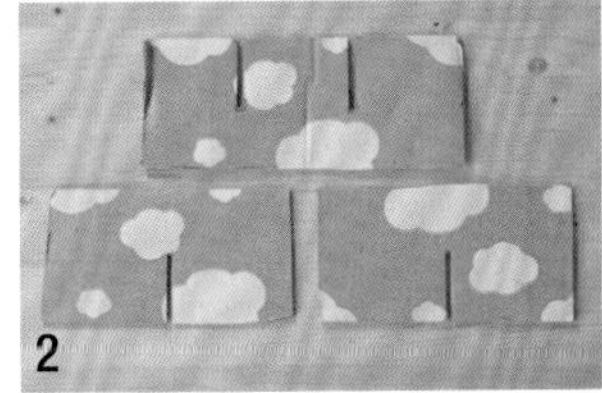

在纸板的中间剪一道缝，只剪到 1/2 处。注意：长纸板从上端剪起，短纸板从下端剪起。

将两块剪好的纸板安插起来，隔板就做好了！根据盒子的大小，可以收纳文具、牛仔裤等物品。

巧用牛奶盒

长盒子——剪掉一个侧面后，再调整成需要的大小

准备两个牛奶盒，分别剪掉盒盖和一个侧面。

根据抽屉的大小调整长度。可以用来收纳勺子、叉子等比较长的厨房用品。

制作矮隔板——剪下牛奶盒的3个侧面后，从中间折叠

将牛奶盒的3个侧面剪下来。

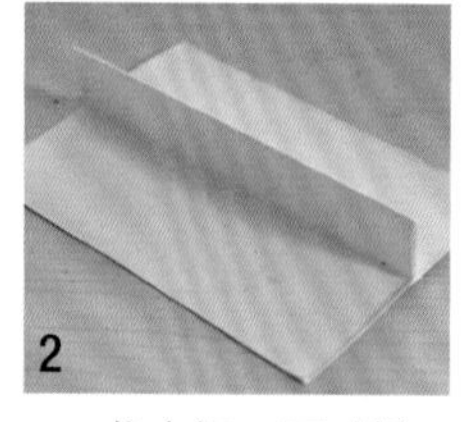

将中间一面对折。

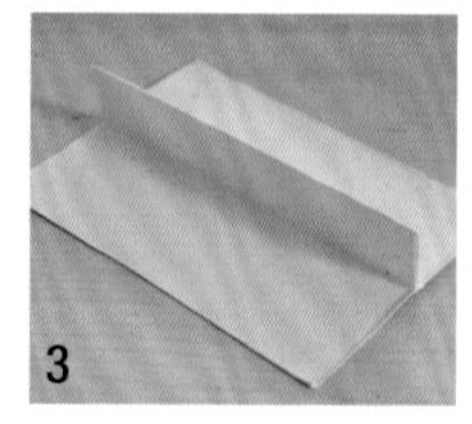

用胶带将折叠的一面粘起来。

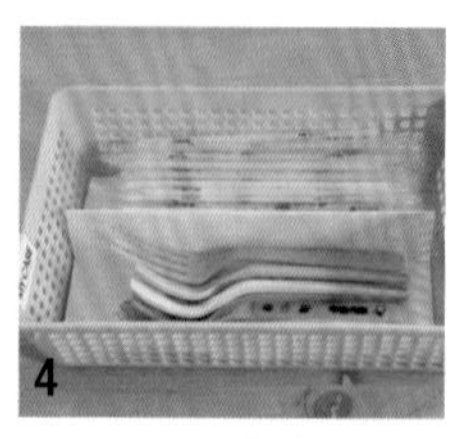

可以用来收纳化妆品、筷子、勺子、笔等物品。

制作高隔板——剪开侧面再黏合

剪掉牛奶盒的盒盖，再将盒身的一条棱剪开，然后将盒底斜着剪开。

将盒身的两个侧面对叠，然后用胶带固定。

可以用来收纳内衣、袜子和儿童衣物等，看上去非常整齐。

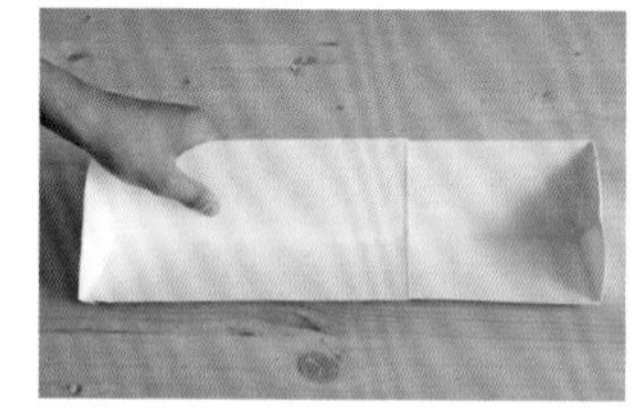

小贴士：如果将两个牛奶盒连接起来，就可以随意调节隔板的长度。

巧用塑料瓶

3个小妙招——用剪刀将瓶的侧面剪开

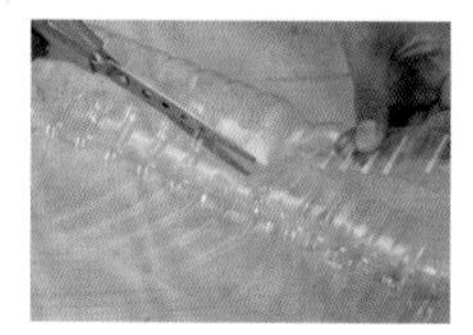

剪掉瓶口后，将塑料瓶的侧面剪成U字形。

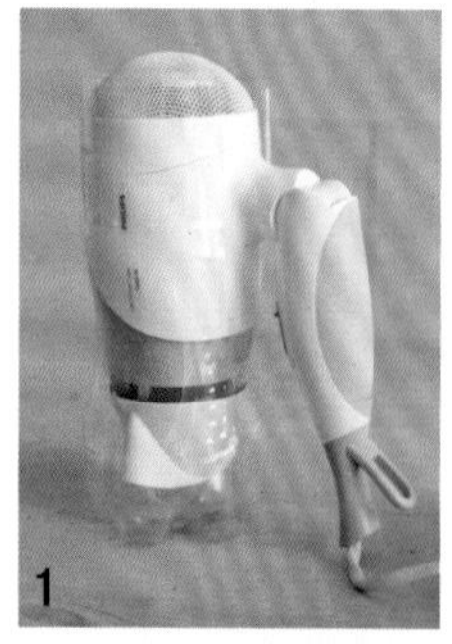

可以将吹风机立着放进去。

可以用来收纳水杯。

还可以剪下圆形塑料瓶的下半部分，用来收纳唇彩或眼线笔。

巧用橡胶手套 橡胶手套的 4 种妙用——将橡胶手套剪开后，可以用来捆绑物品

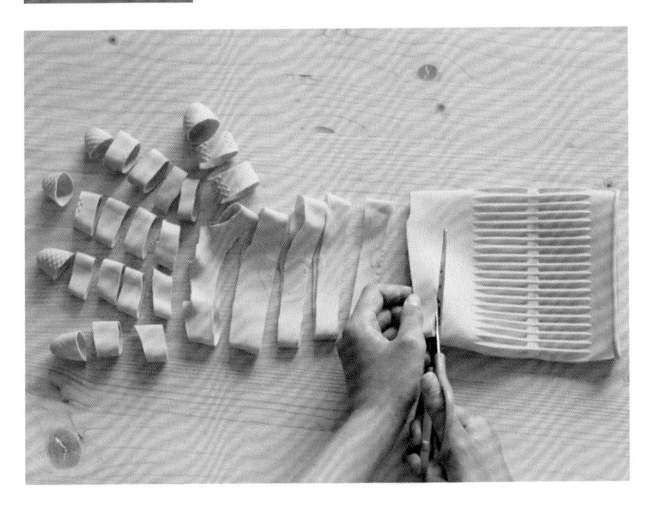

如果橡胶手套破了，就将其剪开，制作成长度各异的橡皮筋吧。

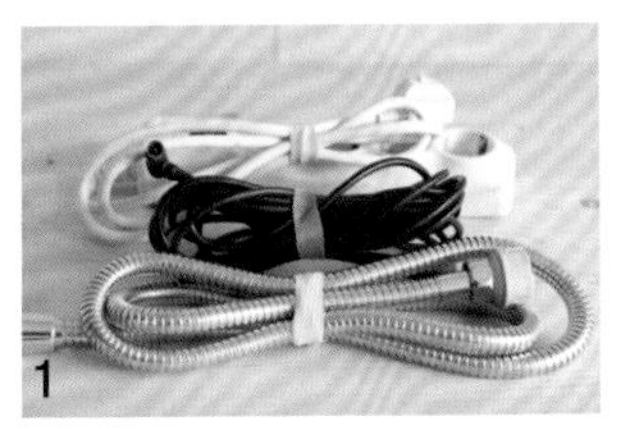

对于电线、衣服、针织物、和水管等无法用普通橡皮筋捆绑的东西，就可以用这种橡皮筋捆绑。

可以将自制橡皮筋套在搁架上，用来存放吸管。

手套的小拇指部分可以当作红酒的瓶盖。用来密封瓶装啤酒也很不错。

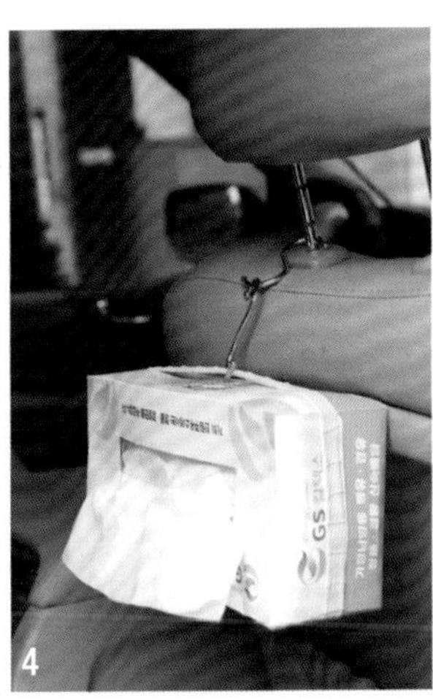

将其套在抽纸盒的侧面，再用 S 挂钩挂在汽车座椅上。

04 收纳

厨房
基本原则：按照烹调顺序进行收纳整理

收纳能力 Up!

按照区域进行收纳整理，有效提高烹饪速度

要想成为专业的厨师，最先学习的东西就是打扫和整理。不管有多么精湛的厨艺，如果在一个乱七八糟的厨房里工作，也一定无法完美地展现厨艺。因此，就算为了做出美味的菜肴，也必须收拾厨房。良好的收纳能力可以为您的厨艺增光添彩。

厨房收纳的 3 个步骤

步骤 1 取物品

厨房整理顺序

与水相关的区域（洗碗台）→与刀具相关的区域（料理台）→与火相关的区域（燃气灶）

小贴士： 按照做饭的流程，厨房基本可以分为 3 个区域：洗碗台、料理台和燃气灶。按照区域顺序，依次摆放好所需物品，这是收纳的关键所在！

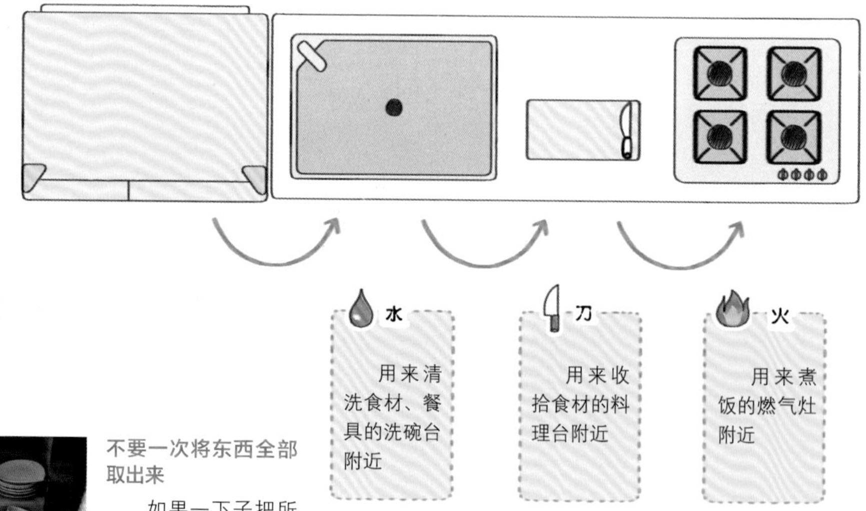

不要一次将东西全部取出来

如果一下子把所有的东西都取出来，那么还没开始做饭，厨房里就会变得乱七八糟。制定好整理顺序，从洗碗台附近开始，一处一处地整理打扫。

有备无患的心理正是造成家里乱糟糟的主要原因！

“这个东西说不定什么时候会用到。”就是因为有这样的想法，东西才会越来越多。从现在开始，每种物品只保留一件，其他的全部处理掉吧。

步骤 2 划分区域摆放物品

如果将物品都摆放在所需位置上，拿取时就会很方便，同时烹饪速度也会提高。

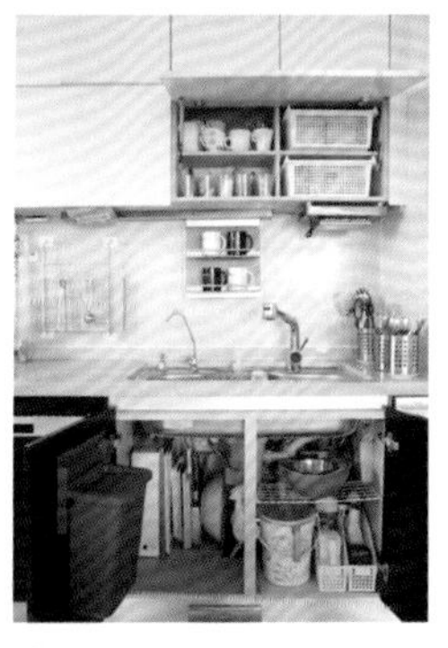

A与水相关的区域
（洗碗台附近）

洗碗台附近的位置用来收纳清洗工具和垃圾桶。

需要收纳的物品 清洗食材用的工具（盆、漏勺），洗碗工具（洗洁精、刷子、洗碗刷），垃圾桶和烧水锅等。

B与刀具相关的区域
（料理台附近）

料理台附近的区域用来收纳收拾食材的工具和其他用品。

需要收纳的物品 菜刀、案板、量杯、调料、塑料袋、保鲜袋（用于储存收拾好的食材）等。

C与火相关的区域
（燃气灶附近）

燃气灶附近的区域用来收纳烹饪、盛菜所需的工具。

需要收纳的物品 平底锅、盛菜用的工具、电饭锅等。

小贴士：烧水用的普通锅收纳在与水相关的区域（洗碗台附近）；做饭用的平底锅收纳在与火相关的区域（燃气灶附近）。

步骤 3 收纳物品

碗柜里的物品

所需物品： ㄷ字形置物架，柱状碗盘架，封闭式碗盘架，收纳盒

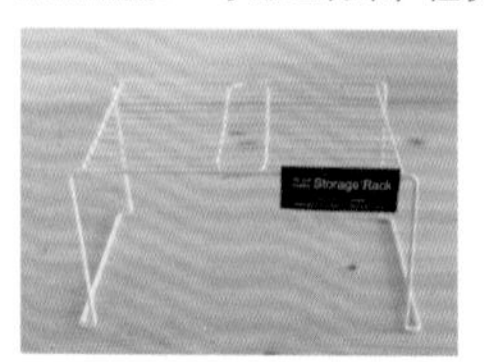

ㄷ字形置物架

柱状碗盘架

封闭式碗盘架

收纳盒

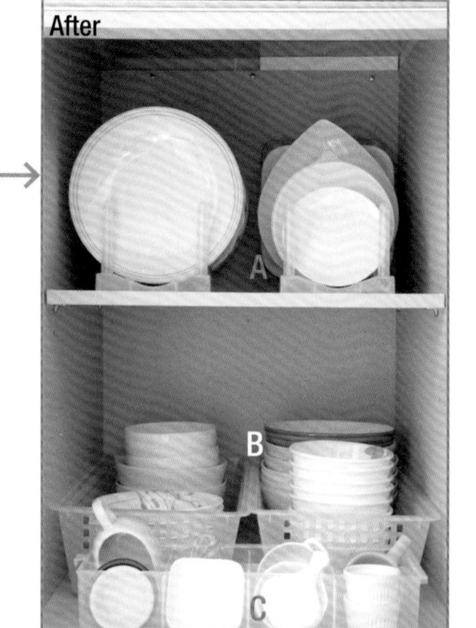

Ⓐ 平底盘

使用碗盘架放置平底盘。

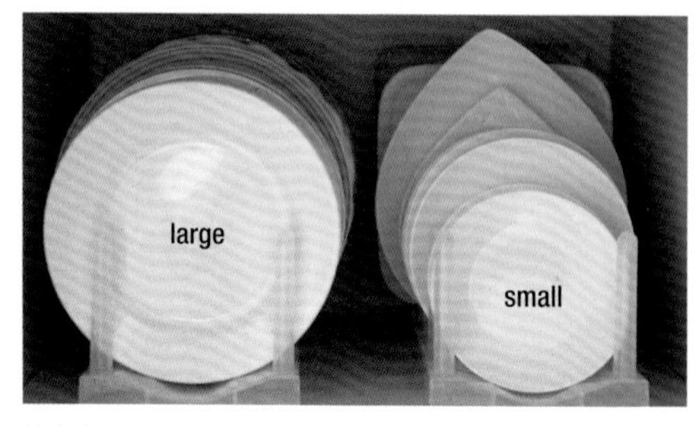

按左右顺序分类摆放

左边收纳大盘子，右边收纳小盘子，这样就会有空余的地方，更方便拿取。

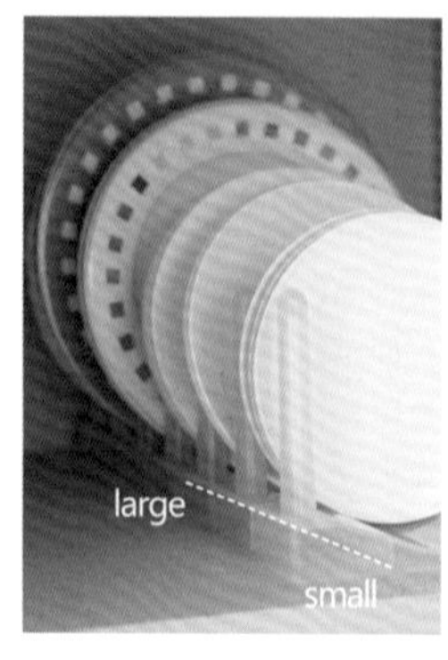

按前后顺序分类摆放

大盘（后面）→ 小盘（前面）

按照这样的大小顺序摆放，一目了然，拿取时很方便。

B 饭碗、汤碗

将饭碗、汤碗正面朝上放在收纳筐里。将不常用的碗放在收纳筐的里面。

如果收纳筐的大小不合适怎么办?

只要将收纳筐剪开，就能解决这个问题。用下面的方法，可以按照需要随意改变收纳筐的大小。

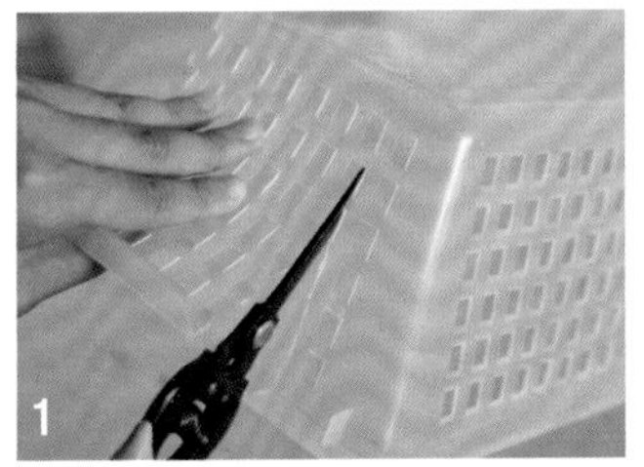

使用园艺剪刀将收纳筐中间的部分剪掉。

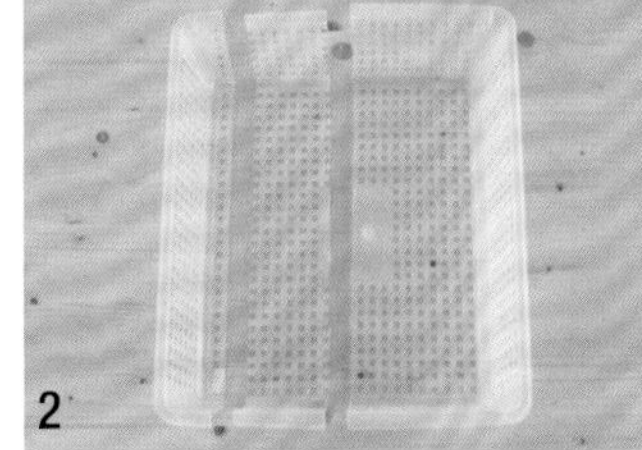

扔掉中间部分，使用收纳筐的两侧部分。

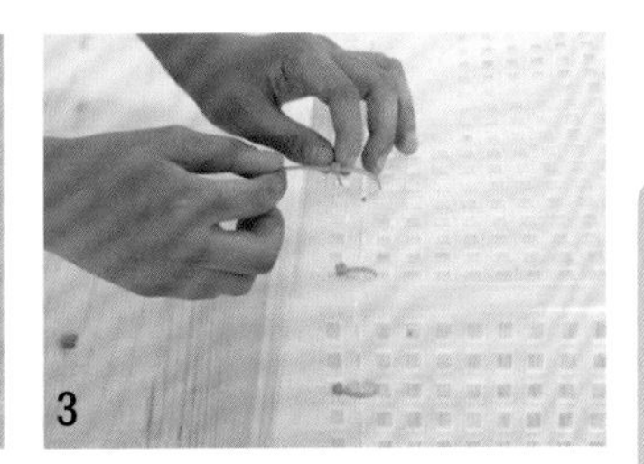

用电线将两侧连接起来，就可以将收纳筐改成您想要的大小了。

C 调料碗

将调料碗放在收纳盒中，每个收纳格放一个调料碗。

将调料碗分类放在收纳盒中。

把高高摞起的大碗收纳在后面，较小的调料碗收纳在前面。这样既一目了然，又方便拿取。

Ⓓ 凹形盘

使用⊏字形置物架分类收纳。

收纳凹形盘的方法

左边摆放白色的盘子，右边摆放彩色的盘子，像这样按照颜色分类摆放，就容易记住它们的位置。

⊏字形置物架的下层应收纳容易拿出来的长盘子。

Ⓔ 大盘子

超过 25 厘米的大盘子应该用封闭式碗盘架竖着收纳。

洗碗台下面的物品

所需物品：ㄷ字形置物架（或多层置物架）、文件架、电线扎带

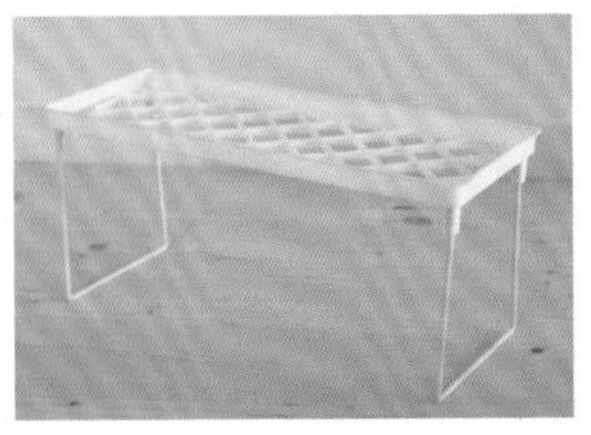

ㄷ字形置物架

文件架

电线扎带

Ⓐ 盆、洗涤剂、漏勺

窍门 1 使用置物架和文件架收纳

先放一个ㄷ字形置物架，再在角落处放一个文件架。

a. 在ㄷ字形置物架的上层摆放比较轻的盆和漏勺。b. 下层摆放清洁用具。c. 右侧摆放洗涤剂。只要打开洗碗台下面的橱柜门，就可以轻松地取出这些物品。

窍门2 利用“伸缩杆＋网架”制作置物架

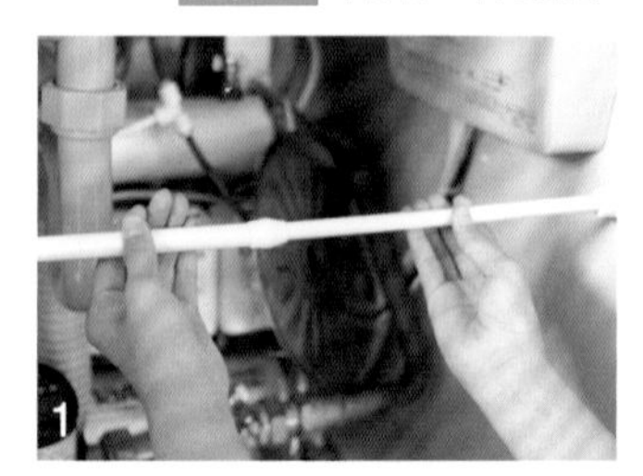

将伸缩杆固定在合适的高度。

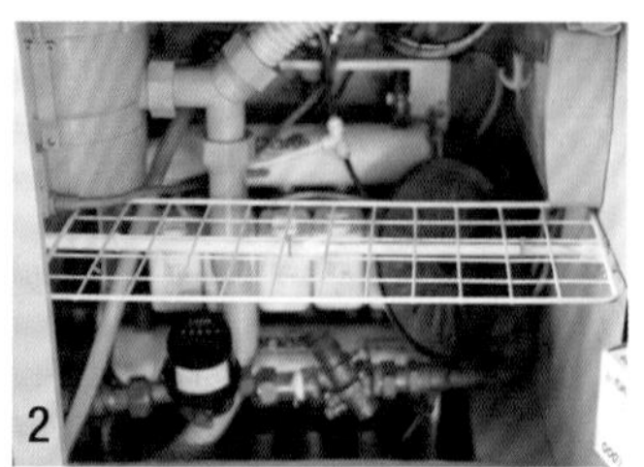

用绳子将网架和伸缩杆绑在一起。

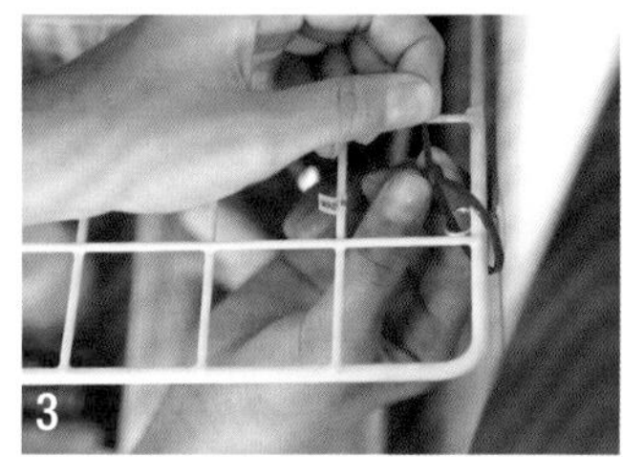

在网架下面钉上螺丝钉，并将网架绑在钉子上，避免其倾斜。

网架的下层用来收纳食物垃圾桶和洗涤剂，上层用来收纳比较轻的漏勺和盆。

小贴士：狭小的洗碗台vs宽敞的洗碗台

如果洗碗台的空间比较宽敞，可以使用多层置物架收纳物品。如果洗碗台的空间比较狭小，则适合用ㄈ字形置物架进行收纳。

Ⓑ 案板、盘子

将文件架用电线扎带连接起来，文件架下面用双面胶固定。

小贴士：在两个文件架间搭上一个隔板，就能有3个收纳空间了。

让安装在水槽柜门上的垃圾桶占用文件架前面的空间。

将刀架和清洁工具摆放在柜门内侧。

IDEA 轻松收纳小型厨房用品！厨房收纳小妙招

盘子 巧用“深筐＋长筷”

即使没有碗盘架，只要有带孔的深筐和长筷，就可以很方便地收纳盘子。

将长筷子均匀地从收纳筐的一侧插到另一侧，做隔板使用。

小贴士：应该挑选 15 厘米的木质长筷。这种自制碗盘架可以收纳比较小的盘碟或咖啡杯托盘。

筷子的一端要用橡皮筋固定，这样才不会掉出来。

保鲜盒 用收纳筐单独收纳盒盖

先将保鲜盒按圆形、长方形、正方形等形状分类，然后再摞放起来。盒盖按大小整理后放进收纳筐。对于无法层层摞放的保鲜盒，要盖上盖子后摞放。

洗碗刷、橡胶手套 用夹子将其夹在水龙头上

洗碗刷是最易滋生细菌的物品，必须晾干。用夹子将洗碗刷夹在水龙头上，可以快速晾干。

案板 巧用“毛巾架＋网架”晾晒案板

利用电线扎带将网架绑在毛巾架上，然后再粘在墙面上。这样不仅可以用来晾干案板，还可以用来悬挂烹饪工具。

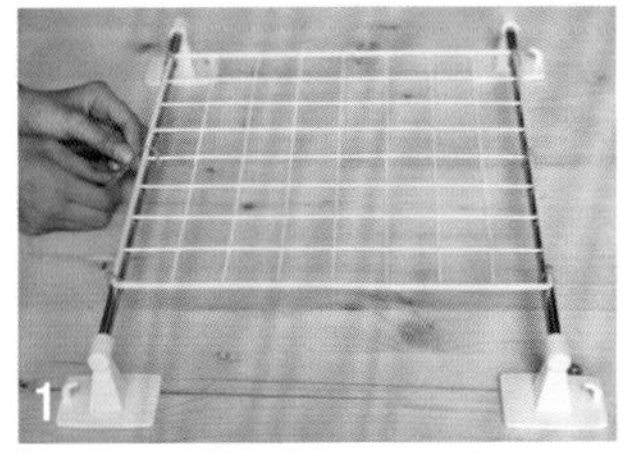

用电线扎带将网架固定在两个毛巾架之间。

把毛巾架竖着固定在水槽的墙面上。由于通风良好，可以快速将案板晾干。

小贴士：可以在网格上挂一些 S 形挂钩，用来悬挂烹饪工具。

便携式燃气灶 竖着放在文件架里

烤肉用的便携式燃气灶、烧烤盘，还有微波炉，都可以利用文件架竖着收纳。 为了安全起见，请不要在上面堆放其他物品。

小贴士：对于郊外使用的便携式燃气灶，可以先装进购物袋里再进行收纳。

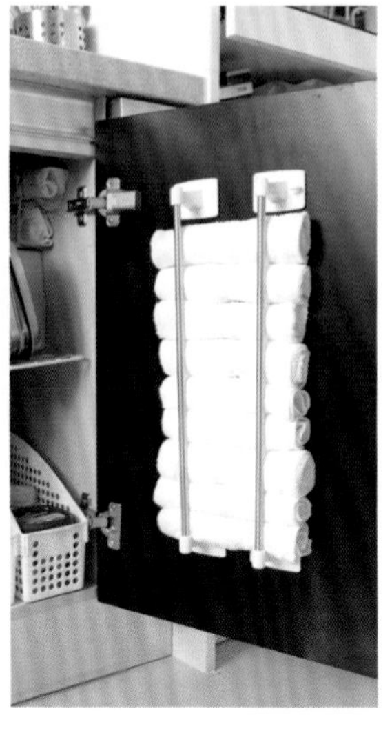

抹布 卷起来后放在毛巾架上

将两个毛巾架粘在水槽柜门的里面，然后把卷好的抹布收纳在毛巾架上。只要拉开水槽的柜门，就可以轻松取出抹布。

调料 用牛奶盒收纳调料，以防弄脏橱柜

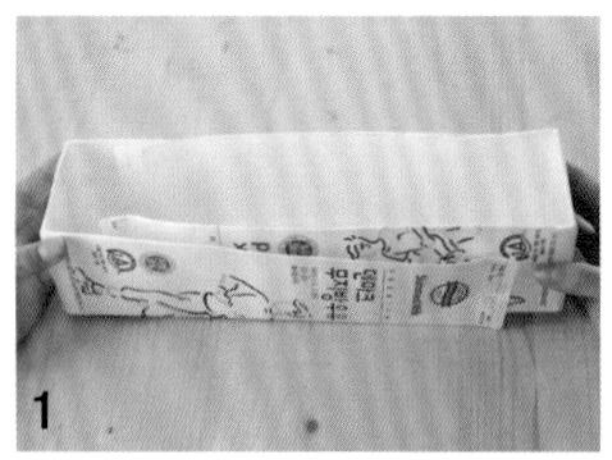

准备两个牛奶盒，分别剪掉一个侧面和底面，再将其叠放在一起，根据需要调节长度。这样收纳盒就做好了。

将调料放在做好的收纳盒里，可以防止调料溢出弄脏橱柜。

瓶装调料 利用“罐头盒＋纸胶带”可以防止调料弄脏橱柜

在罐头盒上粘一圈纸胶带。

做好后，将酱油、香油等调味品放在上面，这样就可以防止调料溢出弄脏橱柜了。

袋装调味料

使用“塑料瓶口 + 橡皮筋”制作调味料袋开口

白糖受潮会变硬。剪下塑料瓶的瓶盖后，将其用橡皮筋绑在白糖包装袋的开口处。

这样既可以防潮，又便于倒出白糖。

塑料瓶口的大小不同，用途也不同。小瓶口绑在调味料袋上，中等大小的瓶口绑在白糖或盐袋上，大瓶口就用来绑在面粉或麦片袋上。

密封包装袋

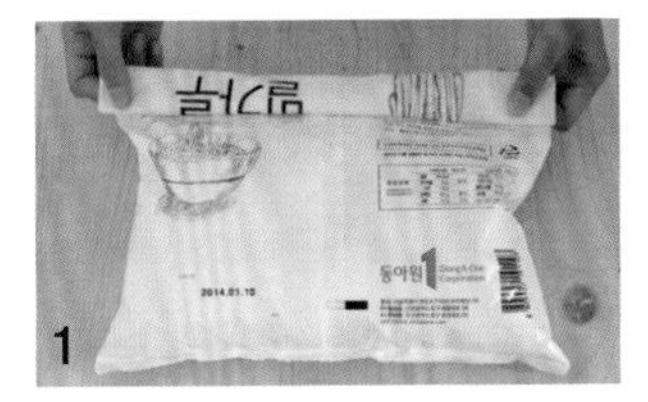

将包装袋的开口端卷起来。

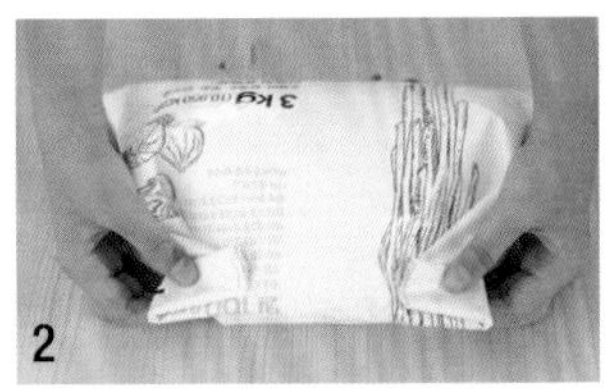

将卷边两端反向折起来。

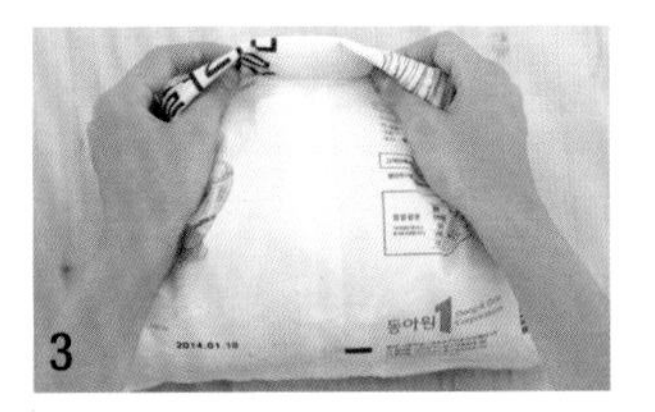

将卷边翻折过去。

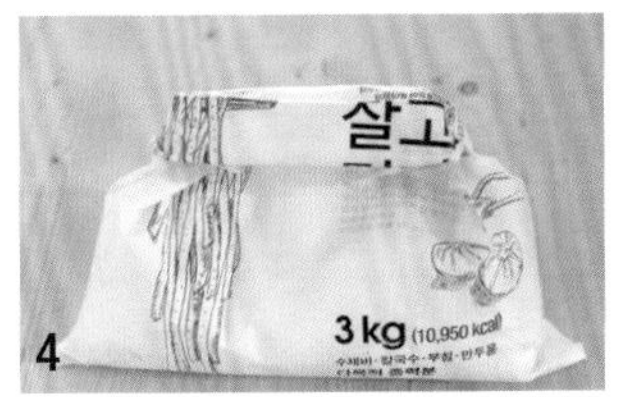

这样就把包装袋的开口封好了。

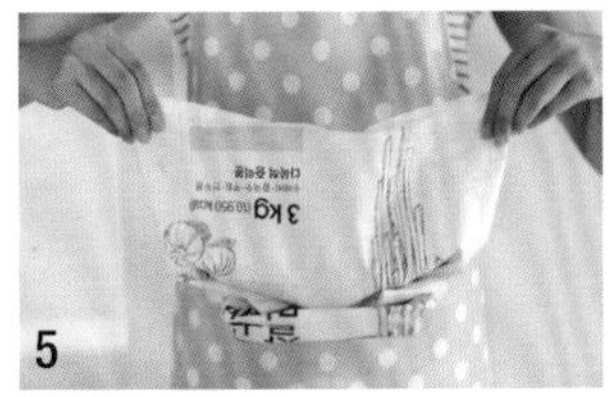

即使把袋子倒过来，再摇一摇，里面的东西也不会漏出来。

使用塑料筐，竖着收纳 将调味料、面粉等分好类，竖着放进比较深的塑料筐中。

利用“毛巾架 + 带线的夹子”把调料挂起来

把毛巾架固定在橱柜门上，用带线的夹子将开封的袋装调味料挂在上面。这样不仅找起来方便，而且能很好地保存调料。

厨房专用纸巾 利用伸缩杆将其固定在抽屉里

在厨房专用纸巾的空心卷筒里插入伸缩杆，然后将其固定在抽屉里。这样就可以很轻松地扯下纸巾，用起来非常方便。

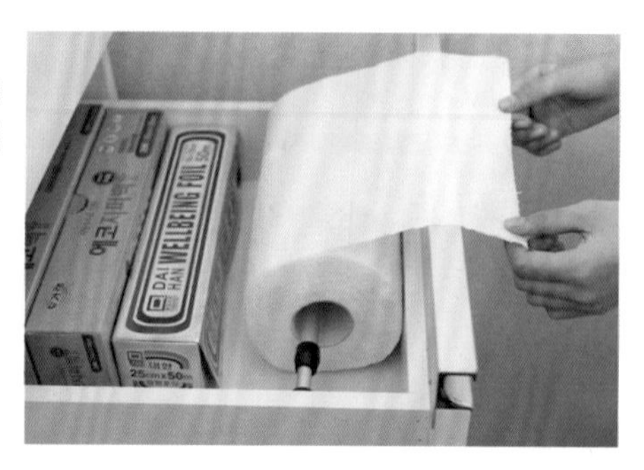

保鲜袋、纸巾、一次性手套

用双面胶将其粘在橱柜的底面上

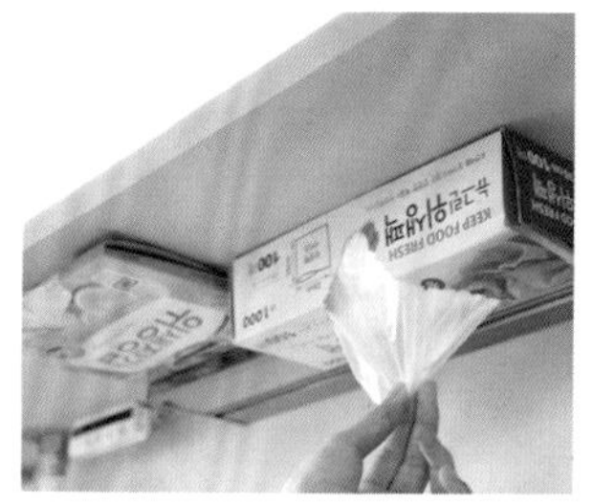

用双面胶把手套和保鲜袋的包装盒粘在上面橱柜的底面上，使用起来就非常方便了。

先装进收纳筐，再放到空隙处

可以将保鲜袋、纸巾等物品收纳在冰箱专用收纳筐里，然后放到微波炉与饮水机之间的空隙处。

把橡皮筋套在收纳筐的侧面，然后再把一次性手套绑在上面。这样固定好以后，使用时就非常方便了。

将保鲜袋、厨房专用纸巾竖着摆放进收纳筐。

用“网架＋橡皮筋”来收纳物品

用抹布架把网架挂在水槽柜的门上，再用挂钩固定住网格下端。

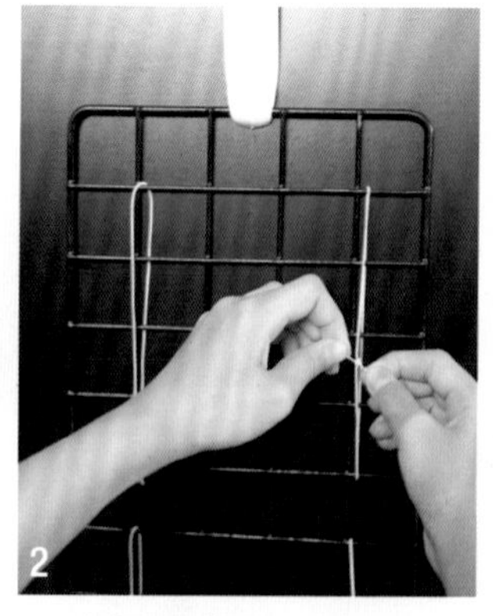

根据需要收纳的物品大小，在网架上绑好橡皮筋。

将物品套在橡皮筋之间。

塑料袋

将塑料袋互相叠放，装进鞋盒里

如图所示，将一个塑料袋叠放在另一个上面。注意：操作时要确保塑料袋的提手部分在中间位置，这样折叠时才会比较方便。

折叠右侧的塑料袋。

在折叠的塑料袋上面再放一个塑料袋。

折叠左侧的塑料袋。

在折叠的塑料袋上面再放一个塑料袋。然后重复上面的操作。这与抽纸盒里面纸巾的折叠原理相同。

放进鞋盒里面后，在盒盖上剪一条缝，然后用橡皮筋绑住鞋盒。这样在取塑料袋时，就不需要打开盒盖了。可以像抽纸一样，一张张抽出来使用，同时也节省了空间。

小贴士：如果使用抽纸盒，只能装比较小的塑料袋；而使用鞋盒，可以装各种大小的塑料袋。

使用塑料袋专用收纳桶

这种收纳桶上面有许多大孔眼，因此即使是放在下面的塑料袋也可以很轻松地取出来。另外，也可以用它来收纳袜子或包裹。

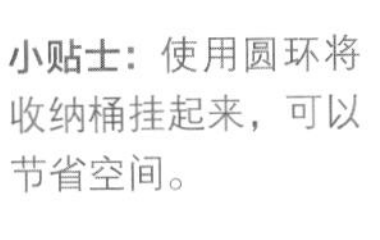

小贴士：使用圆环将收纳桶挂起来，可以节省空间。

各种袋茶 放在橱柜里

如果抽屉里面的空间不够用，那就利用橱柜门吧。在橱柜的门上固定几个长条形收纳筐，用来存放招待客人用的咖啡或绿茶。家里来客人时，只需打开柜门，就能轻松地取出来。

小贴士：将咖啡盒剪成两半，把袋装咖啡竖着摆放进去。

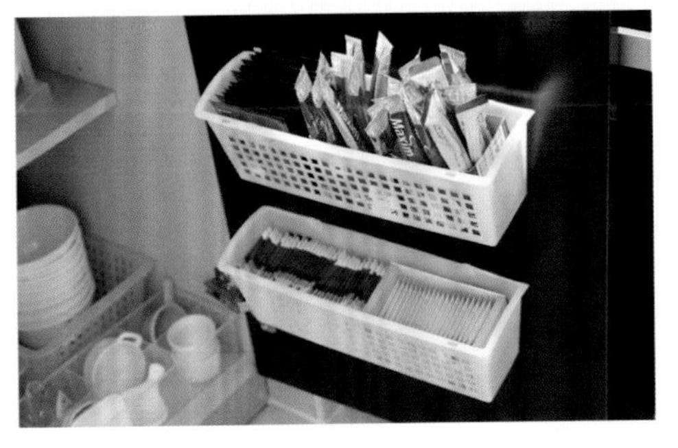

筷子和勺子 筷子和勺子的收纳方法

将吸管剪成段儿，当作筷子套套在成双的筷子上。只要有吸管，就可以很好地将筷子收纳起来。

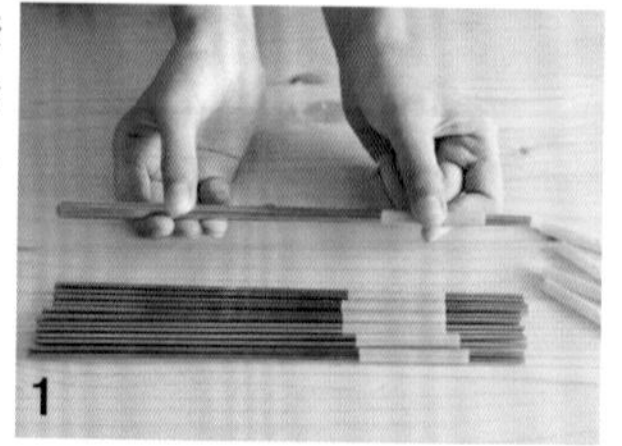

将厚吸管剪成3厘米长的小段，然后套在一双筷子上。

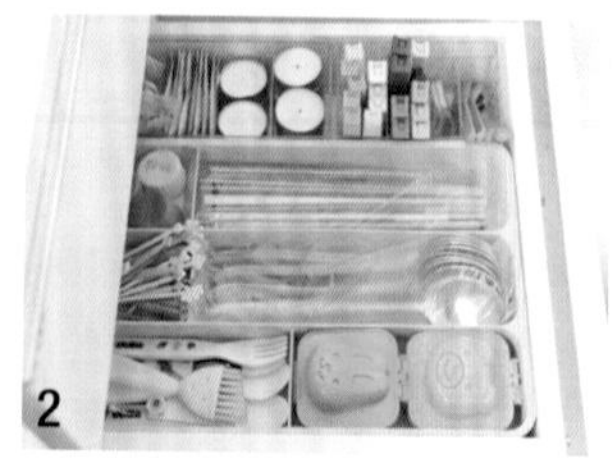

待客用的筷子和勺子要先分类，再放进餐具盒里。如果套上塑料袋存放，使用前就不需要再次清洗了。

围裙 用S形挂钩挂在门后

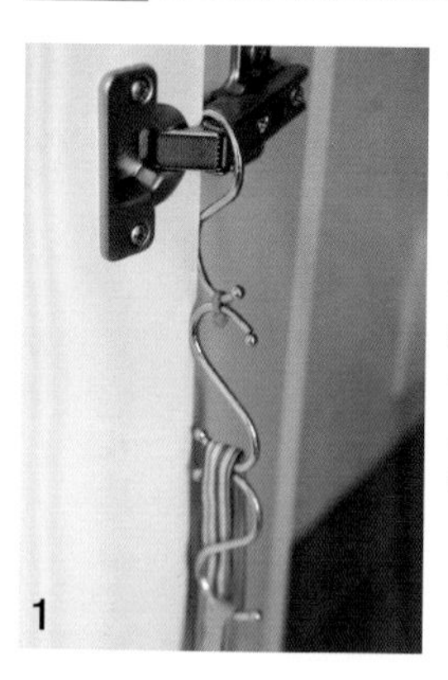

在家里经常要穿围裙，可以用S形挂钩把围裙挂在门的合页上。

小贴士： 将多个S形挂钩用电线扎带连在一起，挂在门的合页上。这样就可以挂多条围裙了。

关上门后，挂在合页上的围裙就看不到了，整个空间看起来也很整洁美观。

五谷杂粮 使用“塑料瓶 + 折叠式置物架”收纳

为了防止杂粮生虫，可以将其装进塑料瓶，然后用折叠式置物架收纳。使用统一的瓶子，再用折叠式置物架做隔板。这样即使取出下面的瓶子，上面的也不会坍倒。

大米 使用棉被压缩袋收纳

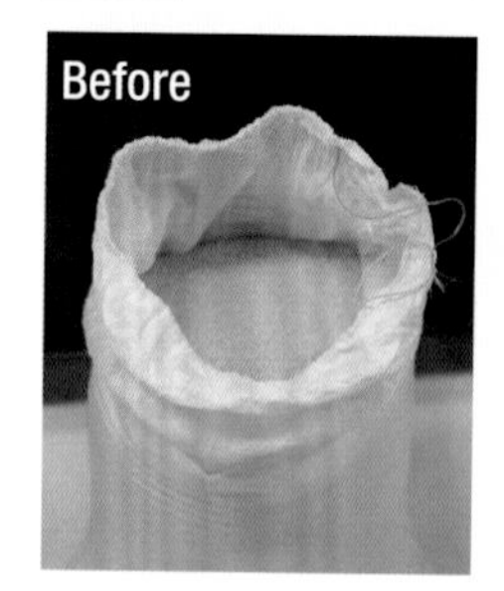

在炎热的夏季，大米很容易生虫。把大米装进棉被压缩袋或比较大的自封袋里，然后抽干空气，使其保持真空状态。这样大米就不会生虫了。

小贴士： 压缩袋比塑料瓶的开口宽、容量大。一个棉被压缩袋可以保存10千克大米。

罐头 使用“塑料筐＋木筷”分层放置

如图所示，用筷子从收纳筐的一端插入另一端，这样收纳容器就做好了！

可以在收纳筐的上面放上另一个收纳筐。

小贴士：如果将木筷插在收纳筐的中间，还可以当作隔板使用。

分类回收 用夹子把塑料袋夹在塑料箱里面

厨房的空间本来就不大，如果再放进几个分类回收箱，就更加狭窄杂乱了。其实只需使用一个比较大的塑料箱，就可以解决这个问题。

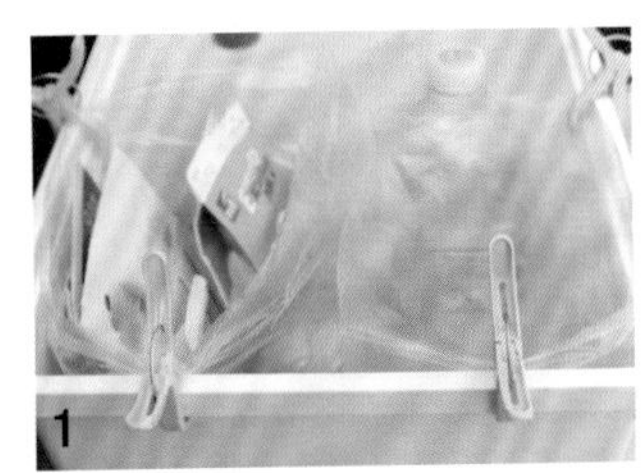

用夹子将塑料袋夹在塑料箱里。

a. 装一些纸、罐头盒、塑料袋等比较小的可回收利用物品。
b. 装一些塑料瓶等比较大的可回收利用物品。这样即使没有分类回收箱，也能巧妙地解决分类难题。

05 收纳 衣柜

包裹收纳法让您省去每个季节都要重新整理衣物的麻烦

换季时，只需将衣架上的衣服左右换位，将置物架上的衣服上下换位，就能轻松解决整理衣服的问题！

对于第一次学习整理东西的“菜鸟”来说，衣柜是最容易整理的地方，同时也是收拾起来最有意思的地方。将袜子、内衣等衣物一件件叠好，并将衣架朝着同一个方向整齐地挂好！每次打开衣柜，看到收拾得整整齐齐的衣服，自己心里就会非常舒服。

衣柜收纳的 3 个步骤

步骤 1 取出来并扔掉

衣柜里的衣服最好只占衣柜容量的 80% 左右，如果超过了，就把不穿的衣服扔掉。

需要处理的衣服

一年中从未穿过的衣服、有污渍的衣服、穿不上的衣服、过时的衣服

整理顺序

内衣抽屉 → 衣架 → 置物架

小贴士： 不要一次将全部的衣服都拿出来整理，这样很容易把屋子弄乱！而且看着一大堆乱七八糟的衣服，立刻就没了继续整理下去的勇气。要按顺序整理，整理完一个空间后再去整理另一个。

步骤 2 分类和选好位置

1. 按季节分类

打开柜门后，最先看到的位置就是最方便拿取物品的位置！在这个位置收纳当季衣服，其他位置收纳过季的衣服。

确定一下各种衣柜最方便取物品的位置在哪里！

双开门式：中间

抽屉式：前面

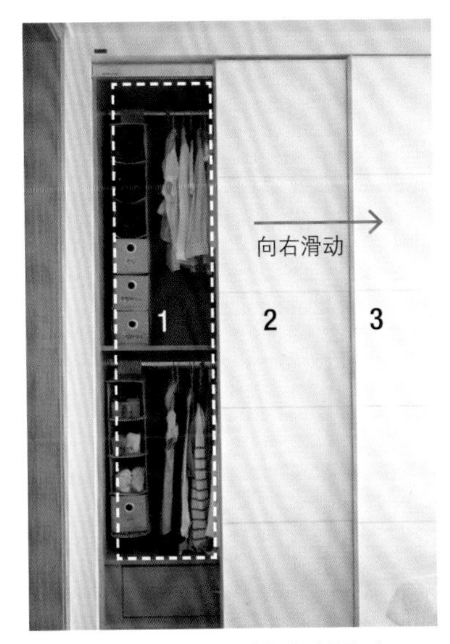

滑动门式：左边（从左到右滑动的门）

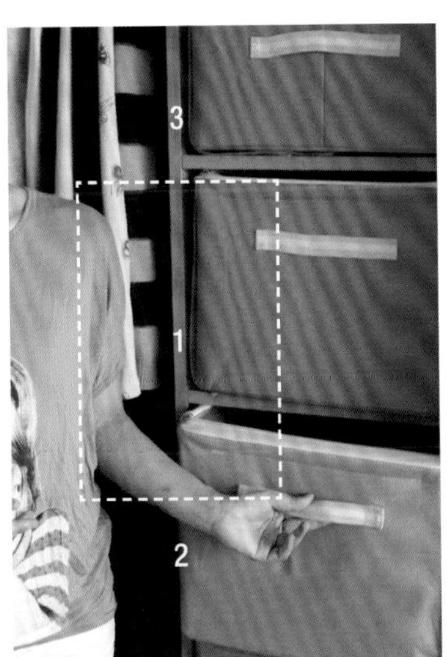

按高度：从肩膀到腰之间的位置

2. 分类收纳

先将衣服分类，再选择收纳的位置。

Ⓐ 挂在衣杆上

小贴士：长衣杆用来挂比较长的衣物（比如：裤子、外套、连衣裙等），短衣杆用来挂比较短的衣物（比如：女士衬衫、短袖衬衫、夹克等）。

Ⓑ 衣杆下面 收纳内衣或小物件（比如：皮包、帽子、腰带、围巾等）。

Ⓒ 衣柜的搁架上 收纳叠好的衣物（比如：T恤衫、针织衫等）。

Ⓓ 衣柜顶端 收纳过季的衣物和被子。

3. 简单方便的“包裹收纳法”

所谓的包裹收纳法，就是像收拾行李一样，将衣柜里的衣物用箱子或包裹收起来。我国四季分明，因此每3个月就需要整理一次衣柜。如果将衣物放进箱子或包裹里，那么只需简单地移动一下它们的位置，就可以快速地将衣柜整理好。

衣柜里的衣物按左右或上下分类收纳

Ⓐ 衣服防尘罩（过季衣服）↔ Ⓑ 当季衣服

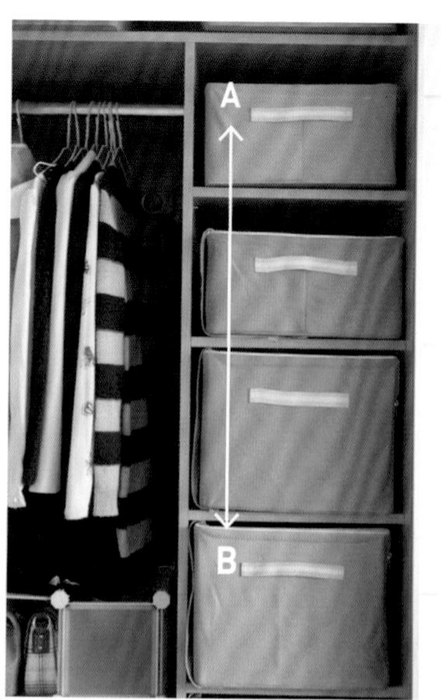

Ⓐ 装过季衣服的箱子 ↔ Ⓑ 装当季衣服的箱子

步骤 3 收纳

所需物品：拉链式衣服防尘罩、棉被夹子、收纳箱、内衣收纳盒、牛奶盒

拉链式衣服防尘罩

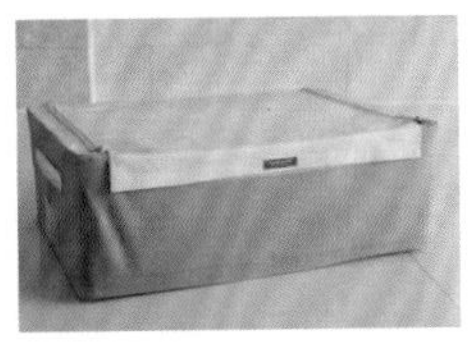

收纳箱

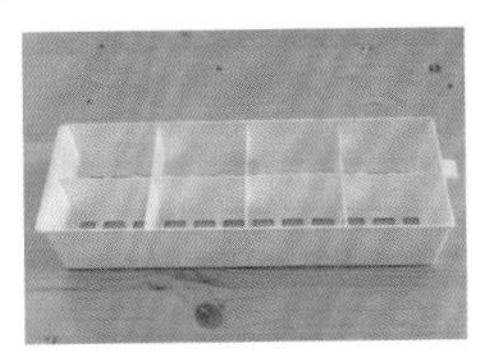

内衣收纳盒

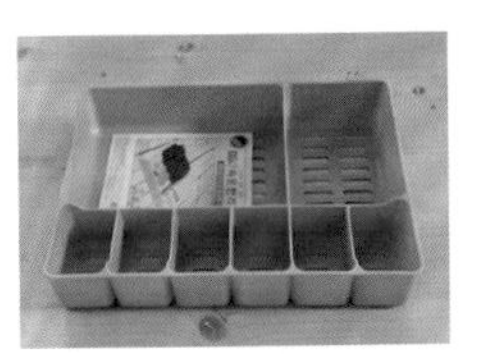

内衣收纳盒

衣杆

1. 按衣服长度挂放

按照长衣 → 短衣的顺序，即根据衣服长度安排位置挂好，这样在衣服的下面就可以腾出更多的空间。

2. 过季的衣服用防尘罩罩起来

将过季的衣服装进拉链式衣服罩里，不但减少了它们占用的空间，还可以保持整齐干净，真是一举两得！

3. 衣撑的使用方法

衬衫 为了防止衣服从衣撑上滑下来，要将衣服最上面的一颗扣子扣好。

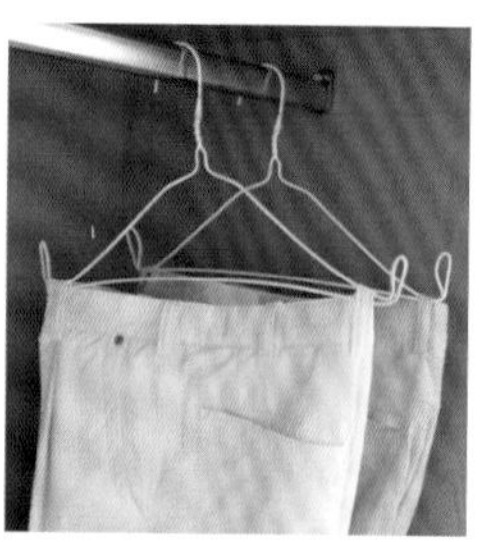

裤子 如图所示，先将铁丝衣撑的两端弄弯，这样不仅可以防止衣服滑落，而且还能减少它们占用的空间。

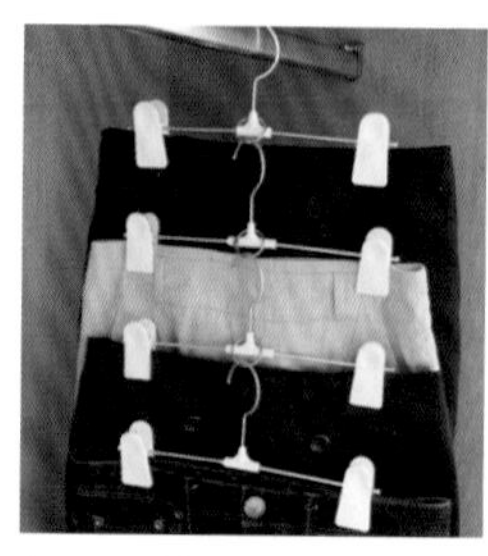

裙子 利用圆环将多个裤夹连接起来，挂成一排。

用夹子隔开 将衣服分类挂好以后，用夹子夹在衣服分类点的位置。夹子起到了隔板的作用，防止各种衣服混杂在一起。

开衫、针织衫 如图所示的搭挂方法可以防止衣服变形。

开衫的搭挂方法

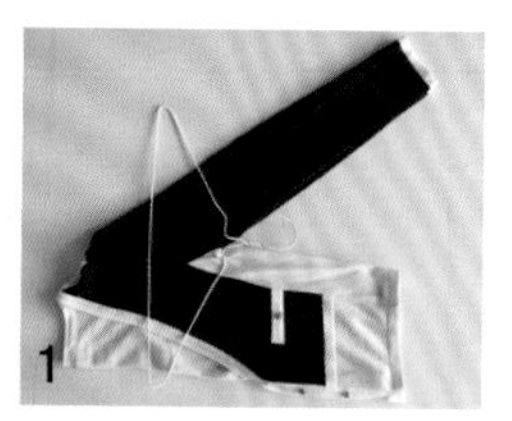

先将开衫竖着对折起来，再将衣撑反向放在衣服胳肢窝处，如图所示。

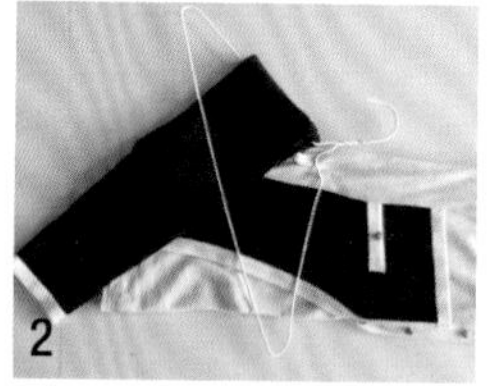

将袖子从衣撑上方叠过来，再从衣撑下方穿出，这种叠法可以防止衣服滑下来。

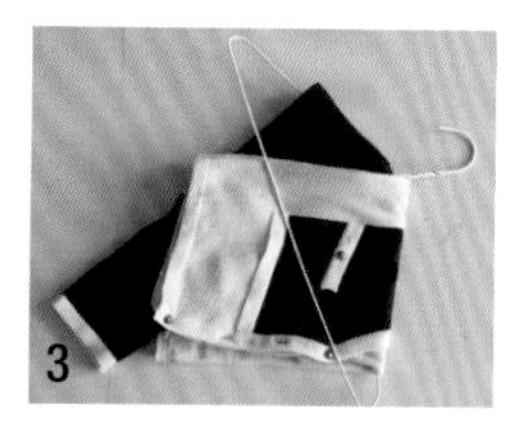

与袖子的叠法相同，将衣身叠过来。

搁架

1. 使用收纳箱收纳搁架上的衣服

准备一些与搁架大小相符的收纳箱，用来收纳衣服。

Ⓐ **家用收纳箱** 这种收纳箱结实耐用，通风性好。整理 T 恤衫时，可以选择高度为 10 厘米左右的收纳箱；整理裤子时，最好选择高一点儿的收纳箱。

Ⓑ **塑料收纳筐** 这种收纳筐的高度基本相同，设计比较合理，很适合用来收纳衣服。

Ⓒ **快递箱** 将平时收到的快递箱积攒起来，稍微装饰一下，就可以用来装衣物啦！

2. 将衣物按季节分类整理

比如，分为春秋季的衣服、夏季的衣服和冬季的衣服。

小贴士：换季时，只需改变收纳箱的上下位置即可。

如果您不喜欢快递箱的外观怎么办?

先将快递箱的箱盖朝里折叠，如图所示。

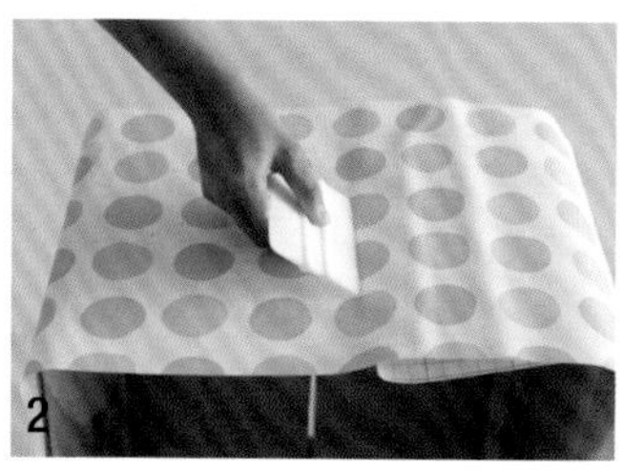

再在快递箱上贴一层印花纸。

只需将快递箱的一半贴上印花纸，这样既节省时间，又节省材料。

因为使用时，只需拉出箱子的前半部分，所以这样的包装方式丝毫不影响美观。

收纳箱放上搁架后，搁架上还有较多剩余空间时，应该怎么办?

可以使用包裹解决这一问题。将过季或不经常穿的衣服放进包裹里，再将包裹放在收纳箱后面就可以了。由于可以随意调节包裹的收纳容量，这样就能充分利用搁架上的剩余空间。

3. 将衣服叠成正方形后纵向收纳

T恤衫 叠成正方形收纳。

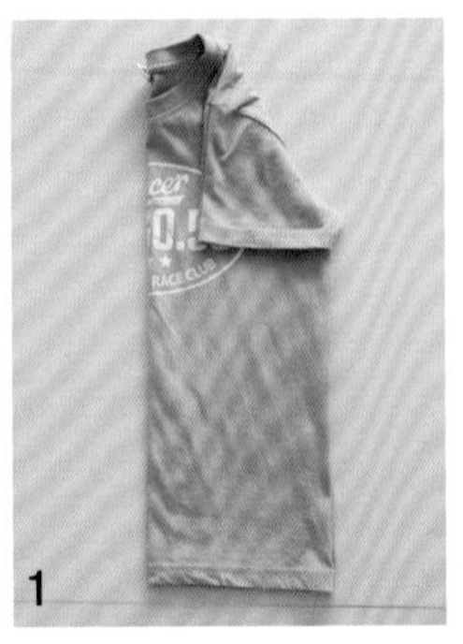

1

如图所示，先将衣服竖着对折，再将袖子整理好。

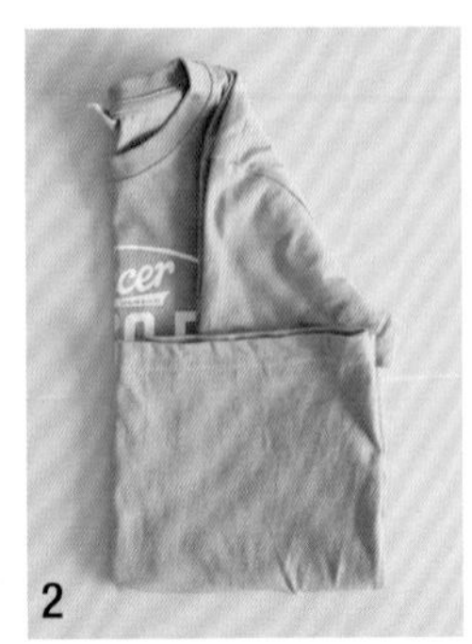

2

根据收纳盒的高度，将衣服横着折叠两次。

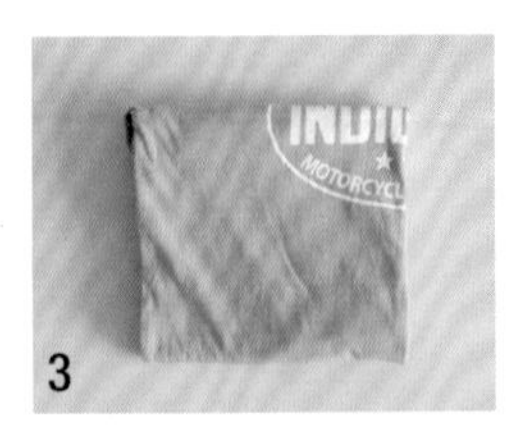

3

这样就把衣服叠成正方形了。

小贴士：折叠时，注意将衣服上的图案朝上，这样才会便于寻找。

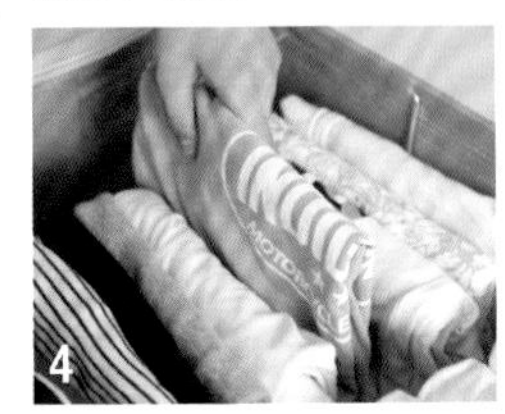

4

如图所示，把衣服竖着收纳起来。（图案朝上）

牛仔裤、针织衫 卷起来收纳。

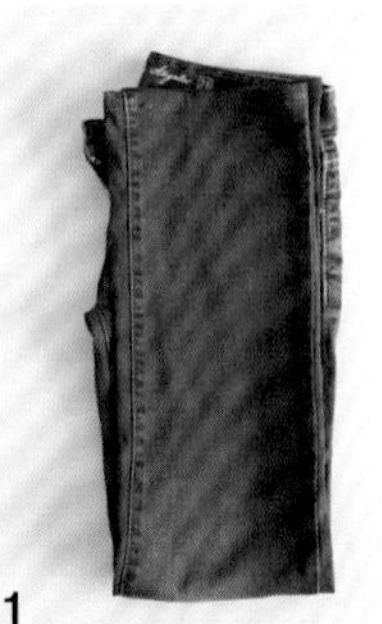

1

将牛仔裤对折。

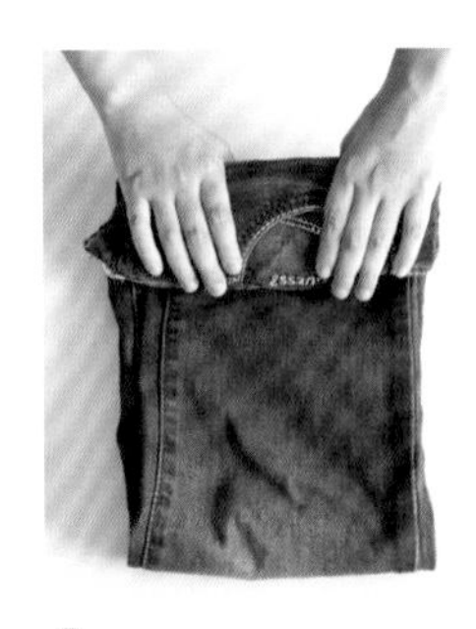

2

从裤腰处开始卷，这样能把牛仔裤卷得小而整齐。

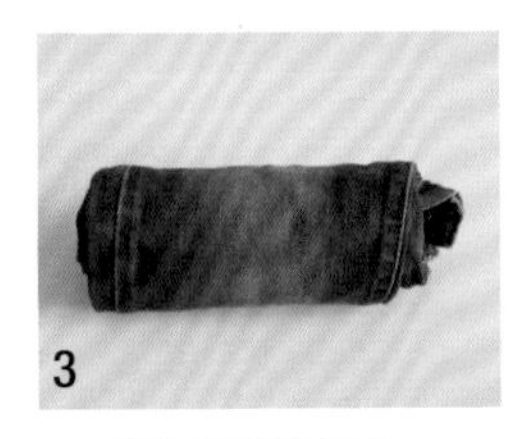

3

将牛仔裤卷起来。

4

竖着插进收纳箱。

4. 贴标签

小贴士：详细的叠衣方法请参考第314页。

衣杆下面

1. 如果衣杆下面的空间比较小，就用一个大内衣收纳盒来收纳内衣或小物件吧。

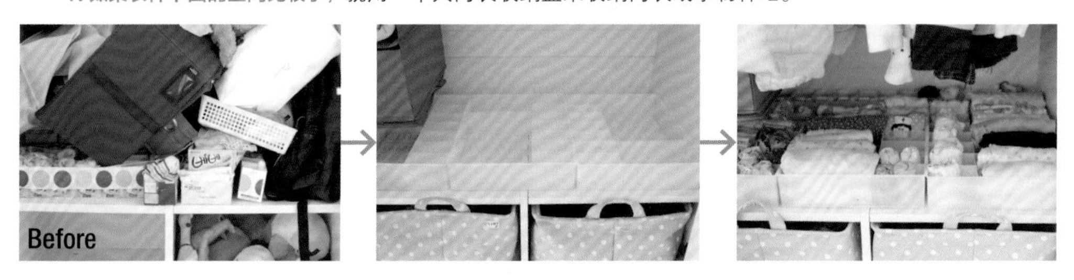

2. 如果衣杆下面的空间比较大，就在这里安放一个组合式整理架，用来收纳皮包和内衣。

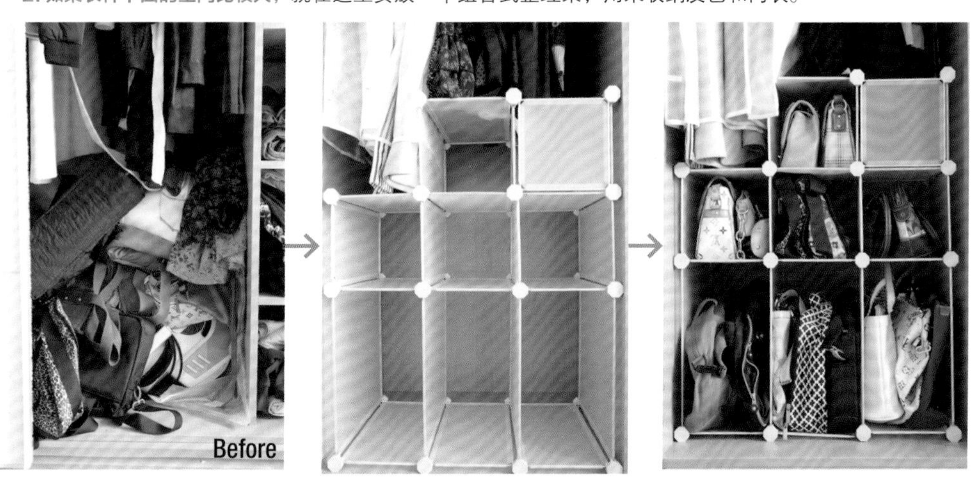

抽屉

在抽屉里面摆放一些牛奶盒或袜子收纳盒。

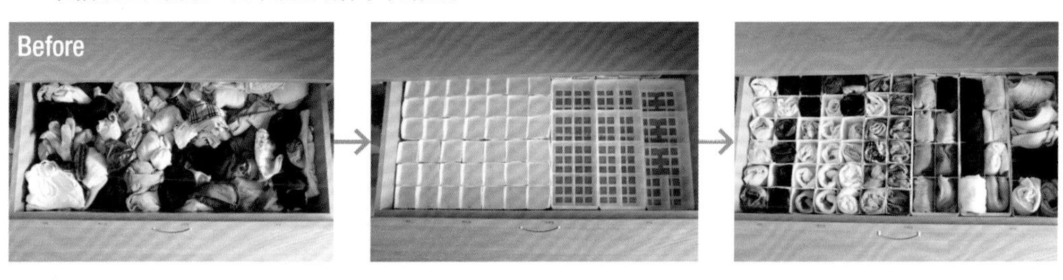

小贴士：将内衣和袜子卷成卷儿，这样它们就不会散开了。

帽子 把帽子叠起来竖着放进收纳箱

帽子容易和其他衣物混在一起。将帽子叠好后，竖着放进收纳箱。

长筒袜 利用“挂钩＋洗衣网”将其收纳在柜门内侧

把挂钩固定在衣柜门的内侧，再挂上洗衣网，就可以用来收纳长筒袜了。

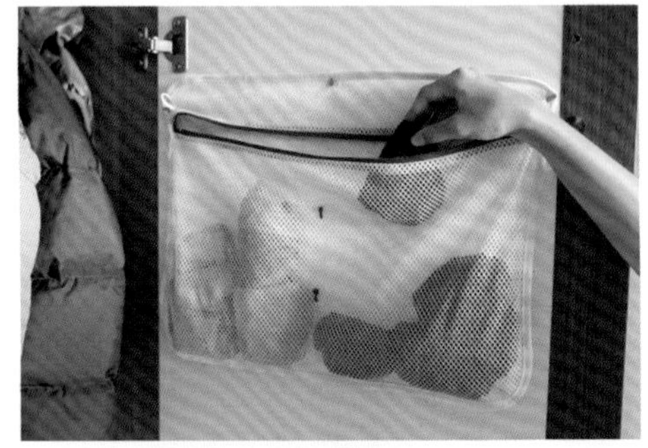

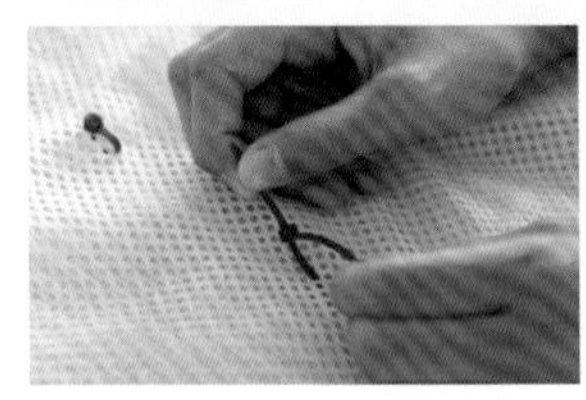

小贴士：用电线扎带把洗衣网的中间绑起来，分出几个收纳格，这样就可以按颜色来分类收纳长筒袜了，非常方便。

腰带、领带

1. 将腰带和领带挂在木质碗盘架上

使用双面胶将木质碗盘架固定在衣柜墙面上，然后把腰带和领带挂在上面。这种收纳方式便于拿取。

2. 将腰带、领带卷起来后用“收纳筐＋隔板”存放

用这种塑料隔板可以根据需要随意调整收纳格的大小。

牛仔裤、针织衫 **卷起来后，用文件架收纳**

把经常穿的牛仔裤和针织衫卷起来放在文件架里。使用文件架，可以把多件衣物堆叠起来收纳，既节省空间，又非常便于寻找。

袜子 **使用双层收纳法可以收纳双倍数量的袜子**

如果抽屉的高度足够将两个袜子收纳盒堆放起来，那么就用这种收纳方法整理袜子吧！

小贴士：先将袜子按夏季袜、冬季袜、运动袜和睡眠袜分类，上层收纳当季袜子，下层收纳其他季节的袜子。

包

1. 利用组合式整理架收纳皮包

在衣柜下面可以安放组合式整理架，用来整理皮包。

2. 使用迷你书架收纳皮包

将几个迷你书架连接起来，用来收纳经常使用的皮包。

小贴士：将其摆放在梳妆台下面。由于迷你书架比较小巧，且通常都只有两个收纳格，因此很容易拼接出您想要的长度。

3. 将小皮包收纳到一个大包里

将小皮包和化妆包放进一个大包里面，这样可以有效节省空间。

围巾

1. 使用“毛巾架＋圆环”收纳围巾

把毛巾架固定在衣柜门上，然后套上圆环，这样就可以收纳围巾了。这种收纳方式可以避免围巾变皱，且方便拿取。

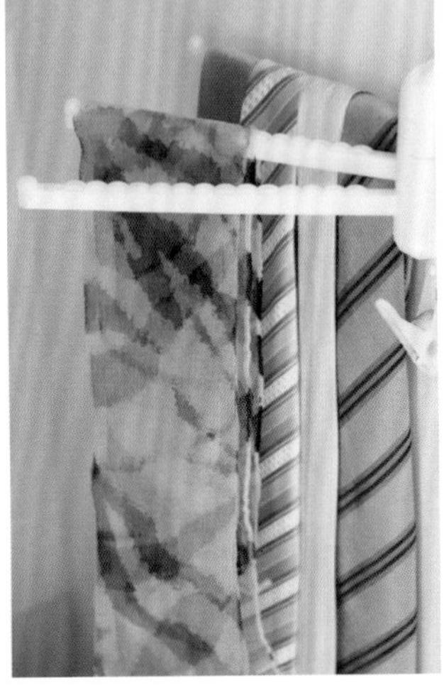

2. 使用抹布架收纳围巾，可以有效防止其滑落

将抹布架固定在衣柜上，然后将围巾对折挂在上面。这种收纳方法不仅占用空间小，还可以避免围巾滑落下来。

棉裤等体积较大的衣物 装进购物袋放在衣柜里

相信每个家庭都积攒了一些不知该如何处理的购物袋，其实可以把它们当作收纳工具使用。这些购物袋比较结实，且大小相近，放在任何空间都给人一种非常整齐的感觉。

1 根据需要收纳的衣物大小，调节购物袋的高度。（将多余部分向内折叠。）

2 将衣服等卷成筒状，竖着放入购物袋中，然后将购物袋放在衣柜里。

3 将购物袋放在衣柜上层时，要把手提绳粘在购物袋下面。

日常穿的衣服和随身携带的物品

1. 用顶天立地挂衣架收纳

撑杆固定在天花板和地板之间的顶天立地挂衣架比普通的落地衣架占用的空间要少得多。将其安装在门后或家里不显眼的位置，用来悬挂日常穿的衣服和随身携带的物品，既整洁又方便。

2. 使用碗盘架收纳

将简易碗盘架粘在衣柜门后面，就可以把日常穿的衣服以及随身携带的物品挂在上面了。碗盘架上的木棍长 5 厘米左右，因此可以保证衣物挂在上面后不会滑落。

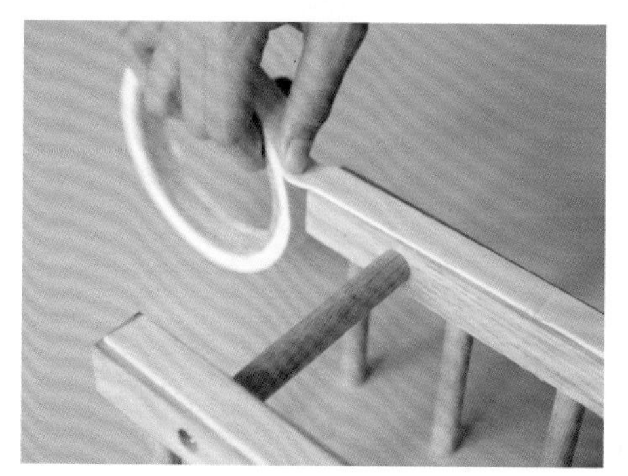

小贴士：用双面胶把碗盘架粘在墙壁上。

06
收纳

儿童房间
让孩子学会自己整理房间

Time
15 分钟

让孩子养成自己整理房间的好习惯

对于如何收拾孩子的房间，妈妈们总是感到苦恼。如果孩子能自己动手收拾乱七八糟的书桌或房间还好，但没有一个孩子喜欢整理房间。不过也请各位妈妈好好想一想！整理房间这种事，对于大人来说都很不容易，更何况是孩子呢？只有妈妈采取了正确的收纳方法，才有可能让孩子培养出良好的整理习惯。如何让孩子学会自己动手整理房间呢？一起来学习吧！

整理儿童房间的 3 个步骤

步骤 1 找出孩子无法整理好房间的原因

妈妈都不能轻松地整理好孩子的房间，却让孩子自己收拾，这是不是对他的要求太高了呢？孩子为什么总是不能整理好自己的房间呢？这需要我们好好想一想。首先要找出孩子整理习惯欠缺的原因，然后才能解决房间整理的问题。

1. 东西太多

在某些特定时期，孩子会非常不愿扔掉自己的东西。因此，衣柜抽屉里总是塞满了东西，放不进去也拿不出来，很不方便。只有东西少了，才会有富余的空间来收纳和整理。

解决方法 减少东西的数量

为了减少房间里的物品，可以给各种物品定下数量标准。比如，只用一个收纳筐来装玩具娃娃。将多余的东西收纳在孩子看不见的地方或用压缩袋、包裹或塑料袋包起来，这样孩子就拿不出来了。

2. 没有明确告诉孩子东西应该放在哪里

有些妈妈不告诉孩子东西都该放在哪里，只是一味唠叨着让孩子把房间收拾好。而即使在家不会整理房间的孩子，在幼儿园或学校也能整理好自己的物品。这其中的差别就在于是否告诉了孩子各种东西应该摆放的位置。

解决方法 规定东西放置的位置并贴标签

为了确保孩子能把房间整理得整洁有序，妈妈要先为各种物品规定好放置位置。为了让孩子知道位置在哪儿，最好贴上标签。

3. 整理方法有难度

整理本身不是目的，通过整理给自己创造一个整洁的环境才是目的。因此最好选择简单快速的整理方法。

解决方法 简化整理方法

整理方法要符合孩子的年龄和能力，与过分详细的分类整理方法相比，采用简便快捷的整理方式效果会更好。

步骤2 要以孩子的视角查看整理房间

妈妈要以孩子的视角查看他的房间，慢慢找出适合孩子的收纳方法。

—

=

扔掉多余的物品

减少物品数量。书籍和玩具的数量越多，孩子越不会整理。因此建议将物品数量控制在孩子有能力收拾的范围内。

分类

根据孩子的年龄教他简单分类。对于年龄小的孩子来说，把积木、洋娃娃等玩具分类整理并不是一件简单的事。这时可以先让他把所有玩具整理到一个收纳筐里，等孩子长大一些，再要求他按照大中小或种类分开整理。

收纳

为了便于孩子整理，采用简单的收纳方式，只要求孩子把东西放进收纳筐即可。

有盖子的收纳箱 → 没盖子的收纳箱

最好选择能直接放进去的、没盖子的收纳箱。

多个小收纳筐 → 一个大收纳筐 使用小型收纳筐，不仅看起来乱糟糟的，而且物品也容易混在一起，结果使分类整理变得毫无意义。而使用一个大收纳筐，既简洁整齐，又方便整理。

贴标签

要养成给物品贴标签的好习惯，还要注意把物品用后放回原位。比起使用现成的标签，不如让孩子自己写，这样能激发孩子的兴趣。

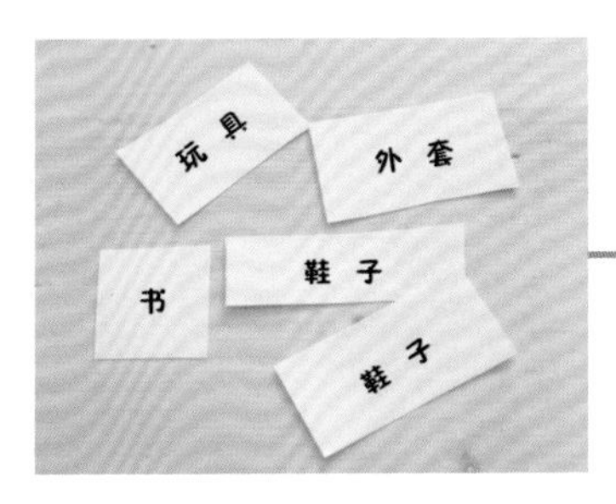

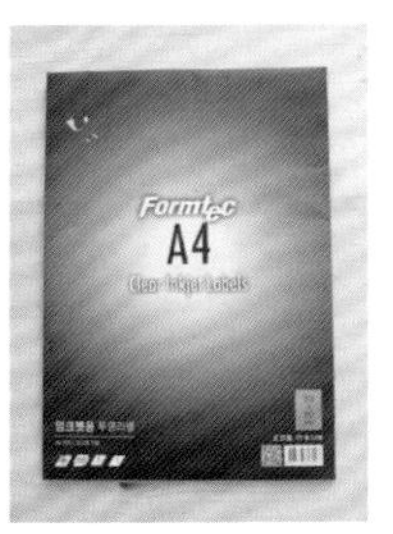

步骤 3 每天训练孩子整理房间并坚持 3 个月

想要孩子养成良好的整理习惯，就需要在 3 个月的时间里，每天坚持让孩子整理房间。

1. 妈妈千万不要帮孩子整理

即使孩了的房间已经乱得不像话了，妈妈也绝不要先动手帮他整理。因为这会让孩子产生这样的想法："反正我把房间弄乱了，妈妈就会来整理。"要让孩子学会自己动手整理房间。

2. 规定截止时间

"房间怎么这么乱，快收拾一下！"有些孩子对妈妈这样的话毫无反应。不过，如果妈妈说："我给你 10 分钟时间收拾房间，然后我来检查。"孩子即使会有抱怨，也会马上行动。给孩子规定好整理房间的时间，孩子的行动会变得更加迅速和积极。

3. 一定要检查

孩子整理好房间后，妈妈一定要亲自检查。让孩了意识到妈妈一直在监督着自己，这点比什么都重要。不过，对于孩子来讲，把房间整理得让妈妈十分满意并不容易，因此妈妈要多多表扬孩子的努力，让他充分感受到整理房间的意义。

IDEA 整理不断增多的儿童物品！儿童房间 3 倍速收纳妙招

水彩笔 按类别整理好放进杯子里

将孩子使用的笔分类整理，然后放进纸杯或塑料杯里。因为杯子的高度正好适合用来收纳铅笔和水彩笔。

笔记本 使用玉米片包装盒分类收纳

将玉米片包装盒的侧面剪开后，就可以当书架使用了。

准备一个玉米片包装盒。

如图所示，斜着将盒子剪开，将练习本、日记本等分类后放进去。

素描本 用“挂钩 + 收纳袋”将其挂在书桌侧面

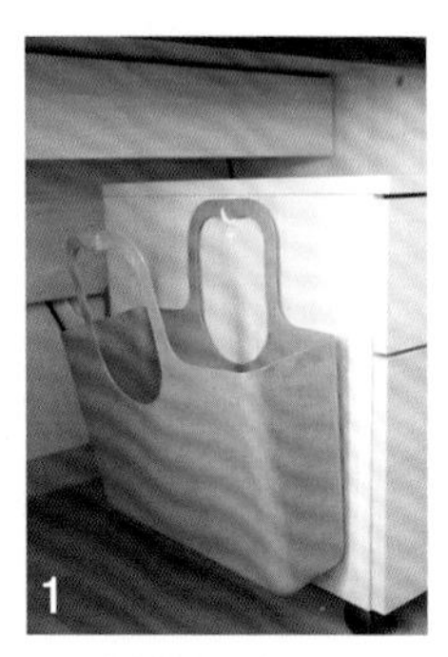

把挂钩固定在书桌侧面，然后将购物用的收纳袋挂在上面。

把又长又宽的素描本、图画纸、文件和试卷等放在文件架里比较困难，所以建议用收纳袋收纳。

被子 用塑料裹好，收纳在床下

将孩子冬季用的单人棉被对折后卷成筒状。

把塑料袋剪开，然后裹在棉被上，再用橡皮筋绑好两端。

将其收纳在床下，既沾不上灰尘，又不占用衣柜的空间。

文具类 使用纸盒分类整理

整理儿童房间里的抽屉时，可以使用牛奶盒、饼干盒和纸杯。

A. 放比较长的物品；B. 放中等长度物品；C. 放长度较短的物品。只有把所有的东西都放进去，才能长时间保持整洁。

标签 使用遮蔽胶带贴标签

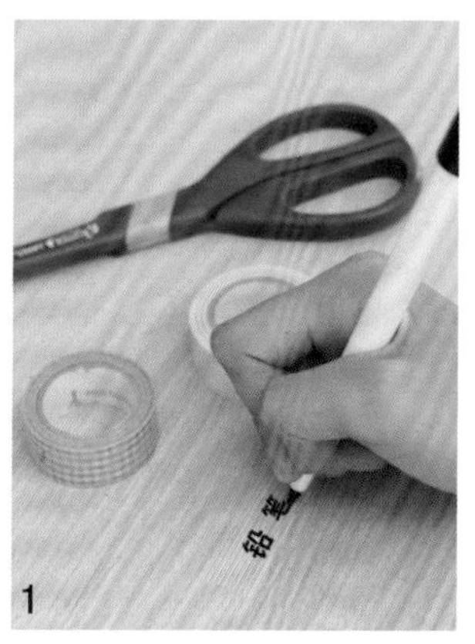

将各种文具分类放置，并贴上标签。

这有助于培养孩子把东西放回原位的习惯。

拼图 用自封袋收纳

将每张拼图都单独用一个自封袋保存起来。这样既不必担心会弄丢拼图的某一块，又能有效防止拼图变色和受潮。

玩具 用收纳箱整理玩具后放在床下

可以使用密封盒或收纳筐来整理玩具。

小贴士：把玩具收纳在床下的话，就得蹲下来取。这样虽然不方便，但由于玩玩具一般都要坐在地板上，因此将玩具收纳在床下，反而会更方便。

读完的书 倒着插进书架

将已经读完的书倒着插进书架，这样能区分哪些书读完了，哪些书还没有读。

用“塑料链 + 门钩”将书包挂在门内侧

1 在房门内侧安装一个门钩，然后把塑料链挂在上面。

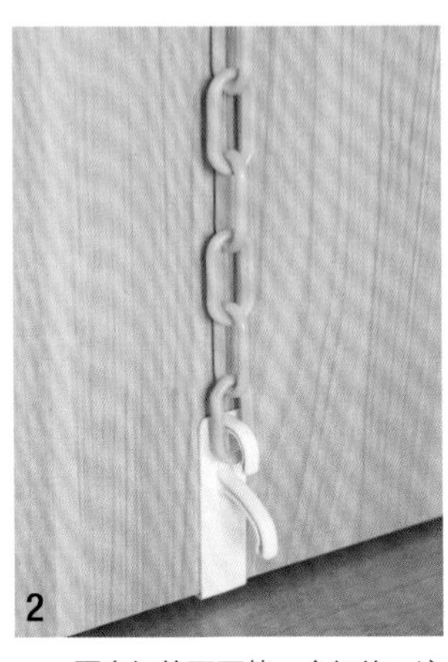

2 再在门的下面粘一个门钩，这样塑料链就固定在门上了。

3 在塑料链上挂几个 S 形挂钩，就可以把书包挂在上面了。利用这个方法，一个房门可以挂十几个书包。

小贴士：把门打开时，也看不见挂在门后的书包，丝毫不影响房间的美观。

07
收纳

书房
让您在 30 秒内找到所需物品的书桌整理方法

收纳能力 Up!

坐在椅子上，根据自己的办公习惯逐一摆放物品

凌乱的书桌看着让人心烦。坐在乱七八糟的书桌前，恐怕很难集中精力工作。如果想把家里收拾得井井有条，那就尝试着先将书桌周围整理干净吧！

整理办公空间的 3 个步骤

步骤 1 按顺序整理

整理顺序： 书桌 → 电脑周围 → 抽屉

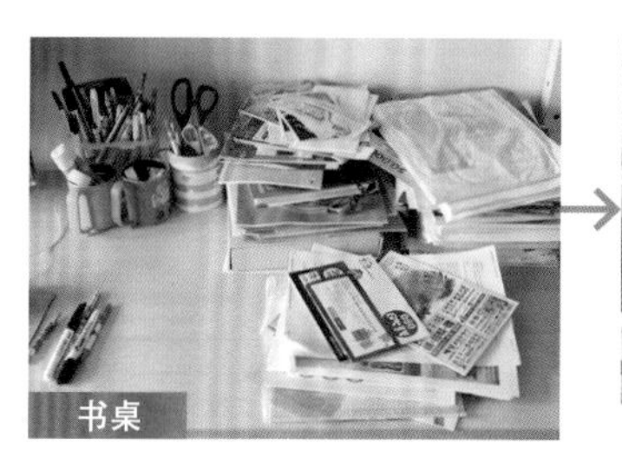
书桌

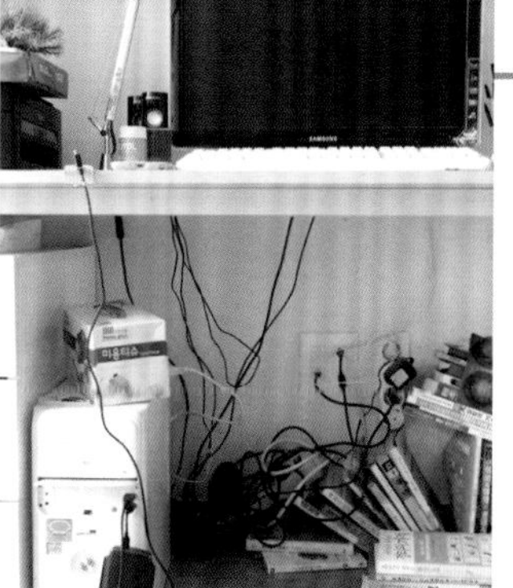
电脑周围

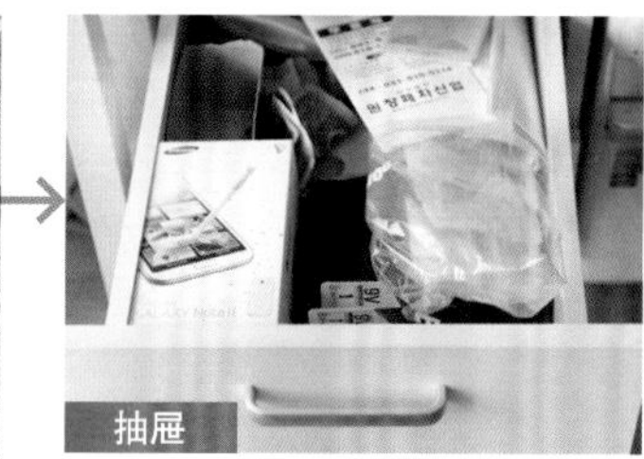
抽屉

小贴士： 可以先整理书桌和电脑周围，抽屉可以等有空再整理！

从书架左侧开始整理书籍

绝大多数人都是右撇子，因此总会下意识地将看过的书放在书架右侧。于是书架上的书自然而然地变成了这样的摆放顺序：右侧（经常读的书）→ 左侧（几乎从未读过的书）。

避免书籍增多的方法

没意思的书和不看的书 = 应该马上处理掉的书

买来 1 本新书 = 扔掉 1 本旧书

对杂志、商品宣传册这样的书刊，如果已经过期，就可以扔掉了。

步骤 2 分类

为了能在 30 秒内找到所需物品，应该规定好每件物品的摆放位置。坐在椅子上的时候，考虑一下哪里是伸手就能够到的地方，然后根据物品的使用频率为其安排合理的摆放位置。

Ⓐ **书桌上** 要留出足够的办公空间，不要在上面摆放多余物品。

Ⓑ **书桌右侧** 将经常使用的文具和文件摆放在书桌右侧，这样就可以用右手轻松地取出想要的物品。（假设书房主人是右撇子。）

Ⓒ **书桌左侧** 将看完的文件和书籍放在书桌左侧。

Ⓓ **最上面的抽屉** 将经常使用的东西放在最上面的抽屉里，确保坐在椅子上就能轻松拿取。

Ⓔ **电脑周围** 将电线、墨盒、打印纸等与电脑相关的用品放在距离电脑较近的抽屉里。

Ⓕ **最下面的抽屉** 用来放置使用频率不高的物品和各种杂七杂八的东西。

步骤 3 收纳

所需物品：桌面多功能组合收纳盒、文件架、文具收纳盒、插座收纳盒

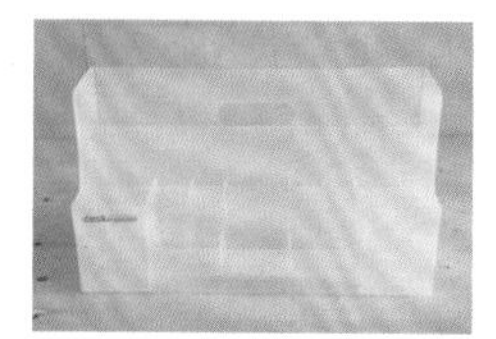

桌面多功能组合收纳盒

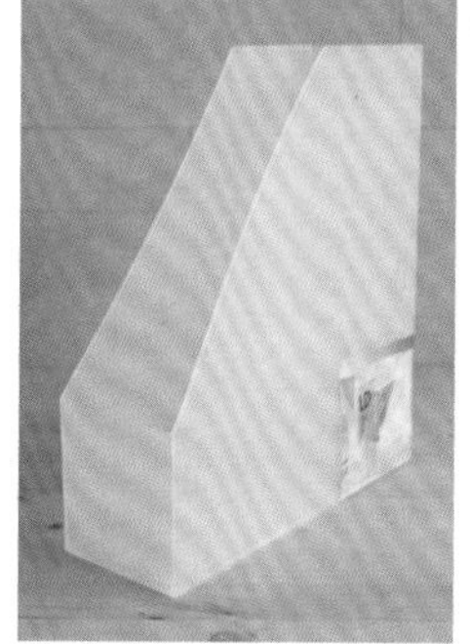

文件架

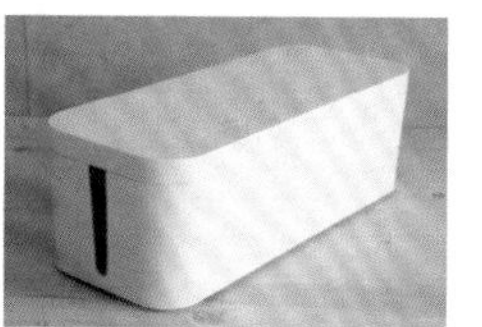

插座收纳盒

收纳盒

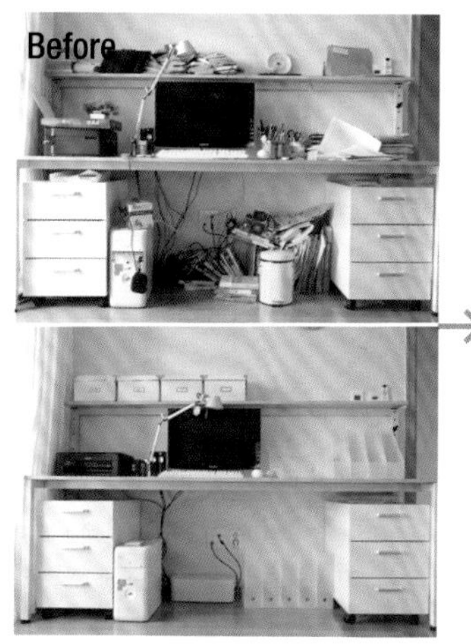

文具

将文具分类整理，放进文具盒里。建议限定每种文具的数量，并将多余的放在抽屉里。

信件、文件、发票

有些不用的文件和发票即使扔掉了，也不会对生活有任何影响。想要减少书桌上文件的数量，就要先确定哪些文件没有用，然后再进行处理。用适合自己的方法来整理这些文件吧。

信件、商品广告、便条 用透明文件夹装起来，然后放进文件架里。

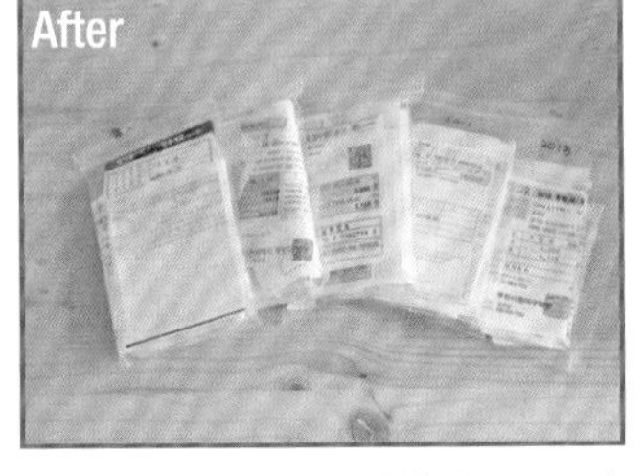

税务发票 税务发票越攒越厚，因此建议将其按年份分开整理，保存在自封袋里。

记事本 竖着放进带盖收纳盒中。

抽屉

使用收纳盒将物品按类收纳。

图钉、曲别针以及电池等小型文具用品 抽屉的挡板容易遮住这些物品，找起来很不方便。因此最好使用可以调节收纳格大小的塑料收纳盒来存放这些物品。

名片、优惠券、电线以及与手机相关的物品 将名片、积分卡、优惠券分类整理后装进塑料收纳盒里。电线和与手机相关的物品直接用抽屉的挡板区分开就可以了。

急救箱、针线盒 为了便于携带使用，急救箱和针线盒要放在带提手的收纳箱里。

电脑连接线

使用收纳箱分类收纳。

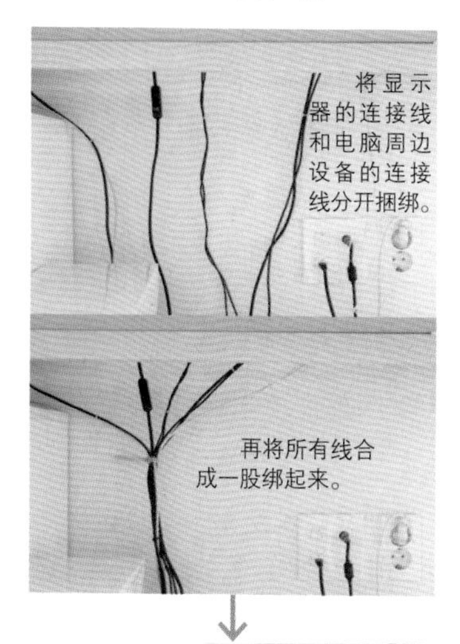

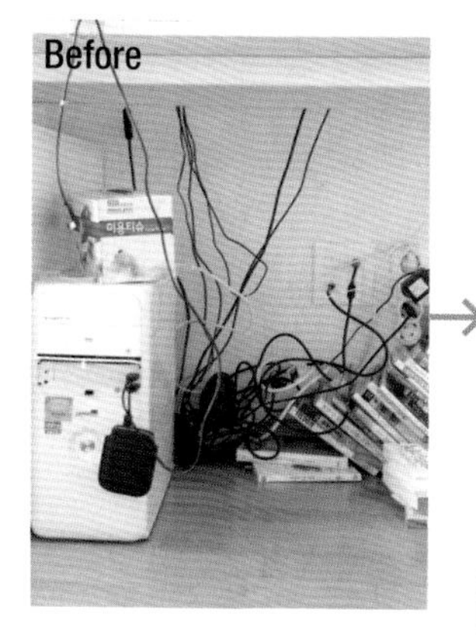

先将每台设备各自的连接线绑在一起，再将所有连接线合起来捆成一股。

插座要放在插座收纳盒里。这样插座不会落上灰尘，清理起来很方便。

材料费0元！ **小贴士：** 使用园艺剪刀将保鲜盒的两侧剪出U形开口，这样，一个插座收纳盒就做好了。

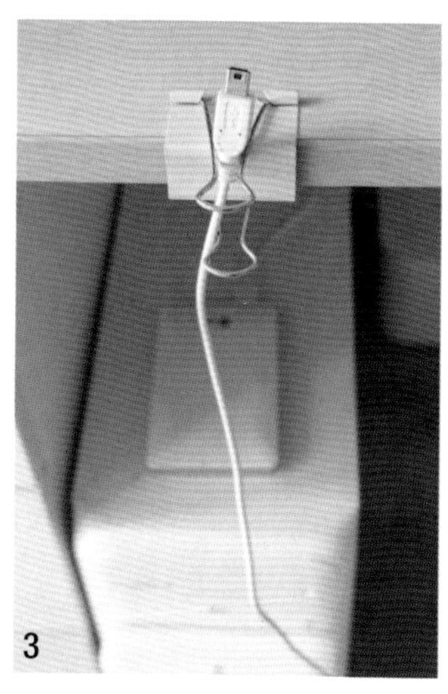

用比较大的燕尾夹将USB连接线固定在书桌上。这样USB连接线就不会落在地板上，既整洁又方便。

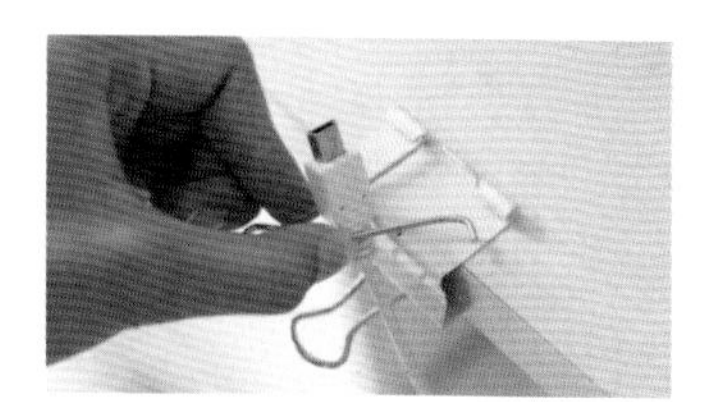

小贴士： 将燕尾夹一侧掰开，把USB接口插进去。

IDEA 随时保持书架干净整洁！整理书架的 3 倍速妙招

书籍

将书籍的书脊对齐摆放

在整理书籍时，只要稍稍改变一下摆放习惯，就可以把书柜整理得非常整洁。将书放进书柜时，大家通常都喜欢把书推到最里面，但是书的宽度大小不一，因此看上去参差不齐。如果将所有书籍的书脊对齐摆放，那么就会呈现出一种非常整齐美观的视觉效果。

将小书平放

将书籍按大小整理好以后，把小书平着摞起来。这样既可以充分利用书柜空间，又可以当作书挡，防止其他书籍倒下来。

将不常看的书籍平放

当书架上没有多余的地方插放书籍时，我们通常都将多出的书放到书架的最上面。其实我们可以将不经常看的书平放在最下面，这样就能使书柜看起来更美观。

用杂志遮挡住封皮难看的书籍

有些书因为年头太久，封皮变得破烂不堪，摆在书柜里很不美观，这时可以用封面美观的杂志将其遮挡起来。只要拿出一本您心仪的杂志挡住这类书籍，问题就迎刃而解了！

胶带 使用“保鲜袋包装盒 + 木筷”进行整理

胶带大多都是圆形的，不太容易收纳，而如果使用保鲜袋包装盒来收纳，就会非常方便。

1 用橡皮筋将两根木筷绑好，做成与保鲜袋包装盒长度相符的木棒。

2 把胶带套在筷子上后，放进包装盒里。这样使用起来就非常方便了。

发票 用台历制作用来收纳发票的风琴夹

1 剪掉台历支架后面的连接部分。

2 撕下两张日历，折叠 12 次，将其折成屏风的形状。

3 将两张折纸分别粘到台历支架上。

4 如图所示，将单页的日历一一插到“屏风”的折痕处，然后用双面胶粘起来。

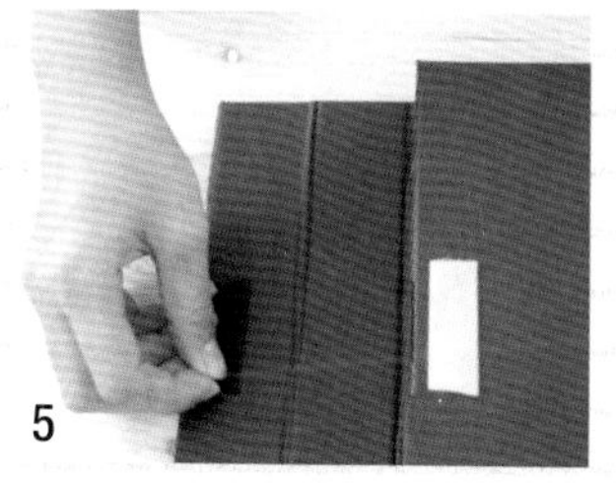

5 在台历的封面贴上魔术贴，当作风琴夹的搭扣。

6 按月份收集发票。

耳机 缠在木夹上

使用木夹来整理耳机或电线，既方便又美观。

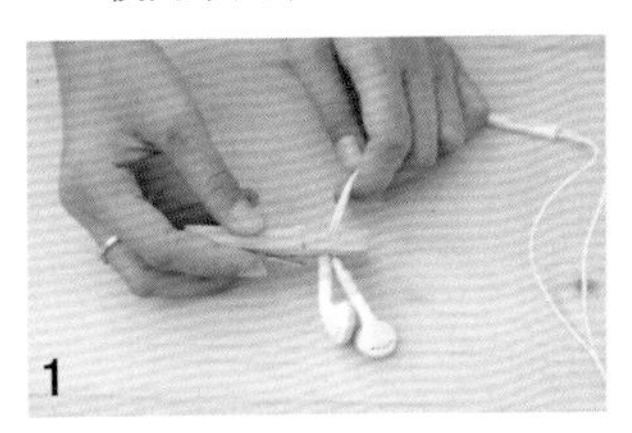
1

用木夹夹住耳机。

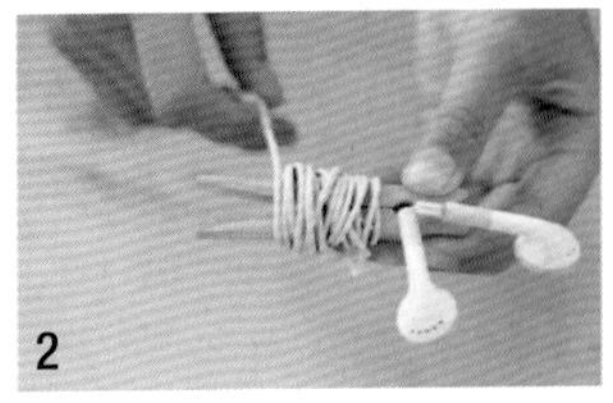
2

将耳机线一圈圈地缠在夹子上。

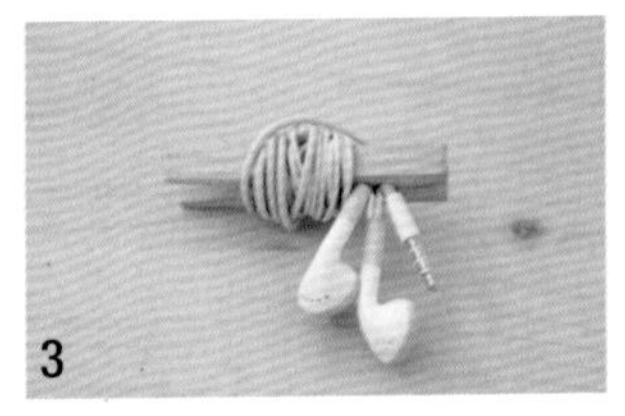
3

用夹子夹住耳机的插头。

手机充电器 利用乳液瓶收纳

垂到地板上的手机充电器电线不仅易将人绊倒，而且看起来也乱糟糟的，很不美观。我们可以利用乳液瓶将充电器挂起来。

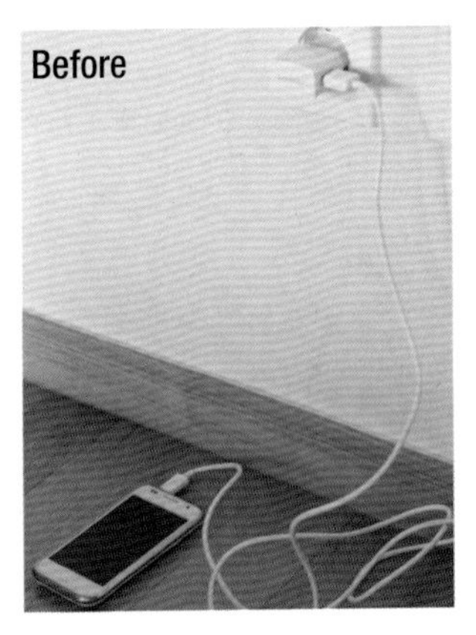
Before

1

准备一个乳液瓶或洗发水瓶，将瓶子的正面剪掉一部分，再在背面剪出一个可以挂在插座上的小洞，这样充电器收纳盒就做好了。

小贴士：要先把乳液瓶上的标签撕下来，这样瓶子看起来更干净。

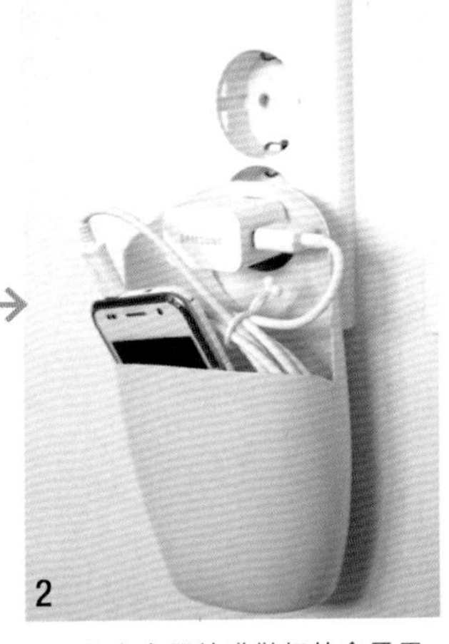
2

将充电器放进做好的盒子里，然后挂在插座上。

可回收利用的物品 利用小塑料袋将垃圾与可回收利用的物品分开存放

书房中的废纸可以回收利用，但许多人觉得分类太麻烦，就直接扔掉了。其实，即使家里没有专门收集可回收利用物品的垃圾桶，只要拿出一个塑料袋，就可以轻松地将普通垃圾和可回收利用的物品区分开。

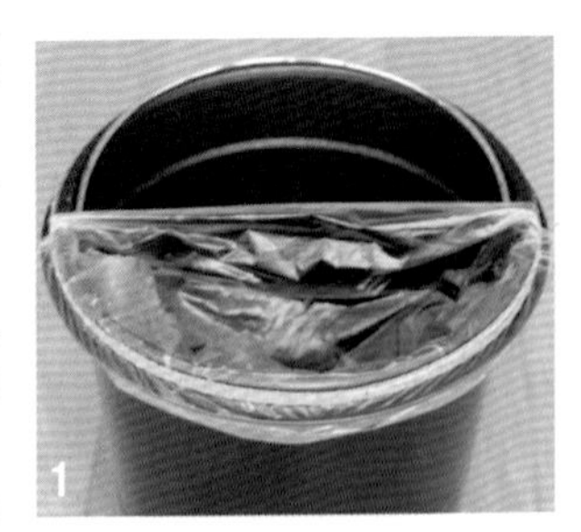
1

只需将塑料袋搭住垃圾桶的一半。

小贴士：用橡皮筋把塑料袋牢牢地固定在垃圾桶上。

2

普通垃圾扔进塑料袋里，可回收利用的物品扔进垃圾桶里（比如：纸张、易拉罐和塑料袋等）。

小贴士：大部分可回收利用的物品都比较干净，因此不套垃圾袋也不会弄脏垃圾桶。

08
收纳

卫生间
让打扫变得简单的整理技巧

收纳能力Up!

只要减少卫生间的物品，就能提高打扫速度

在普通家庭里，潮气最重的地方就是卫生间了。随着家居用品越来越多，我们慢慢就会发现卫生间的每件用品上都生出了黑色的霉菌，清洁起来非常困难，要花很多时间。因此，我们要尽可能地减少卫生间里存放的物品。下面就一起了解一下怎样整理卫生间吧！

卫生间收纳的 3 个步骤

步骤 1 减少物品

如果想让打扫卫生间的工作变得轻松，那就尽可能地减少卫生间的物品吧。

洗漱用品

像洗面奶、牙膏、肥皂等洗漱用品，每样只需拿出来一份就可以了，其余的可以放进置物柜里。

洗面台

尽可能减少摆在上面的物品。

步骤 2 分类和选定位置

整理置物柜是一项基本家务。将各种物品分类放置。最好能为每位家庭成员安排专属置物架，用来收纳他们各自的物品。

Ⓐ**上层和中层** 毛巾、卫生纸以及各种备用品（卫生纸、洗涤剂、肥皂、牙刷等）。

Ⓑ**下层** 经常使用的物品（吹风机、梳子、牙线、化妆品、美发用品等）。

步骤 3 收纳

所需物品：塑料盒、塑料瓶

置物架和洗面台

A 毛巾

将毛巾叠成正方形，然后竖着放进置物架。这样抽取时会很方便。

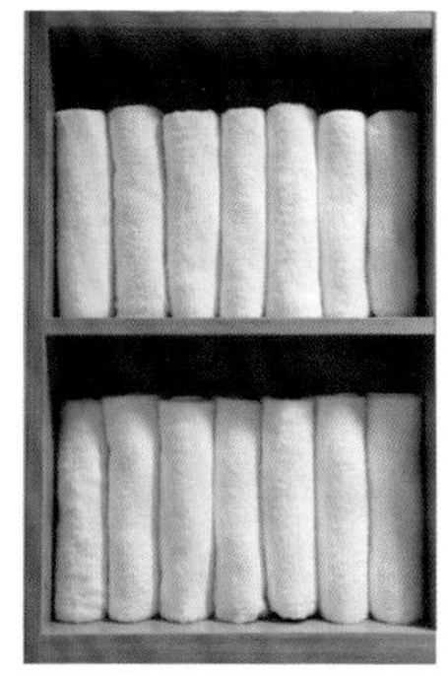

B 洗漱用品

为了便于寻找，将同类洗漱用品（比如洗发水和护发素）收纳在一个塑料盒里。

C 电吹风

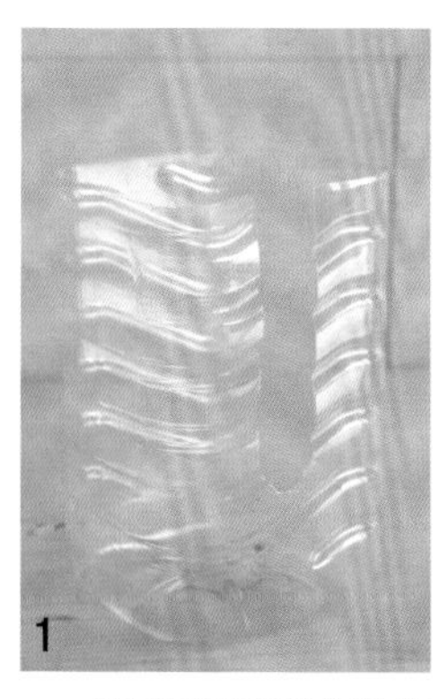

剪掉圆形塑料瓶的瓶口部分，再在瓶子的侧面剪出U字形。

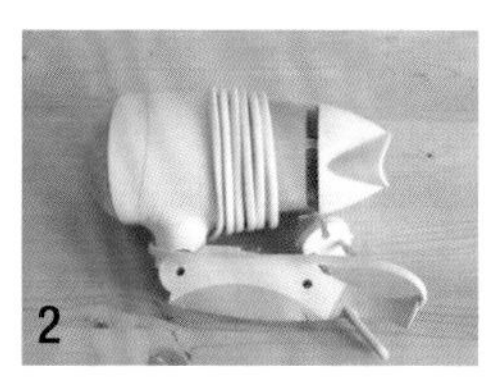

把电吹风的电线缠在电吹风的机头上。

将电吹风折起来收纳。

D 化妆品

将护肤水、润肤乳等基础护肤品放在卫生间，而将化妆用品放在卧室梳妆台上。可以用塑料盒收纳这类物品。

F 经常使用的物品

在洗面台旁边粘几个挂钩，然后将刮胡刀、洗脸刷等经常使用的物品挂在上面。

E 洗面台

只需在上面放一个肥皂盒。

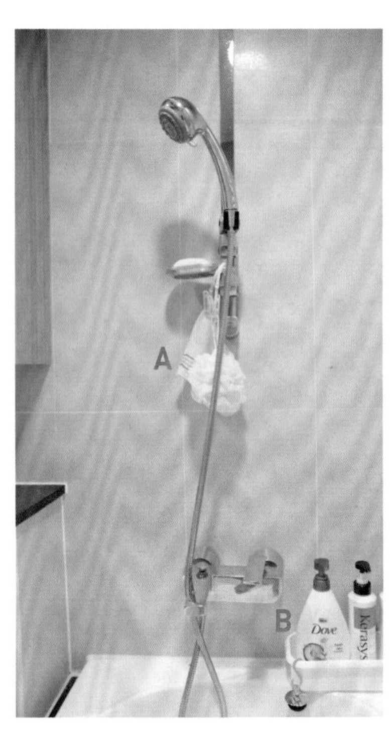

浴缸周围

Ⓐ 浴花和搓澡巾

用一端连着线的夹子夹住浴花和搓澡巾，挂起来晾干。

Ⓑ 洗浴用品

将洗发水、沐浴乳等洗浴用品统一放进一个收纳盒里，这样在打扫卫生时，就可以一下子将其全部挪走。最好使用带网眼的塑料盒，这样水就可以流出去了。

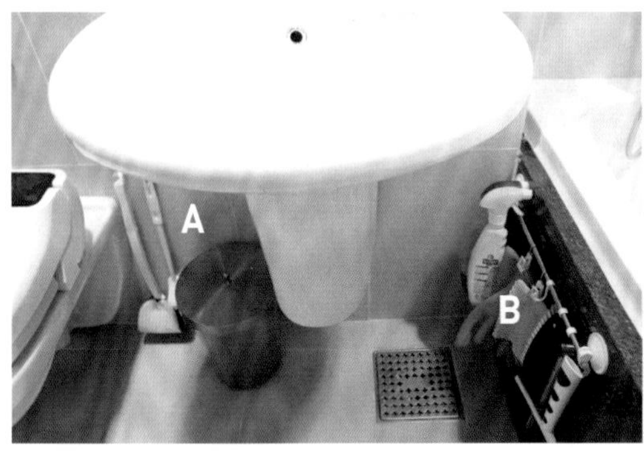

清洁工具

Ⓐ 马桶刷

用挂钩将马桶刷挂在马桶旁晾干。

Ⓑ 刷子、清洁剂、橡胶手套

可以在地漏上方的墙壁上安装一个吸盘毛巾架，然后用夹子把这些物品夹在毛巾架上晾干。

小贴士：吸盘挂钩可以牢固地粘在墙壁上，揭下来时也不会留下任何痕迹，特别适合在瓷砖上使用。

IDEA 让卫生间 365 天都保持干净！整理卫生间的 3 倍速妙招

清洁剂 利用伸缩杆挂起来

将卫生间里的物品挂起来，既可以防止发霉，又方便打扫卫生。在马桶和洗面台之间安装一个伸缩杆，然后把清洁剂和清洁工具挂在上面。

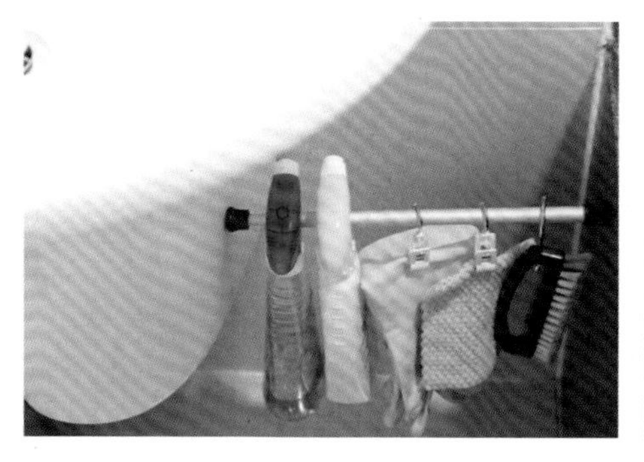

孩子的洗澡玩具 使用“洗衣网＋挂钩”收纳

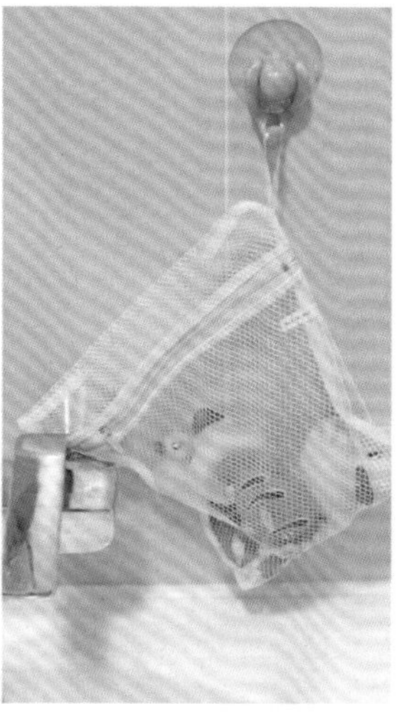

先将挂钩固定在墙壁上，再把洗衣网挂上去。这样就可以用来存放孩子的洗澡玩具了。

拖把 使用“毛巾架＋S 形挂钩”收纳

拖把虽然不是在卫生间里使用的除尘工具，但把它放在卫生间是最方便的。先在墙壁上安一个毛巾架，再用S形挂钩把拖把挂在上面。这样既不占用空间，还可以把拖把晾干。

塑料袋 在卫生间的垃圾桶里放一些备用塑料袋

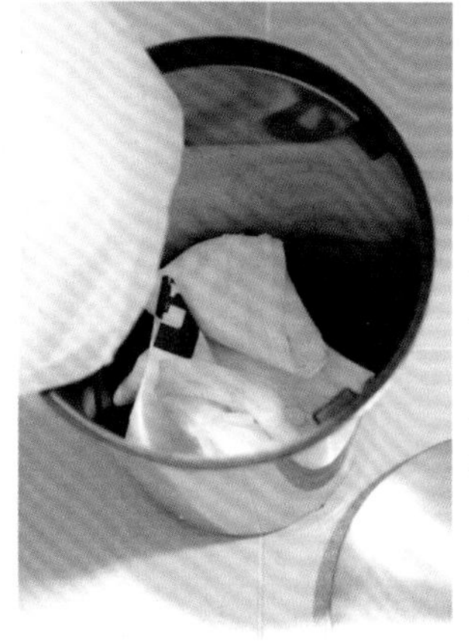

要想让卫生间的垃圾桶保持干净，就需要经常更换塑料袋。何不尝试着在垃圾桶里多放一些备用的塑料袋呢？这样就可以很方便地给垃圾桶换塑料袋了。

09
收纳

玄关
让鞋柜的收纳容量增倍的方法

收纳能力 Up!

充分利用鞋子上面的剩余空间，就能将鞋柜的收纳容量增倍

鞋子一压就容易变形，所以不能像衣服一样叠起来。每个家庭成员都有好几双鞋子，一个鞋柜肯定装不下。但是我们只要根据鞋的样式，仔细想一想该如何收纳，进而改变自己原有的收纳习惯，就可以使家里鞋柜的收纳容量翻倍增加。如果您家里玄关处的鞋柜总是塞得满满的，那就一起来学习收纳鞋子的窍门吧！

玄关处鞋柜收纳的 3 个步骤

步骤 1 减少鞋子数量

鞋子的数量 = 鞋柜的收纳容量

鞋柜的空间比较小，因此要先计算一下能放进鞋柜里的鞋子数量，然后处理掉多余的鞋子。

每层 4 双 ×5 层 = 20 双（收纳容量）

需要处理的鞋子：

穿着不舒服的鞋子、一年间从未穿过的鞋子、穿着小的鞋子

雨伞一人一把

一人一把雨伞，将多余的收起来。

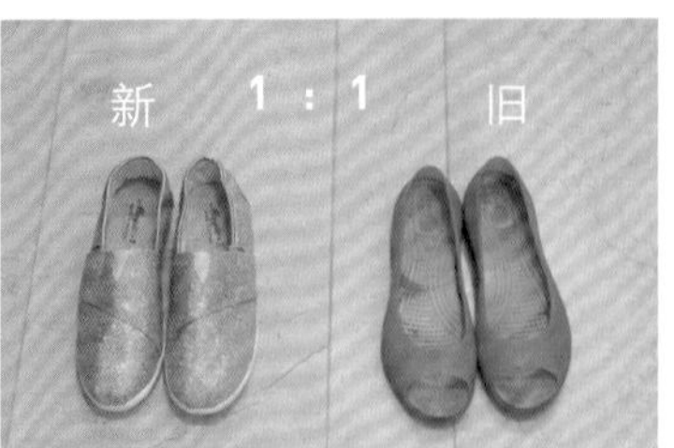

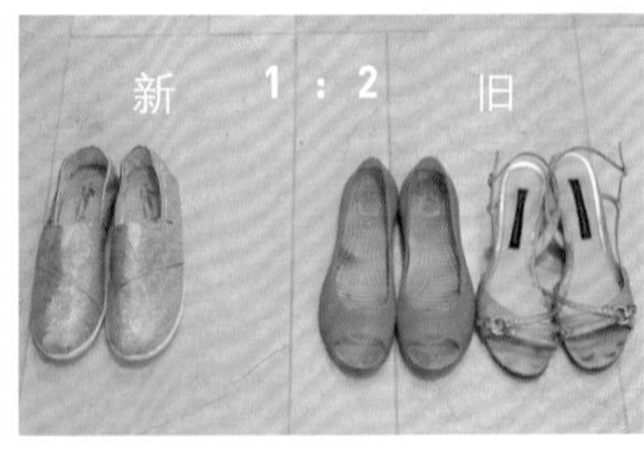

小贴士：减少鞋子数量的方法
1:1 处理法——买回 1 双新鞋子，就扔掉 1 双旧鞋子。这样可以使家里鞋子的数量保持不变。
1:2 处理法——买回 1 双新鞋子，就扔掉两双旧鞋子。这样可以逐渐减少家里鞋子的数量。

步骤 2 分类和选定位置

按照家庭成员的身高和使用频率摆放鞋子。

从上至下按家庭成员划分

- Ⓐ **上层** 爸爸的鞋子
- Ⓑ **中层** 妈妈的鞋子
- Ⓒ **下层** 孩子的鞋子

从左至右按类别划分

- Ⓓ **右侧** 经常穿的鞋子
  比如：上班穿的鞋和家居鞋
- Ⓔ **左侧** 在周末或特别的日子才穿的鞋子、非当季的鞋子
  比如：高跟鞋和登山鞋

步骤 3 收纳

所需物品： 鞋子整理架、伸缩杆、毛巾架、塑料筐、隔板式收纳筐、ㄷ字形置物架

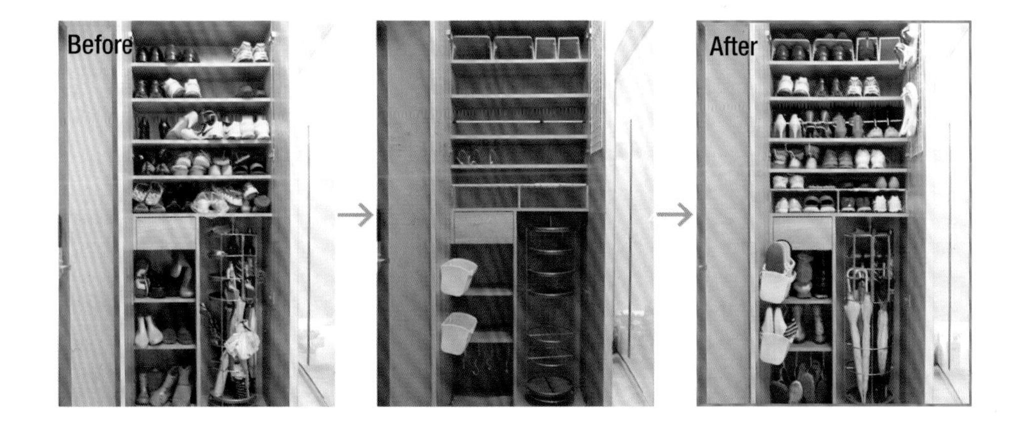

鞋柜

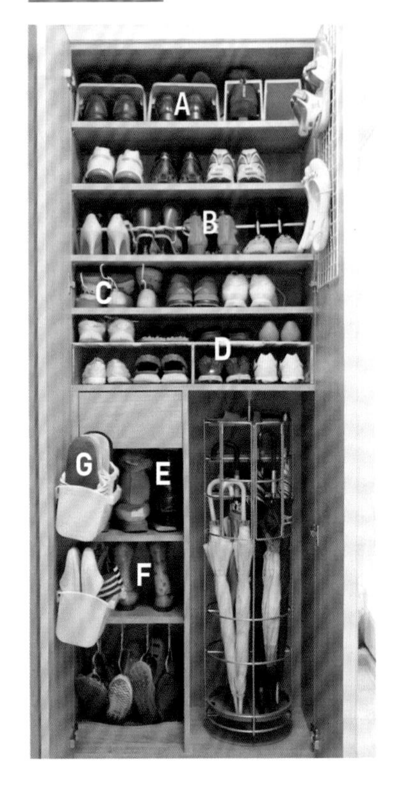

A 鞋子整理架

用鞋子整理架收纳鞋子。

单双用鞋子整理架 先想一想每双鞋子的使用频率，然后将不经常穿的鞋子收纳在整理架下面。

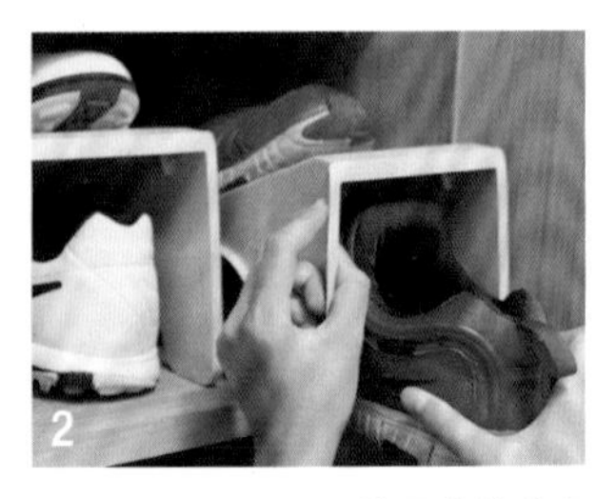

单只用鞋子整理架 使用这款整理架收纳鞋子，拿取时非常方便。

双倍收纳的关键 鞋子都是脚踝处高、脚背低的三角形，因此将整理架上面的鞋子与下面的鞋子反方向放置，就能使收纳容量变为原来的两倍了。

B 高跟鞋

先将伸缩杆固定在鞋柜里，然后把鞋跟搭在伸缩杆上，就可以使收纳容器增倍了。

小贴士：使用这种方法收纳，拿取时可能比较麻烦，因此建议用来收纳夏季的凉鞋或不经常穿的鞋子。

材料费0元！

C 平底鞋

利用铁丝衣架可以制作简单的鞋子整理架。

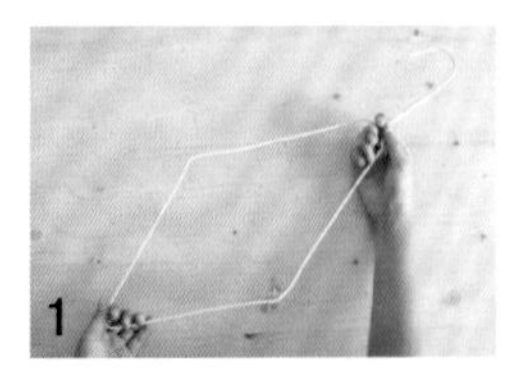

将铁丝衣架拉长。

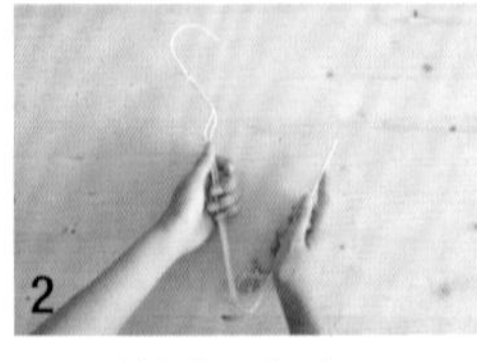

对折成V字形。

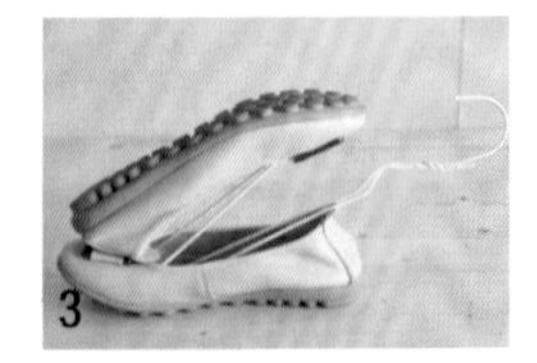

把衣架套在鞋子里，如图所示将鞋子摞起来。

D 低帮鞋

使用网格和CD盒增加搁架的数量，就能增加鞋柜的收纳容量。

使用双面胶将CD盒粘在搁架的左右两侧，注意高度要合适！

准备两个网格，根据搁架的宽度将其拼好，再用电线扎带固定。

用来收纳平底鞋、童鞋以及拖鞋等低帮鞋。

小贴士：如果网格的中间部位往下坠，就用一个CD盒支起来。

E 雪地靴

将塑料瓶插入靴筒。

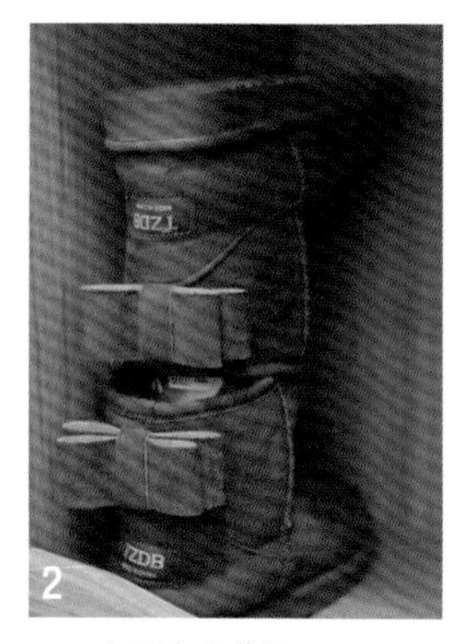

上下方向收纳。

F 雨靴

将雨靴的靴筒部分套在一起。

G 拖鞋

使用收纳筐和挂钩收纳。在门的内侧装上挂钩，将收纳筐挂在上面，然后把拖鞋放进去。家里来客人时，可以很容易地拿出来，非常方便。

玄关处置物架

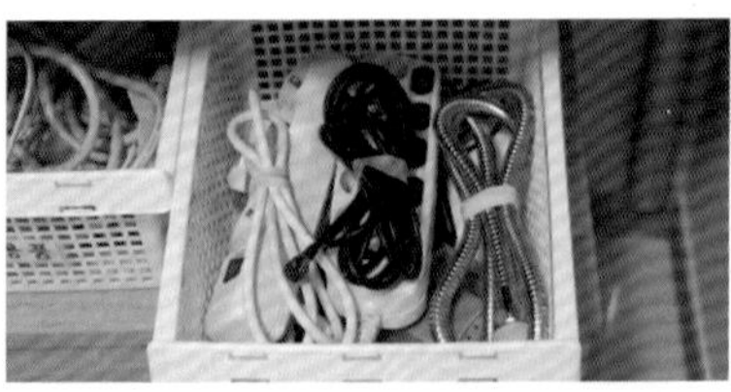

Ⓐ 插座、电线

把电线卷起来，然后用橡胶手套剪成的橡皮筋绑好。

Ⓑ 工具

对于老虎钳、尖嘴钳、锤子等工具，可以使用比较深的狭长塑料筐收纳。

小贴士：将工具分成两类——单柄工具（锤子、螺丝刀）和双柄工具（老虎钳、尖嘴钳、剪刀等）。

Ⓒ 钉子、螺丝钉、鞋油等

使用隔板式收纳筐收纳这类物品。

玄关

放在玄关处的鞋子 每个人只在这里放一双鞋子。

拖鞋和上班穿的鞋子 如果玄关的空间比较小，就用⊏字形置物架吧！将几个⊏字形置物架叠摞起来，然后把上班穿的鞋子收纳在上面。

小贴士：可以把雨伞、鞋拔挂在S形挂钩上面。

IDEA 绝对可以解决空间不够用的问题！

材料费0元！

运动鞋 用塑料瓶收纳

将塑料瓶剪成⊏字形收纳运动鞋。

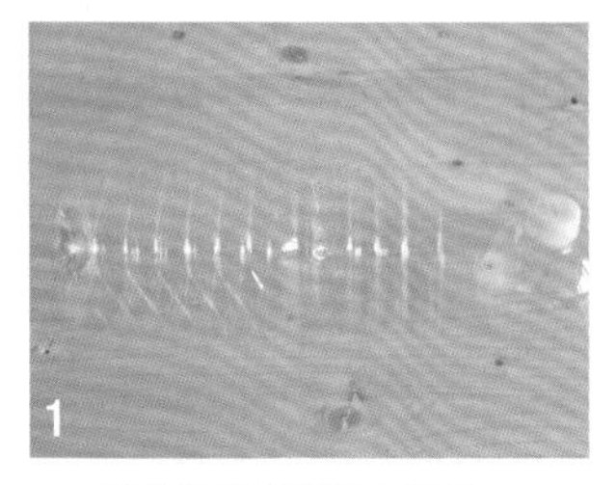

剪掉塑料瓶的瓶口部分。

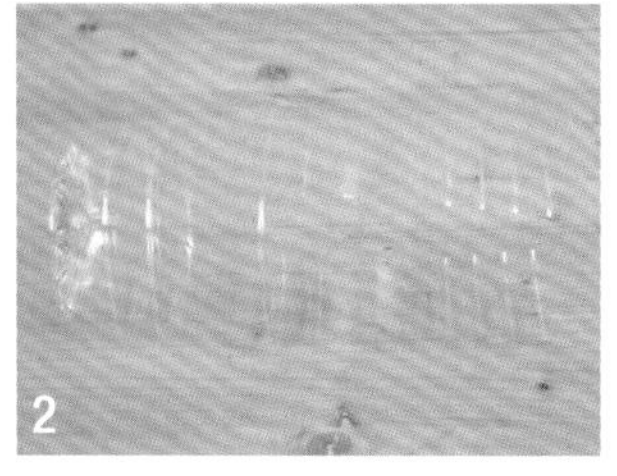

再剪掉塑料瓶的两个侧面，做成⊏字形的整理架。

按照图中的方法摆放运动鞋。

小贴士：收纳童鞋和平底鞋时，可以使用小塑料瓶。

凉鞋 利用文件架收纳

夏天需要经常穿凉鞋，所以玄关处特别容易弄得乱七八糟。如果您家里也有这样的问题，那就尝试着利用文件架整理这些鞋子吧！

拖鞋 挂在毛巾架上

在玄关门的内侧装一个毛巾架，然后把拖鞋挂在上面。

低帮鞋 用“伸缩杆＋铁丝衣架”挂起来收纳

如果把拖鞋、凉鞋、平底鞋等低帮鞋挂在铁丝衣架上，就能够充分利用鞋柜的空间了。

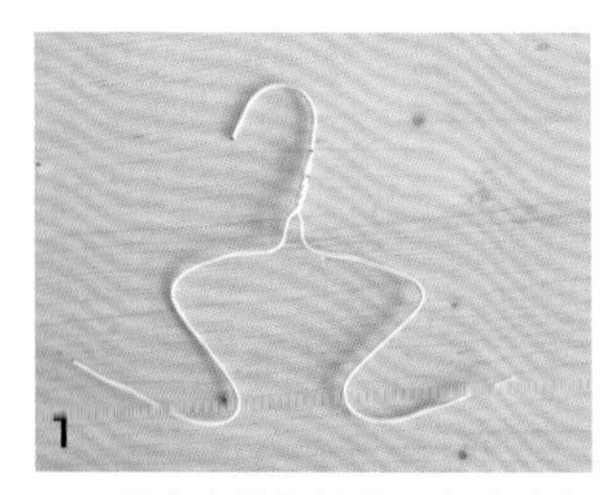

用老虎钳将铁丝衣架的中间部分剪断，然后弯成S形，以便能将鞋子挂在上面。

再用尖嘴钳将两端的铁丝弄弯。

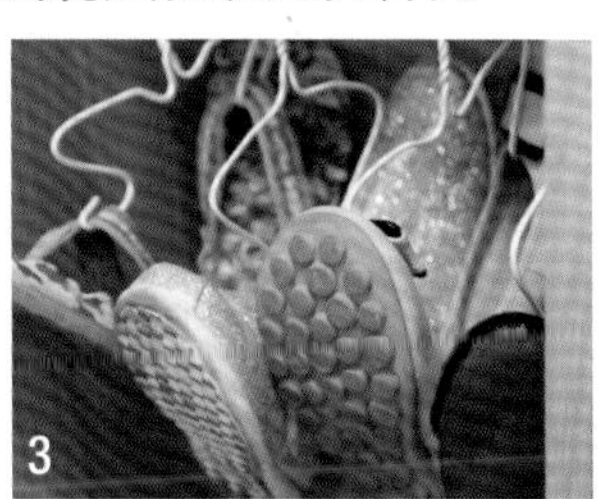

在鞋柜的搁架里装一根伸缩杆，这样就可以把鞋挂在上面了。需要时，可以将鞋子成双拿出来，非常方便。

小贴士：考虑到高度的问题，要把伸缩杆装在收纳长筒靴和雨靴的鞋柜搁架里。

高跟鞋 挂在毛巾架上

把毛巾架固定在鞋柜的柜门上，然后把鞋头部分搭在毛巾架上。用这个方法可以收纳多双高跟鞋。

非当季的鞋子 使用“网格＋橡皮筋”固定在柜门的内侧

尝试着将非当季的鞋子挂在柜门上吧！

1 使用挂钩将网格固定在鞋柜的柜门上。

小贴士：一定要先确认一下柜门能否关得上！

2 套上橡皮筋。

3 把鞋子挂在上面。

10 收纳 梳妆台

让您立刻就能找到想要的化妆品

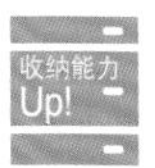

收纳能力Up!

按照化妆顺序摆放化妆品，确保一目了然

主妇们最忙碌的时间就是打算外出前的那段时间了。要准备的东西又多，时间又紧，这时如果还要坐在凌乱的梳妆台前翻找各种化妆用品的话，就真是让人又累又气啦。因此，在收纳化妆品和饰品时，要做到需要的时候马上可以找到，养成良好的收纳习惯。您是不是希望每天早上都能够有充足的时间化妆打扮一番呢？那就一起来学习整理梳妆台的方法吧！

CHECK! 整理梳妆台的 3 个步骤

步骤 1 处理无用化妆品

化妆品

经常使用的化妆品其实只占 20% 左右。剩余 80% 的化妆品，不是过期了，就是一直被放在某个角落里从未使用过。如果您想坐在一个干净整齐、空间充裕的梳妆台前精心打扮的话，首先要做的就是果断地处理掉那些不用的化妆品。

化妆品的使用期限

基础护肤品
（开封后 1 年）

睫毛膏和唇彩
（开封后 6 个月）

粉饼和 BB 霜
（开封后 2 年）

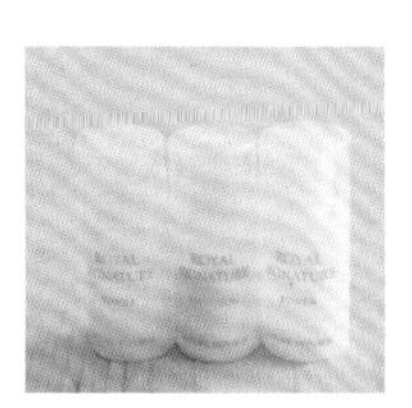

塑料瓶样品
（开封后 3 个月）

薄膜包装样品
（开封后 1 年）

步骤 2 分类和选定位置

收纳化妆品的关键就是要摆放得一目了然，可以毫不费力地找到想要的化妆品。

Ⓐ 梳妆台上面

基础护肤品和经常使用的化妆品、饰品就不要放进抽屉里了，可以直接放在梳妆台上面。

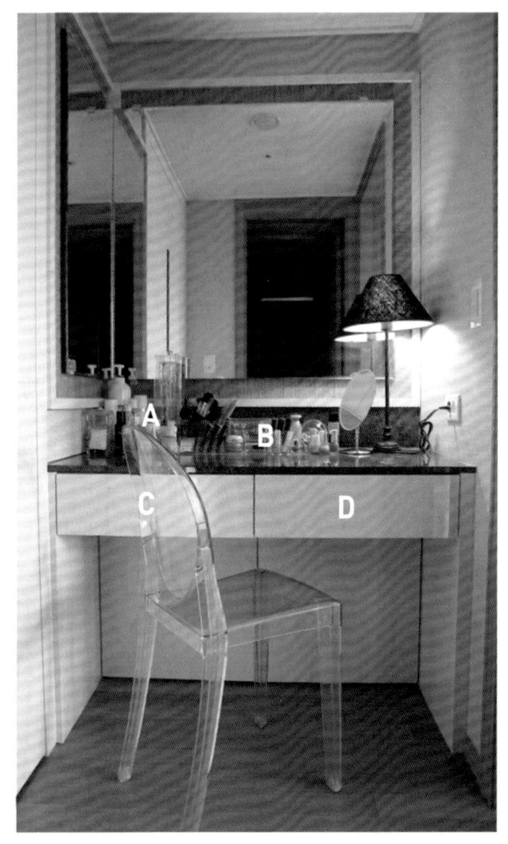

Ⓑ 梳妆台中间位置

和书桌一样，梳妆台其实也是一个工作台。想要舒舒服服地化妆，就得腾出梳妆台上的空间，并时刻保持这种状态。

Ⓒ 左边抽屉

摆放化妆用品。

Ⓓ 右边抽屉

把戒指、手表和项链等饰品分类摆放。

小贴士：普通化妆品和特殊化妆品

普通化妆品 将平常使用的化妆品（比如 BB 霜、唇彩等）拿出来摆放。

特殊化妆品 将特别的日子才使用的化妆品（比如眼影、粉底霜等）放在抽屉里。

步骤 3 收纳

所需物品： 带隔板的文具收纳盒、带隔板的有机玻璃盒、项链架、定位针

梳妆台上面

按照化妆顺序摆放

Ⓐ 化妆棉→Ⓑ 基础护肤品→Ⓒ BB 霜→Ⓓ 眼妆用品→Ⓔ 唇彩。就像这样，按照化妆顺序摆放化妆品。

唇彩

为了使用时便于挑选，将显示唇彩颜色的部位朝上摆放。

大瓶放后面，小瓶放前面

按照“前低后高”的顺序摆放，确保所有物品一目了然。

抽屉

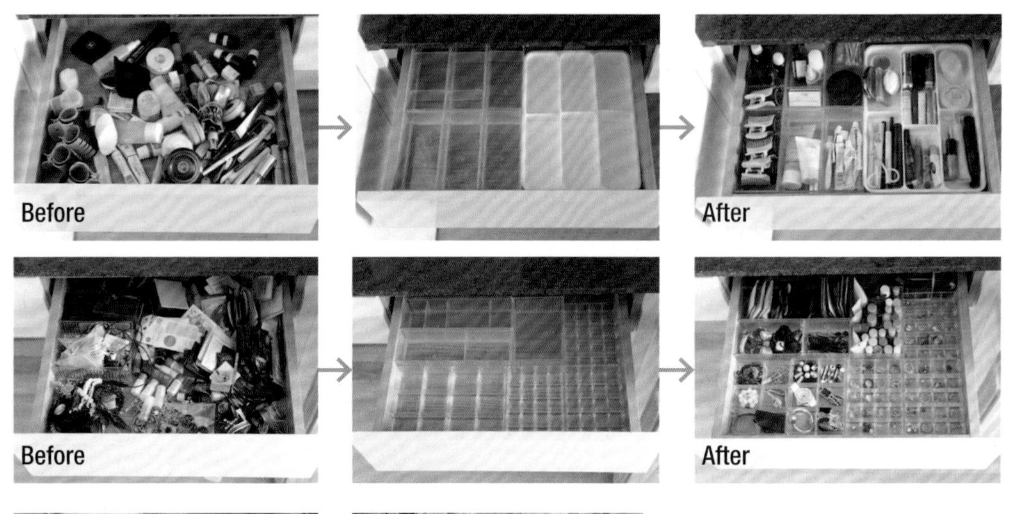

笔状化妆品

类似睫毛膏、唇彩之类的笔状化妆品，要放在带隔板的文具收纳盒里。

饰品

将饰品分类收纳在带隔板的有机玻璃盒里。可以按照佩戴的频率将饰品分类放置。

项链

1. 挂在项链架上。

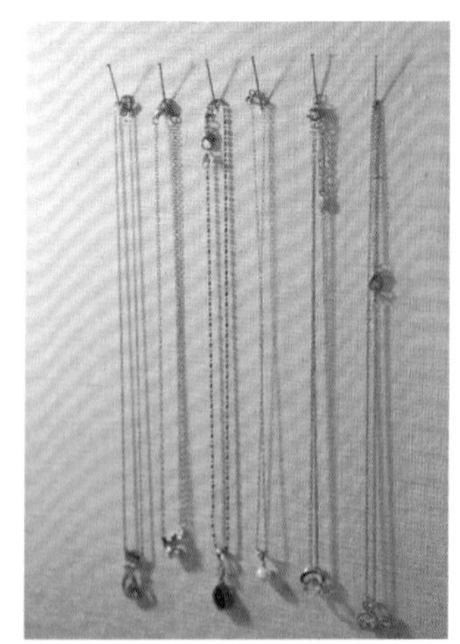

2. 将定位针固定在墙上后，把项链挂起来。这样不仅不会在墙上留下大的孔洞，而且看起来也非常整齐美观。

IDEA 移动化妆族可以使用工具箱收纳化妆品

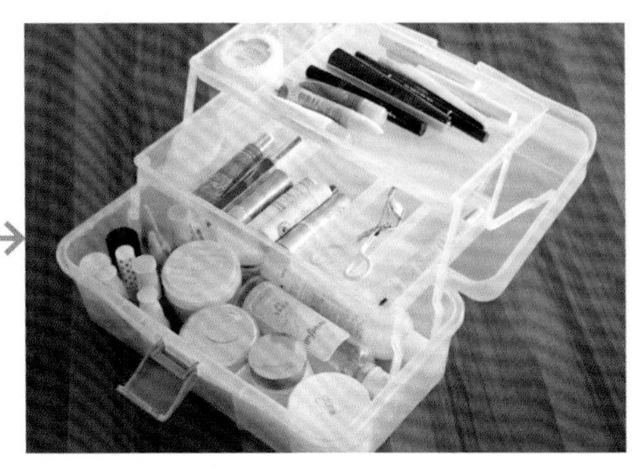

来回走动的化妆一族 利用工具箱

对于因为家里空间太小、没有梳妆台，或者因为要照顾小孩，化妆时不得不来回走动的人来说，我建议使用工具箱来收纳化妆品。塑料工具箱比专用化妆箱更轻盈、更便宜，并且带有收纳格和收纳层，能将各种的化妆品整理得一目了然。

美容和美甲用品 利用带提手的收纳包整理

看电视的时候，可以敷面膜。如果使用带提手的塑料收纳盒或收纳包收纳这类物品，就会便于携带。这样无论在家里哪个地方，都能享受幸福的美容时光。

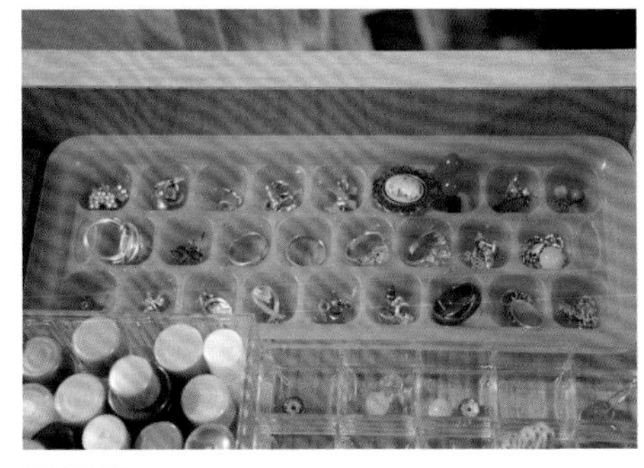

耳环 使用冰块盒收纳

可以把颜色鲜艳、外形美观的冰块盒当作耳环收纳盒使用。冰块盒自带许多小收纳格，正好用来收纳耳环、项链或戒指。

卫生巾 收纳在购物袋里

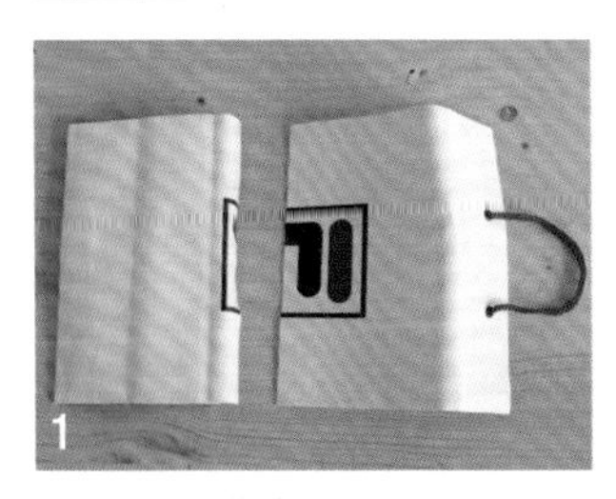

1 将购物袋裁剪成合适的大小。

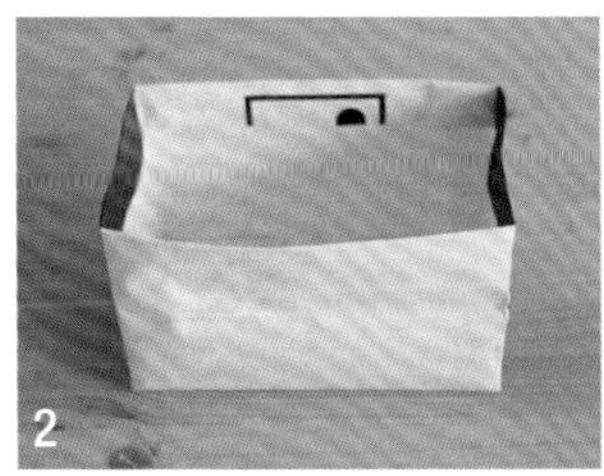

2 根据需要的高度，将多余的部分折叠到购物袋里面。

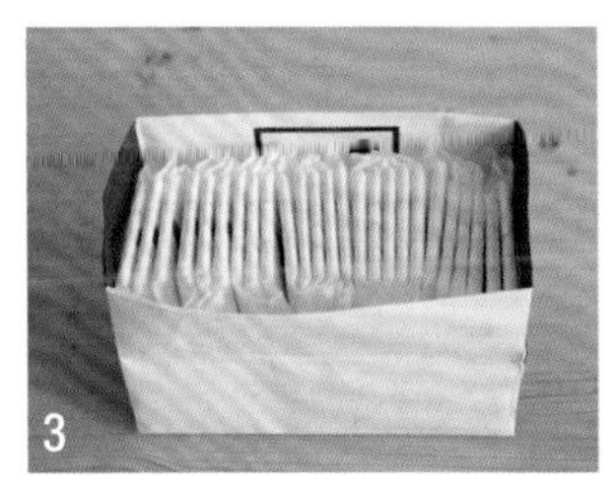

3 将卫生巾放在里面。

发箍

1. 成排地挂在丝带上

准备两根丝带，将一根丝带折成波浪状，用胶枪固定在另一根上。

每个环里放一个发箍，再用S形挂钩将其挂在门把手或墙上。

2. 将垫板卷起来，再把发箍插在上面

将垫板卷成筒状，然后用订书机或胶带固定。

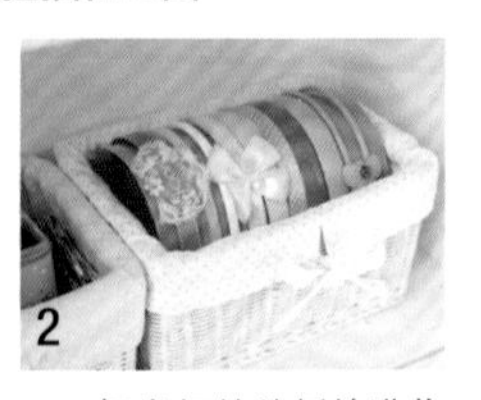

把卷好的垫板放进收纳箱，然后把发箍插在上面。

化妆刷 使用“寿司卷帘＋橡皮筋”制作化妆刷包

按照图例用寿司卷帘和橡皮筋制作化妆刷包。

将橡皮筋在寿司卷帘的边缘缠一圈，然后用订书钉固定。

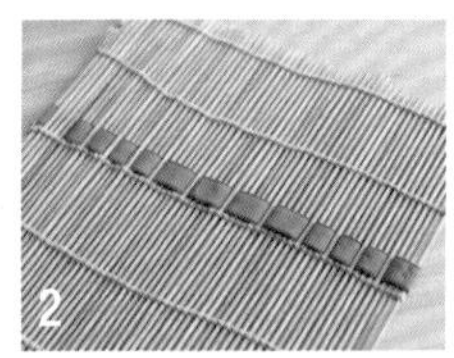

如图所示，将橡皮筋插在卷帘的间隙处。

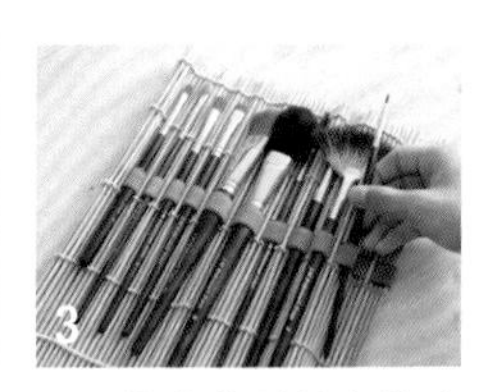

将化妆刷插在橡皮筋里收纳。

用丝带将其系住。

11 收纳

整理钱包
使又厚又重的钱包快速“瘦身”的妙招

收纳能力up!

将卡片按照使用频率排列，然后根据钱包中的卡夹数量合理收纳

大家的钱包里是不是都有几张卡呢？人们常说存折多的人是富翁，可从没有人说过钱包厚的人是富翁。会赚钱的人的钱包反而都很薄，这是因为他们很擅长理财。不要总把自己的钱包弄得鼓鼓囊囊的，跟我一起来学习钱包的“瘦身整理法”吧！

CHECK! 整理钱包的4个步骤

步骤1 整理并选定物品

想要为鼓囊囊的钱包成功“瘦身”，首先就得严格筛选放进钱包里的东西。将没有必要每天随身携带的物品拿出来单独收纳。

需要放进钱包的物品

银行卡、现金以及经常使用的店铺积分卡（每周使用1次以上）。

小贴士：将卡片按照使用频率排成一排，然后按照“卡片数量＝钱包卡夹的数量”的原则严格筛选需要放进钱包的卡片。

需要放进抽屉的物品

偶尔使用的积分卡（每个月使用不超过两次）、超过10枚的硬币、优惠券、可抵换发票、医院挂号本和保险证等。

小贴士：有些物品不需要总是带着身边，此时，我们可以将其存放在卡夹里，然后再放进抽屉里，这才是比较明智的做法。

需要扔进垃圾桶的物品

不可抵换发票、过期的积分卡等。

小贴士：如果发票不能在饭店或购买食品时做抵换券使用，那就在柜台结算后直接扔掉吧！

步骤2 分类

将钱包分为卡夹和钞票夹两部分。

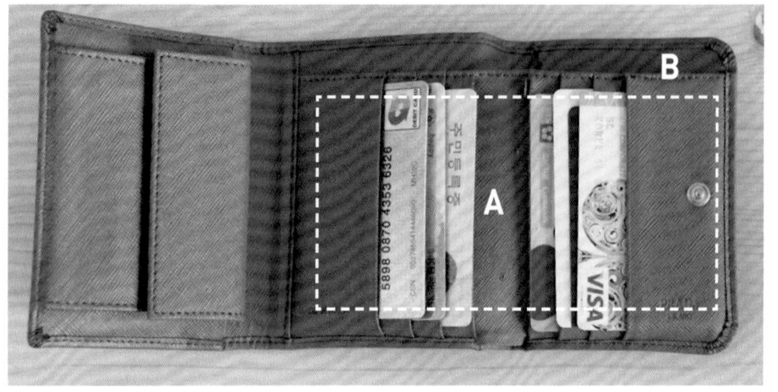

Ⓐ **卡夹** 用来装银行卡、积分卡和身份证等。

Ⓑ **钞票夹** 用来装钞票和发票。

步骤3 收纳

卡夹和钞票夹分别用来装卡片和钞票。

卡夹

1. 选定位置

钱包打开后，一眼就能看到的地方就是最方便拿取的位置。把银行卡和身份证收纳在这里。

2. 制定卡夹的序号

将最常用的卡片放在最上面的卡夹里，拿取时会很方便。

3. 将卡片摆成一排

将卡片按照使用频率摆成一排，然后按顺序放进钱包里。

钞票夹

将钞票和发票分开收纳。放在前边会便于拿取，因此将钞票装在前边，发票装在后边。

步骤4 保持

每月发工资的日子就是整理钱包的日子

人们常说："如果钱包太乱，钱就会逃跑。"可以将每月领薪水的日子定为整理钱包的日子。到时候把钱包里面的东西全部掏出来整理一遍。

12 收纳

整理皮包

一星期只要整理一次就 OK！15 分钟皮包整理法

Time 15 分钟

将东西分类后再放进皮包

虽然我们每天都要使用皮包，却常常对其疏于整理。当着别人的面，在自己乱七八糟的包里翻来找去的样子看起来也不太好。整理皮包和整理房间一样，先将东西按类分好，再按照规定好的位置摆放进去，这样就能快速找到所需物品了。每周只需花上 15 分钟，就可以将自己的皮包整理好。现在就来学习这种快速整理皮包的方法吧！

步骤 1 整理并选定物品（5 分钟）

首先将皮包里面的东西全部拿出来，摆在桌子上。

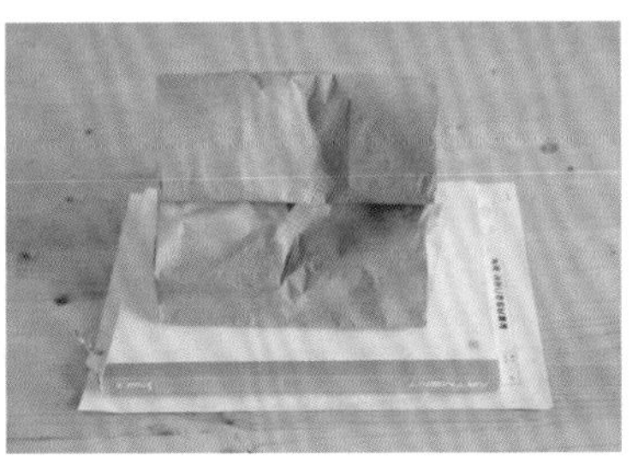

需要放进抽屉的物品

没必要随身携带的物品、预备物品、和刚买回来的物品。

需要扔进垃圾桶的物品

无用发票、过期票券以及在街上收到的宣传单等。

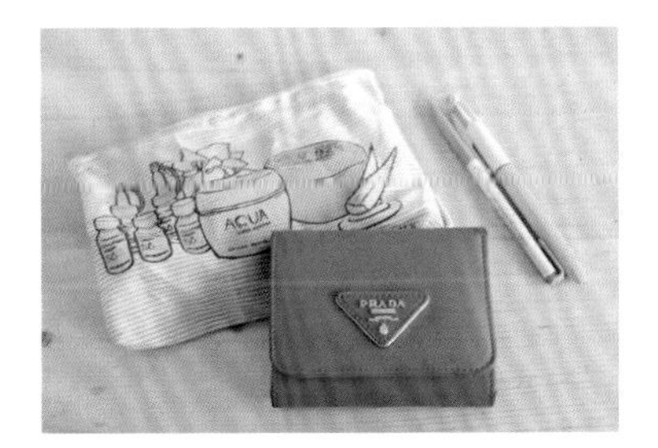

需要放进皮包里的物品

钱包、化妆品、笔以及第二天需要的其他物品等。

步骤 2 分类（5 分钟）

将需要装进皮包里的物品分类。

1. 分成必需品和每天需要更换的物品两类

必需品 化妆品、钱包、钥匙、手机和笔。

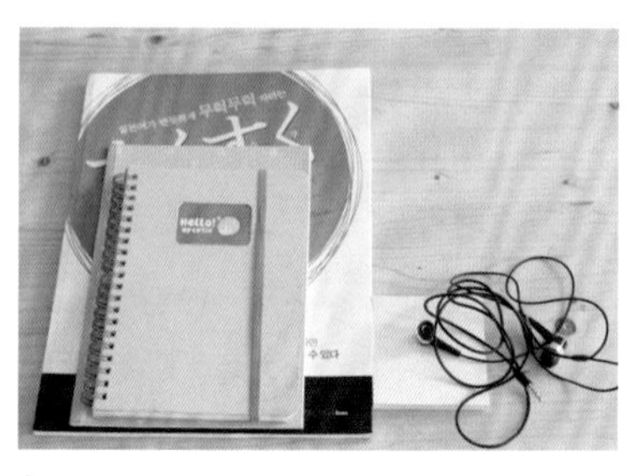

每天需要更换的物品 以第二天需要的物品为主。

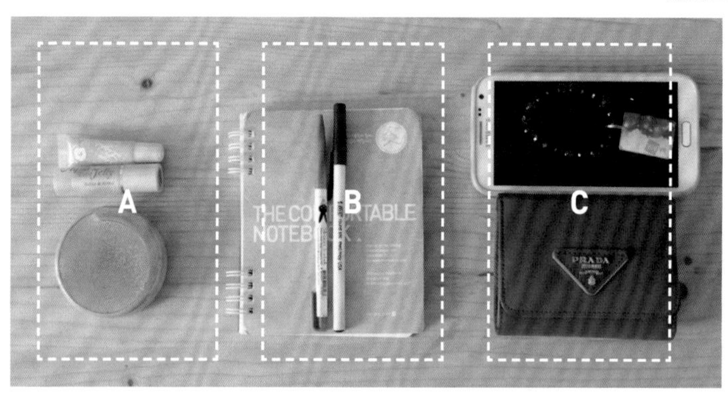

2. 将必需品按类分好

Ⓐ **化妆品** 唇彩、BB 霜等。

Ⓑ **文具** 圆珠笔、便笺纸和日记本等。

Ⓒ **其他常备用品** 药、纸巾、钥匙、口香糖和手机等。

步骤 3 收纳（5 分钟）

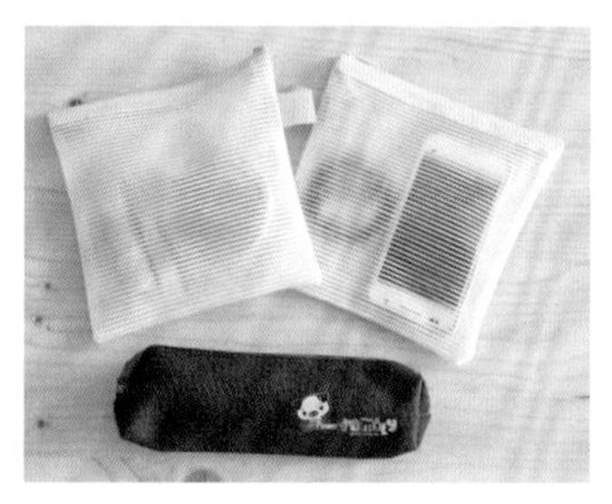

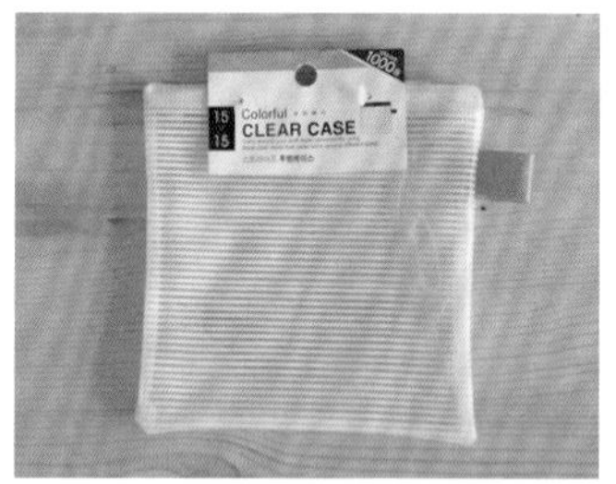

必需品

所谓必需品就是需要经常随身携带的物品。将这些必需品分别放在两三个小袋里（化妆品包、笔袋、钥匙包、手机袋等），然后选好位置，放进皮包里。这样，当想要换包时，就可以将这些必需品轻而易举地换到另一个皮包里，非常方便。

小贴士：最好选用可以看见里面物品的透明袋。

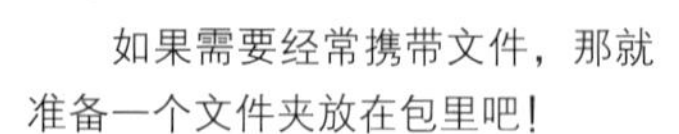

文件

如果需要经常携带文件，那就准备一个文件夹放在包里吧！

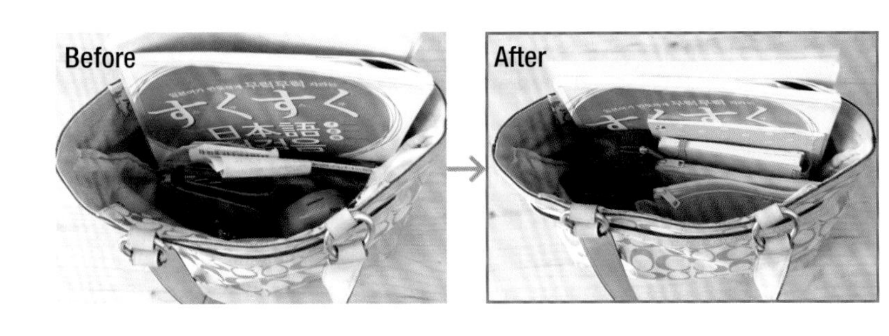

竖着收纳

为了便于寻找，最好把东西竖着放进皮包里。

IDEA 整理时，切忌将小物件混放！皮包 3 倍速收纳妙招

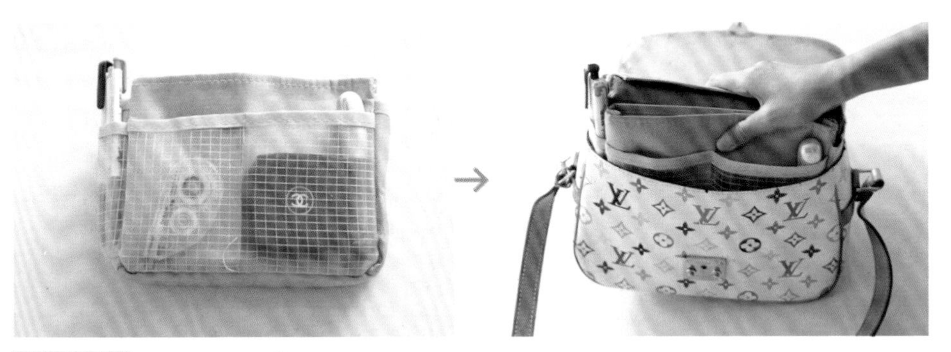

各种小物件 利用“包中放包”的方法

所谓“包中放包”，就是把几个大小不同的收纳包放进皮包里，这样便于将东西分类放置。整理东西时，只需直接将物品放进去即可，而不必像使用收纳袋那样需要仔细整理。换包时，直接将这些收纳包拿过去就可以了。

旅行携带的衣服 卷成筒状收纳

如果把衣服叠起来放进旅行包里，不但衣服会被压出许多褶子，而且找起来也很不方便。而将衣服卷成筒状，竖着放进旅行包的话，不仅找衣服时能一目了然，而且也不会变皱。

旅行用化妆品 放入隐形眼镜护理盒

BB 霜等化妆品是旅行时一定要准备的。如果将化妆品放入隐形眼镜护理盒中携带，就方便多了。存液瓶用来装精华液或其他液体化妆品，双联盒用来装 BB 霜或妆前乳等乳状化妆品。

Column ❶ 收纳女王家居大公开！

充满收纳创意的家

我对衣服和皮包没有特别的喜好，但说起喜欢的家居类型，我能说上一整晚，这可是我最喜欢的话题。与其他地方相比，人们待在家里的时间最多。如果能拥有一个装饰得非常漂亮的家，相信心情也会变得无比舒畅。两年前我们搬进了新家，为了能把它布置得更美丽，我绞尽脑汁，来回折腾，虽然辛苦，我却也乐享其中。现在就让我来向大家介绍一下我们美丽的家吧！

客厅

黑色＋白色＋钢铁材质相搭配的现代风格 沙发是非常重要的家居用品，它能决定客厅的整体氛围，因此选择一款合适的沙发就不是那么容易的事了。我家购买的是黑色沙发，沙发腿是钢铁材质的，比起舒适性，这款沙发更注重设计的“现代感”。在置办沙发的同时，我也一起买回了沙发桌。家里来了客人时，如果觉得摆张桌子很麻烦，那么沙发桌就派上用场了。沙发桌是原木材质的，既与家里的黑白色调相搭配，又能削弱客厅内色彩的单调感，营造出一种更加温馨的氛围。桌子腿也是钢铁材质的，正好与沙发腿相呼应。

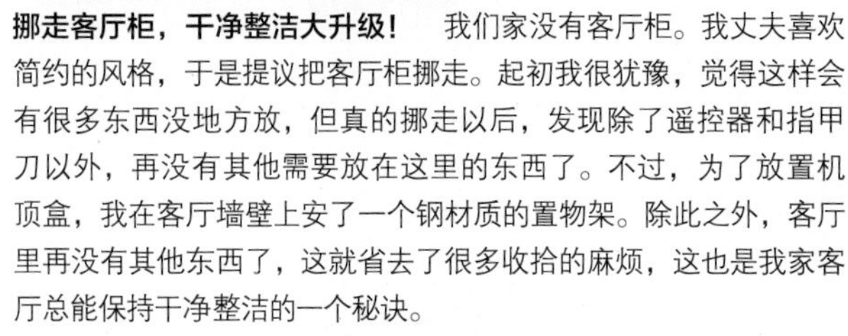

挪走客厅柜，干净整洁大升级！ 我们家没有客厅柜。我丈夫喜欢简约的风格，于是提议把客厅柜挪走。起初我很犹豫，觉得这样会有很多东西没地方放，但真的挪走以后，发现除了遥控器和指甲刀以外，再没有其他需要放在这里的东西了。不过，为了放置机顶盒，我在客厅墙壁上安了一个钢材质的置物架。除此之外，客厅里再没有其他东西了，这就省去了很多收拾的麻烦，这也是我家客厅总能保持干净整洁的一个秘诀。

铺上抛光砖，使空间更具个性 我和丈夫所喜欢的室内装修风格截然不同，唯一相同的就是都喜欢用光洁鲜亮的抛光砖铺地面。因此，我们的新家没有铺地板，而是选择了抛光砖。两年使用下来的感受是，虽然抛光砖能为家里营造一种奢华高雅的生活氛围，但打扫起来却很费力。尤其是在需要开窗的夏季，哪怕只是半天的时间，抛光砖上也会留下脚印，需要花时间和精力收拾干净。如果主妇们想选择抛光砖做装修材料，要事先做好心理准备。

玄关和走廊

用独有的标识装饰门口 一进我家，最先映入眼帘的就是“冒失鬼的整理法”这个小招牌。这也是我博客的名字。丈夫在家里挂上这块门牌，是为了提醒我永远不要忘了最初的信念。我弟弟打趣说，他还是第一次见到挂招牌的家，但在我看来，这简简单单的几个字，却让我们家变得很特别。

厨房

实用性与个性兼重的厨房 过了走廊，右边就是我家的厨房了。以前，在厨房的正中间有一个大橱柜，从泡菜盆到各种厨房用具都可以放在里边，但它的存在使厨房看起来又小又憋闷。为了让空间显得更敞亮，我们拆掉了橱柜，只留下了承重墙。

吊灯垂饰营造出奢华的餐厅氛围 人人都希望拥有一个装饰得分外漂亮的家。说起我家最让我满意的两件东西，一是薄荷色玻璃墙，二就是吊灯了。在营造餐厅奢华、现代的氛围中，吊灯起到了至关重要的作用，同时又要与大理石餐桌相搭配。为此，我们选择了透明的玻璃吊灯。吊灯下宽敞的6人餐桌也很实用，既可以坐在那里使用笔记本上网，又能当作孩子的学习桌，真是一举多得！

摆上小摆件，突出匀称美 拆掉橱柜后，利用留下的承重墙，我为餐厅布置了装饰柜和艺术墙。装饰柜上摆放了以白色和钢铁为主题的小摆件，营造出了一种整体的匀称美。艺术墙上挂着画家马蒂斯的“法国梧桐”黑白版画。我觉得与其他更有冲击力的版画相比，这幅能够传达简洁感的作品更符合我家的整体氛围。这一空间突出了装饰的美感，使我感到每次吃饭都像来到了美术馆。

将厨房阳台作为主要的收纳空间 挪走了橱柜后，我在厨房阳台布置了一个储物柜，用来弥补失去的收纳空间。在选购阳台的储物柜时，最好选择各式各样的模块型产品，以便于自由组合。这样，在搬家或想要改变位置时，可以像砌砖块一样将它们拼好。

卧室

安装滑动门收纳柜，有效节省空间　我想在空间比较小的卧室布置出一个办公区，所以就选择了简单装修。壁柜是滑动门，这样可以节省打开柜门时占用的空间。同时，为了使房间看起来更宽敞，我选择了白色的壁柜。另外，我还选择了白色的窗帘，使卧室整体呈现一种平缓流畅的感觉，为了弥补室内色彩过于单调的缺点，我特意悬挂了树叶图案的窗帘。

营造氛围的装饰画　为了打破卧室墙面的单调感，我在上面挂了一幅彩色装饰画。

在小房间里摆放一张节约空间、美观大方的书桌 在卧室门旁的墙壁处，我摆放了一张长书桌，然后在其左右两侧放置了柜子。书桌的上面连接着一个置物架，用来摆放各种小物件。在空间比较小的房间，如果摆放一张很高的书桌，就会使房间看起来更加狭小，因此我选择了这款高度适中且带有置物架的书桌。

活泼可爱的小摆件 置物架上摆放的是一款名为“SONNY ANGEL”的玩具娃娃。在装修简单的空间里，只要放上一两件极具个性的小摆件，马上就能使空间氛围变得活泼起来。

女儿的房间

薄荷色和粉红色的搭配，赋予房间清爽的感觉 女儿的床单是粉红色的，因此房间的壁纸选择了与之完美搭配的薄荷色。如果用暖暖的粉红色作为主色调，空间看起来就有种又小又窄的感觉，且不耐看。而冷色调的薄荷色让房间显得更宽敞，有一种清爽的感觉，两者搭配起来就完美多了。此时如果再搭配一些白色的家具，就会使壁纸的漂亮颜色更加突出。

粉红色调的少女风卧室 为了培养女儿的想象力，我在她卧室的床旁挂了一幅装饰画。我没有选择色彩鲜艳的画像，而是选择了一幅简简单单的素描画，因为这与屋子里粉红色的床和窗帘搭配起来和谐统一，使屋子充满可爱的少女气息。

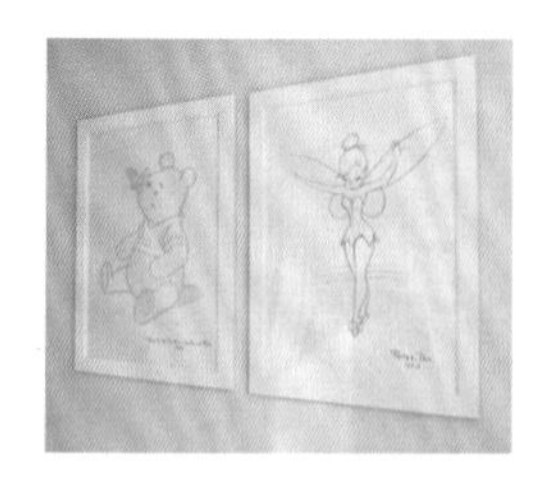

简洁的梳妆台 房间的空间并不大，因此利用镜子和搁架布置了一个简单的梳妆台。虽然比较小，但女儿却说坐在这里时是她最幸福的时光。虽然搁架的款式很一般，但它下面没有任何支架，看起来显得很简洁。

儿子的房间

黑色铁架床增添了时髦的现代感 这是我那个梦想成为全国歌曲大赛主持人的儿子的房间。一般的家庭都是搭配着书桌的款式和颜色选择床的，但我想把这里布置得更有现代感，因此选择了黑色铁架床。还用线在墙壁上悬挂了几只朝搁架攀爬的蜥蜴做装饰，躺在床上看时，也别有一番情趣。

选用高柜，增加收纳容量 如果觉得把书整齐地摆到书柜里很难，那就选择带柜门的书柜吧！为了增加收纳容量，我选择了几乎和房顶一样高的书柜；另外，为了遮住摆放得不规整的书籍，还在书柜上安装了抽屉和柜门。

把家里装扮得像杂志画报一样漂亮吧！

不必进行大刀阔斧的改造工程，只需更换装饰材料、家具以及床上用品，就可以把家变为时尚空间。选购家具或床上用品时，如果能得到室内设计师的帮助，就可以花很少的钱，布置出与众不同的家居环境。一般而言，室内设计师最懂得如何用色彩来改变空间了。因此，只要按照他们的建议更换壁纸、窗帘、靠垫、地毯、画框等基本装饰材料和床上用品，家里就像换了一件新衣服一样，能取得意想不到的装饰效果。

CHAPTER 04

Cleaning

清洁

让房间保持
365天干净整洁的
3倍速打扫妙招

清理油乎乎的厨房抽油烟机或沾有油垢的水壶时，即使用了很大的力气，也不容易把它们擦得光亮如新。不过，只要选对清洁剂和清洁工具，就可以毫不费力地去除污垢。如果您掌握了本章介绍的3倍速打扫妙招，那么只要付出一点点努力，就可以让家里时刻保持干净整洁。

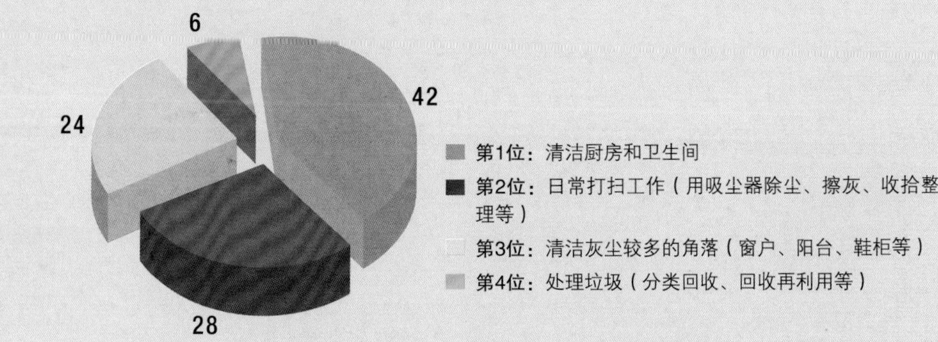

收纳女王的3倍速清洁工具

一次性抹布 与打扫卫生相比，洗抹布更让人讨厌。正因为这样，一次性抹布最近特别流行，甚至出现了“湿巾清洁”这样的流行语。湿巾虽然使用起来简单方便，但容易使人长湿疹，并且也不环保，因此我推荐大家使用纸浆无纺布。先将无纺布当作清洁布使用，一段时间后，再当作普通抹布使用，最后用来清洁阳台或玄关等灰尘较多的地方，用完后直接扔掉，这样既简单方便，又经济实惠。

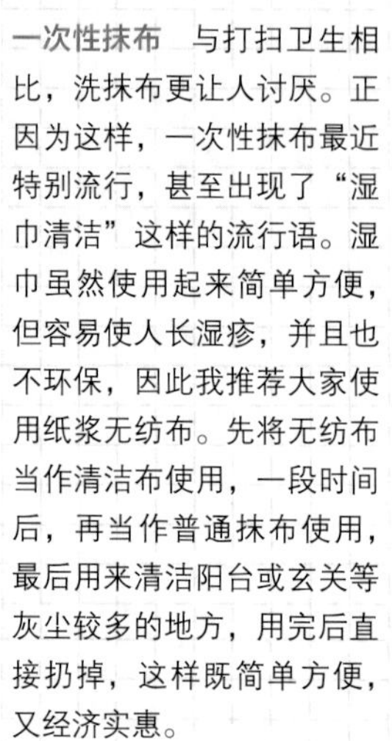

自制抹布 在清洁角落的灰尘时，没有比自制的抹布更好用的了。棉麻布或毛巾的厚度适中，用水煮过后，可以当作抹布；旧衣物或牛仔裤的纤维具有良好的除尘功效，也可以用来制作抹布。抹布根据用途的不同，分为玻璃窗用抹布、沙发用抹布、地板用抹布和玄关用抹布等。

手套抹布 只需戴上手套抹布擦拭，就能把家用电器和家具上面的灰尘擦拭干净。普通的湿抹布只是将灰尘堆在一处，并不能有效擦掉灰尘，而手套抹布上的超细纤维可以吸附灰尘，不用水就可以使家具清洁干净。

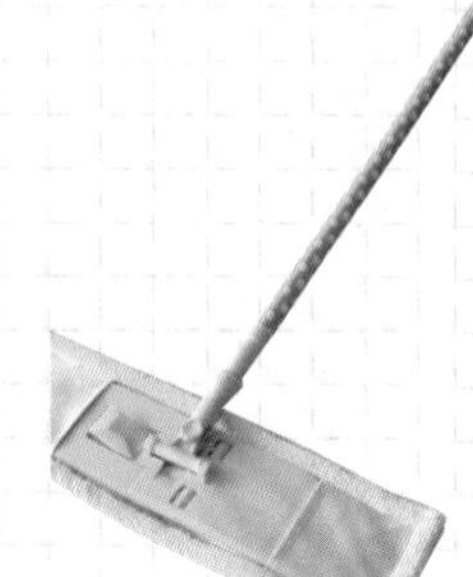

拖把 与吸尘器相比，拖把没有噪音；与笤帚相比，拖把打扫得更干净。尤其是无纺布拖把，利用静电原理，能有效吸附头发和微尘。由于拖把是消耗品，在选择时，最好考虑到相关的费用。

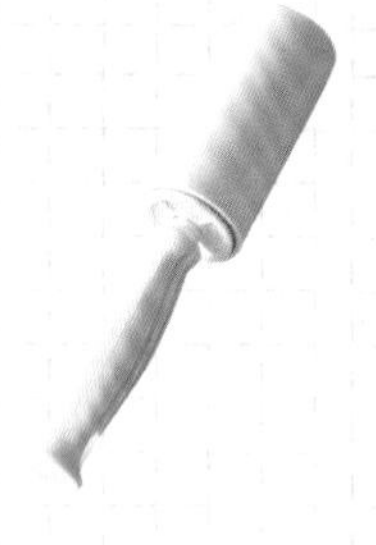

可撕式粘毛滚 对于女性成员较多的家庭和铺地毯的家庭，可撕式粘毛滚是必备的清扫工具。即使不来回走动，只是坐着使用它，也可以很方便地清除纤维里面的尘螨，在此特别推荐给怕麻烦的人使用。购买时，建议选择可替换粘尘纸的粘毛滚。

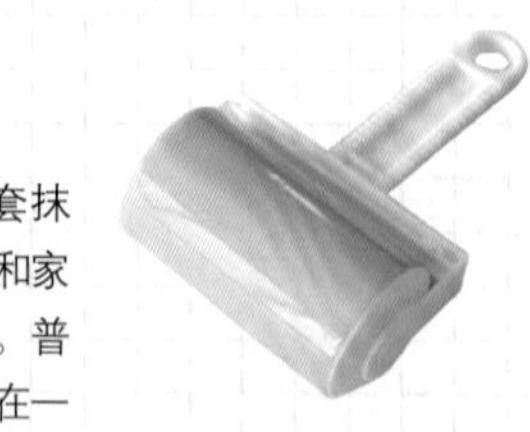

滚筒清洁器 它是一种用具有黏着性的特殊硅材质制成的清洁工具。这种滚筒清洁器可以吸附灰尘和碎屑，使用后，只要用水冲洗一下，就像新买来时一样干净，非常适合用来清洁被褥或地毯上的灰尘。它比可撕式粘毛滚的黏着性更强，用来去除皮沙发上的碎屑、壁纸或天花板上的灰尘时效果也不错。缺点是使用太久后，其黏着性会下降。

海绵、刷子类

魔术海绵 去污的方法有两种，即清洁剂溶解法和擦除污垢法。魔术海绵使用了擦除污垢的原理，它由密胺树脂制成，比玻璃更坚硬，可以有效地去除污垢。即使是清洁剂无法去除的顽垢，只要用魔术海绵轻轻一擦，就能被清理干净。缺点是随着使用次数的增多，它会像橡皮擦一样，变得越来越少。

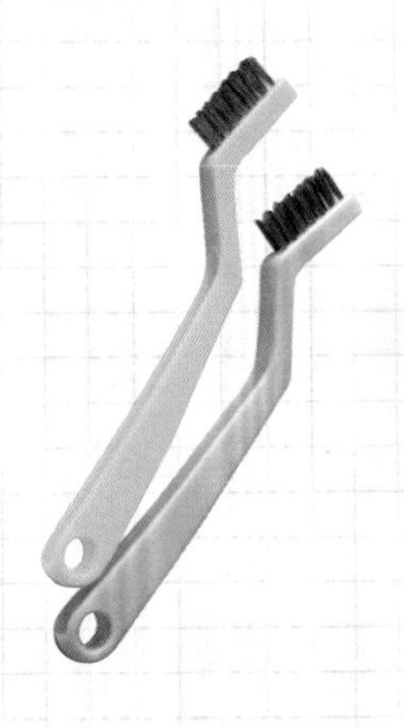

铁丝刷 如果家里使用不锈钢锅，我推荐用铁丝刷作为清洁工具。铁丝刷最初是用来去除汽车上的铁锈和异物的，现在多用来清理不锈钢锅里的污垢、燃气灶上的污垢或沾有烤煳食物的烤架等。相比钢丝球，它可以更细致、更彻底地去除污垢。

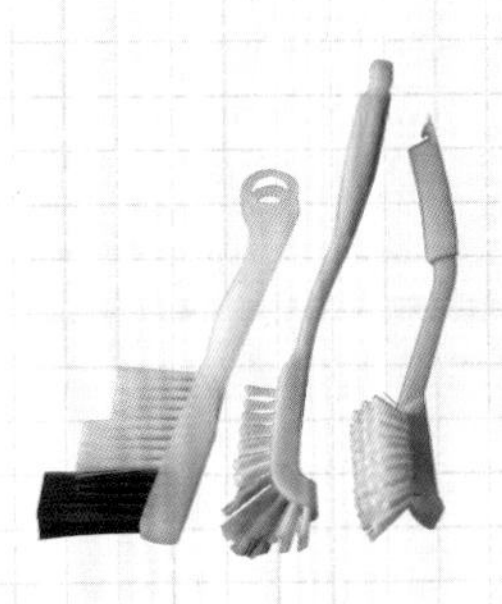

刷子 在清洁角落、缝隙以及凹凸不平处的污垢时，使用刷子会更有效。刷子的毛比较细密，可以彻底去除表面凹凸之处的污垢。最好根据用途选购合适的刷子。尤其是污垢积聚的排水口、窗框等位置，最好用专用刷子清理。

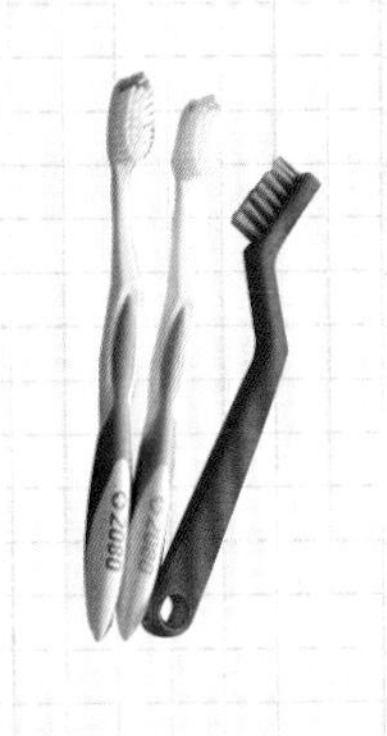

清洁用牙刷 旧牙刷是清洁厨房和卫生间的必备品。瓷砖缝隙处的黑色霉菌和洗涤槽缝隙处的排水口，都可以用牙刷清理干净。如果牙刷毛裂开了，就放进沸水里煮 10 秒钟，或者用剪刀剪掉毛尖，这样就可以重新使用了。

海绵擦 清洁卫生间的瓷砖或浴缸时，与其使用会留下刮痕、质地粗糙的刷子，不如选择柔软的海绵擦。卫生间环境潮湿，应该选用带手柄的海绵擦，使用后将其挂起来晾干。最好根据需要清理的位置选择合适的海绵擦，比如打扫宽敞且弧度较多的浴缸时，使用熨斗形状的海绵擦会更有效。

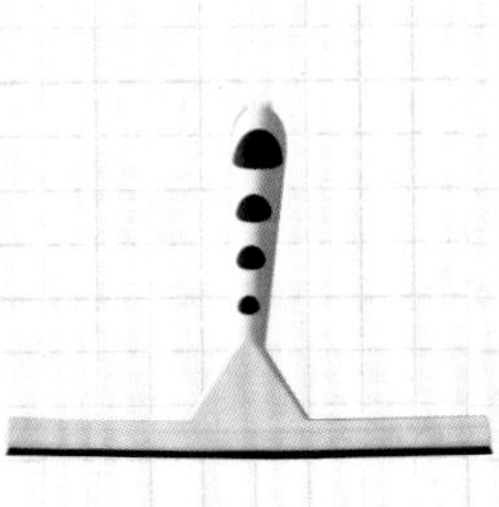

橡胶清洁器 橡胶清洁器是用来擦窗户的，但用它清洁卫生间也有很好的效果。只要有一把橡胶清洁器，就可以在几分钟内擦干卫生间里的水渍，从而有效预防霉菌和水垢的形成。

清洁剂和容器

小苏打 小苏打又叫碳酸氢钠，是天然的弱碱性清洁剂。它在遇到酸性的油垢和皮脂时，会产生中和反应，将污垢分解。另外，它的颗粒细腻，可以将不锈钢制品擦拭得光亮如新，不留刮痕。小苏打还有除臭的功效，放进衣柜、鞋柜或冰箱等处，可以有效去除异味。

柠檬酸 柠檬酸是天然的酸性清洁剂，能够有效溶解碱性污渍、水垢和钙等，可以用来清洁有水垢的洗涤槽、洗碗机以及卫生间的香皂残渣。由于它有很好的杀菌效果，也可以用来清洁玩具和家具。柠檬酸与食用醋具有相似的功效，但柠檬酸没有气味，这也是它的一大优点。

清洁剂 清洁剂分三类。第一类是有效去污的碱性清洁剂（如多功能清洁剂），第二类是几乎对人体无害的中性清洁剂（如厨房清洁剂、洗衣液），第三类是酸性清洁剂（如护发素）。需要注意的是：去污效果越好的碱性清洁剂，越对人体有害。洗澡用的清洁剂含有表面活性剂，因此也可以当作非常好的去污清洁剂使用。护发素的油性大，可以将原木家具擦拭得光亮如新。纤维柔软剂有不使灰尘附着的优点，可以用来擦拭家用电器。

烧酒 烧酒中酒精含量超过20%，因此可以溶解油垢。用它来去除洗涤槽、冰箱上的手垢或地板上的油垢，效果非常好。

喷雾器 将清洁剂倒入喷雾器里使用，不仅可以减少使用量，还能确保喷洒均匀，从而有效去除污渍。喷雾器的瓶身可以用烧酒瓶或塑料瓶替换，只要取下喷头插在瓶子上面，就可以使用了。

空的清洁剂瓶子 清洁剂用完后，可不要将空瓶子扔掉哦！多保存一些带有喷头的瓶子，用来装自制的清洁剂，既经济实惠，又方便好用。

01
打扫

多米诺清洁法
专为怕麻烦者准备的超简单清洁方法

养成良好的清洁习惯，就可以使家务变得简单

早上起床后，先洗脸，再换衣服，然后吃早饭。这些事情已成为我们每天的习惯。但对于整理床铺、洗碗等家务活，我们却总是觉得麻烦。这是因为我们还没有养成良好的清洁习惯。让我们一起来学习多米诺清洁法吧，因为它能帮我们养成打扫卫生的好习惯。

多米诺清洁法的 3 个步骤

步骤 1 寻找习惯链

比如吃完饭后睡觉、起床后洗漱等，找出这些重复进行的习惯性行为。

步骤 2 现在的习惯 + 清洁行动

将简单的清洁工作与现有的行为习惯联系起来。

AM		PM	
7:00	起床 + 整理床铺	14:00	回家 + 整理鞋柜
8:00	洗漱 + 清洗洗面台	15:00	上网 + 收拾书桌
9:00	煮咖啡 + 清洗燃气灶	16:00	看电视 + 拖地
10:30	洗头发 + 打扫卫生间地面	19:00	吃饭 + 洗碗
11:00	化妆 + 整理梳妆台	21:00	使用卫生间 + 刷马桶
11:30	外出 + 扔垃圾	23:00	关电视 + 整理客厅

步骤 3 坚持 3 个月

只需坚持 3 个月，就会养成习惯。虽然最初是有意识地去做，但时间久了，即使再怎么不想做，身体也会不由自主地站起来去打扫卫生。这是因为长时间坚持下来，自己已经适应了清洁工作和干净整洁的生活状态。

多米诺清洁法——将清洁效率提高两倍的好方法

1. 快速完成清洁工作

只要清洁工作不让人感到有负担，就容易坚持下来。将整理床铺、擦书桌、整理鞋柜等 5 分钟内可以完成的事衔接起来，一起完成。

2. 选择简单的清洁工具

用抹布擦灰尘，擦完后还得洗抹布，这让很多人觉得很麻烦，从而产生了不想做家务的想法。而使用湿巾、无纺布拖把和清洁手套等工具擦拭灰尘，用完后只需抖一抖或直接扔掉就可以了，省去了清洗的麻烦。因此，打扫卫生时应选择这种简单好用的清洁工具。

湿巾

可以用来清洁梳妆台、洗面台、燃气灶、玄关、书桌、餐桌、阳台和地板等。

卫生纸

可以用来清洁马桶、玻璃窗、书桌和地板等。

BONUS

清洁工具要摆放在看得见的位置。如果远离视线就容易忘记，而且如果摆放的位置不能触手可及，使用起来也非常不方便。在每个房间里都放一些湿巾、卫生纸和清洁手套，而像拖把这样的清洁工具要摆在固定的位置，以便于寻找。

无纺布拖把

用来清洁地板、桌子和阳台等。

掸子

可以用来清洁书桌、家用电器、家具和梳妆台等。

02 打扫

15 分钟清洁法
适合没有充足时间做打扫的人

将清洁工作以 15 分钟为单位进行划分→快速打扫完→清洁变得更简单

即使再忙，也不能饿肚子，于是不得不做饭；即使再累，也不能穿昨天的臭袜子，于是不得不用洗衣机洗袜子。但面对积了很多灰尘、变得乱七八糟的房间，许多人却能一忍再忍，坐视不理。越是忙碌的时候，越容易把打扫卫生这样的家务活儿往后拖延。怎样才能克服拖延家务的坏习惯呢？关键是要在短时间内轻松完成清洁工作。利用“15 分钟清洁法”，只需辛苦 15 分钟，就能让家里每天都保持干净整洁，让我们一起来学习吧！

为什么是 15 分钟呢?

即使再忙，每个人也能挤出 15 分钟的零碎时间。

帕金森定律 拥有的时间越多，浪费的时间就越多。

把学生交论文的期限设定为一星期或两个月，其实并没有太大差别。

打扫卫生也一样！

不管让吸尘器开动 1 个小时还是 15 分钟，清理的效果大致相同。
洗碗时间不管是两个小时还是 15 分钟，洗涤的效果也都差不多。
将 15 分钟设定为清洁工作的时间是非常合适的，
既能减轻主妇的心理负担，又能提高劳动效率。

15分钟清洁法的要领

1. 日常清洁和特殊清洁

将清洁工作分为日常清洁和特殊清洁两部分。

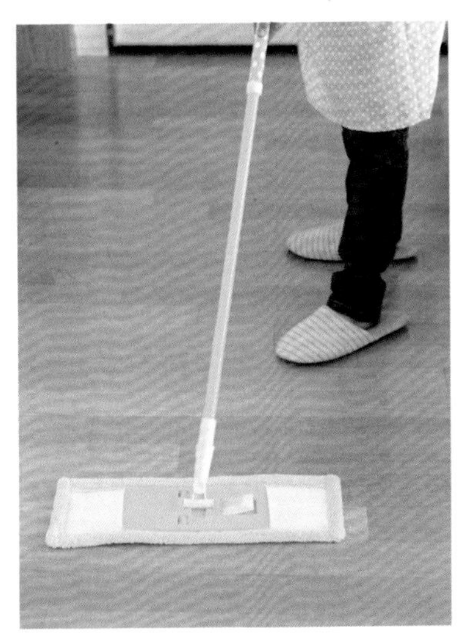

日常清洁

类似用吸尘器除尘这样的日常家务活，即使今天随便应付一下，明天再做也是可以的。今天再怎么一丝不苟地做这些家务，明天还是会有灰尘，因此，与其花费很大的精力去做日常清洁，倒不如快速完成，少费精力。

特殊清洁

类似燃气灶或抽油烟机这类容易积累污垢的地方，最好在时间充裕的时候，集中精力去清洁。如果能把它们擦拭得光亮如新，自己也会充满成就感。

2. 以15分钟为单位划分家务活

不要企图一下子就能把家务全部做完，最好先将家务活以15分钟为单位进行划分，等到闲暇时，按顺序依次解决。

日常清洁：

早晨：用吸尘器除尘（15分钟）+下午：用抹布擦灰尘（15分钟）+晚上：叠衣服（15分钟）

厨房里的特殊清洁（每两个月1次）

星期一：清洁抽油烟机（15分钟）+星期二：清洁瓷砖（15分钟）+星期三：清洁橱柜门（15分钟）

卫生间的特殊打扫（每月1次）

星期四：除霉（15分钟）+星期五：清洁浴缸（15分钟）+星期六：清洁淋浴间（15分钟）

3. 养成记录日期的好习惯

对于无须经常清洁的工具或需要定期更换耗材的电器，我们可以将上次打扫或更换耗材的日期记录下来。

特殊清洁

抽油烟机、百叶窗、窗帘和地毯等几个月清洁一次就可以了。为了方便记住上次的清洁日期，建议将其标记在日历上。

替换耗材

吸尘器、抽油烟机、空调、加湿器等设备的过滤器应当及时更换。为了提醒自己，可以将替换日期记录在手机上，设定闹钟管理，这样就方便多了。

不爱打扫的人的生活模式

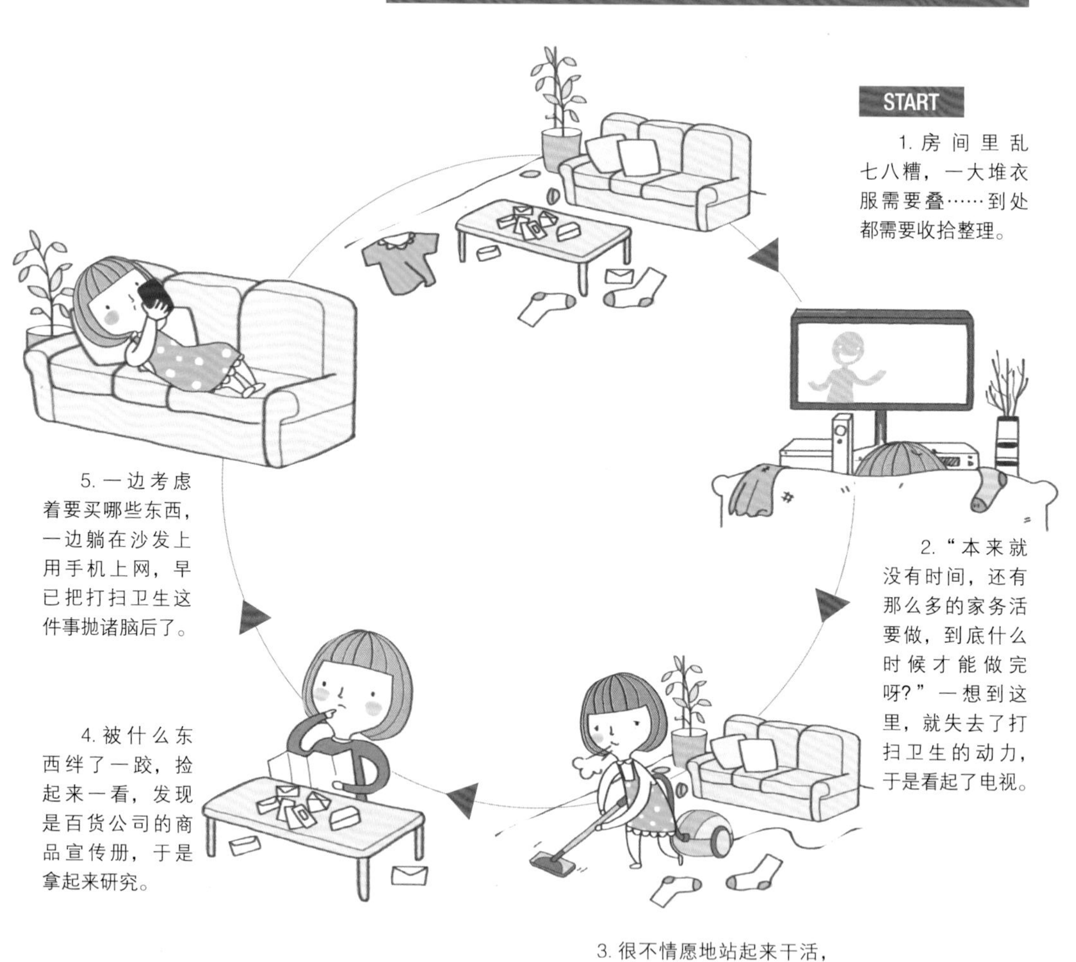

什么是 15 分钟清洁法?

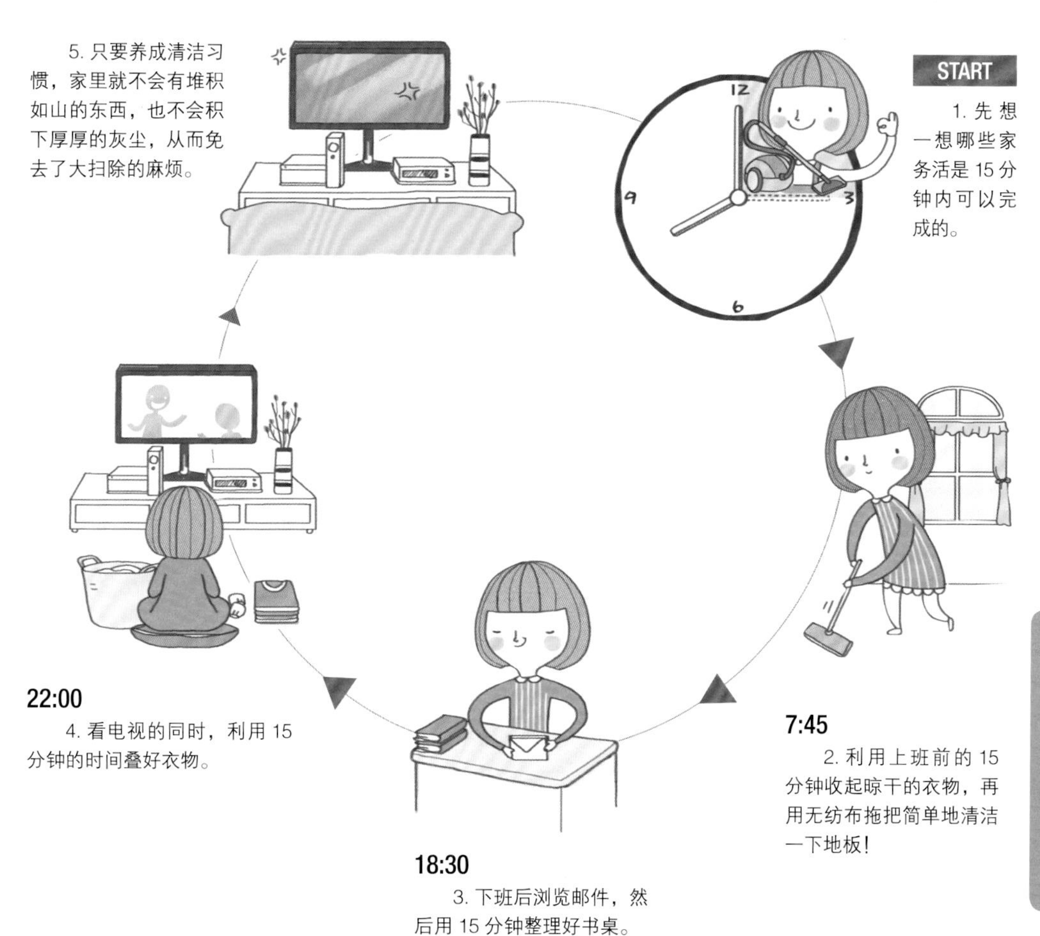
START
1. 先想一想哪些家务活是 15 分钟内可以完成的。
12
3
6
9
7:45
2. 利用上班前的 15 分钟收起晾干的衣物，再用无纺布拖把简单地清洁一下地板！
18:30
3. 下班后浏览邮件，然后用 15 分钟整理好书桌。
22:00
4. 看电视的同时，利用 15 分钟的时间叠好衣物。
5. 只要养成清洁习惯，家里就不会有堆积如山的东西，也不会积下厚厚的灰尘，从而免去了大扫除的麻烦。

03
打扫

清理灰尘的方法

如果了解灰尘产生的原因，打扫起来就容易多了！

上班前或下班后抽出 15 分钟，重点打扫房间角落里的灰尘

即使每天都做清洁工作，装饰柜上或电视上面还是会积下灰尘。甚至从没有人进去过的房间也积满了厚厚的灰尘。到底这些灰尘都是从哪里来的呢？其实，很多灰尘一直都飘浮在空中，只是我们肉眼无法看到而已。9 个小时过后，这些灰尘才会落到地面上。灰尘集中清理法可以快速打扫布满灰尘的空间。现在就让我们一起来学习吧！

产生灰尘的原因

1. 家里灰尘的产生原因

家中的灰尘分为两类，一类是来自居住者的“动物性灰尘”，另一类是来自衣物或布料的“纤维灰尘”。

动物性灰尘

人或宠物的毛发、头屑、尘螨的尸体或排泄物等。

纤维灰尘

衣服、被子、窗帘等布艺制品或书籍、卫生纸等纸制品在使用过程中由于摩擦而掉落的纤维。

2. 房间里的灰尘 > 外部灰尘

为什么冬天即使关着窗户，屋子里也会有灰尘呢？原因就是：比起从窗外进来的外部灰尘，来自衣服、被子、头发、头屑等房间内部的灰尘数量更多。

先消除产生灰尘的“元凶”！

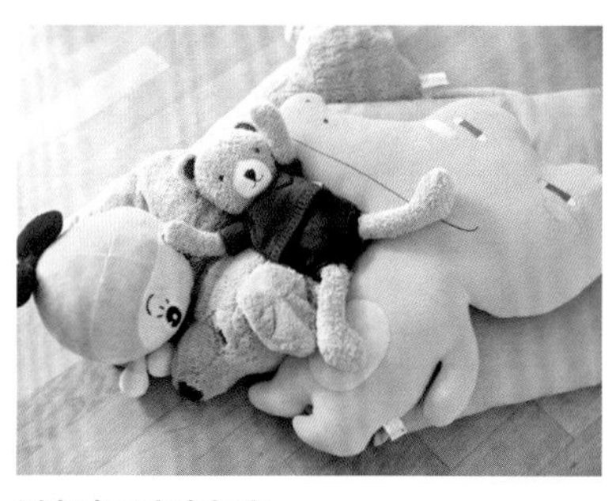

避免家里产生灰尘

只要家里没有能产生纤维灰尘的玩具娃娃、布艺制品和书籍，就能从根本上减少灰尘的数量。

避免家里积累灰尘

落在地板上的灰尘很容易发现，可如果家里铺了地毯，灰尘不仅不易被看到，也很难清理；当灰尘与汗渍或头屑纠缠在一起，就容易滋生尘螨，引起皮肤过敏。如果家里地毯上的灰尘让您感到不安，最好的方法就是把地毯挪走。

布艺制品 → 用皮革、合成革或塑料材质的产品代替

布艺沙发和椅子虽然很漂亮，但却是产生灰尘的主要“元凶”，因此建议使用皮革、合成革或塑料材质的沙发和椅子。这些家具只需简单擦拭就能清理干净。

开放式衣架 → 用带柜门的衣柜替代

使用开放式衣架挂衣服就等于毫不设防地将灰尘污染源暴露在屋里。想解决这一问题，要么给衣服套上防尘罩，要么使用带柜门的衣柜。

灰尘的活动轨迹

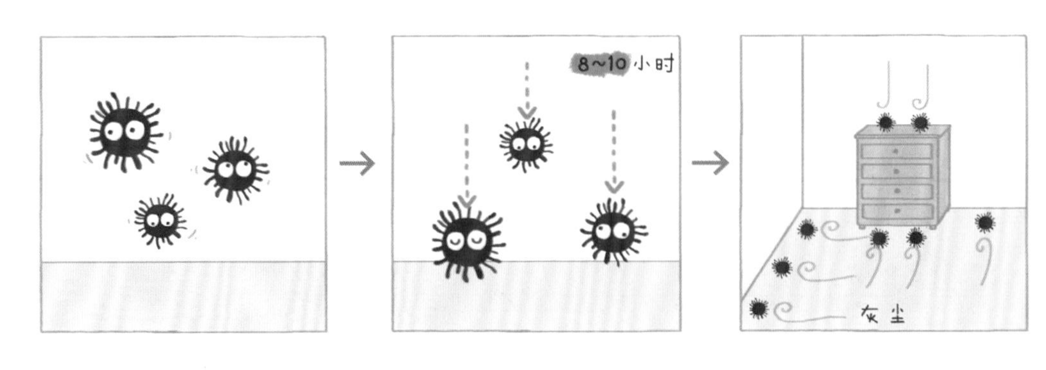

家里产生的灰尘会先在空气中飘来飘去。

8~10 个小时后，开始慢慢地落到地上。

落在地上的灰尘会随着气流滚到各个角落。

除尘攻略

动物性灰尘多在屋子的中间地带

人的头发、头屑、尘螨等动物性灰尘常常落在沙发、椅子的周围或屋子的中间地带。这些灰尘比较重，飘不起来，因此使用吸尘器清理效果最好。

纤维灰尘大多在屋子的角落里

来自衣服、布艺品或卫生纸等的纤维灰尘比较轻，先是飘在空中，然后落到房间的各个角落。如果使用吸尘器清理纤维灰尘，它反而又会飞到空中，所以最好使用无纺布拖把擦拭，这样就可以彻底清理干净。

最佳清洁时间是早晨和外出回家后

如果空气停止流动，灰尘就会落到地面上，因此，早晨起床后和外出回家后是除尘效率最高的时间段。

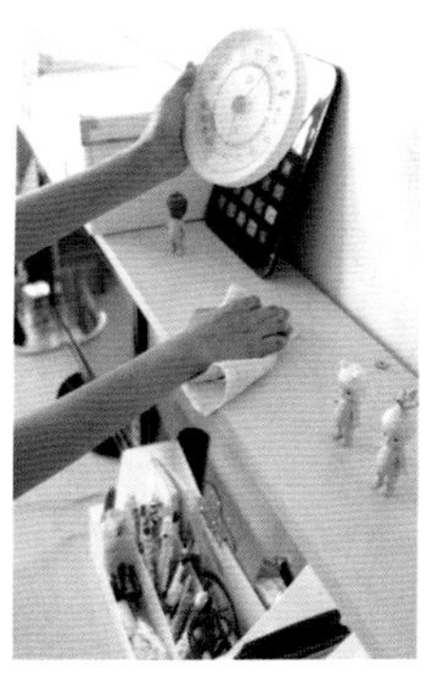

清洁的方向应该自上而下

使用湿抹布擦灰，灰尘就会变得越来越重，然后从高处落下来。因此，最好的方法是先将抹布弄湿，然后从沙发或家具等比较高的位置开始擦拭，最后清洁地面。这也是最科学有效的清洁方法。

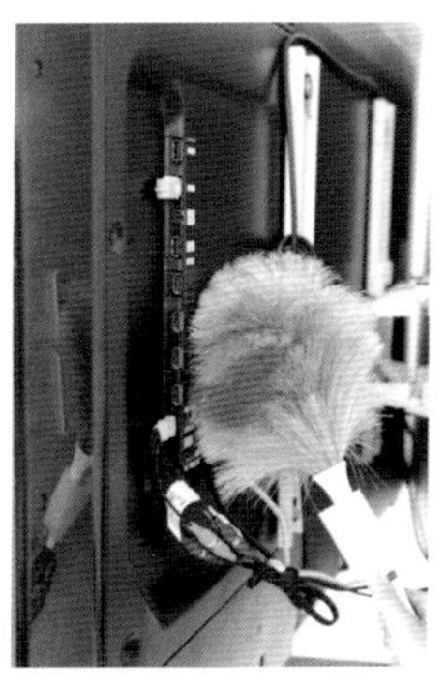

不要忽略家用电器背面的灰尘

不仅家用电器的正面会有灰尘，背面也会积下灰尘，因此，在清洁时，要用吸尘器将背面的灰尘吸出来。

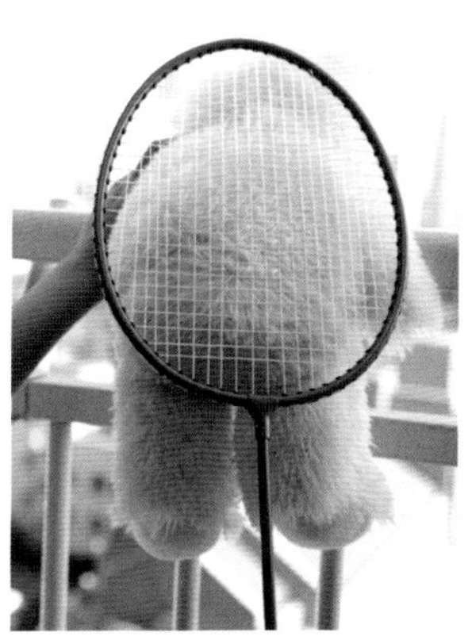

使用网球拍拍掉灰尘

可以使用网球拍拍掉靠垫、毛绒玩具等小型布艺品的灰尘。比起用手拍打，使用网球拍可以更加轻松省力地除去灰尘。

清洁插座周围的灰尘

房间角落处的插座周围也是容易积累灰尘的地方。此处的灰尘可能会引起火灾，因此要用除尘器仔细清理。如果将清洁剂喷在插座上，易造成起火和漏电等事故，因此要格外注意。用湿抹布擦拭时，一定要等插座完全晾干后再使用。

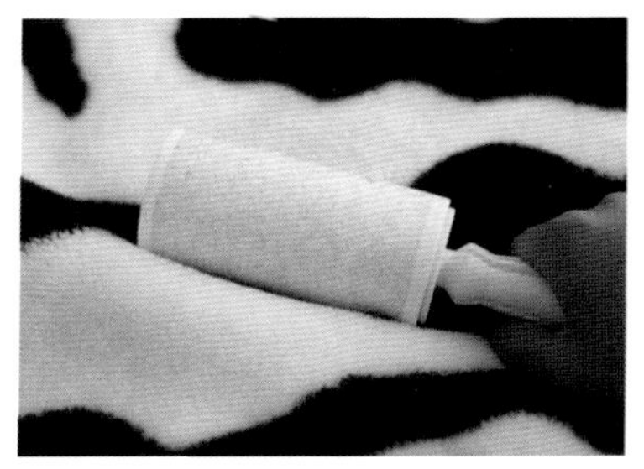

去除被子上的灰尘时，不能拍打，要将灰尘粘下来

如果用拍打的方式除尘，被子里面的纤维就会被弄断，从而产生更多的灰尘，并且尘螨的尸体也会因拍打而飘到空中，再进入人的呼吸道。可以使用可撕式粘毛滚除尘，这样既不会破坏被子里的纤维，还能将灰尘粘下来。

静电除尘

静电可以吸附灰尘，掸子就是利用这一原理除尘的。

使用空气净化器

灰尘虽然无法用肉眼看到，但总是飘浮在空中。利用空气净化器能有效清除空气中的灰尘。

04
打扫

巧用吸尘器

更快速、更彻底地清除房间内灰尘的方法

收拾（3 分钟）+ 擦家具（3 分钟）+ 打开窗户，插上吸尘器插头（3 分钟）+ 启动吸尘器（6 分钟）=15 分钟解决！

吸尘器是最容易操作且最有效的清洁工具。但是吸尘器本身就是灰尘的仓库，因此对于只用吸尘器进行清洁工作的家庭，一定有许多微尘在空中飘浮。值得重视的是，这些微尘可能会引起哮喘和过敏反应。怎样使用吸尘器才能够更快速、更彻底地清除灰尘呢？快来一起学学吧！

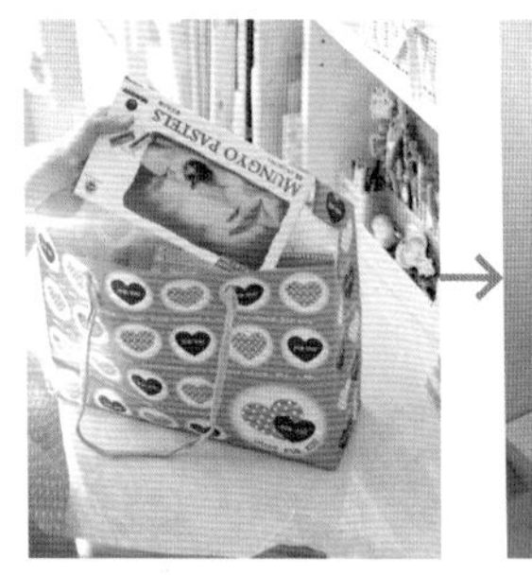

步骤 1 将东西收拾起来

首先将地面上的东西都收拾起来，装进塑料袋或纸袋里。

步骤 2 擦拭家具上的灰尘

一定要从上往下打扫。使用湿抹布或超细纤维掸子可以清理沙发和家具上的灰尘。

步骤 3 通风

为了能让从吸尘器中跑出来的灰尘以及飘浮在空气中的灰尘排出室内，应该经常通风换气。通风也能有效减少室内的异味、二氧化碳、霉菌和尘螨等。

步骤 4 将插座安插在家里最中间的位置，确保吸尘器可以清理到家里的每个角落

如果吸尘器的电线比较短，打扫时就不得不三番五次地把电源插上后再拔下来，这样既麻烦又费时间。在家里正中间的位置安装插座，将电线尽可能地拉到最长。如果还是不够长，可以使用连接插座。

捆绑连接插座的方法

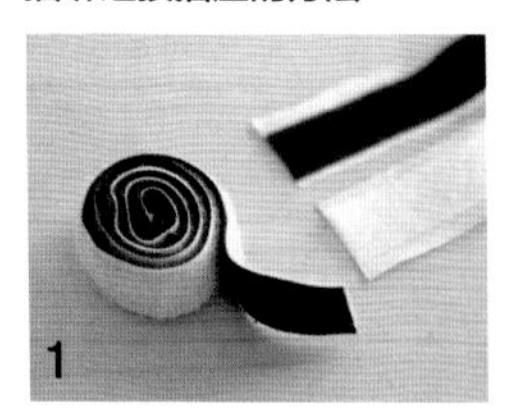

1 准备一个魔术贴扎带。

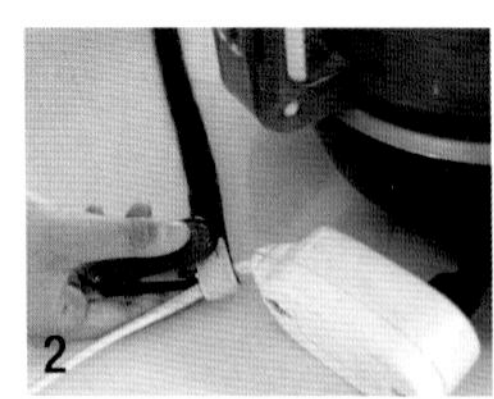

2 如图所示，将扎带的一端缠在插座线上，并用订书机固定。

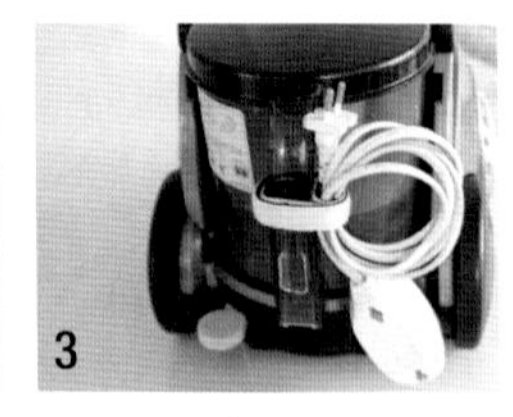

3 将连接插座卷起来，再用魔术贴扎带固定在吸尘器的手柄处。

步骤 5 启动吸尘器除尘

想用吸尘器有效除尘，关键就是要慢慢移动吸头　平均每平方米的空间要清理 20 秒左右。

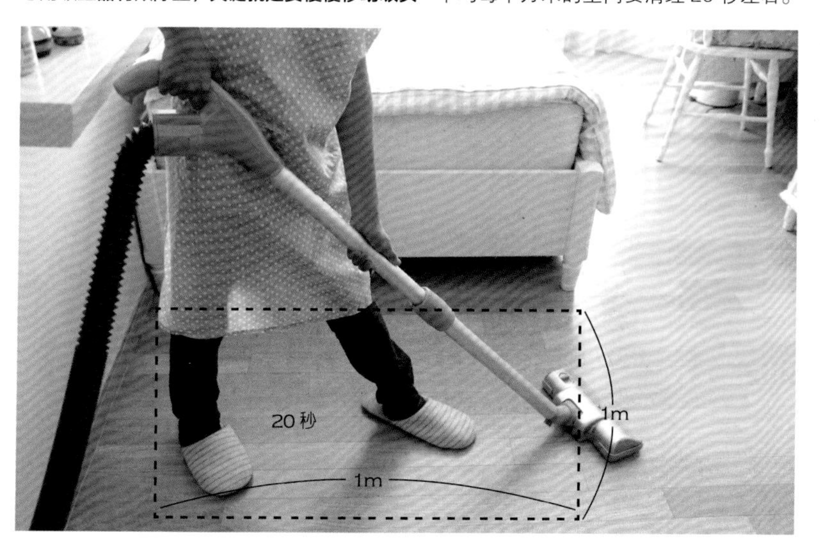

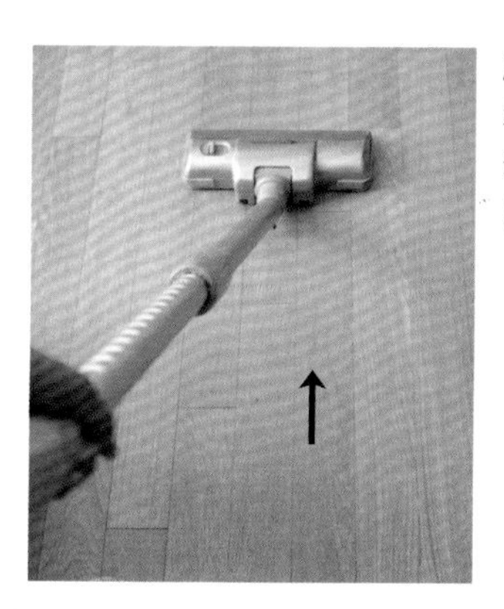

顺着地板的纹理除尘　许多使用吸尘器除尘的家庭，地板上都有刮痕，这是因为没有顺着地板的纹理转动吸尘器。如果顺着地板的纹理转动吸尘器，就可以避免留下刮痕。

无死角清理　家里明明已经使用吸尘器打扫过了，可还是有灰尘团在地板上滚来滚去。这是因为有的角落没有打扫到。如果将房间分成两部分打扫，就可以毫无遗漏地把各个角落都清理干净。

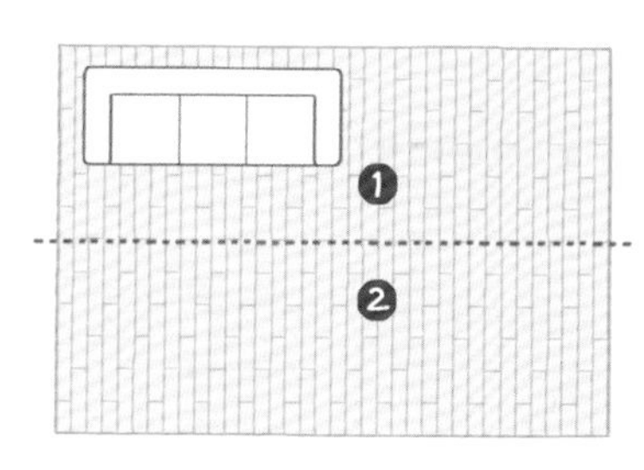

1. 以门为起点，沿着与地板纹理垂直的方向将房间分成两部分。

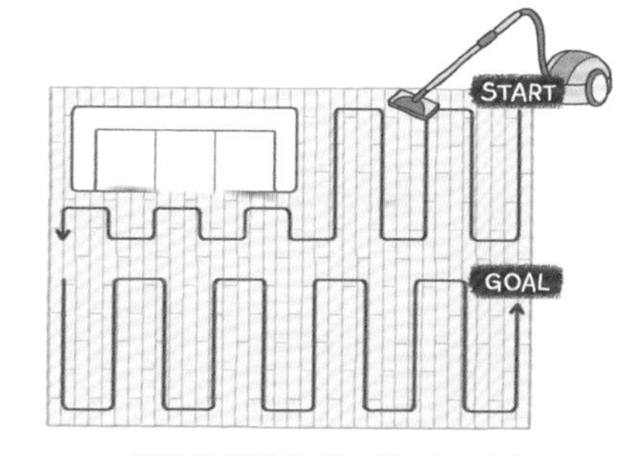

2. 顺着地板的纹理，进行无死角除尘。

沿着边缘打扫 房间的边缘和角落都比较容易积累灰尘。除尘时，要沿着房间的边缘缓慢移动吸头。

利用旧手套制作椅子脚垫 将旧手套的手指部分剪下来，套在椅子腿上，就可以当作椅子脚垫使用了。注意：要先将做好的椅子脚垫用打火机烤一下，这样能防止开线。

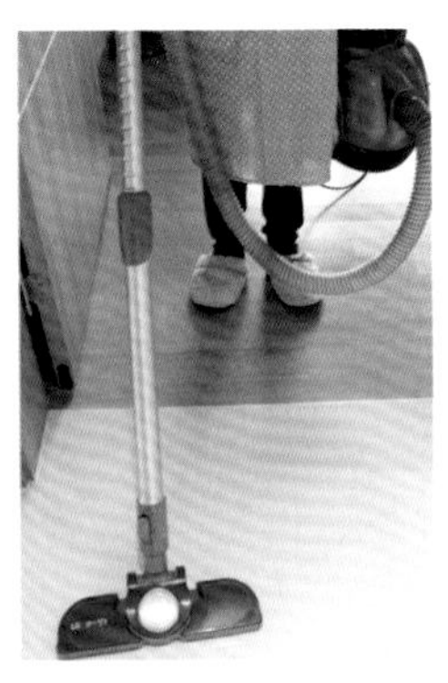

过门槛时，要将吸尘器提起来移动过去 如果直接推着吸尘器越过门槛，不仅容易伤到门槛，留下刮痕，还容易损坏吸尘器。过门槛时，将吸尘器提起来移过去。虽然比较麻烦，但有利于保护吸尘器和门槛。

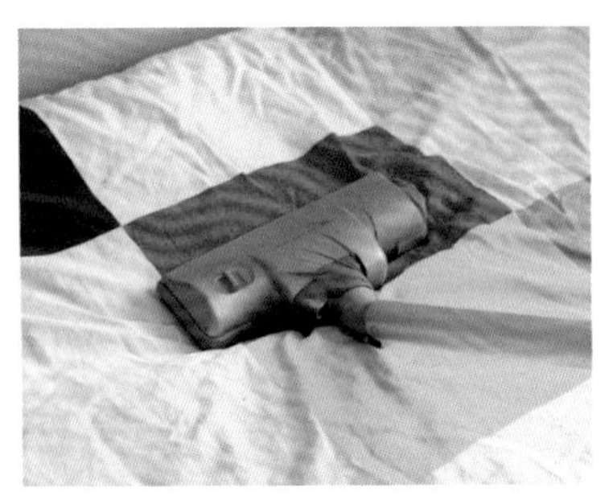

用吸尘器清洁被褥时，可以巧用旧长筒袜

在用吸尘器清理沙发和被褥的灰尘时，可以将旧长筒袜剪开，套在T字形吸头上。这样吸头就不会直接接触沙发和被褥，既干净卫生，又便于操作。

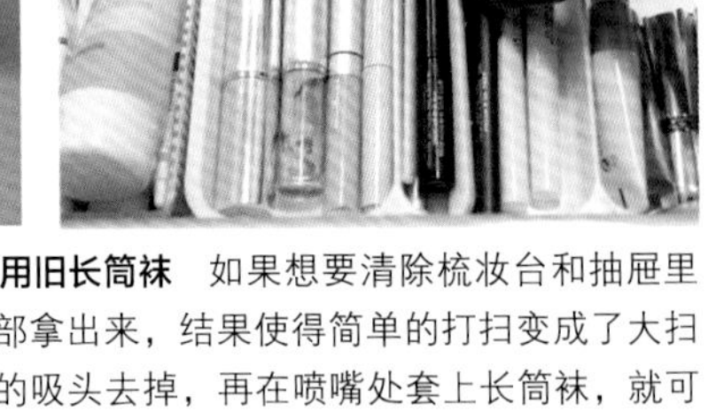

打扫梳妆台和抽屉时，使用旧长筒袜 如果想要清除梳妆台和抽屉里的灰尘，就得将东西全部拿出来，结果使得简单的打扫变成了大扫除。其实只需将吸尘器的吸头去掉，再在喷嘴处套上长筒袜，就可以把抽屉中的灰尘吸出来了。使用这种方法打扫，既快速又简单，保证不会吸到抽屉里的东西。

步骤6 清洗吸尘器的小妙招

如果吸尘器中满是灰尘，在使用过程中就容易使人引起过敏和其他感染病。为了家人的健康，也为了使吸尘器能够充分发挥功能，我们需要将吸尘器的内部清理干净！

垃圾桶中的灰尘是引起过敏的根源 如果把灰尘直接倒进垃圾桶，那么每次开关垃圾桶时，灰尘就会满天飞，因此建议把垃圾扔到一次性垃圾袋里。

用一次性垃圾袋把吸尘器的尘桶套起来。

为了避免塑料袋裂开，从塑料袋的下面开始按压，挤出里面的空气。

将袋口绑好，然后放入垃圾桶中。

清理吸尘器的吸头 吸尘器的吸头是最应该保持干净的东西，但它也是最不干净的东西之一。附在吸头上的灰尘和头发会大大降低吸尘器的吸尘能力，因此建议一个月清理一次。

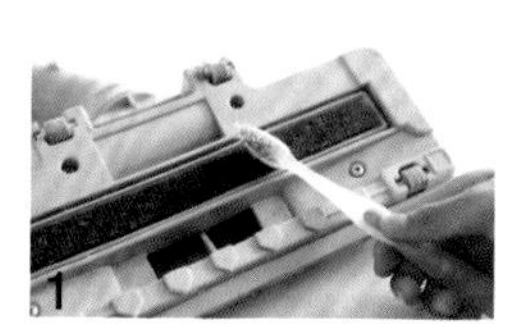

在牙刷上蘸一些清洁剂刷洗吸头。

如果有头发缠在吸头上，就用牙签剔出来或利用剪刀剪下来。

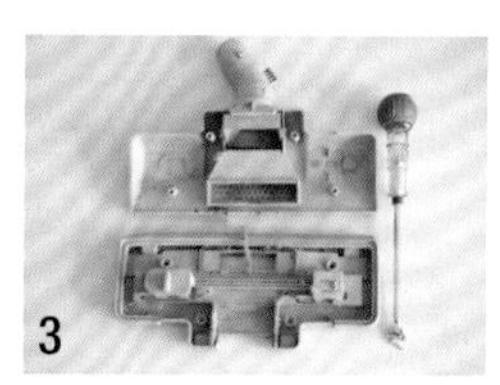

只要用一把螺丝刀，就能将吸头内部的灰尘清理干净。用螺丝刀拆开吸头。

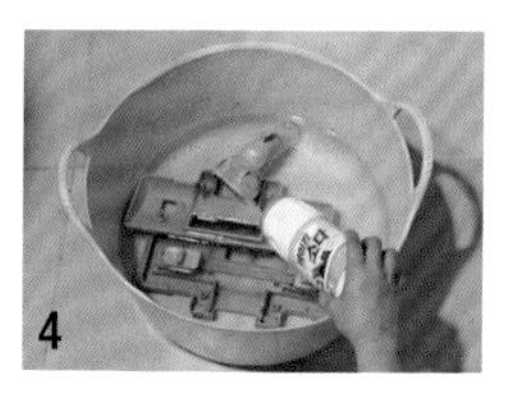

在热水中加一些小苏打，将吸头泡上30分钟，再用刷子刷干净。吸头内部的清洗只需半年进行一次。

清洗吸尘器的推杆 由于吸尘器的推杆很长，使用牙刷或刷子清洗会非常困难。可以利用铁丝衣架和海绵制作一个清洗工具，既简单又实用。

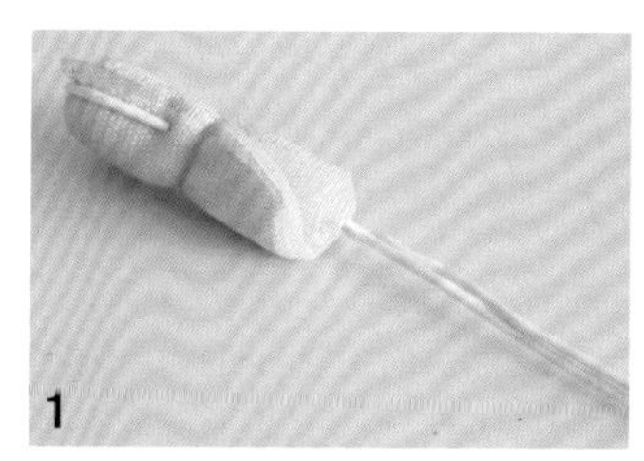

先将铁丝衣架展开，再对折，然后用橡皮筋把海绵缠在铁丝衣架的尾端。

小贴士： 用衣架钩将海绵卡住，以防海绵掉在推杆里面。

在浴缸里注入热水，再放些清洁剂，然后把吸尘器的推杆泡在里面。

小贴士： 铝材质的吸尘器推杆要使用中性清洁剂，因为碱性的小苏打会使铝变黑。

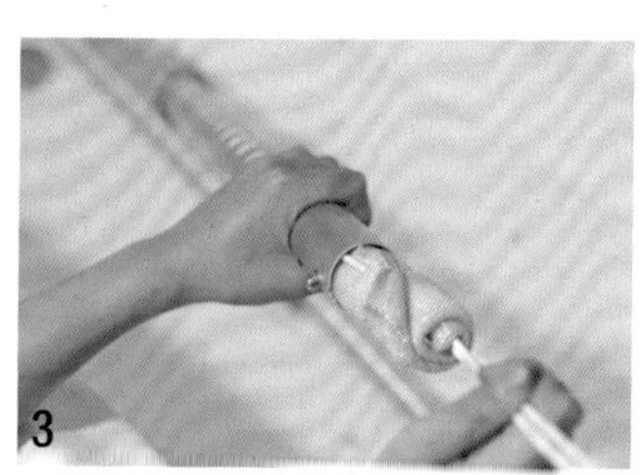

把带海绵的衣架插入推杆里面，这样就能快速有效地除去内部污垢了。

环保清洁①

了解一些常用的环保型酸性和碱性清洁剂

清除又厚又硬的污垢时，使用柠檬酸；清除薄且易除的污垢时，使用小苏打

最近，最受主妇欢迎的清洁剂莫过于小苏打、柠檬酸这类天然清洁剂了。从前人们总认为天然成分并不能有效去污，但如今许多人却发现，这些天然清洁剂不但可以有效溶解污垢，还能使清洁过的空间和器具重新焕发光泽。不过，有些人以为将这些天然清洁剂混合使用的话，或许效果会更好，于是就把小苏打、柠檬酸和碳酸钠这 3 种清洁剂混合在一起使用；还有一些人不了解这些清洁剂的用途，结果用错了地方。利用小苏打和柠檬酸确实可以实现“环保清洁”，但需要掌握正确的使用方法。下面就让我们一起了解一下如何正确地使用它们进行“环保清洁”吧！这会让清洁工作变得简单有趣。

环保清洁的两个步骤

步骤 1　区分酸性污垢和碱性污垢

比较硬的碱性污垢

肥皂渍或自来水中的钙成分是典型的碱性污垢。马桶上的小便污渍也是碱性的。

黏糊糊的酸性污垢

新鲜的油是中性的，但长时间积累的油垢则会因氧化而变成酸性。洗涤槽上的污垢、排水口的污垢、食物垃圾和手垢等都是典型的酸性污垢。

污垢的酸碱性	酸性	弱酸性	中性	弱碱性	碱性
场所	厨房	房间	厨房	卫生间	卫生间、厨房
种类	抽油烟机上的油垢 食物垃圾	灰尘 手垢 皮脂油垢	水果渍 蔬菜上的泥土 餐具上的污垢 烹饪工具上的油渍	卫生间的肥皂渍 烟渍	洗涤槽的肥皂渍 锅里的白斑 水龙头上的污渍 马桶污垢
污垢的硬度	黏糊糊的	黏糊糊的	易清除	比较硬、不易除	比较硬、不易除
清洁剂	小苏打	小苏打	中性清洁剂 小苏打	柠檬酸	柠檬酸

步骤 2 去除酸性污垢时，要用碱性的小苏打；去除碱性污垢时，要用酸性的柠檬酸

使用小苏打和柠檬酸清除污垢的原理很简单，就是将污垢中和掉！即使是黏糊糊的难以去除的污垢，只要利用中和反应，就能使其溶解，从而轻松去除。

什么是小苏打？

小苏打的学名是碳酸氢钠，受热后释放出二氧化碳，可用作食物膨松剂。小苏打溶解到水中，就会变成PH酸碱度为8.2的溶液。它具有碱性，能够溶解蛋白质，因此可以用来溶解皮脂等各种蛋白质污垢。

什么是柠檬酸？

柠檬酸又叫枸橼酸，是一种酸味料。柠檬、橘子等水果中就含有柠檬酸。它的PH酸碱度为2.2，但不像醋那样有强烈的酸味，因此可以让空间变得更清爽。

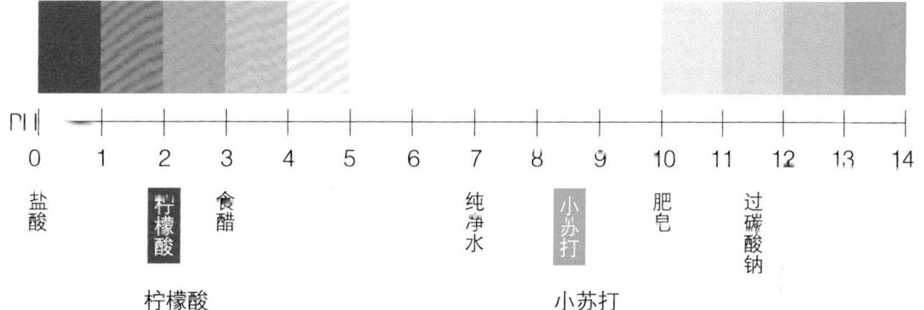

环保清洁②

天然清洁剂的使用说明书

准备好装有小苏打、柠檬酸或烧酒的喷雾器，看见污垢时喷一喷

有一次去餐馆吃烤肉，我看见服务员向餐桌上喷了一些液体后再擦桌子。我觉得很好奇，就打听了一下，原来喷的是客人喝剩的烧酒。回家后我也试着用烧酒擦拭黏糊糊的餐桌和洗涤槽，结果油垢都被擦干净了。从此以后，每当打扫卫生时，我都会用烧酒去除污垢。小苏打、柠檬酸和酒精是 3 种具有代表性的天然清洁剂，其中柠檬酸和酒精也可以用食醋和烧酒代替。使用天然清洁剂既健康又环保，让我们一起来学习它们的使用方法吧！

柠檬酸

效果

中和　柠檬酸能够中和肥皂渍和含有钙成分的污垢，将其溶解。

杀菌　通过酸的作用杀菌。

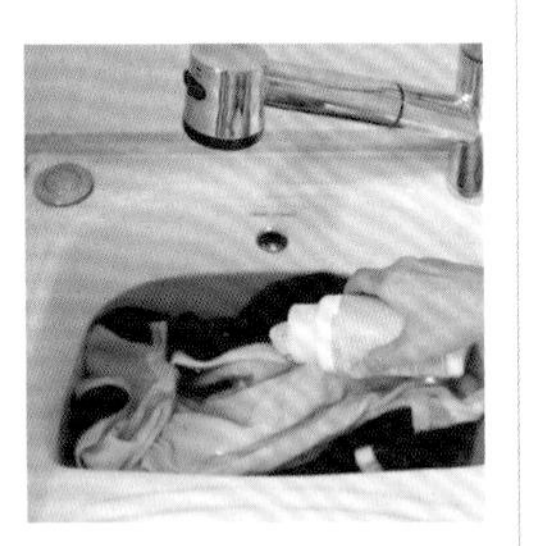

柔软　柠檬酸可以中和肥皂残留的碱性物质，从而使衣物、毛发变得更柔软。普通的清洁剂在溶解污垢时都需要一定的时间，但柠檬酸可以快速完成中和反应，即使马上冲洗，也有很强的去污效果。

如何使用?

喷洒　在喷雾器中装入浓度为 2% 的柠檬酸水，用于喷洒。有些人以为多放些柠檬酸就会有更好的去污效果，其实不然，这样会使溶液的酸性过强，有可能会造成腐蚀，因此建议按比例调配。

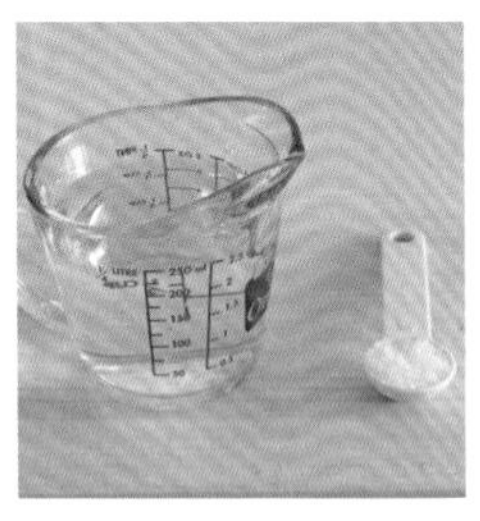

浓度为 2% 的柠檬酸水 = 水 250 毫升 + 柠檬酸 5 克（1 小勺）

注意 大理石容易被酸腐蚀，因此在清洁大理石瓷砖时，不要使用柠檬酸水。

小苏打

效果

中和 小苏打能够中和酸性污垢，可以用来清洁皮脂、食物垃圾等蛋白质污垢。

研磨 小苏打不易溶于水，具有较柔和的研磨效果。它的颗粒比泥土稍硬，但比不锈钢材料柔和，因此不会留下刮痕。

除臭、除湿 小苏打能够去除酸性异味，比如腐烂的垃圾味、油垢产生的异味等。在冰箱、衣柜、洗涤槽等地方放一些小苏打，就能有效去除臭味。

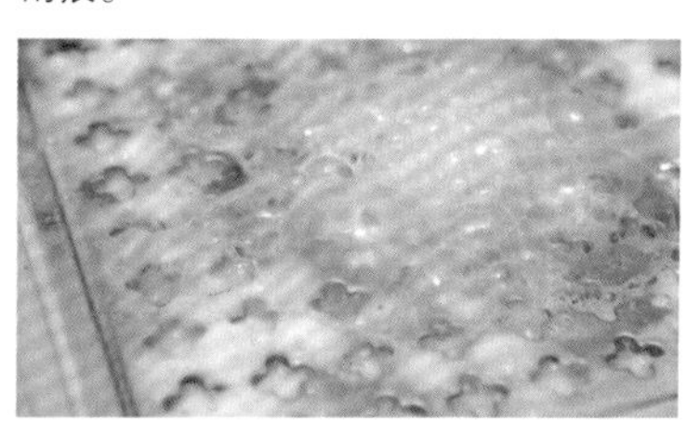

起泡 小苏打加热或遇酸发生反应就会生成二氧化碳气泡，丰富的气泡有助于更好地去除污垢。

如何使用？

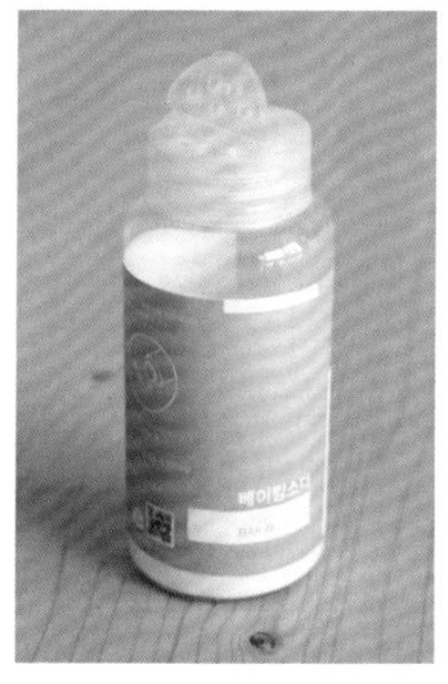

粉末 直接撒上一些粉末状的小苏打。

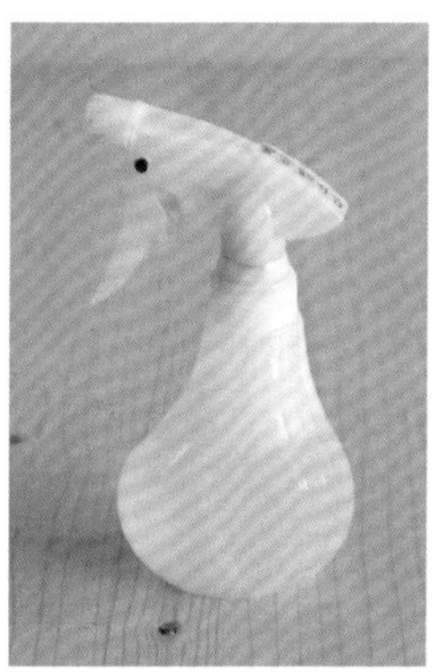

溶液 将小苏打与水以1:100的比例混合后倒入喷雾器中使用。在清洁瓷砖、冰箱、地板和家具时喷一喷。如果放入过多的小苏打，会将喷雾器堵塞，还会在喷洒的地方留下白色污渍，这一点要特别注意。

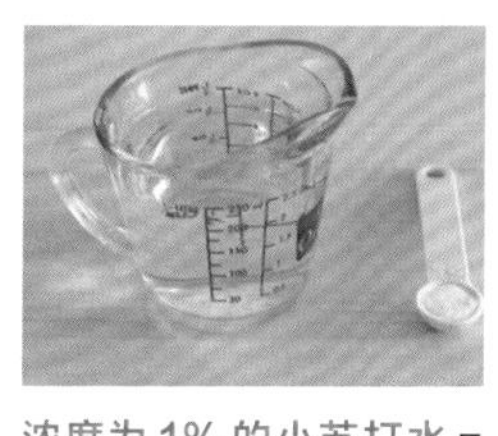

浓度为1%的小苏打水＝水250毫升＋小苏打2.5克

注意 小苏打会将铝腐蚀变黑，因此在清洗铝合金锅、抽油烟机过滤器以及燃气灶头时，不要用小苏打水长时间浸泡。

糨糊 将小苏打和水以3:1的比例混合，调成浓稠状溶液，再用刷子或牙刷涂抹在有污垢的地方。在清洗不锈钢锅或不易去除的污渍时，可以使用它。这种溶液放久了就会凝固变硬，因此最好一次性用光。

食醋

效果

中和 食醋具有和柠檬酸类似的效果，但当温度超过17℃时就会挥发，释放出酸酸的味道。因此不宜作为纤维柔软剂或护发素使用。

除臭 食醋能够去除碱性异味，比如卫生间的氨气味和案板上的鱼腥味等。

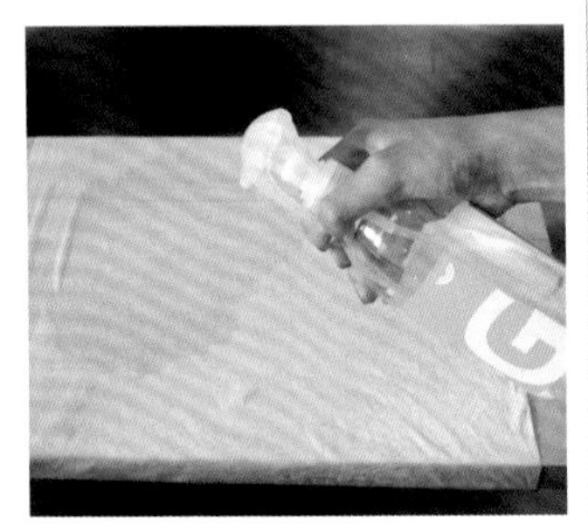

如何使用?

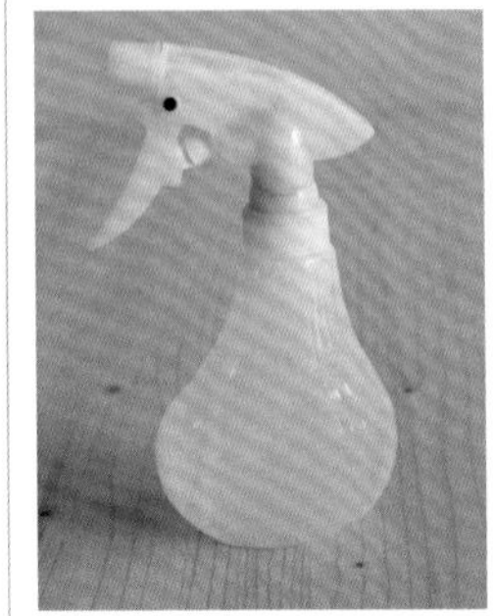

喷洒 将水与食醋以3:1的比例混合。与苹果、柠檬等水果醋相比，最好使用白醋或酿造醋。尤其是白醋，它无色透明，又不含糖分，是最合适的清洁剂。

清洁用食醋 食醋稀释比例 = 水 3 : 食醋 1

酒

效果

杀菌和溶解 酒的杀菌效果虽没有酒精强，但也能抑制微生物的生长并溶解油垢。酒精浓度如下：医用酒精为80%，烧酒为20%，伏特加为40%。

如何使用?

喷洒 将喷头插在酒瓶上就可以使用了。

酒精

效果

溶解　酒精能将油垢分解。

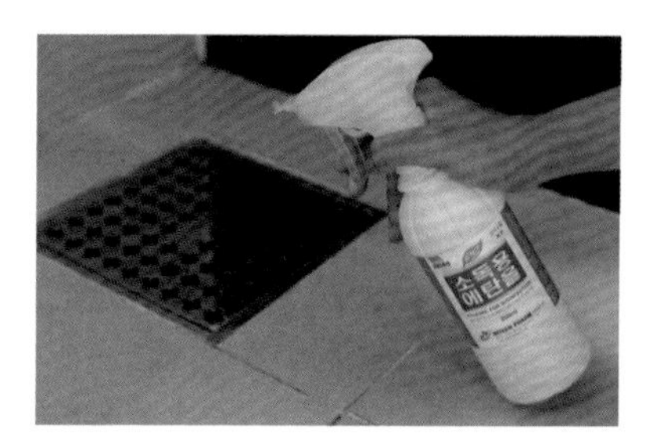

杀菌　清洁后喷一些酒精，能够有效抑制细菌和霉菌的产生。

消毒　酒精能杀死手机、键盘、鼠标、门环等物品上的细菌，有消毒作用。

如何使用?

擦拭或喷洒　用化妆棉蘸取酒精擦拭或用喷雾器喷洒。由于酒精能够溶解塑料，因此建议用玻璃容器储存。

注意 酒精能够溶解塑料和清漆，还会影响皮革制品的光泽，使用时要谨慎。

环保清洁③

享受清洁健康的环保生活

使用天然清洁剂，既节约用水，又有助于健康

无论再怎么清洗，餐具或衣服上都一定会或多或少地残留一些清洁剂。据估算，平均每人每年会吃超过两杯的清洁剂。因此，在清洁的同时，更要重视健康和环保。说到环保，其实主妇们可以做的事情相当多。在洗碗、打扫卫生和洗衣服时，只要用天然清洁剂代替合成清洁剂，就能减少水污染。重视环保可以让我们享受健康和清洁的生活。现在就从家里开始实践吧！

把要洗的餐具用小苏打水浸泡

餐具沾上了油渍会很难洗，但如果使用小苏打，清洗就变得简单多了。小苏打能够去除油渍和污垢，每天将要洗的餐具用小苏打水泡上后再出门。下班回家后只要用水冲洗一下，就可以把餐具洗干净了。这种方法可以减少冲洗的次数，从而节约用水量。

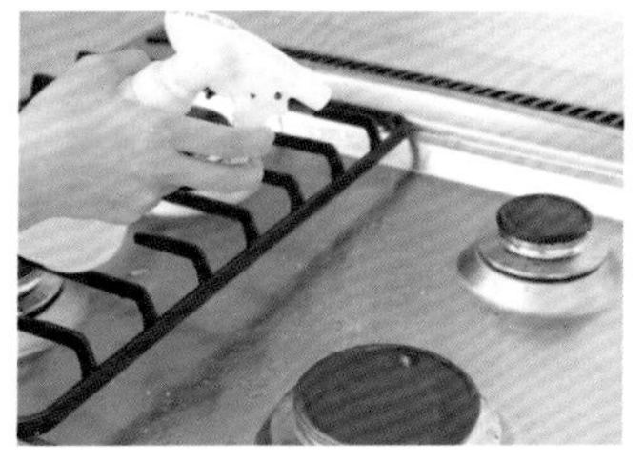

用小苏打水清洗燃气灶

如果油渍或食物弄脏了燃气灶，就在燃气灶还有余温时，用小苏打水清洗吧。此时油垢还未凝固，可以很轻松地清除掉。只要喷洒一些小苏打水，再用抹布擦拭一下，就能使燃气灶保持干净。

用柠檬酸代替纤维柔软剂

市面上销售的纤维柔软剂主要是利用酸性成分中和衣物上残留的碱性污渍，从而使布料柔软。柠檬酸也具有同样的效果。将洗衣机设为高水位，然后倒入一大勺柠檬酸。

用小苏打水清洗烧煳的锅

清洁烧煳的炒锅或搪瓷锅并不是件容易的事。用钢丝球用力擦拭，会在锅底留下刮痕，并且还要先用水泡很长时间。此时，如果向锅中加一些小苏打水并将其煮沸，就可以轻松把烧煳的锅清洗干净了。

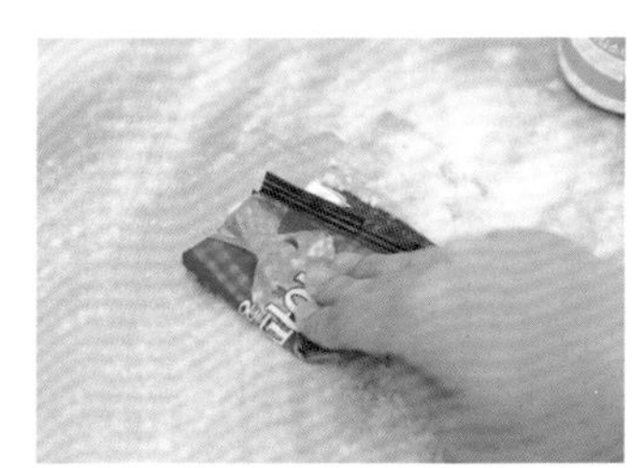

用“小苏打＋饼干包装袋”清洁洗涤槽

用海绵蘸着小苏打擦拭，小苏打就会渗入到海绵中，使摩擦效果下降。因此，最好使用表面光滑的饼干包装袋蘸上小苏打进行擦拭。对于不好清洗的锅和洗涤槽，可以先撒一些小苏打，然后用饼干包装袋轻轻擦拭。

用小苏打刷牙

小苏打能够除去口腔中的牙菌斑，具有保护牙龈健康的功效。同时，小苏打遇唾液能溶解，比普通牙膏的效果更柔和，特别适合牙齿不太好的人士使用。在玻璃杯里装一些小苏打，然后用挤了牙膏的牙刷蘸些小苏打粉，就可以刷牙了。

用柠檬酸代替护发素

洗发液含碱性成分，因此洗发后，头发也呈碱性，这时可以用酸性的柠檬酸冲洗一下，使发质恢复到原来的弱酸性。这样，即使不用护发素，也能使头发柔顺光亮。具体方法是将 200 毫升水、20 克柠檬酸和 5 克精油混合后倒入瓶中，洗头后向水中加半勺用来冲洗头发。

去除衣帽间的潮气和衣柜中的异味

通常，家里的衣帽间都见不到阳光且不通风，因此，潮湿的衣柜总是散发出一股异味。而小苏打能够消除汗水和皮脂等氧化后产生的异味，并且还能有效除潮。把小苏打放入广口瓶中，再用纱布巾或网状的薄布罩起来，然后用橡皮筋绑紧放在衣柜里，这样就能去除异味了，而且使用后的小苏打还能用于清洁。

睡觉前使用小苏打水漱口

睡觉前，可以用小苏打水漱口。小苏打具有除臭的功效，因此能消除口腔中洋葱、大蒜的味道和烟味。同时，小苏打还能够除去牙菌斑，预防龋齿和其他牙龈疾病。如果再滴入几滴薄荷油的话，就能使口气更加清新。

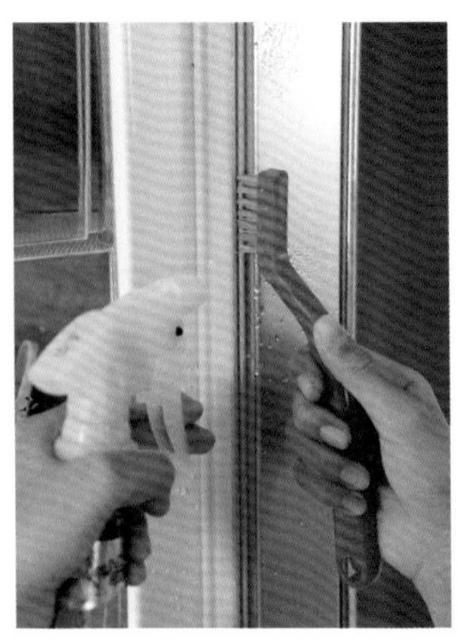

使用烧酒清洁冰箱（两周 1 次）

烧酒既能溶解油垢和污渍，又有除臭的作用，还能去除霉菌，是最好的冰箱清洁剂。用烧酒去除冰箱的污渍后，只要用干抹布擦拭一遍，保证不会留下残渍。另外，将喷头插在烧酒瓶上，使用起来非常方便。

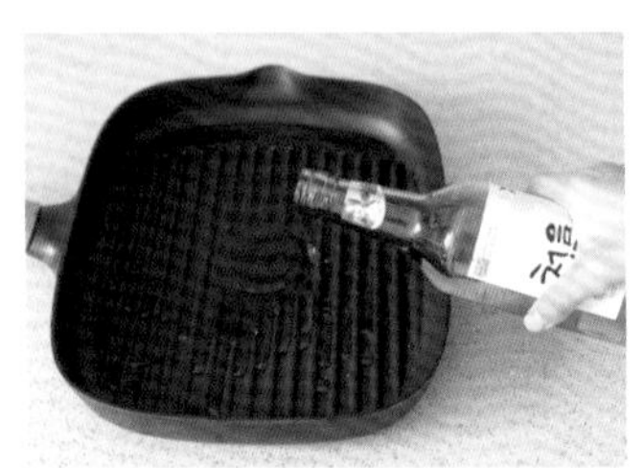

烤盘也可以用烧酒清洗

烤盘沾了油会非常难擦，如果将半杯烧酒洒在烤盘上，再用卫生纸擦拭，就能非常轻松地将其清洁干净了。这样做不仅省时省力，还能避免油污直接流进下水道，非常环保。

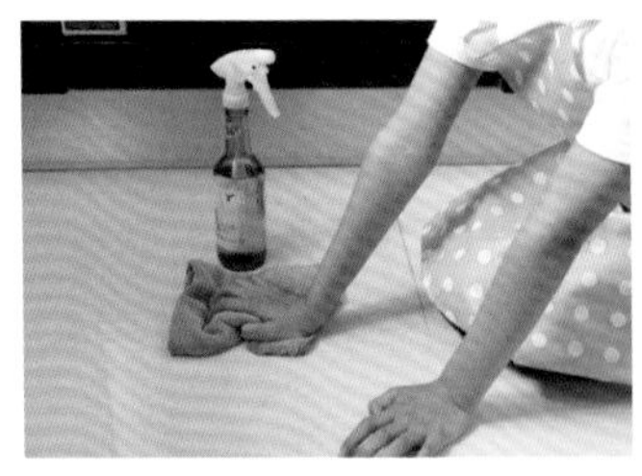

用烧酒清洁厨房地面

在做油炸食品、炒菜或烤五花肉时，厨房的地面常常会溅上许多油渍，摸起来黏糊糊的。洗好餐具后，用喷雾器把烧酒喷洒在厨房的地面上，就可以轻松地清除油污了。

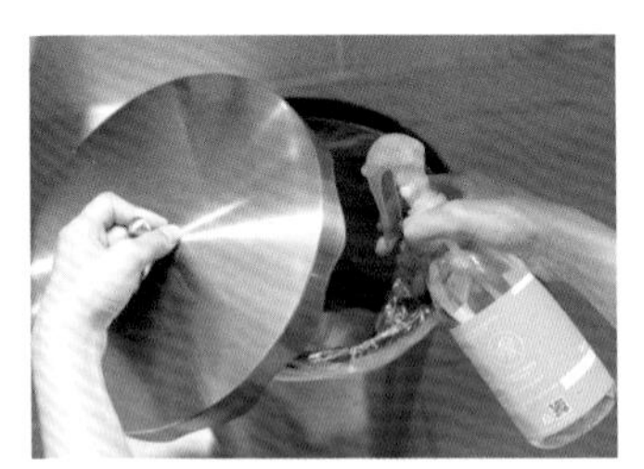

使用柠檬酸喷雾剂消除卫生间垃圾桶的异味

柠檬酸能够有效清除卫生间里的氨气味。将 200 毫升水和半勺柠檬酸混合后制成喷雾剂，然后直接喷洒在垃圾桶里。

用柠檬酸清除洗碗机上的霉菌和水垢（每月 1 次）

洗碗机内部很容易滋生黑色的霉菌和各种细菌。尤其是在温度和湿度较高的夏季，如果在餐具上发现了黑色的霉菌，就说明洗碗机里有霉菌在滋生。此时，先在盘子里放入 3 大勺柠檬酸，然后将盘子放进洗碗机，启动机器，这样就能清除干净洗碗机内部的水垢和霉菌。

如果家用电器着火了，可以使用小苏打灭火

家用电器着火时，可以使用小苏打灭火。以前，美国的仓库和厨房都用小苏打作为灭火工具，如今的灭火器里也含有小苏打。小苏打加热后，能够分解出水和二氧化碳，从而将火扑灭。用小苏打灭火的方法非常简单，只要在起火处撒一些小苏打就可以了。

用小苏打和柠檬酸配制汽水

要使用食用小苏打。记住小苏打、柠檬酸、水、砂糖的调配比例是 1:1:100:10。制作方法如下：首先在 100 毫升水中加入 2 毫升小苏打，均匀混合后制成碱水。然后在 100 毫升水中加入 2 毫升柠檬酸，均匀混合后制成酸性水。在碱水中加入冰块，再与酸性水混合，清爽可口的汽水就做好了。

制作天然泡泡浴芭

泡泡浴芭能在浴缸里持续产生丰富的泡沫，很受大家欢迎。其实利用小苏打和柠檬酸也可以制作天然的泡泡浴芭。先将小苏打、柠檬酸、淀粉按 2:1:1 的比例混合，再加适量水搅拌均匀。（可以放些精油、艾草、绿茶粉等配料。）抟成一团之后，将其放进冰块模具、保鲜袋或三角形紫菜包饭的模具里，制作出想要的形状，等干燥之后，就可以保存起来了。小苏打能够溶解油垢，因此可以去除角质；食醋能使皮肤光滑润泽。

用酒精清洁手机

我们成天用手摆弄手机。实验表明，每部手机平均有 25,000 个细菌。酒精不仅能杀死细菌，还能清除屏幕上的手垢和污渍。酒精的挥发性强，不会给手机造成伤害，是十分安全的清洁剂。先将酒精蘸在化妆棉或手纸上，然后擦拭手机的各个部位即可。

08
打扫

消除异味
彻底消除家中异味的妙招

气味分子的异味可以利用通风换气和除臭剂消除；由细菌产生的异味要靠杀菌解决

人们理解的“干净”，不仅仅指外观整洁，也指气味清新。如果厨房里有垃圾异味，就会给人留下不干净的印象。室内的异味有两种，即源于“气味分子”的异味和源于“细菌和霉菌”的异味。源于“气味分子”的异味，可以利用通风换气和除臭剂解决。但是源于“细菌和霉菌”的异味，即使使用芳香剂和除臭剂，也无法解决，这是因为“罪魁祸首”细菌没有被消灭。只有采用杀菌处理的方法，才能消除这类异味。现在就一起来学习消除家里异味的好方法吧！

POINT 1 通风换气

许多家庭房间里的异味和霉菌是因为不经常通风换气而产生的。因此建议每天早、中、晚通风 3 次，每次 30 分钟，这样就能及时赶走异味了。

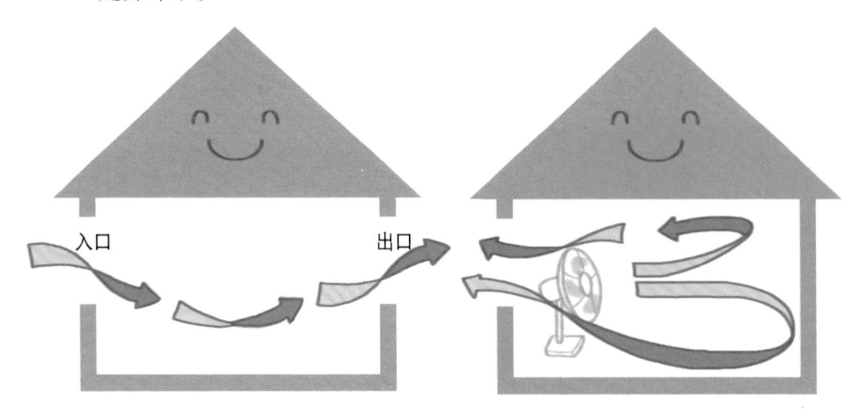

保持通风换气的入口和出口通畅

通风时，保持入口和出口畅通是很重要的。如果只打开一侧窗户，空气就不容易流动，因此应该同时打开窗户和门，这样就形成了一条贯通室内的空气通道，能够确保空气流通顺畅。

使用电风扇

如果家里只有一侧有窗户，或是您不想打开门时，那就利用电风扇吧！不过，一定要注意电风扇的方向！将电风扇摆在窗户附近，背对窗户朝着天花板吹，这样室内的空气流通就能顺畅了。

窗户只打开 15 厘米时，通风效果最好

很多人以为只有将窗户完全打开，通风效果才会好。其实，这样做反而使室内无法形成足够大的气流，从而不能产生良好的通风效果！窗户最好只打开 15 厘米，这样通风效果才最好。

室内空气中的污染物

室内空气中的污染物会引起过敏、哮喘、鼻炎等疾病。只要每天给家里通风 3 次，每次 30 分钟，就能保证家人的健康。

POINT 2 除臭

用小苏打除臭

睡觉前在沙发和地毯上撒一些小苏打，等到第二天早上，再用吸尘器吸干净。小苏打能够消除渗入沙发的异味，还能吸附灰尘和污垢。平时喷洒一些纤维专用除臭剂，也能起到预防作用。

利用紫外线除潮和杀菌

如果将棉被在阳光下晾晒，就能利用紫外线杀菌消毒。同样，如果让沙发晒晒太阳，也能使其更加干净卫生。把靠垫和坐垫晾晒在阳台上，再用球拍轻轻拍打，灰尘就掉下来了。

被子和窗帘的除臭方法

偶尔才换洗的被子和窗帘很容易产生异味。只要每周使用一两次纤维除臭剂，就能有效去除卧室难闻的异味。

消除枕头异味

枕头上的异味是由头发和脖子周围的皮脂产生的。而且皮脂中的脂肪酸能够滋生细菌，从而加重异味。最好的解决方法就是每周换洗一两次枕头套，并在枕头上放一条枕巾，这样能避免异味渗到枕芯里。

消除烟味

吸烟者身上总有股刺鼻的烟味。烟味的成分很复杂，里面包含了尼古丁、乙醛、硝酸、氨等能够产生恶臭的数百种物质。

衣服 脱掉后马上拿进卫生间，启动排风机后，用电吹风吹一吹或用蒸汽电熨斗熨一熨。注意电吹风不能离衣服太近，最好相隔 20 厘米左右。

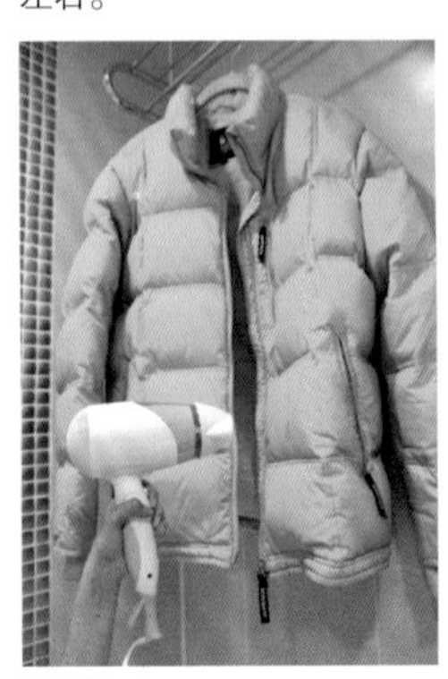

窗帘或被子 想要消除窗帘或被子上的烟味，光靠通风是不行的。烟味属于碱性，可以利用柠檬酸喷雾剂消除。

消除卫生间的尿味

在装有水的广口塑料杯里倒入柠檬酸粉，然后放在马桶后面。同时还可以加入几滴精油，让卫生间弥漫淡淡的香气。

POINT 3 杀菌

鞋子

鞋子的异味是由鞋中的细菌造成的！只有将细菌消灭，才能消除鞋子的异味。

去除鞋子异味的专用喷剂　这种专用喷剂能够杀死寄生在鞋子中的细菌和霉菌，并用香气掩盖异味。脱下鞋子后，朝里边喷一两下即可。

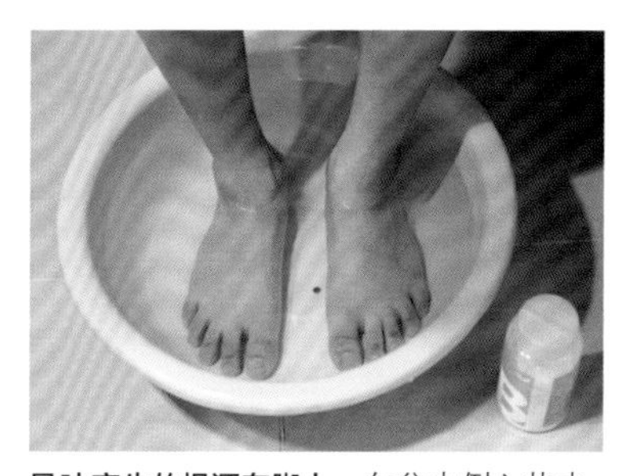

异味产生的根源在脚上　向盆中倒入热水，再加入3大勺小苏打。将脚浸泡15分钟后，用清水洗干净。这种方法不仅能消灭细菌，而且利用苏打去除了脚上的异味和皮脂，从而彻底消除脚臭。

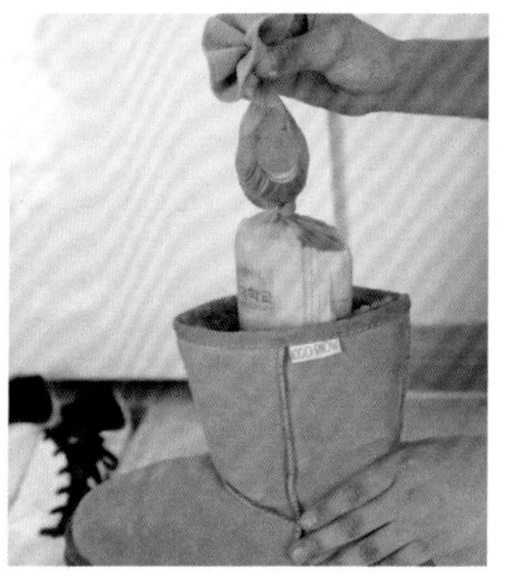

利用硬币和报纸打理雪地靴　雪地靴是造成冬天脚臭的主要原因，即使脱下来，鞋子里的潮气也不易晾干。要想解决这个问题，可以在长筒袜里放入一些铜质硬币和报纸，然后将袜口绑好，放进雪地靴里。铜具有杀菌作用，能够杀死鞋内细菌；报纸能够吸收鞋子里的汗味和潮气。

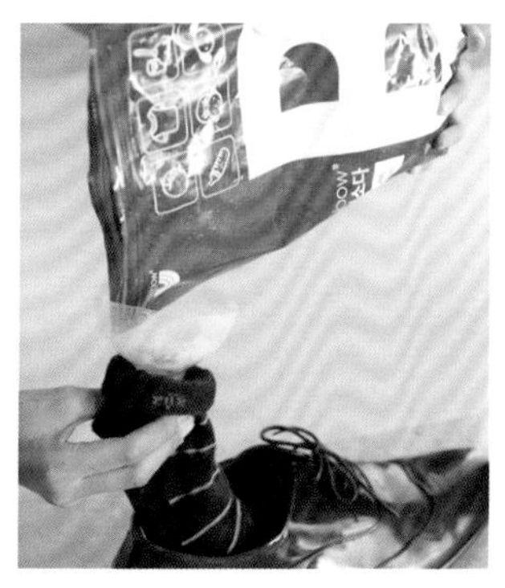

利用小苏打打理鞋子　向袜子里倒入1杯小苏打后绑紧袜口，然后放进鞋子里。小苏打能够吸收鞋内的汗味和潮气。这样，第二天您就可以穿上一双干净的鞋子了。

垃圾桶

垃圾桶里的异味是由各种垃圾产生的气体和霉菌造成的。建议家里使用小型垃圾桶，这样就不会积累过多的垃圾了。

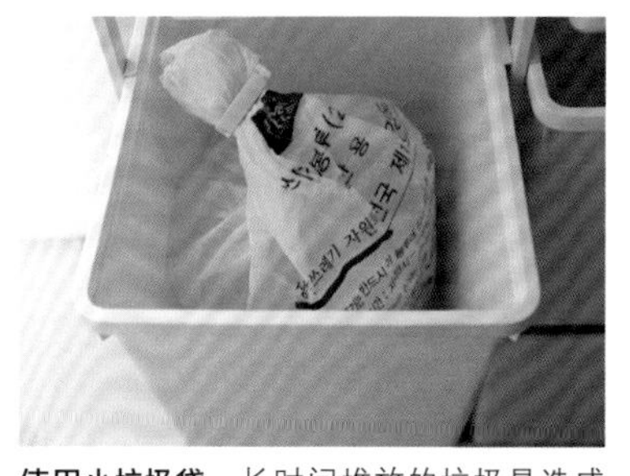

使用小垃圾袋　长时间堆放的垃圾是造成家里有异味的主要原因！如果使用的垃圾袋太大，就很容易积累垃圾。选用合适的小垃圾袋，再用夹子夹住袋口，这样垃圾异味就不会跑出来了。

食物垃圾　将EM稀释液直接喷在食物垃圾上。EM稀释液中含有用于发酵的微生物，能够生成抗氧化物质，抑制食物腐烂。

垃圾桶　潮气容易引起细菌滋生。在垃圾桶内铺上报纸，就能有效吸收垃圾中的潮气了。

POINT 4 芳香

衣柜中的异味

用于防蛀虫的卫生球中含有致癌物质，而且卫生球残留在衣服上的成分单靠自然通风是无法消除的。所以，为了家人的健康，尝试着使用具有杀虫、防虫效果的精油吧！

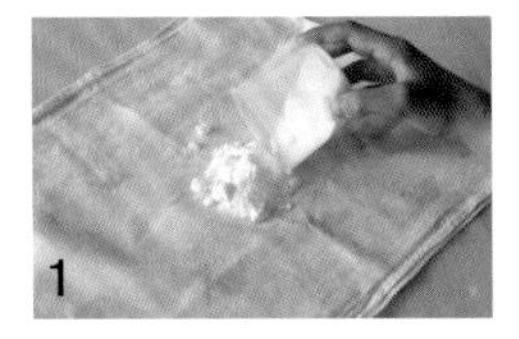

1 小苏打具有除潮、除臭的作用。在手帕中央倒小半杯小苏打。

2 再加入 10 滴桉树油。桉树油具有防虫效果，能防止尘螨和蛀虫的接近。

3 先将手帕的一对对角系起来。

4 再将手帕的另一对对角绑在衣柜中衣架的一端。

抽屉里的异味

可以将具有柔顺效果的芳香纸巾夹在抽屉的衣物之间。这种纸巾具有香气，可以消除衣抽屉的异味。时间久了，纸巾上的香气会变淡，不过仍然可以当纤维柔软剂使用。

厨房中的食物味道

每天烹饪后残留的食物味道可以利用橙子蜡烛去除。

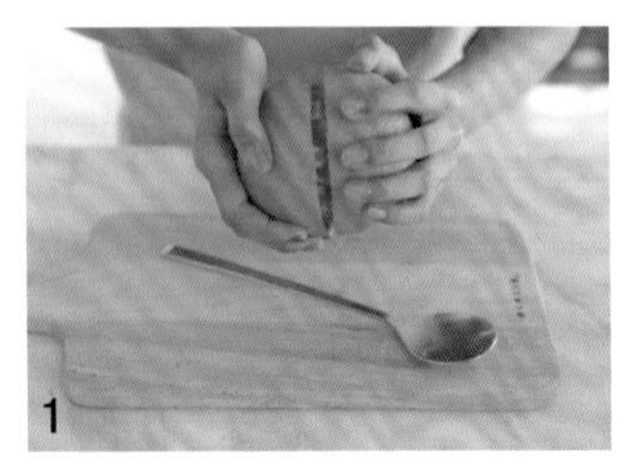

1 在橙子皮的中间划一圈刀口，剥下一半橙皮，注意不要把橙芯弄断。

2 往橙皮里倒一些食用油。

3 散发着橙子香气的天然蜡烛就做好了。

小贴士：橙芯不易点燃，建议倒入食用油后，静置 3 分钟，等油充分渗入橙芯后，再用打火机点燃。

芳香剂的使用妙招

芳香剂使用后，会变得越来越小，此时将其泡在水中，就可以再次使用了。

将芳香剂与瓶子分离开。

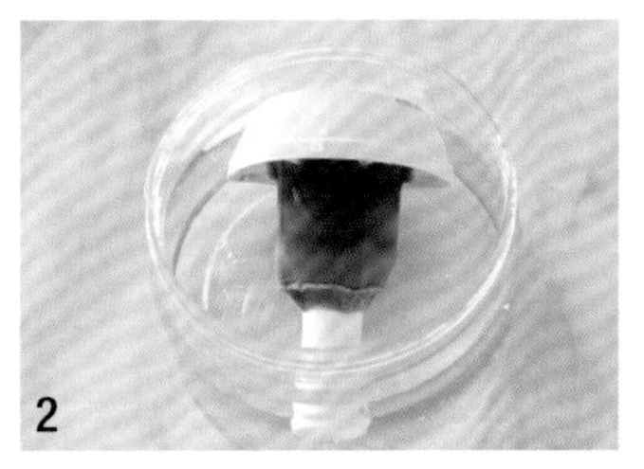

使其完全浸泡在水中。

芳香剂不断吸水膨胀，逐渐变回原来的大小；随着水分的蒸发，重新散发香气。

小贴士：这种方法只能使用一次！如果再次泡在水中，芳香剂就会变得软乎乎的，最后碎掉。

天然芳香剂——水晶泥

水晶泥的别名叫青蛙卵，在许多文具店就有销售。水晶泥是用吸水性强的树脂制成的，可以用做栽培植物的替代土壤，也是制作芳香剂的主要材料。将水晶泥与酒精、精油混在一起，就可以制成天然的芳香剂。

将精制水、酒精按 9:1 的比例调配后倒入水晶泥中。

将其装在一个空器皿中，再加入几滴精油，就制作成芳香剂了。

天然加湿剂——精油

加湿器是保持室内湿度的最好工具，但是它会滋生细菌，导致呼吸道疾病。要想解决这一问题，可以用加有精油的水将窗帘或毛巾弄湿，这样就同时解决了干燥和卫生的问题。

向窗帘喷水 将喷雾器装满水，在里面加入一两滴薄荷油或茉莉花精油。然后喷在窗帘上。这样，即使冬天不开窗，也能让室内保持一定的湿度，并充满清新的香气。

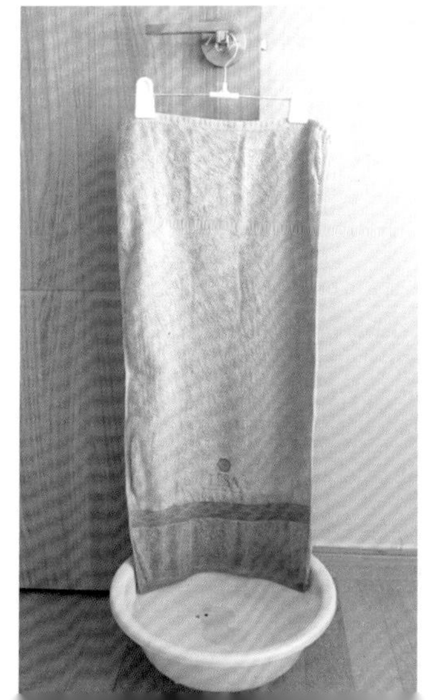

毛巾加湿器 把毛巾的一端挂在房门的把手上，另一端浸入装满水的盆，向水中加入几滴精油，这样就能使家里保持适度的湿度，还能散发淡淡的清香。

09
打扫

巧用清洁工具

不同地方使用不同的清洁工具！巧用日常物品的清洁妙招

亲手制作适用于各个角落的清洁工具，使清洁效果最大化

如果打扫卫生不是您的兴趣爱好，那么在购买清洁工具和抹布时，就会有点儿不舍得花钱。但是只要开动脑筋，自己制作一些清洁工具，就可以不花一分钱搞好卫生。像木头筷子、破了洞的长筒袜、塑料卡片等，都可以变身成有用的清洁工具。就连过时的牛仔裤，也能做成有用的工具。如何才能更好地利用已有的清洁工具呢？如何制作不花钱的清洁工具呢？让我们一起来学习一下吧！

ITEM 1 拖把

夹住报纸 用拖把夹住报纸清洁室内或阳台等比较脏的地方。就像剥洋葱那样，将使用后变脏的报纸撕下来，里边干净的报纸就露出来了，非常方便。

1 将半张报纸四等分。

2 将其固定在拖把杆上，再用水弄湿。

3 可以用来清洁窗户、纱窗、玄关和阳台。如果表面的报纸脏了，就撕下来，接着使用下面的报纸。

夹住尼龙浴巾 不用的浴巾可以用来打扫卫生。质地粗糙的浴巾能够清除身体上的污垢，同样也能除去凹凸不平的地面上的污垢。

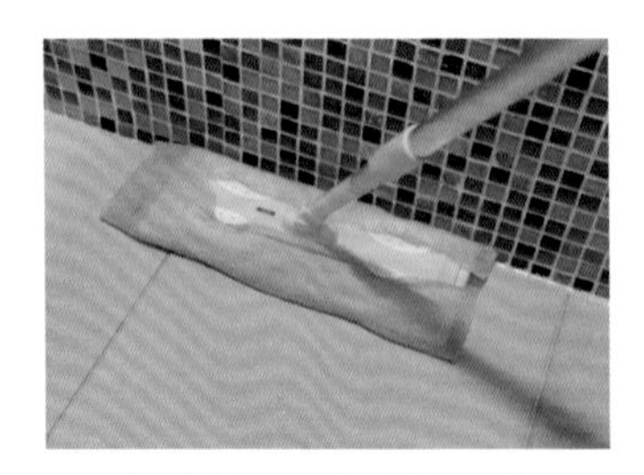

将浴巾弄湿后，用来清洁卫生间和阳台的瓷砖。它可以非常容易地将墙角的水垢擦干净。

小贴士：如果竖着拖，就能将墙边的污垢擦干净。

将浴巾弄湿后，用来清洁纱窗。浴巾凹凸不平的表面可以有效清除纱窗上的灰尘。

ITEM 2 木筷

将卫生纸卷在木筷上，可以用来清洁电子产品

电子产品缝隙中的灰尘很不容易清理。可以将卫生纸卷在木筷或牙签上，制成简单的清洁棒，这样就能轻松地清除里边的灰尘了。

所需物品：木筷、橡皮筋、卫生纸

将卫生纸缠在木筷上，再将卫生纸的一端折起来。

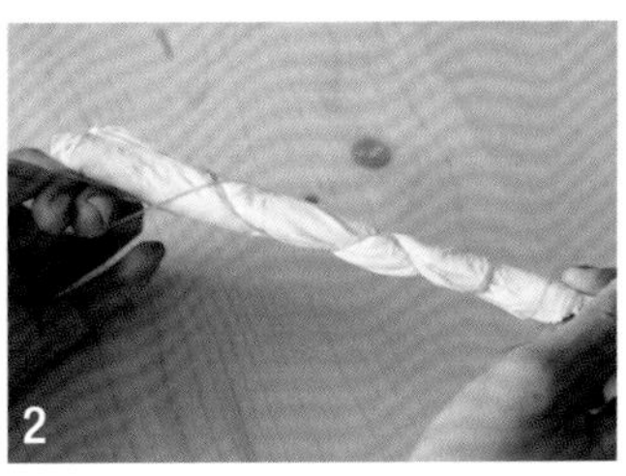

如图所示，在上面缠上橡皮筋。

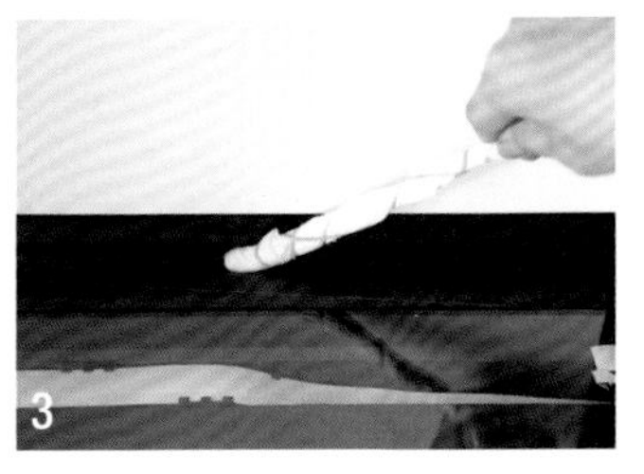

可以用做好的清洁棒清理书桌角落以及家用电器缝隙中的灰尘。

键盘缝隙处的灰尘可以利用缠着卫生纸的牙签清理。

ITEM 3 长筒袜

利用“长筒袜＋铁丝衣架”清理家具下面的灰尘

穿长筒袜时，由于静电作用，裙子总会贴在长筒袜上。利用长筒袜易产生静电的特点，可以轻松清除灰尘。尤其是在打扫家具下面等拖把够不到的地方时，这种方法更有效。

所需物品：长筒袜、毛巾、铁丝衣架

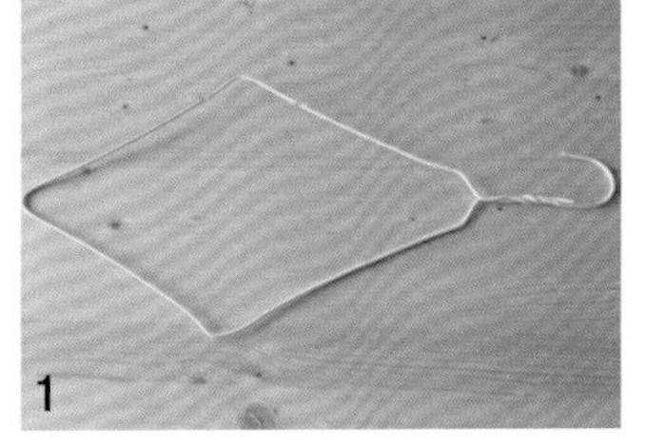

将铁丝衣架拉成菱形。

将报纸包在铁丝衣架上。

再把长筒袜套在衣架上。

小贴士：将衣架的挂钩弄弯，然后用橡皮筋把长筒袜固定住，这样就可以放心使用了。

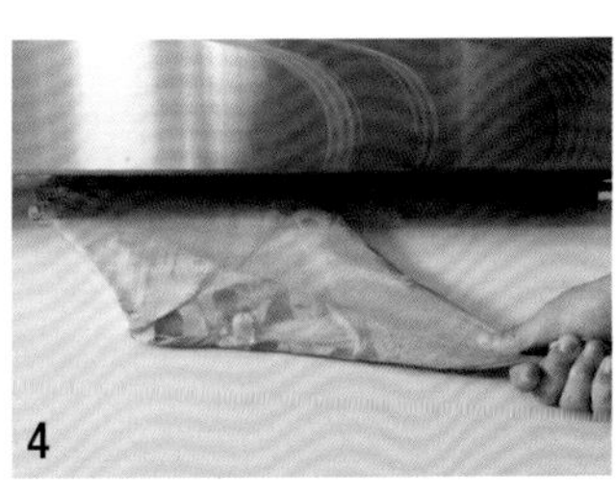

将工具伸进家具或冰箱下面擦拭灰尘。利用静电将灰尘吸出来。

ITEM 4 牙刷

将牙刷柄弄弯，用来清理缝隙处的灰尘

牙刷是清理缝隙处灰尘最好用的工具之一。不过它也有一个缺点，就是手柄过于平直，使得在清理灰尘时，只能用到牙刷毛的前半部分。如果将牙刷的手柄弄弯，就能使其变身为完美的清洁工具了。

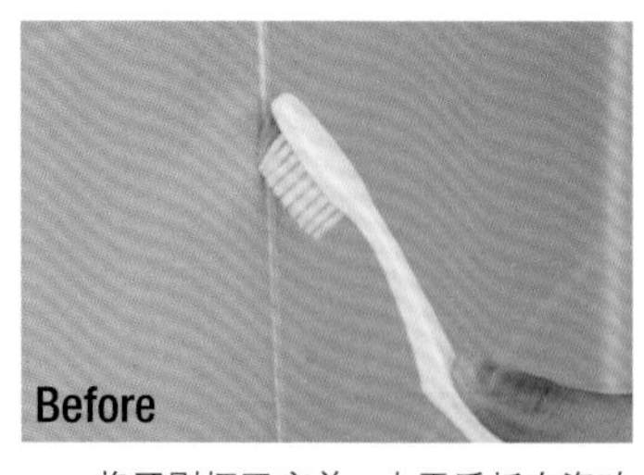

将牙刷柄弄弯前：由于手抵在瓷砖上，只能用牙刷毛的前端清理污垢。

将牙刷用锡纸包起来，再用打火机烤 20 秒左右。

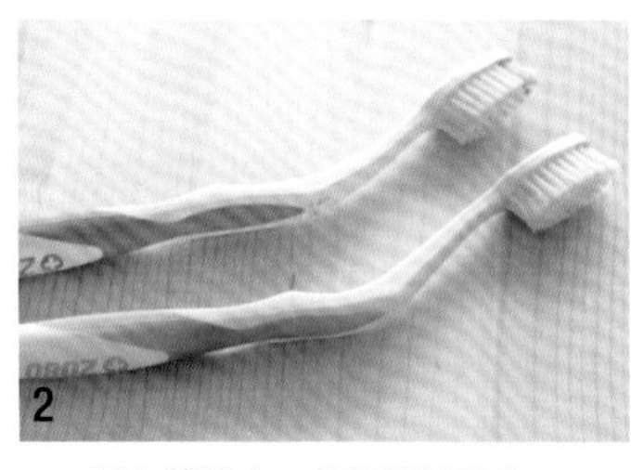

戴上棉手套，将牙刷柄弄弯。

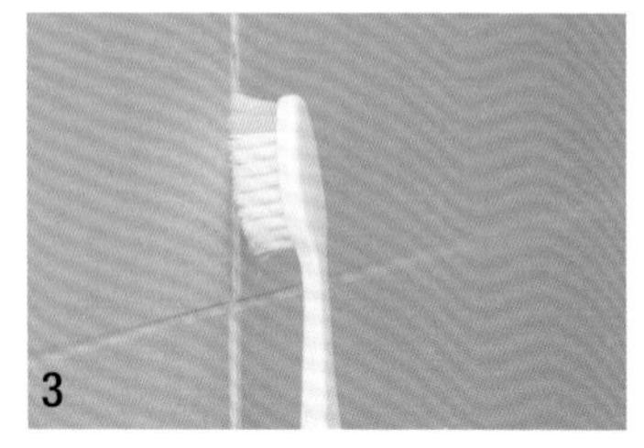

用弄弯手柄的牙刷清除缝隙处的灰尘，既方便又快速。

使用“牙刷＋包装绳”制作掸子

只要用包装绳和一根牙刷，就可以制成一把迷你掸子，用来清理电器上的灰尘。

所需物品：包装绳、牙刷、橡皮筋

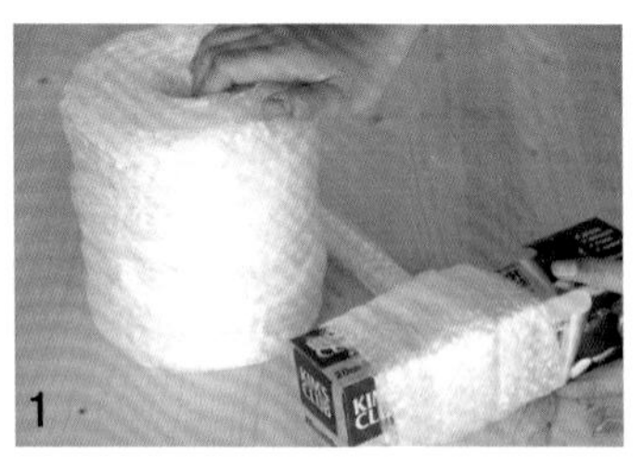

在保鲜袋包装盒上缠绕 30 圈包装绳。

将包装绳从盒子上抽出来，把橡皮筋绑在中间位置，然后把牙刷柄套在橡皮筋上。

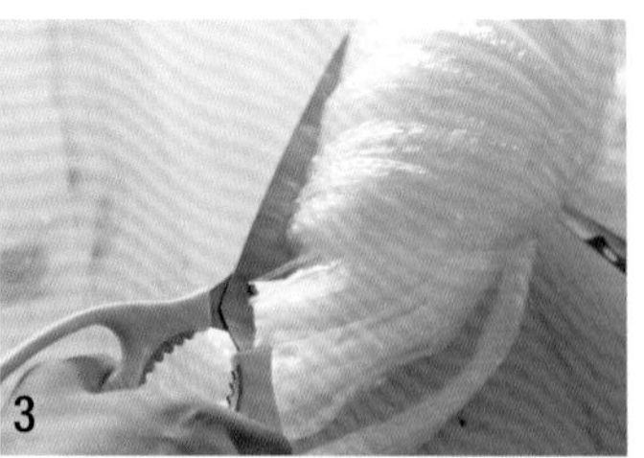

将包装绳剪开，再撕成细条。

可以用来掸掉电视、电脑等家用电器上的灰尘。

废旧牙刷的妙用

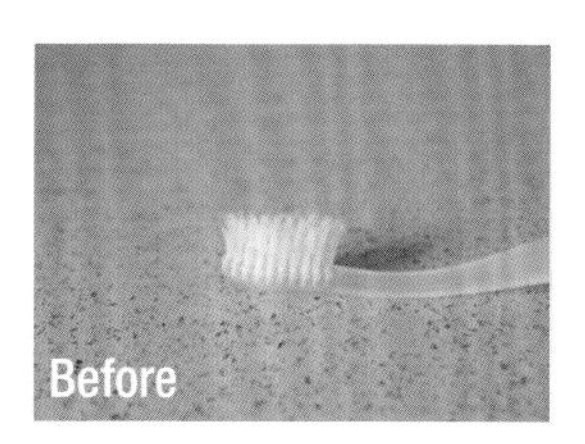

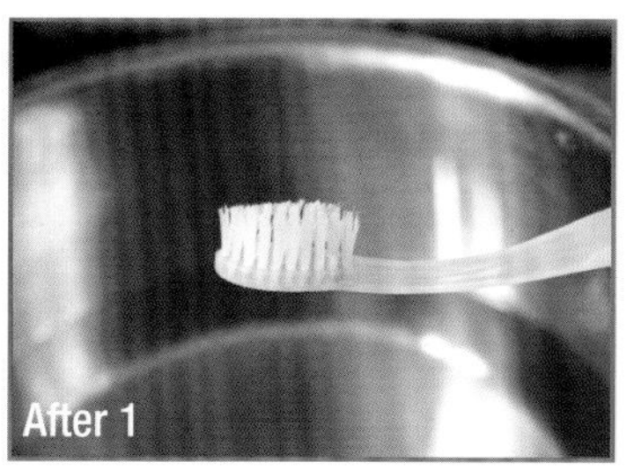

将牙刷在沸水里浸泡 5 秒钟，取出后，将牙刷毛整齐地拢在一起。这样，牙刷毛就可以恢复原状，同时用沸水煮过后，也能给牙刷毛消毒。

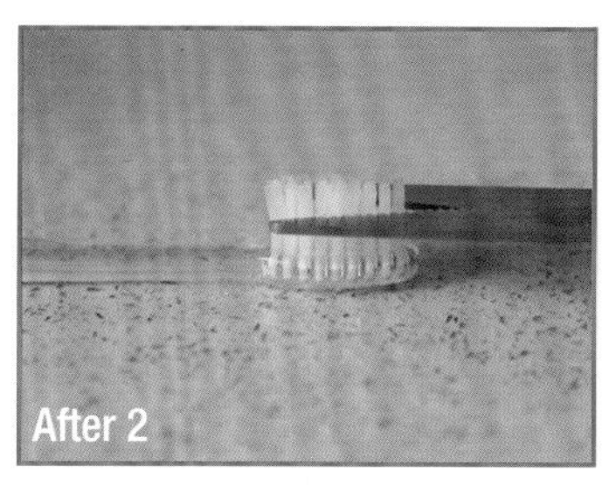

用剪刀剪掉裂开的毛尖部分。注意，要留下一半长度的牙刷毛！由于牙刷毛比较短，清洁时很容易用上力，可以轻松地清除污垢。

ITEM 5 塑料卡片

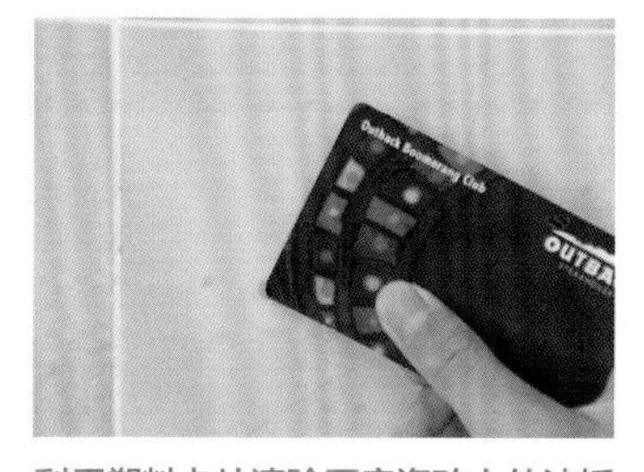

利用塑料卡片清除厨房瓷砖上的油垢

瓷砖上的油垢，即使用洗碗刷擦拭，也不容易去除。不过，如果利用塑料卡片的话，即使不用清洁剂，也能将瓷砖上的油垢轻松地刮下来。

利用塑料卡片刮除窗框里的泥土

对于长时间积累在窗框里的泥土，使用抹布是无法擦干净的。将卡片剪成与窗框相同的宽度，就能用它轻松清除里面的尘土。

刮除贴纸

有小孩子的家庭，墙壁上都贴满了贴纸。去除贴纸的时候，千万不要用手指甲去刮，最好使用塑料卡片。无论是玻璃窗还是桌面上的贴纸，都能用塑料卡片彻底刮除。

在贴有贴纸的地方洒一些丙酮，静置 1 分钟。

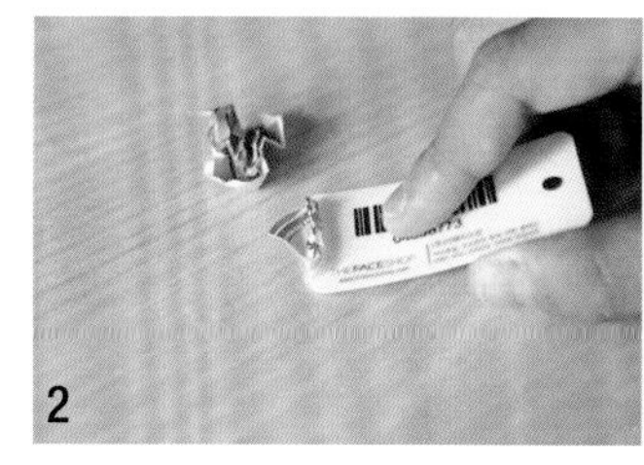

再用卡片刮一刮，就能轻松将贴纸去掉。

ITEM 6 叉子

清洁键盘缝隙

在叉子上套一层无纺布，就能轻松清除各种缝隙处的灰尘了。

将无纺布套在叉子上，用橡皮筋绑起来。

为了防止叉子把无纺布刺穿，最好包上两层无纺布。

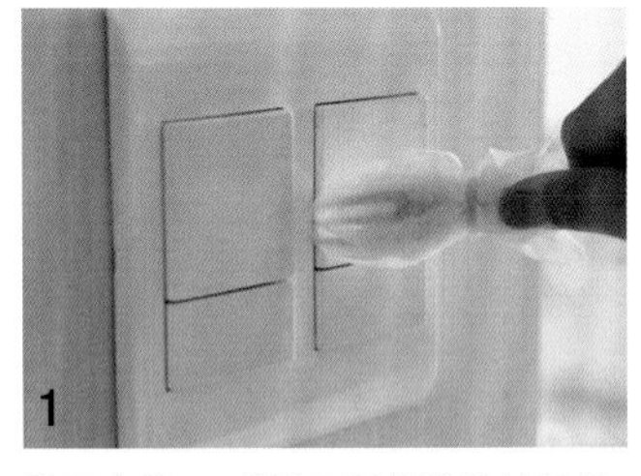

妙用方法 1 清除开关缝隙处的污垢。

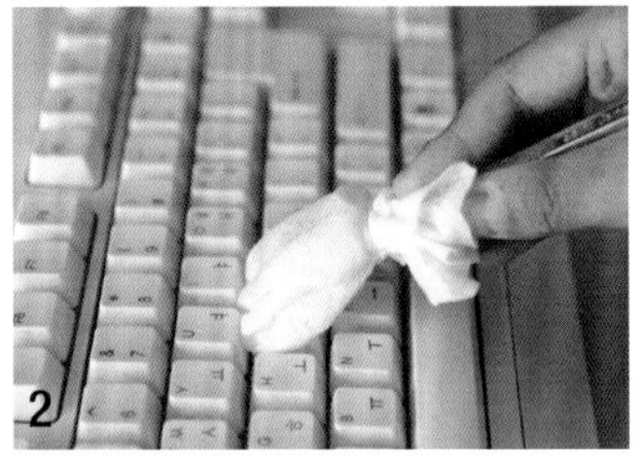

妙用方法 2 清除键盘缝隙处的污垢。

妙用方法 3 清除遥控器按钮间的污垢。

ITEM 7 海绵

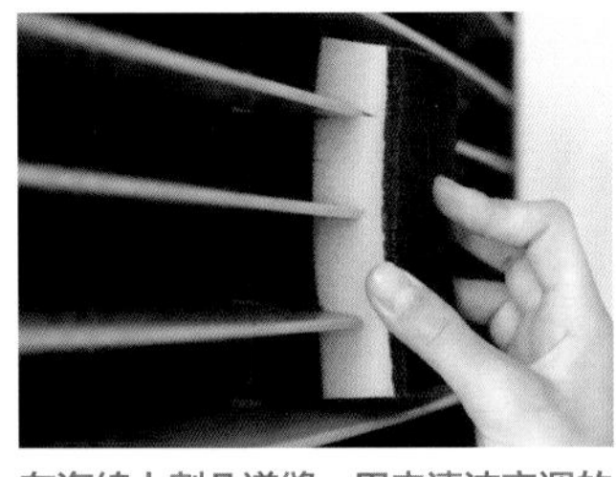

在海绵上割几道缝，用来清洁空调的百叶栅

用海绵蘸取一些清洁剂在空调百叶栅上来回擦拭几次，就能轻松清除黏在上面的灰尘。

ITEM 8 清洁刷

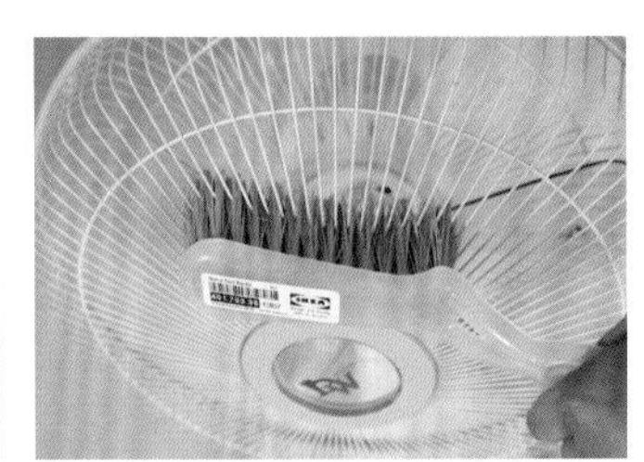

清洁电风扇

风扇罩上的灰尘可以使用清洁刷清理。用塑料清洁刷打扫风扇罩，可以将缝隙处的灰尘清理干净。

ITEM 9 旧衣服

将衣服的主体部分剪成拖把，袖子和领口剪成抹布

把旧衣服改造成一次性抹布，使用后就可以直接扔掉了。

❶ 领口和衣袖

领口和衣袖可以剪成抹布。用于擦拭马桶、燃气灶、抽油烟机等污垢较重的地方，用完后直接扔掉。

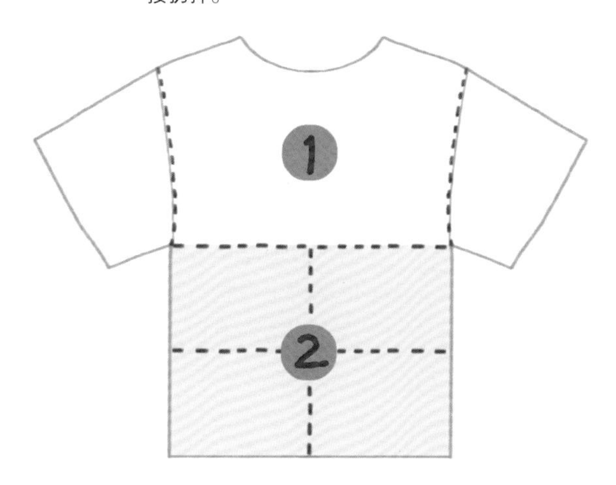

❷ 衣服的主体部分

可以当作拖把，用来清洁地面和玄关，用完直接扔掉就可以了。

用牛仔裤布料做清洁抹布

牛仔裤布料像洗碗刷一样结实耐用，触感又像棉布一样柔软，用来当作清洁抹布非常不错。它既有洗碗刷的摩擦效果，又有棉布的吸尘能力，可以用来擦拭玻璃、书桌、大理石、水龙头和塑料制品等。将不再穿的牛仔裤裁剪成小块，当作清洁抹布使用吧！

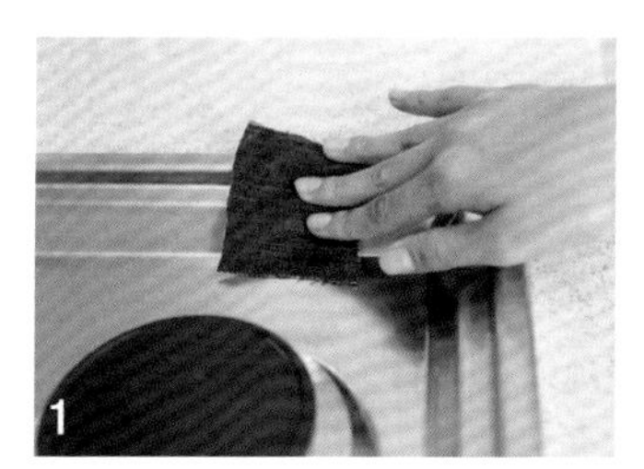

先在燃气灶上撒一些小苏打，再用牛仔裤布料擦拭。这种布料非常实用，能有效吸附油垢。记着剪成小块使用哦，用后直接扔掉。

用来擦镜子。牛仔裤布料有着不错的摩擦效果，可以清除镜子上的手痕。

不需要清洁剂就能清除洗面台、肥皂架和洗涤槽的水垢。

10
打扫

客厅的3倍速清洁法

快速清除灰尘和头发的方法

整理（4分钟）→清除家具上的污垢（3分钟）→清洁地面（3分钟）→擦拭灰尘（5分钟）

客厅是全家人共享的空间，因此有很多的食物碎屑和毛发。如果能及时彻底地清除这些垃圾，那么平时只需辛苦一点点儿，就能让家里保持干净整洁了。下面一起来学习快速清除客厅里灰尘和头发的3倍速清洁法吧！

CHECK! 打扫客厅的顺序

整理→清除家具上的污垢→清洁地面→擦拭灰尘

为了有效清除灰尘，打扫时要从上至下进行。先使用掸子或超细纤维抹布除去家具上面的灰尘，再使用吸尘器或无纺布拖把清洁地面，最后用抹布擦地。

步骤1 清洁前先做整理（4分钟）

如果地上到处是妨碍吸尘器工作的障碍物，就会大大降低打扫的速度。就像工厂分工作业那样，先将家务活按步骤一件件完成，从而减少不必要的走动，节省打扫时间。

步骤2 清除家具上的灰尘（3分钟）

家用电器要使用纤维柔软剂清洁。将水与柔软剂以200:1的比例混合，倒入喷雾器中，用来擦拭家用电器或家具表面的污垢。它具有防静电的效果，能防止灰尘吸附在家具表面。

小贴士： 如果纤维柔软剂的比例过高，就会使显示器的表面变得灰蒙蒙的，因此要按比例调配。

步骤3 清洁地面（3分钟）

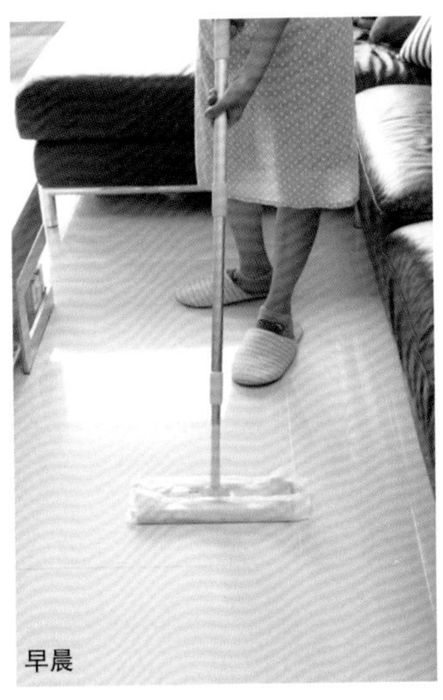

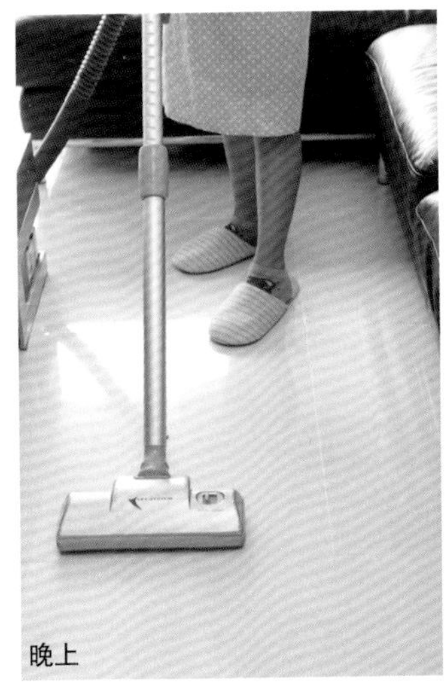

早上使用无纺布拖把，晚上使用吸尘器

早晨最适合清洁夜间沉降下来的灰尘。如果使用吸尘器打扫，灰尘就会借助排气口的风力再次飘向空中，而且在宁静的清晨启动吸尘器也会妨碍邻居的生活。所以，早上应该用无纺布拖把打扫家里各个角落的灰尘，这样效果会更好。相反，晚上要使用吸尘器除尘，因为一天下来，地面上肯定有不少饼干渣或毛发，一定要用吸尘器才能打扫干净。

利用毛毡垫移动家具

在桌子和椅子下面垫上毛毡垫，移动时既不会发出声音，又不会留下刮痕。

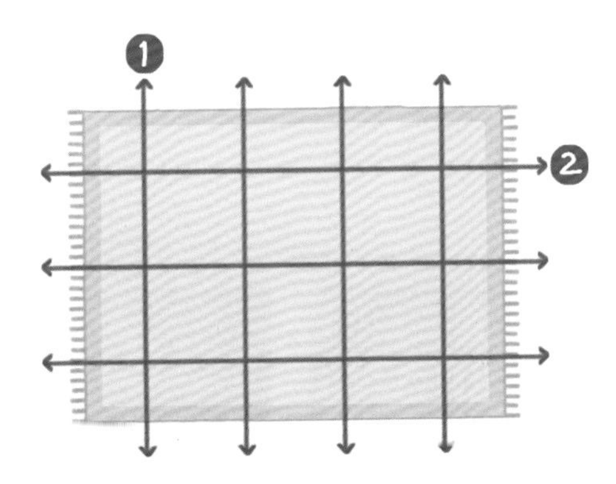

清洁地毯时，要按地毯的纹理转动吸尘器

就像画画一样，按照地毯的纹理横竖交错地移动吸尘器进行打扫。这样可以彻底吸除沾在地毯纤维上的灰尘。

步骤 4 擦拭灰尘（5 分钟）

竖着拧干抹布

许多人都是横着拧抹布的，但其实竖着拧才能将抹布中间的水分挤干净。

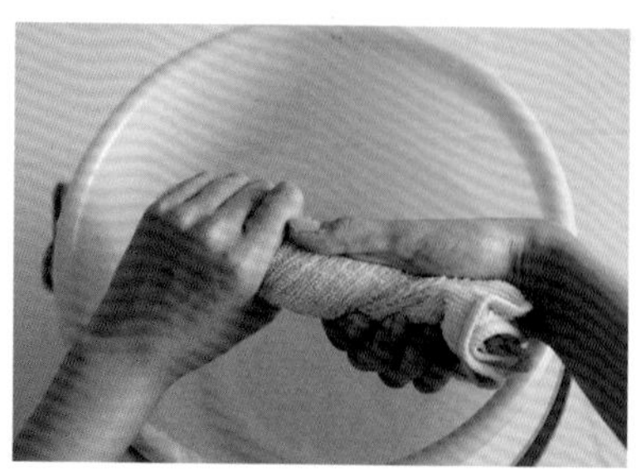

横着拧抹布 这样只能拧出抹布两端的水分，而不能挤出中间的水分。

实验 横着拧：抹布 + 水分 = 105 克

竖着拧抹布 竖着握紧抹布并用力拧。这样即使只拧一次，也能将抹布中间的水分挤干净。

实验 竖着拧：抹布 + 水分 = 84 克

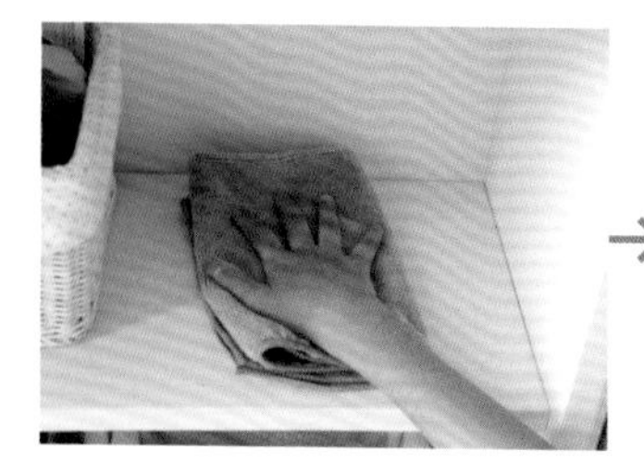

擦家具

→

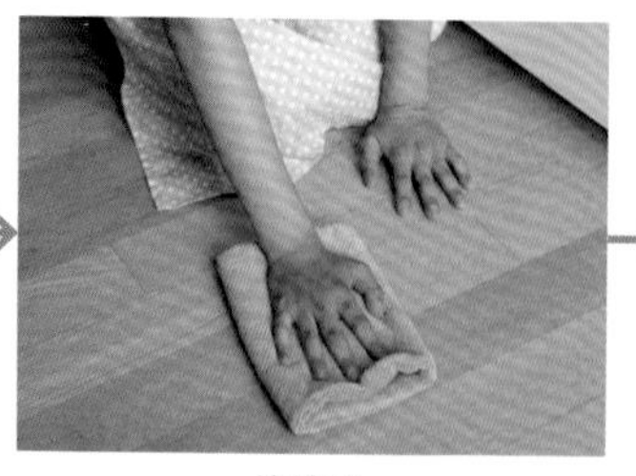

擦地面

→

擦室外

高效使用抹布的方法 干净的抹布要先用来擦灰尘较少的家具，再擦污垢较厚的家具 → 擦房间地面 → 擦玄关，最后扔掉。

制作擦地板的湿抹布

原木地板或原木家具不能沾太多水，擦拭时，可以将湿抹布和干抹布叠在一起使用。

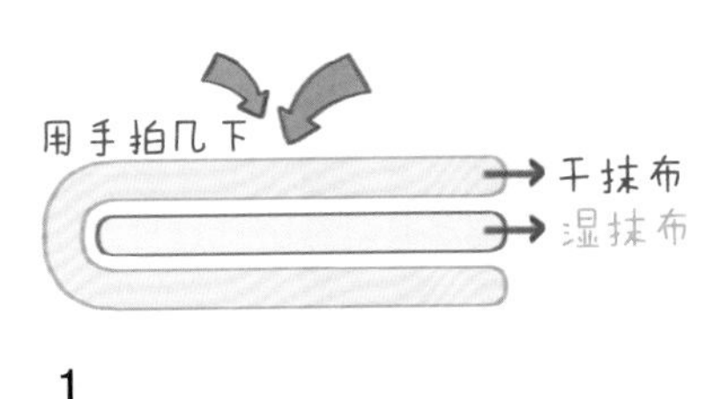

1

将干抹布折叠，然后将湿抹布插进去。

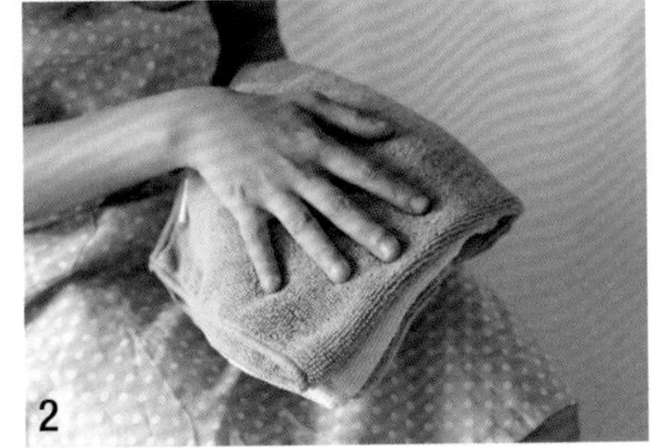

2

用手拍几下，这样就使外层的干抹布上保持适当的水分。

IDEA 清洁客厅的 3 倍速妙招

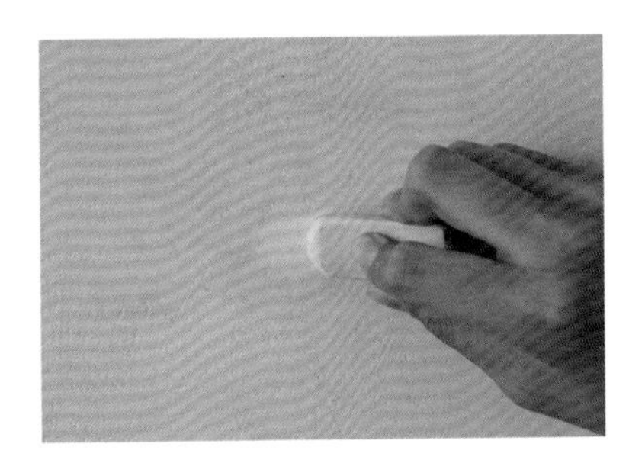

用橡皮擦擦去壁纸上的手垢

橡皮擦是一种既不损伤物品，又能有效去污的万能清洁工具。可以擦去壁纸、木头家具、瓷砖墙壁上的手垢或涂鸦。

用“橄榄油 + 食醋”配制天然的家具光泽剂

用食醋和橄榄油的混合液擦拭原木家具和钢琴，就能使它们重新焕发自然的光泽。

1

将橄榄油和食醋以 3:1 的比例混合调配。

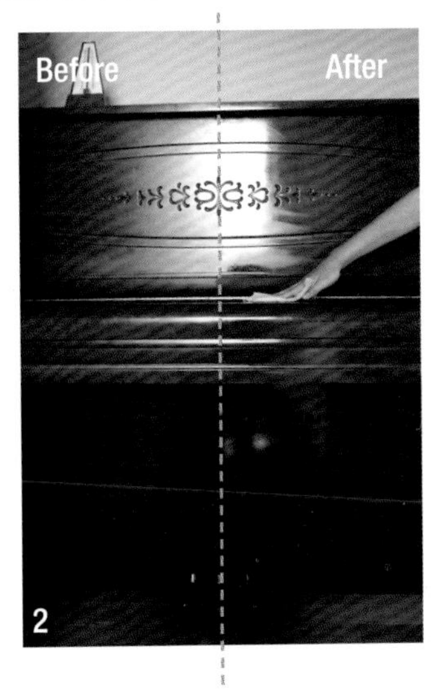

2

将旧衣服剪成小块的抹布，蘸取调配好的光泽剂擦拭家具表面。食醋能够清除家具表面的污垢，橄榄油能让家具重现自然光泽。

一个人就能完成的超简单空调清洁法

空调不清洁干净，不仅会喷出灰尘和霉菌，影响家人的健康，而且会影响空调自身的性能，因此必须时刻保持空调的干净清洁。在夏季到来之前，赶紧将空调清理干净吧。

将空调过滤器取下来，铺在报纸上，然后用吸尘器吸除上面的灰尘。

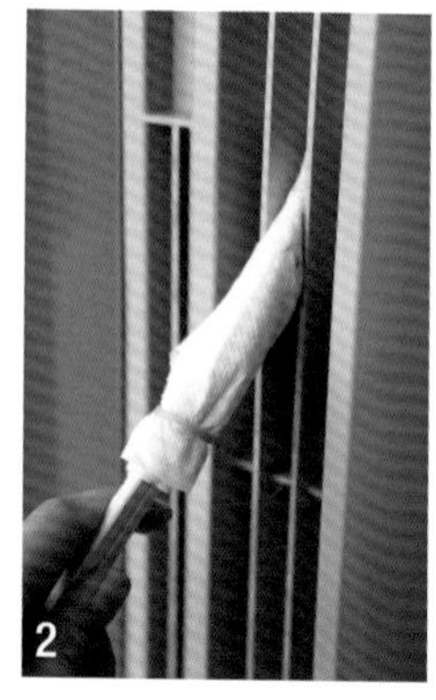

把卫生纸缠在木筷上，再用橡皮筋绑紧，用来清理过滤网间的灰尘。

往冷却板上喷一些空调清洁喷雾剂，给空调内部杀菌、消毒。清洁喷雾剂能够清除空调里面的灰尘和霉菌，消除空调中的异味。

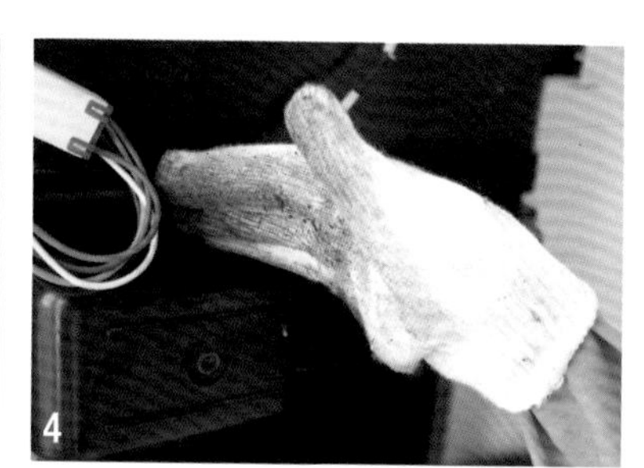

把棉手套套在橡胶手套上，再向手套上喷一些清洁剂，然后擦拭空调内部各个角落的污垢。

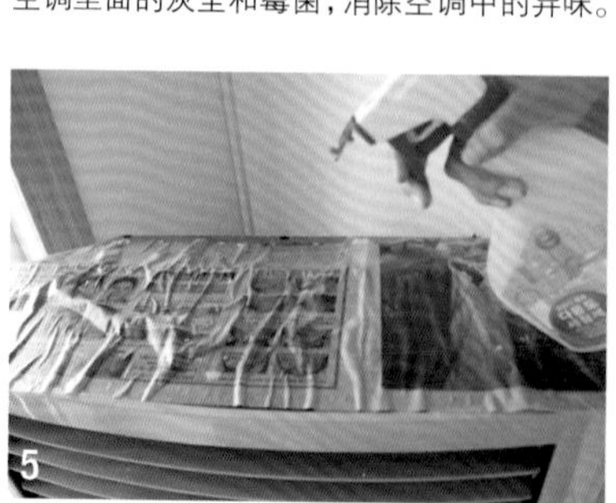

往报纸上喷一些清洁剂，然后盖在空调上面，静置 5 分钟，再擦拭干净。

用蘸有清洁剂的报纸擦拭空调表面，这样整个空调就清理干净了。

穿上无纺布拖鞋，全家一起大扫除

穿上无纺布拖鞋，只是走来走去，就能清除家里的灰尘！这种方法很简单，只需在拖鞋底贴上无纺布，就能让全家人一起大扫除了。

在拖鞋底贴上两条细长的双面胶带。

将无纺布剪成拖鞋的大小，利用双面胶带粘在鞋底。一双无纺布拖鞋就做好了。

穿上它，就连不容易清洁的家具下面也能轻松擦干净。

将变脏的无纺布揭下后直接扔掉。

11
打扫

清洁窗户的方法
15 分钟去除窗户上顽垢的妙招

窗户的15分钟清洁法：清洁纱窗（2分钟）→ 玻璃窗内侧（5分钟）→ 玻璃窗外侧（5分钟）→ 窗框（3分钟）

小时候，如果家里要来客人，我和妹妹总是负责擦玻璃。当时没有什么专门的工具，只是将报纸弄湿后再擦玻璃。这样锻炼下来，等到上中学时，我已经成了擦玻璃的高手。结婚后，我搬进了公寓里，在擦用手够不到的玻璃窗外侧时，我会同时利用磁铁擦玻璃器和车窗刮水器。许多人都将擦玻璃当作一件辛苦活儿。不过，如果灵活运用合适的擦玻璃工具，就能很轻松地把玻璃擦干净。如何才能将里外的玻璃都擦拭得晶光发亮呢？让我们一起来学习擦玻璃的妙招吧！

CHECK! 窗户的清洁顺序

纱窗 → 玻璃窗 → 窗框

为了避免干净的玻璃窗沾上灰尘，要先清洁纱窗。另外，擦玻璃时，会有水滴落在窗框里，所以要先擦玻璃，再清洁窗框。

步骤 1 纱窗

如果室外有风，纱窗上的灰尘会飞进房间里。在需要开窗的夏季来临之前，一定要将纱窗清洁干净。

大纱窗要利用"毛刷＋电风扇"清洁

1 先用毛刷扫去纱窗上的灰尘。此时最好选用小型塑料毛刷。

2 打开电风扇对着窗户吹，这样就能把清扫下来的灰尘吹到窗外。

利用海绵清洁厨房的纱窗

1 向厨房专用清洁剂中倒入少量的水，然后用手搅拌使其充分溶解，一会儿就会出现类似鲜奶油的泡沫。

2 将泡沫涂在沾有油垢的厨房纱窗上，双手各握一块海绵，同时清洁纱窗的正面和背面。擦完后冲洗干净。

步骤2 玻璃窗

玻璃窗内侧使用玻璃清洗剂，外侧用水清洁

玻璃窗里侧和外侧的灰尘种类并不相同。内侧主要是手垢和油垢，外侧主要是土灰和煤烟。因此在清洁玻璃窗内外两侧时，要选择合适的清洁剂。

小贴士：苏打粉不易溶于水，会留下白色污渍，因此不适合用来擦玻璃。可以将少量的中性清洁剂与水混合，用来清洁玻璃。

内侧玻璃 使用玻璃清洗剂除去内侧玻璃上的手垢和油垢。玻璃清洗剂具有碱性，能够轻松溶解手垢。

外侧玻璃 外侧玻璃的污垢主要是干泥土和煤烟，因此可以用水清洗。

清洁内侧窗户

擦玻璃的关键是不要在玻璃上留下抹布印。因此，已经擦过的地方就不要再擦第二次了。擦拭顺序参考下图。

从上至下喷洒玻璃清洗剂，用于溶解污垢。

利用超细纤维抹布或橡胶清洁器擦去玻璃清洗剂，玻璃随之变得干净明亮。

擦拭顺序

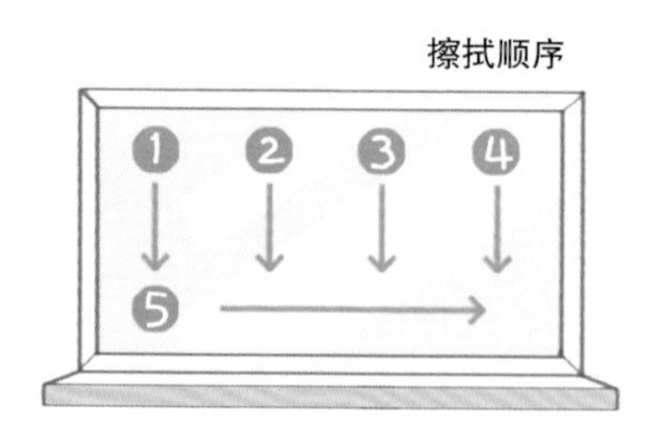

小窗户 先从上向下擦拭，最后从左向右擦拭，抹去抹布印。

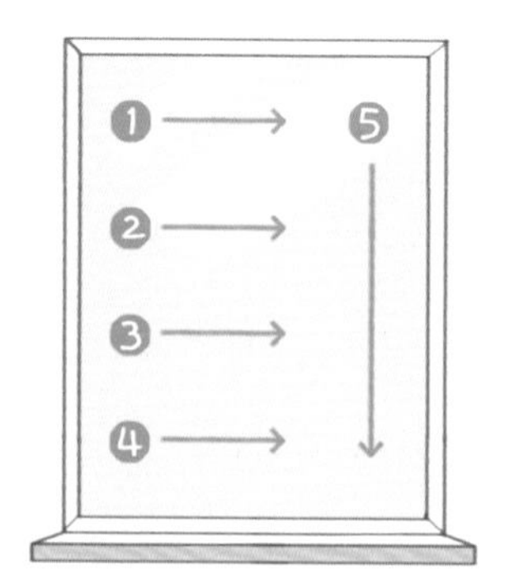

大窗户 对于客厅的大窗户，很难从上向下擦拭。可以先从左向右擦拭，最后再从上向下擦拭一遍，以清除抹布印。

清洁外侧玻璃

使用磁铁擦玻璃器虽然可以清洁玻璃的上半部分，但它很容易掉下来，不太安全。其实，只要灵活运用长柄海绵擦，就能将外侧玻璃擦得干净明亮。

将要擦拭的玻璃推开。

将长柄海绵刷弄湿，擦拭外侧玻璃上的灰尘。

清洗海绵刷。

再用刮水器擦拭玻璃，清除上面的水分。

小贴士：短柄刮水器更容易清除水分。

外侧窗户清洁完了！窗户上的灰尘都被擦干净了。

步骤3 窗框

根据窗框的种类选择不同的清洁方法。清洁比较干净的室内窗框时，不需要用水，可以直接利用吸尘器除尘。清洁有泥土的室外窗框时，可以先洒上一些水，将泥土泡软后再清洗。

将卫生纸的卷筒套在真空吸尘器上。卷筒可以弯曲成适合窗框的大小。使用这个方法，即使是比较窄的窗框，也能清理干净。

用刀在海绵上竖着划几道口子，再将海绵弄湿，来回擦拭几次窗框。经过这样处理的海绵能够紧贴在窗框槽里，彻底清除里面的灰尘。

小贴士：对于长时间未清洁、积了很多灰尘的窗框，要先喷一些水，将灰尘泡开后再清理。可以用洗发水瓶往上喷水。

Before

After

窗框清洁干净啦！

利用"棉手套＋橡胶手套"快速清洁百叶窗

用抹布擦拭百叶窗上的灰尘会很费时间，而利用手套就可以一次清洁4条叶片，既省时又省力。

戴上棉手套，如图所示，从上向下擦掉百叶窗上的灰尘。重点是要同时使用两只手，并将灰尘朝窗外抖落。

小贴士：如果手套湿了，灰尘就会沾在上面，所以要使用干手套擦拭灰尘。

如果百叶窗沾有油垢，就先喷些清洁剂，然后戴上"橡胶手套＋棉手套"将油垢清除。

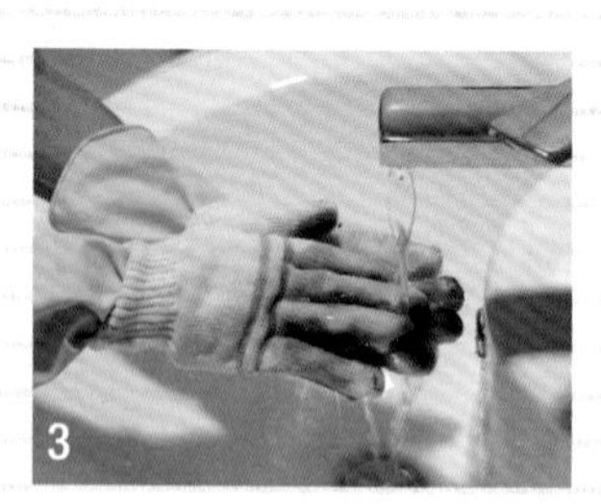

戴着手套洗手，将手套洗干净。

12 打扫

保持卫生间干燥的方法

打造干燥清洁的卫生间环境，让清洁的负担减少一半

只要看到污垢，就马上用迷你海绵和湿巾清理

3倍速卫生间清洁妙招的关键就是"除潮"。每天都湿漉漉的卫生间和总能保持干爽的卫生间，究竟哪个才更卫生、更清洁呢？答案当然是后者。如果卫生间的地面总是过于潮湿，就会导致细菌和霉菌大量滋生。如何才能打造出干爽清洁的卫生间空间呢？让我们一起来学习一下吧！

CHECK! 告别潮湿！打造干燥卫生间的 3 个步骤

潮湿的卫生间容易滋生霉菌和细菌。如果卫生间能保持干燥，就不会再出现霉菌了，打扫起来也会更容易。

步骤 1 拿走拖鞋

卫生间的地面总是湿漉漉的，需要穿拖鞋，但如果您能把家里的卫生间打扫得干爽清洁，那么就不需要拖鞋了。干爽的卫生间既不会产生霉菌，又可以像地板一样使用吸尘器除尘，打扫起来更容易。

BONUS

打造干爽卫生间的几个小说明

有淋浴间或浴缸的卫生间

事实上，干爽的卫生间并非是完全干燥的，而是将一个卫生间分为干湿两个区域使用。如果家里的卫生间带淋浴间或浴缸就可以将其分为干湿两部分。

- 有淋浴间的卫生间 = 干（洗面台和马桶周围）+ 湿（淋浴间）
- 有浴缸的卫生间 = 干（洗面台和马桶周围）+ 湿（浴缸）

打扫、洗头、洗脚

卫生间打扫完以后，使用刮水器清除水分。清洁马桶时，可以利用湿巾和卫生纸。洗头或洗脚要在淋浴间里进行。

在客厅的卫生间摆放拖鞋，而卧房的卫生间不需摆放拖鞋

客人使用的客厅卫生间要摆放拖鞋，这是为了方便客人；卧房的卫生间就不要摆放拖鞋了。

步骤 2 清除污垢

马桶 根据污垢的颜色选择合适的清洁剂。

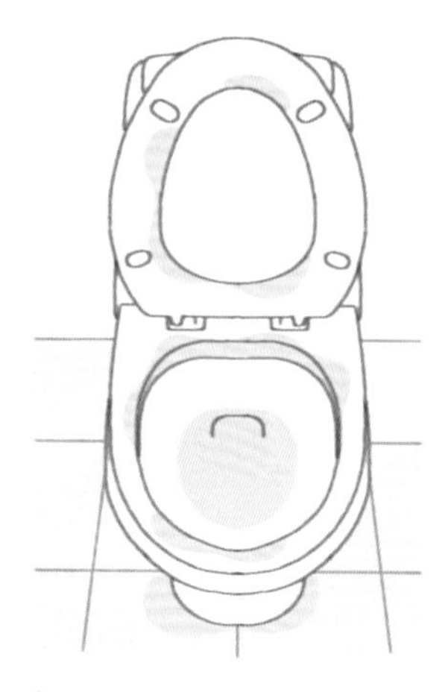

黄色污垢 马桶周围和水面下的黄色污垢其实是尿液造成的。使用柠檬酸或醋等酸性清洁剂可以将其清除。

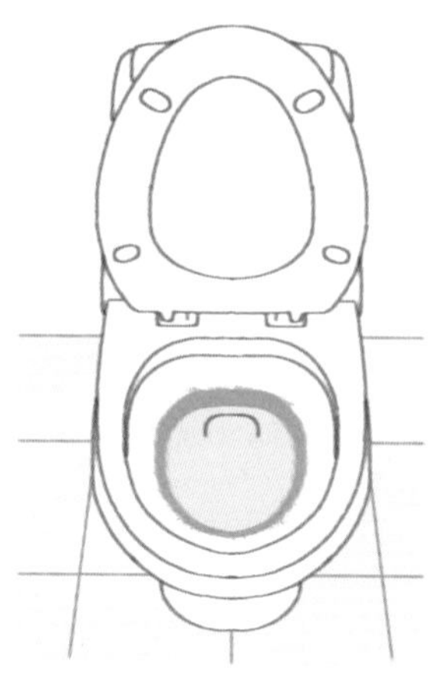

粉红色污垢 马桶水面附近的粉红色污垢是由于细菌滋生造成的。可以使用卫生间专用清洁剂，它具有较强的杀菌效果，能有效消灭有害细菌。

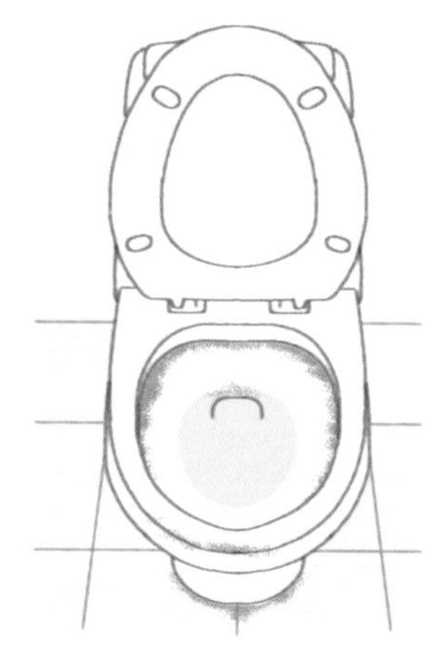

黑色污垢 马桶边缘、马桶壁上和瓷砖缝隙处的黑色污垢是霉菌造成的，可以使用杀菌剂和泡沫式霉菌专用清洁剂去除。

利用卫生纸制作马桶刷

如果您无法忍受脏乱的环境，那就尝试着利用卫生纸制作马桶刷吧！卫生纸干净卫生，能擦去各个角落的污垢，使用后可以直接扔掉。用它进行清洁，既轻松又方便。

所需物品：不锈钢夹、橡皮筋、卫生纸

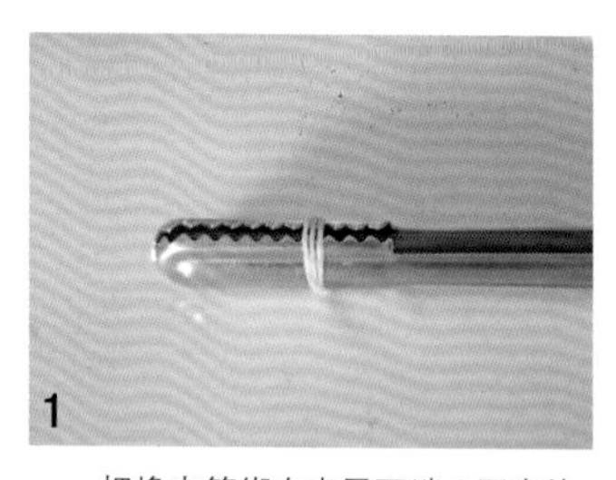

把橡皮筋绑在夹子下端3厘米处。

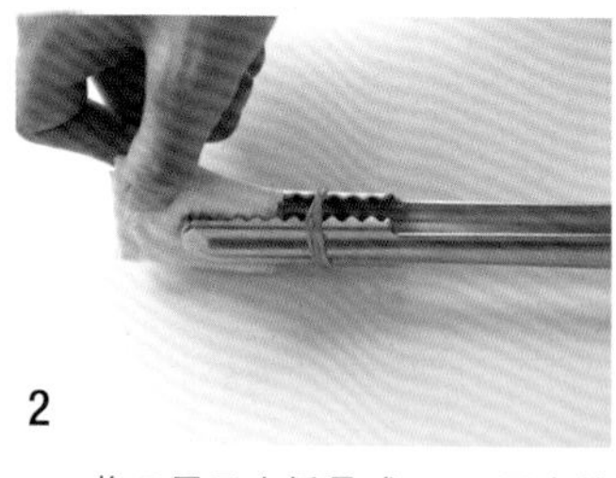

将5层卫生纸叠成3×3厘米的正方形，夹在夹子上。

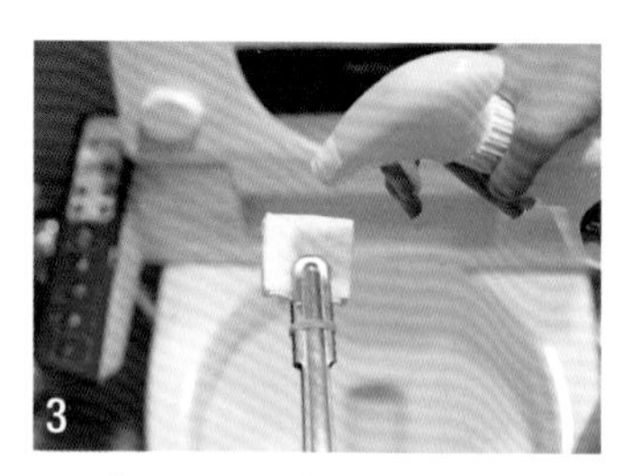

往卫生纸上喷些清洁剂，然后开始擦拭污垢。

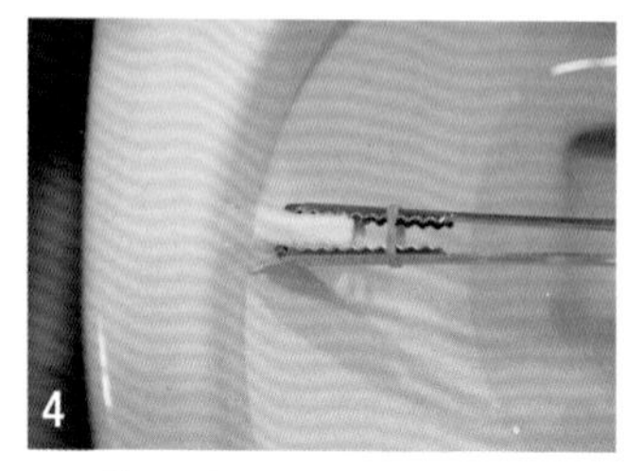

按照边角→排水口的顺序擦除污垢。

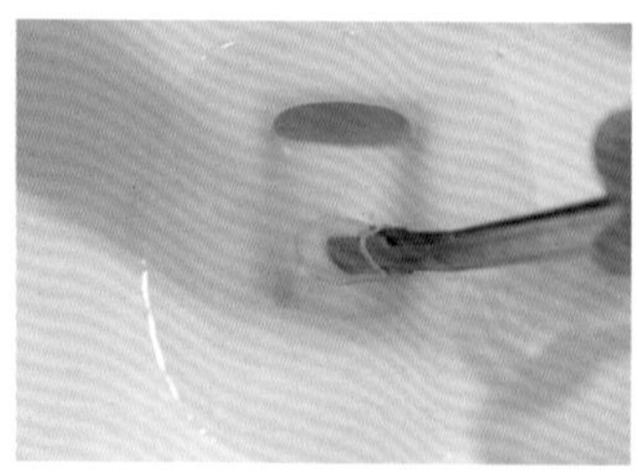

小贴士：由于卫生纸吸水性强，所以要多叠几层再使用，这样能确保卫生纸在清洁过程中不会烂掉。

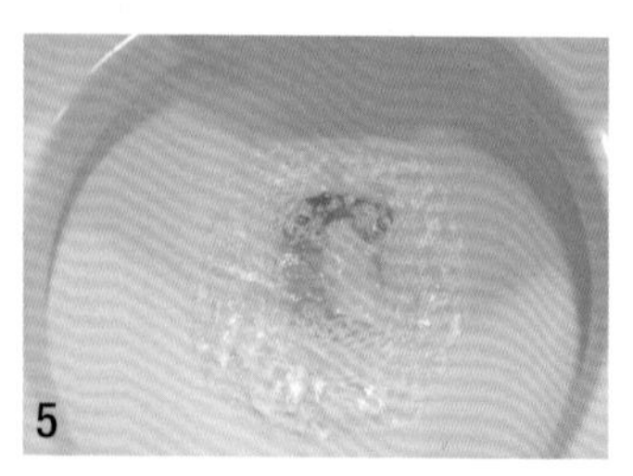

张开夹子，扔掉卫生纸，然后冲一下马桶就搞定了！

仔细清洁不易看到的位置（每周1次）

男人都要站着小便，因此平均每天约有2300滴尿液洒在马桶周围。大部分滴落的尿液都无法用肉眼看到，但它们扩散的广度却是人们无法想象的，因此最好将马桶周围的所有物品都擦拭一遍。尤其是马桶旁的墙面、马桶圈和马桶盖的接缝处、马桶和瓷砖的接缝处、妇洗器的连接部分等位置，即使溅到了尿液，也不易看到。不过，只要用废旧牙刷清理一遍，就能有效去除卫生间的氨气味。

洗面台和浴缸

由于洗面台和浴缸是弯曲的，弧度较大，因此，更适宜使用海绵或洗碗刷之类的工具进行清理。清洁浴缸这种大面积区域时，使用大海绵；清理小面积区域时，使用小海绵。

百洁布 有了百洁布，即使没有清洁剂，也能将器物擦得光亮干净。建议选择容易晾干的薄材质产品，这样更卫生。

熨斗状海绵擦 清洁面积较大的浴缸时，选用熨斗状的海绵擦，可以提高清洁速度。

瓷砖

卫生间的污垢常常积聚在瓷砖凹陷的缝隙和棱角处。利用刷子或毛巾等工具，就能将这些污垢快速清除。

利用刷子清洁瓷砖缝隙处的污垢 清除瓷砖缝隙处的污垢时，使用刷子最有效。如果使用海绵，不但擦不到缝隙处的污垢，反而会使污垢加厚，促使霉菌生长。

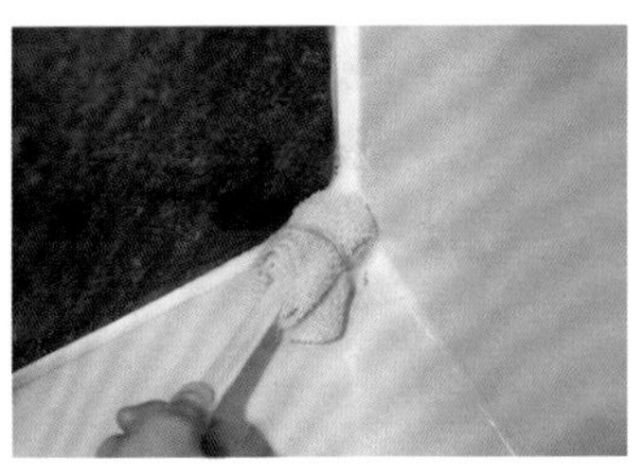

仔细清洁角落处 卫生间的污垢也像地板上的灰尘一样，总是聚集在角落处。尤其在墙壁与地面的交接处聚集着许多头发和肥皂渍，容易造成霉菌的滋生。我们可以用橡皮筋将旧毛巾绑在筷头上，这样就能有效清除角落处的污垢。

排水口

用洗衣液、过碳酸钠和醋制成混合溶液，用来疏通排水口。这种溶液不会腐蚀排水管，丰富的泡沫可以疏通排水口。

调配比例 = 半杯洗衣液 + 半杯过碳酸钠（或者去污粉）+1 杯醋

1 将洗衣液和过碳酸钠倒入少量的水中溶解。

2 把混合溶液倒入排水口，再把加热过的食醋倒在上面。

3 盖上排水口盖。在密闭状态下，溶液会产生丰富的泡沫，然后在压力差的作用下，就能轻松疏通排水管。

4 10~20 分钟后，再用热水冲洗一下。

步骤 3 清除水分

打扫后留下的水分会变成白色的水垢，在地面上留下污渍，所以打扫完卫生间后，一定要将水分清除干净。

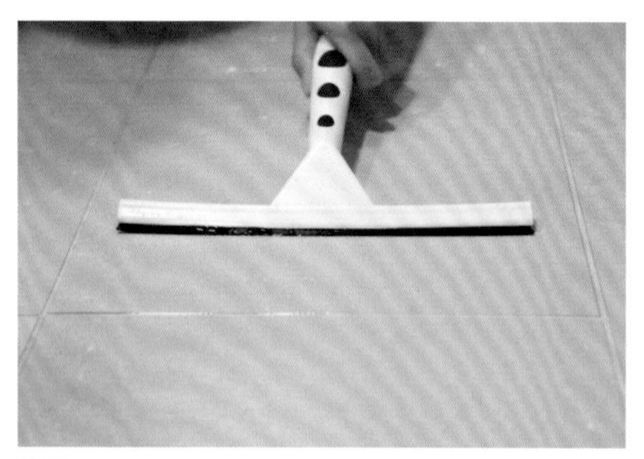

地面

为了让卫生间的地面变得干爽清洁，就得使用刮水器清除地面残留的水分。刮水器是保持卫生间干燥的必备用品。清洁卫生间地面时，最好选择手柄短、横截面宽的刮水器。

用“柠檬酸 + 毛巾”擦镜子

如果想每天早上都能用上干净明亮的镜子，就不要忘了时常擦拭。

1 先使用柠檬酸喷剂溶解白色水垢。

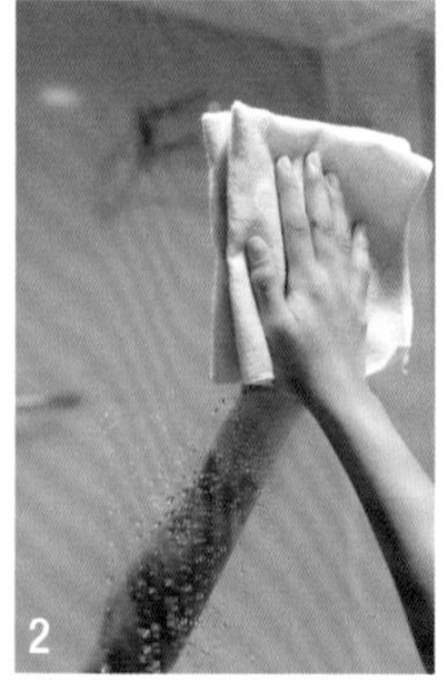

2 将毛巾叠成 10×10 厘米大小，然后从左向右擦拭。注意，已经用毛巾擦过的地方就不要再擦第二次了。

IDEA 卫生间各个角落的3倍速清洁妙招

看见污垢就马上清洁干净！

漱口时发现洗面台有水垢，或者上厕所时发现马桶有些脏，不要犹豫，马上清理吧。

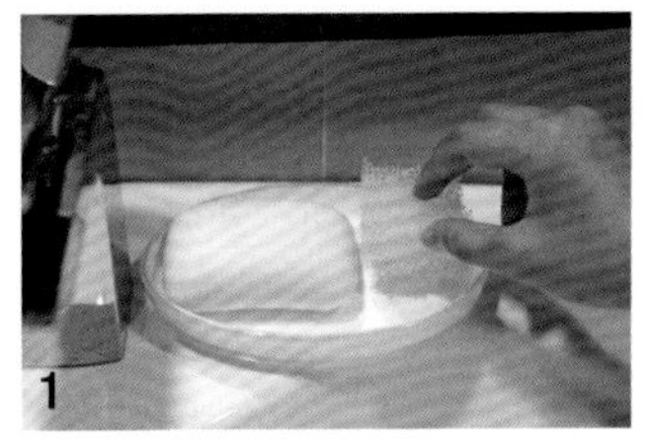

1 在洗面台放置肥皂的位置旁边放一个迷你海绵刷。看到污垢的时候，就可以马上蘸一些去污粉将其清除了。

2 把剪成长条形的丝瓜络套在旧筷子上，再将其插在牙刷筒里，看见污垢时，就可以马上用它将污垢擦掉。

只需贴上一个“小便靶子”，就能大大减轻您的清洁负担

在马桶里贴一个“小便靶子”，小便时就会自觉地瞄准靶子，这样可以使滴落到马桶外面的尿液数量减少80%左右。先用卫生纸将抽水马桶离水面5厘米的地方擦干净，然后把贴纸贴在上面。最好选用塑料材质的防水贴纸。

用塑料袋疏通马桶的方法

只要利用一个塑料袋，就能疏通马桶，比疏通剂更有效！

所需物品：塑料袋、胶带

1 先将马桶盖掀起来，把上面的水擦干净，再将塑料袋用胶带粘在马桶上面。

2 放水。马桶里的水开始涨起来，挤压塑料袋，使其成真空状态。如果放一次水不行，那就多放几次！

用电线扎带制作排水口疏通剂 只要有一根电线扎带，就能将被头发堵住的排水口疏通。

所需物品：电线扎带、剪钳

1 如图所示，用剪钳在一根长电线扎带上剪一些口子。

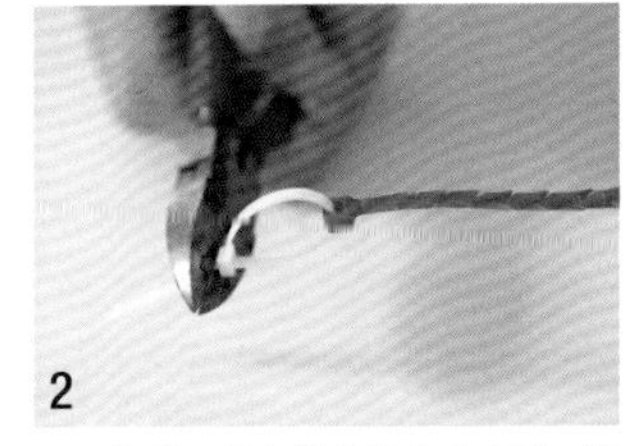

2 将另一根电线扎带套在上面，做成手柄。这是为了避免电线扎带从下水口掉下去。

3 将电线扎带尽可能深地插入下水口，然后慢慢地往外拉，就能将头发和残渣一起拽出来了。

13 打扫

厨房的 3 倍速清洁法
彻底清除黏性油垢的超简便妙招

只要合理运用温度和时间，就能轻松清除污垢

记得有一回，我把一个光亮洁净的燃气灶锅支架放进了洗碗机里，洗涤完后取出来一看，锅支架竟然变成了黑色。问了别人才知道，原来铝材质用具会被碱性洗涤剂腐蚀。从那以后，我意识到在清洁厨房时，除了除垢，更重要的是不能损坏厨房用具。其实，只要合理地利用温度和时间，就能把厨房收拾得干净整洁，那就让我们一起来学习这些小妙招吧！

CHECK! 不同污垢的清洁方法

浮在表面的污垢

这是指普通的灰尘。如果利用水和清洁剂清除，会在表面留下污渍，所以最好使用吸尘器或利用静电除垢。

黏在表面的污垢

这是指手垢和黏着在表面上的其他污垢。它们很容易清除，可以使用湿抹布或清洁剂除垢。

凝固的污垢

受温度或湿度的影响，有些污垢时间久了，就凝固在某些地方。燃气灶和抽油烟机上的污垢都属于这一类。焦煳物受热后就会熔解，可以轻松清除；因干燥而凝固的污垢可以先用水弄湿，再喷一些清洁剂清除。

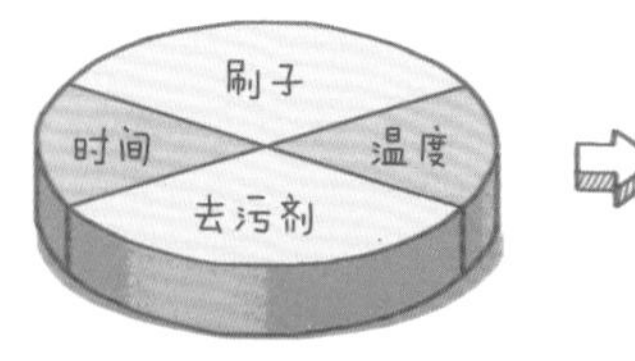

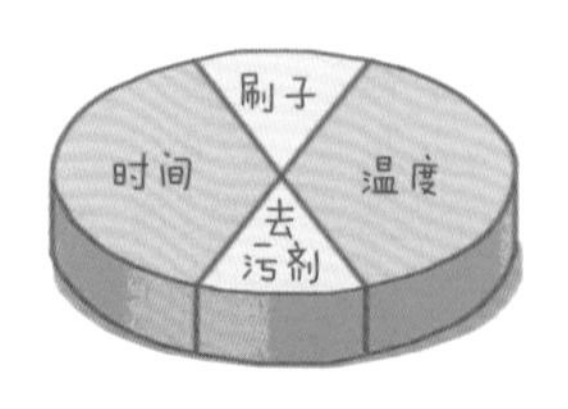

轻松清除黏糊糊的污垢！只要合理地利用温度和时间，即便是那些用强力去污剂和刷子都解决不了的污垢，也能轻松清除。方法是用超过 40℃的热水和清洁剂浸泡 30 分钟，然后再擦除。

POINT 1 燃气灶

如果在洗碗时，顺便清洁一下燃气灶，那么就不需要再单独清洗燃气灶了，这样可以减轻做家务的负担。

开始洗碗前，在燃气灶上喷一些清洁剂。

洗完碗以后，把湿抹布装进塑料袋，再放进微波炉里加热 30 秒。

用热乎的湿抹布擦掉燃气灶上的污垢，既不会留下划痕，又方便快捷。

擦拭燃气灶的镜面板。热乎的湿抹布既有摩擦力，又比较柔软，可以轻松清除手垢。它和超细纤维抹布一样，可以强有力地吸附污垢，使用起来十分方便。

燃气灶变得光亮如新！

POINT 2 厨房瓷砖

厨房的瓷砖容易黏上油污和灰尘，要想轻松清除厨房瓷砖上的污垢，可以使用保鲜膜。

先在瓷砖上喷一些厨房专用洗涤剂，然后贴上保鲜膜。

10 分钟后，将保鲜膜揭去，然后擦拭一遍就可以了。

清洁 · 厨房的3倍速清洁法

POINT 3 抽油烟机和燃气灶的蒸煮清洁法

抽油烟机上有油垢，不仅影响美观，还容易滋生细菌。据说在一台抽油烟机的过滤网上可以检测出 38 亿个真菌。烹饪时产生的水蒸气和油烟使抽油烟机内部变成了细菌的“温床”。想要解决这个难题，就一起来学习轻松清除抽油烟机和燃气灶上顽垢的妙招吧！

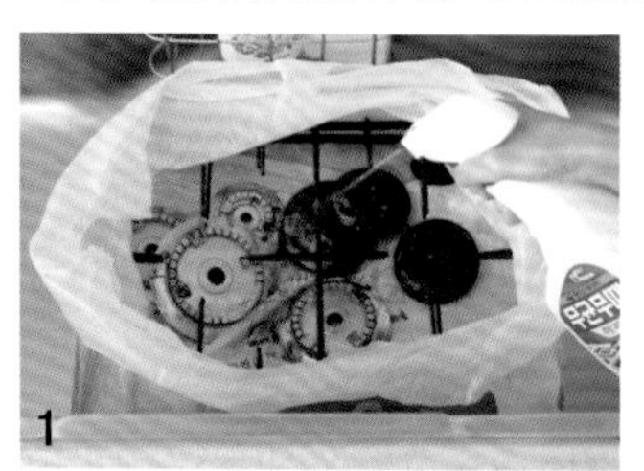

把燃气灶或抽油烟机的零部件装进一个大塑料袋里，然后向塑料袋中加入足量的除油垢专用清洁剂（或厨房清洁专用洗涤剂）。

抽干塑料袋里面的空气，然后将袋口绑住，这样清洁剂就会紧紧贴在污垢上了。

往洗涤槽里注入热水，将塑料袋在热水中浸泡 5 分钟。

小贴士：最佳浸泡时间为 5 分钟。超过 5 分钟，水温就会下降，使得被溶开的污垢重新凝固起来。

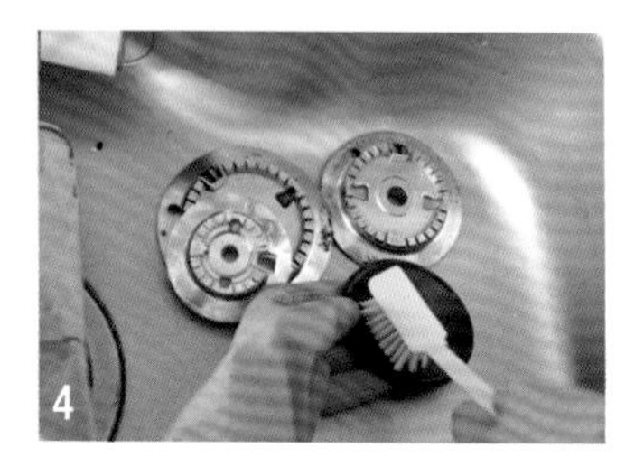

5 分钟后打开塑料袋，再用刷子洗刷干净。这个方法可以彻底清除顽垢。

小贴士：如果铝材质的抽油烟机和燃气灶零部件接触碱性清洁剂的时间过长，就会被腐蚀成黑色，因此要严格控制浸泡时间。

Before

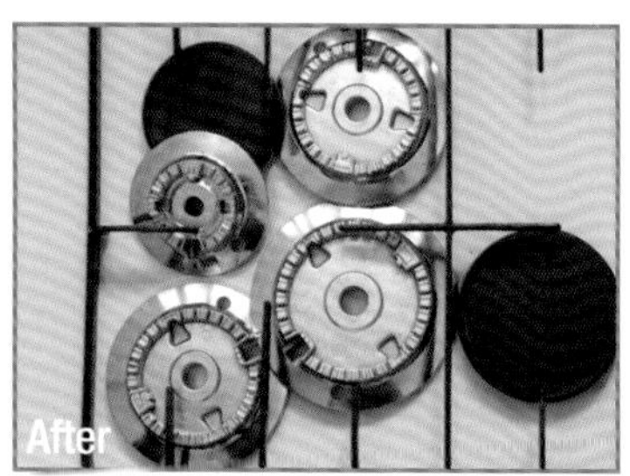

几分钟内就将这些零部件上的顽垢彻底清除了。

POINT 4 用食醋清洁水龙头

如果觉得家里水龙头上的白色清洁剂残渍很碍眼，那就试试用食醋清洗吧！用食醋清洗水龙头，既不会留下刮痕，又能使其重现光泽。

将厨房专用纸巾蘸上食醋，缠在水龙头上。

静置 30 分钟后将纸巾揭下来，再把水龙头擦干净。

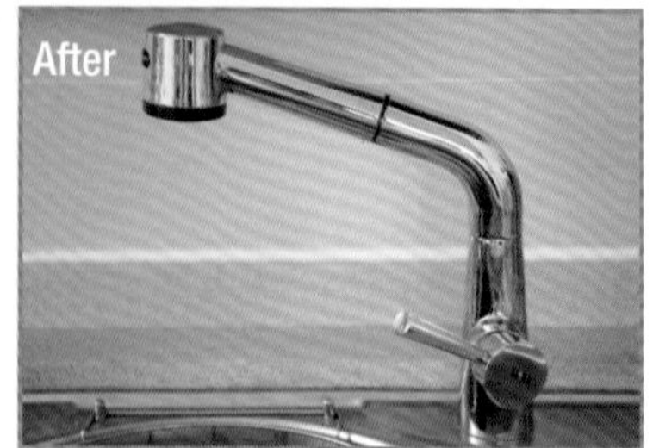

清洁后的水龙头变得光亮如新！

IDEA 清洁厨房的3倍速妙招

利用无纺布拖把清洁厨房天花板

烹饪时，油烟会飞到天花板上，将白色的壁纸染成黄色。为了清除天花板上的油垢，可以将湿巾套在无纺布拖把上轻轻擦拭。一年中只需清洁几次，就能让厨房的天花板一直保持干净。

利用小苏打清洁人造皮革椅子

皮革椅子比较易脏，污垢常常隐藏在皮革的纹理间，想要彻底将其清除干净并不容易。不过，只需使用颗粒状的小苏打，就能彻底清除藏匿在皮革纹理间的污垢。

将椅子搬到卫生间，然后把苏打撒在椅子上。

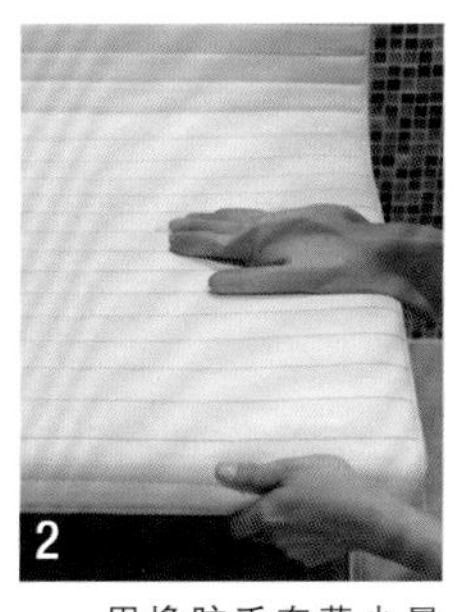

用橡胶手套蘸少量的水，用力揉搓小苏打，这样就能将隐藏在皮革纹理间的污垢清除了。

小贴士：如果蘸水过多，就会使小苏打的研磨效果下降。

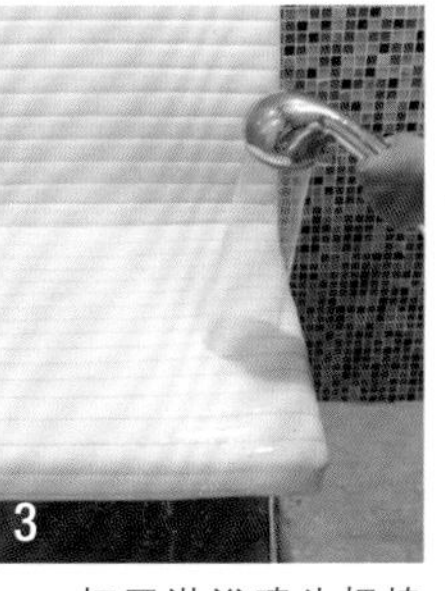

打开淋浴喷头把椅子冲洗干净。

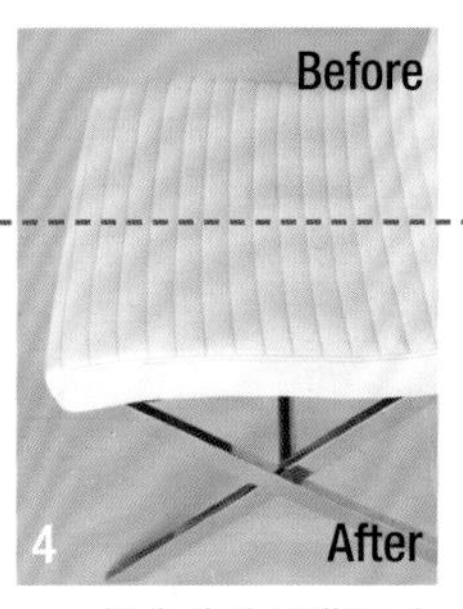

彻底清除了藏匿在皮革纹理间的污垢。

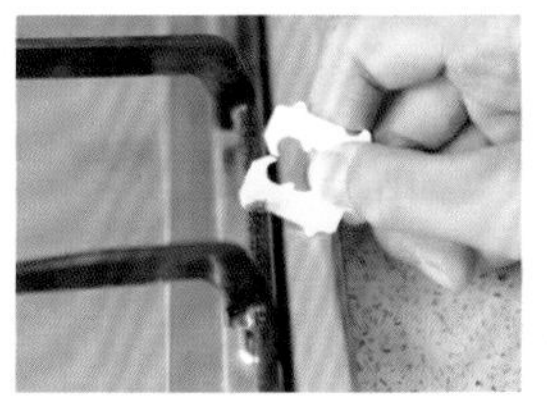

使用封口夹清洁燃气灶的锅支架

只要用一个封口夹，就能把凝固在锅支架上的油垢刮下来，而且不需要使用任何清洁剂。封口夹弧形的棱角与锅支架的曲面正合适，可以轻松将上面的污垢刮下来，效果惊人！它不像钢丝球那么硬，因此不会在锅支架上留下刮痕。同时，清洁过程不需用水，十分方便！

使用塑料卡片刮去电磁炉上的焦煳物

如果用钢丝球清洁电磁炉，就会在上面留下刮痕，所以最好使用塑料卡片完成这个清洁工作。用塑料卡片在焦煳物上轻轻刮几下，就能将其清除干净了。

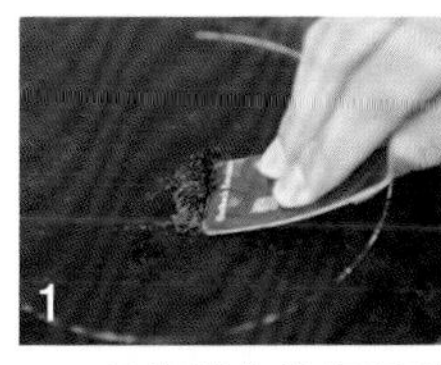

用塑料卡片轻轻刮除电磁炉上的焦煳物。

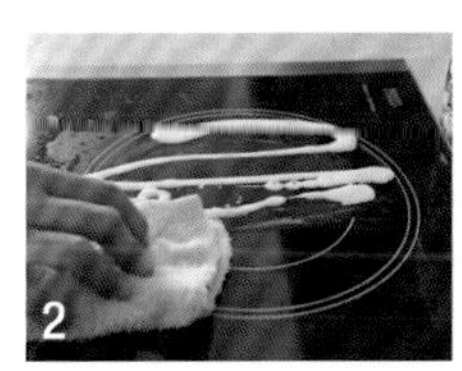

喷一些研磨效果比较好的清洁剂，然后用抹布擦干净。

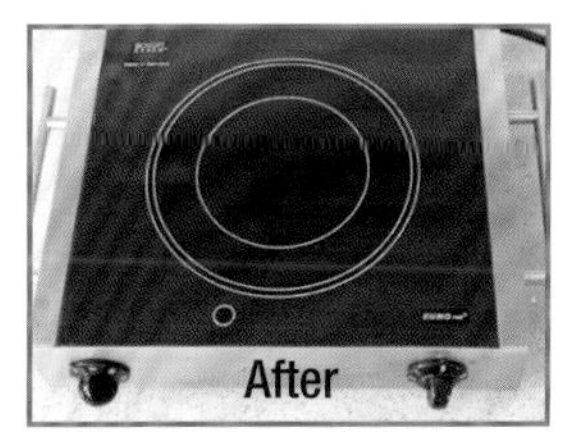

表面沾有黑色焦煳物的电磁炉清洁好了，没有任何刮痕。

14
打扫

应对客人突然造访的10分钟清洁法

让您10分钟内收拾好房间的小妙招

不要慌张，只需集中精力收拾好客人能看到的地方

孩子还小的时候，家里总是乱七八糟的，玩具、被子胡乱地堆放在客厅里。一旦家里突然来了客人，就会十分尴尬。那么，怎样才能避免这种尴尬的局面呢？与日常清洁不同，家里来客人时，清洁的重点是把客人能看到的地方收拾干净。我仔细回想了一下自己到别人家时的情景，最后总结出了这套应对客人突然造访的10分钟清洁法。

CHECK! 10分钟清洁法的几个关键要素

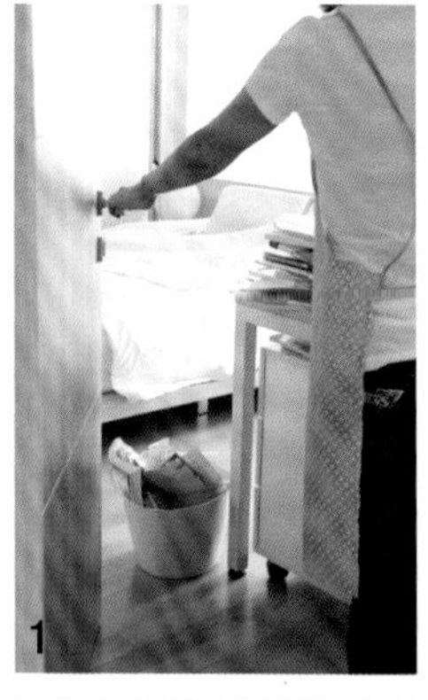

1

只需集中精力打扫客人能看到的地方

客厅、厨房和卫生间是客人会停留和使用的空间，因此要将这些地方打扫干净。客人一般不会去卧室或孩子的房间，因此不必收拾，只要把门关上即可。

2

仔细打扫卫生间

我们去别人家做客时，最在意的就是卫生间。卫生间里哪怕只有很小的一块污渍，都会给客人留下不好的印象，因此需要用心打扫干净。

3

将杂物藏起来

快速收拾乱七八糟的物品的最好方法就是把它们藏起来。把家里的杂物都扔进收纳筐里，再将其搬到客人不会去的房间，然后把门关上。

步骤1 收拾客厅的物品（3分钟）

要把客人停留和落座的地方收拾干净。

通风换气 家居环境能否给人整洁、干净的印象与气味有很大的关系。每个家庭都有自己特殊的味道，虽然住在里面的人已经习以为常，但这些气味却可能给客人留下不好的印象。所以首先要做的就是通风换气。

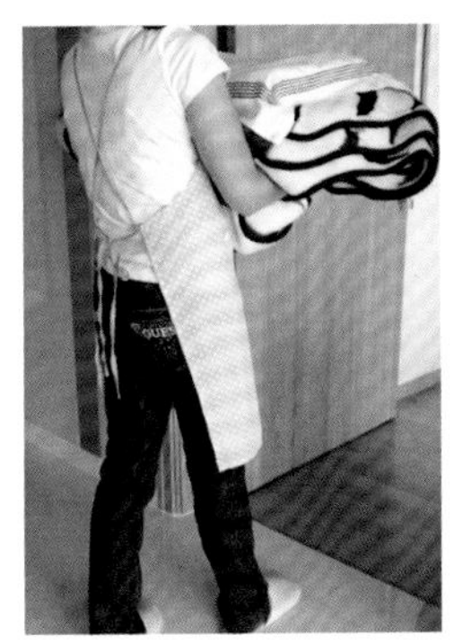

大件物品 如果客厅的地板上有被子、衣服或者晾衣架等，那就赶紧将它们搬到别的房间或阳台吧。

小件物品 把客厅桌子上杂七杂八的小东西都放进收纳筐或收纳袋中，然后再藏到客人看不到的地方。比如指甲刀、挖耳勺等，都需要收拾起来。

尽可能将物品摆放得整齐美观 把靠垫排成排，整理得美观一些；桌子上的遥控器等物品也要摆放整齐。这样就会给客人留下整齐干净的印象。

步骤2 清洁客厅地面的头发（2分钟）

利用真空吸尘器或无纺布拖把将客厅地面上的头发清理干净。

步骤3 打扫卫生间（3分钟）

想要在3分钟内打扫干净卫生间，就不能用水反复洗刷。最好利用卫生纸或湿巾擦拭，使用后可以直接扔掉。

马桶 1. 用卫生纸蘸些水擦拭马桶坐垫。→ 2. 将马桶坐垫掀起来，清洁下面的污垢。→ 3. 把卫生纸扔掉，放水冲洗马桶。

3

洗面台和地面

1. 使用旧毛巾或抹布清洁洗面台。→ 2. 清洁卫生间地面，把地上的头发清理干净。→ 3. 换一条新毛巾。

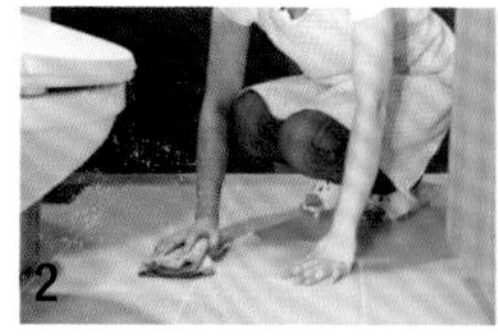

小贴士： 想要卫生间给人留下干净的印象，关键是要将水龙头擦得明亮洁净。不管洗面台再怎么干净，如果水龙头上有污渍，就会使人感觉不干净，所以别忘了用抹布将水龙头擦干净。

步骤 4 整理玄关（1 分钟）

鞋子　如果玄关处摆放很多鞋子，就会给人留下空间狭小、又脏又乱的印象。尽可能将鞋子收纳进鞋柜里，再把外面的鞋子摆放整齐。

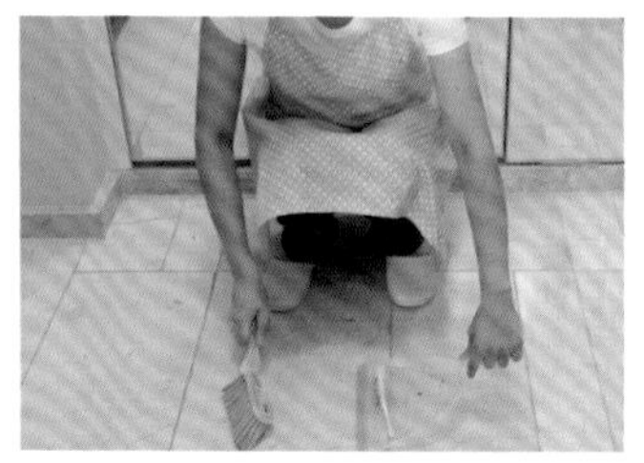

尘土　如果玄关处尘土过多，就用笤帚快速清理干净。

拖鞋　如果家里需要穿拖鞋，别忘了在玄关准备好客人用的拖鞋。

步骤 5 从客人的视角检查一遍（1 分钟）

从客人的视角检查一遍

最后把自己当成客人，在家里各处走一遍，将还能看到的杂乱物品收起来。

空气清新剂

如果通风换气也不能消除家里的异味，就喷一些空气清新剂吧。

Column ❷ 让家里 365 天都保持洁净如新的秘诀

只要掌握维修与护理的方法，就能大幅提升空间形象

有时候听别的主妇说，她们的丈夫会帮忙做家务，这让我羡慕不已。我的丈夫最怕麻烦。每当我说家里哪处出了问题时，他总是说："找人来修吧。"可一想到昂贵的维修费，我的心里就很不是滋味。对于简单的故障，请人来修的话，总感到有些得不偿失。只有那种非常专业的问题，自己肯定一个人搞不定，才有必要请专业人士来。

由于丈夫比较懒，我只好自己学着做一些简单的维修工作，从换灯泡、安装窗帘杆到更换卫生间的瓷砖美缝剂，再到贴壁纸、涂漆……不知从何时起，家里一般的保养和维修工作，我都能自己解决了。一件件地学习，然后再尝试着做，最后发现其实也没有什么难的。利用简单的工具和材料，即使没有丈夫的帮助，也能独自做好家里各处的维修与护理工作。快来跟我一起学习吧！

Let's try! 自己动手贴壁纸

如果您想改变家里的氛围，那就用漂亮的壁纸装饰床、沙发、餐桌等主要家具周围的墙壁吧！只需花上半天的时间贴壁纸，就能彻底改善家中的氛围。

所需物品：壁纸、糨糊、黏合剂、壁纸刀、糨糊刷子、抹布

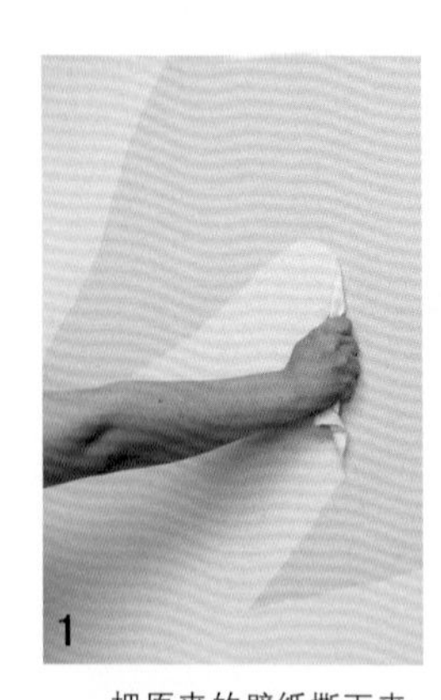
1

把原来的壁纸撕下来。如果原先是纸质壁纸，可以直接将新壁纸贴在上面；如果原来使用的是丝绸壁纸，就先用壁纸刀将表层刮下来，只留下黄色的打底壁纸。

2

将糨糊揉搓均匀，里面不要有小疙瘩。

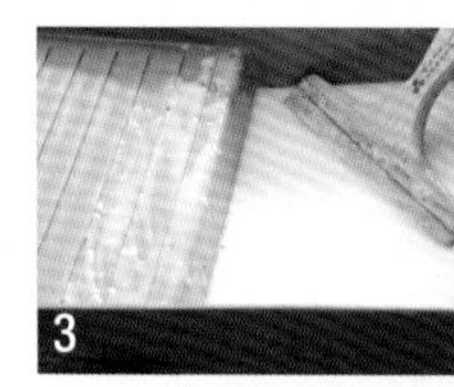
3

捣糨糊。当把糨糊刷子拿起来后，糨糊能滴下来，这时就可以了。

4

把壁纸裁开，抹上糨糊，静置 5 分钟。

5

在壁纸容易脱落的墙角处抹一些糨糊。

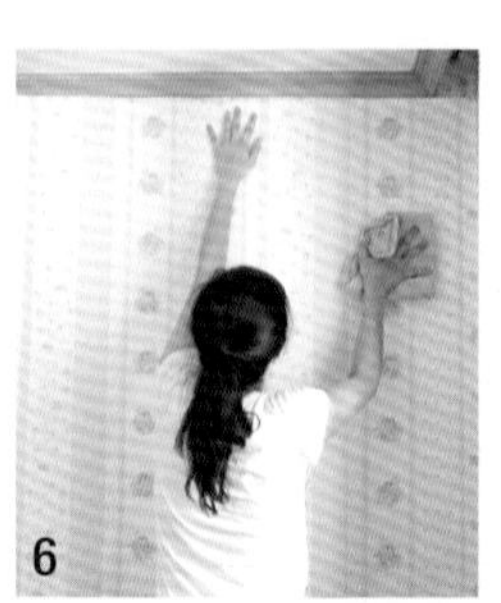
6

贴上壁纸。利用微湿的抹布从壁纸上端开始往下擦。

小贴士：在处理壁纸重叠处以及天花板装饰线处时，利用直尺和壁纸刀，就可以干净利落地裁掉多余的壁纸。

Let's try! 消除钉眼

墙壁或家具上的钉眼就像人脸上的痣，会影响家里的美观。将修复剂、黏土或者硅胶等填入钉眼中，就能轻松解决这个问题。

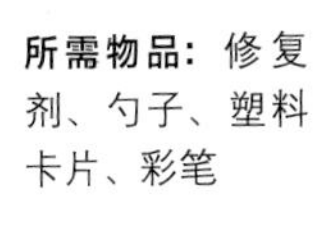

所需物品：修复剂、勺子、塑料卡片、彩笔

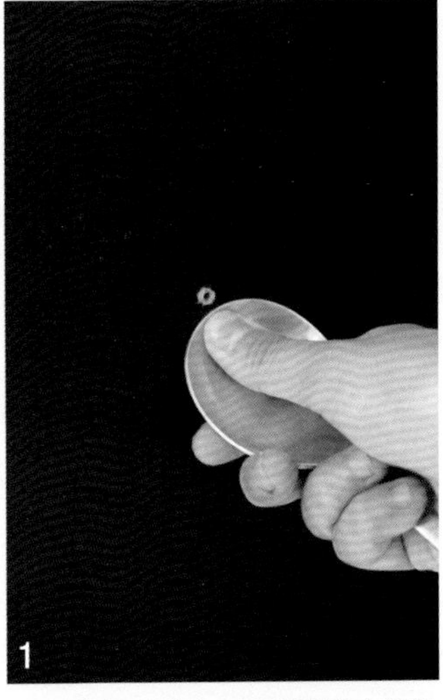

1 利用勺子把钉眼周围翘出来的部分压平。

2 把修复剂拆开，用手混合均匀。

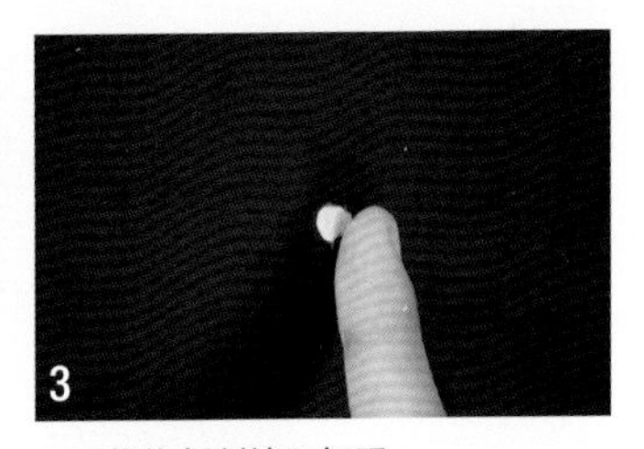

3 将修复剂填入钉眼。

小贴士：也可以利用黏土、硅胶等堵住钉眼。修复剂除了能用来堵钉眼外，还可以用来堵住其他各种窟窿。

4 用塑料卡片将表面弄平整。

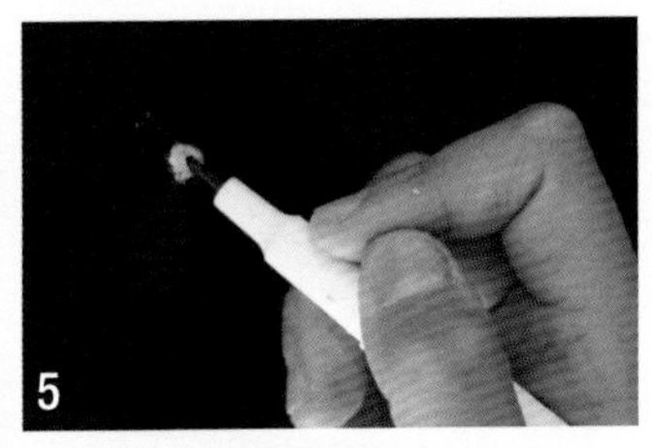

5 待修复剂完全晾干后，用与家具颜色相似的彩笔涂抹。

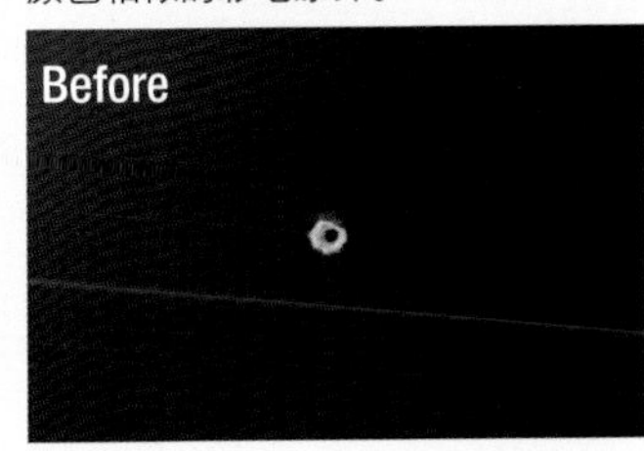

After

钉眼消失啦！

Let's try! 修补破了洞的壁纸

如果您不小心弄破了家里的壁纸，只要破洞不是很大，就可以修补好。采用下面方法修补破了洞的壁纸，只要不站在离它很近的地方，一般不会注意到。

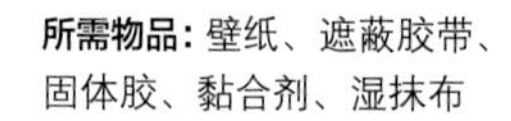

所需物品： 壁纸、遮蔽胶带、固体胶、黏合剂、湿抹布

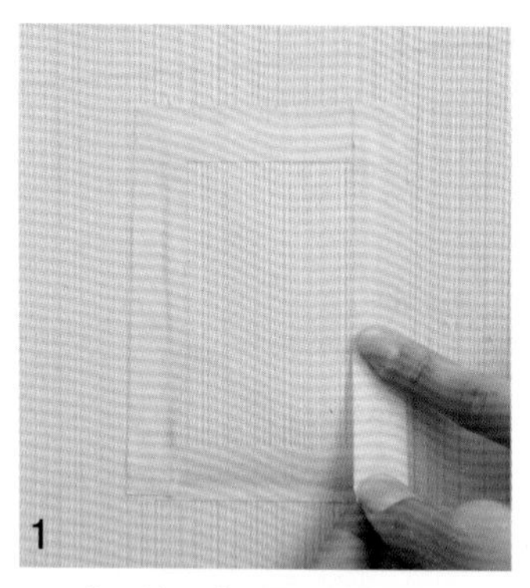

裁一块比破洞略大的壁纸贴在破损处，然后用遮蔽胶带固定。

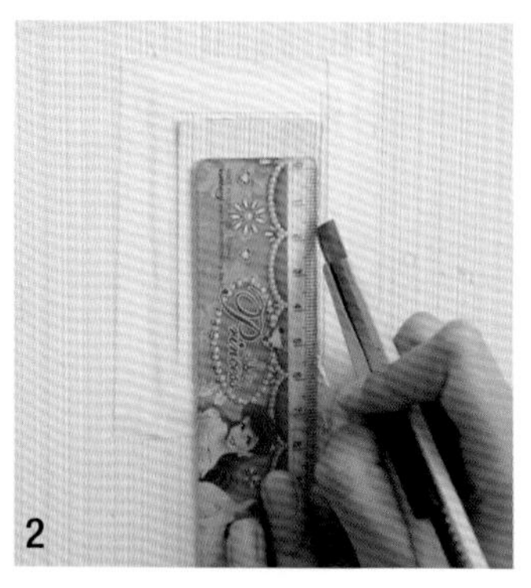

利用直尺，把原来的破损壁纸和新贴上的壁纸裁下来。

注意 不要将打底壁纸裁下来。

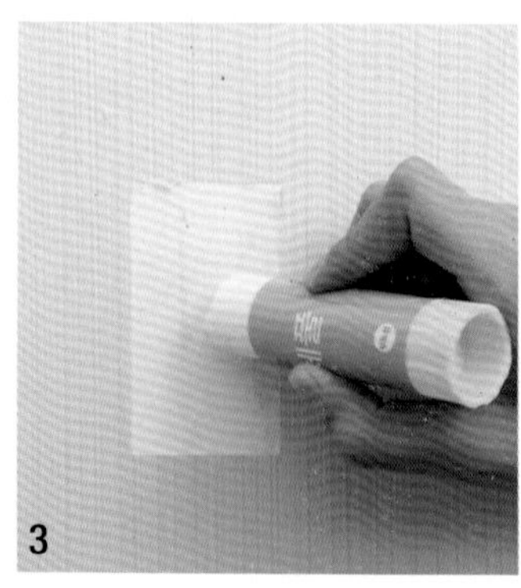

把遮蔽胶带撕下来，在露出的打底壁纸上涂上固体胶。

小贴士： 如果是丝绸壁纸，就再涂一层薄薄的黏合剂。

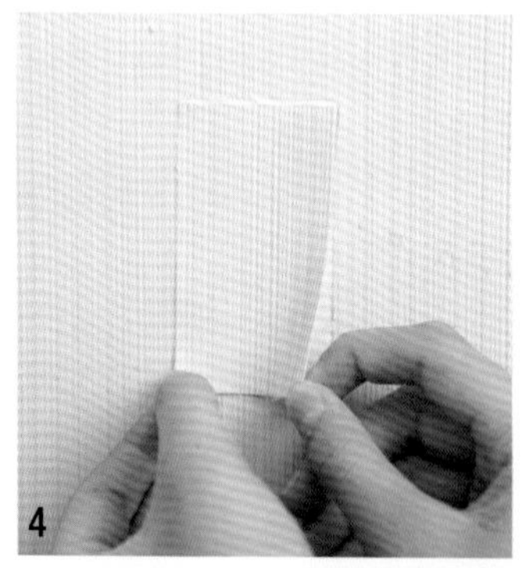

把新壁纸对着边缘贴上去。

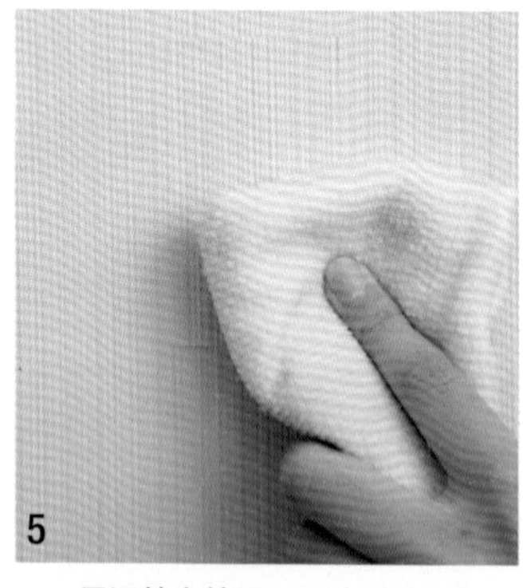

用湿抹布抹平，以防新贴上去的壁纸翘起来。

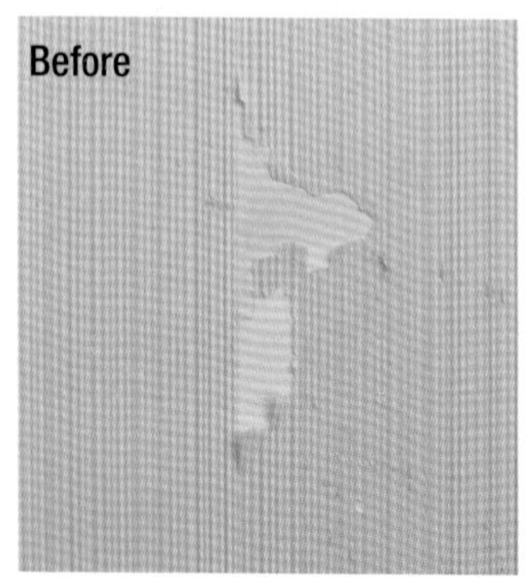

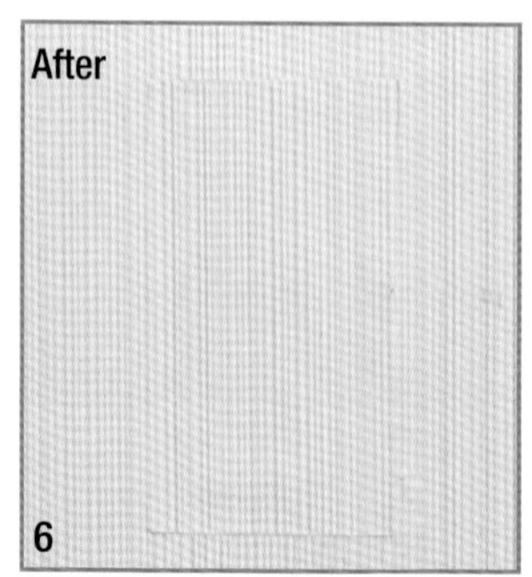

壁纸修补好了！只要不近距离观察，就不会发现修补痕迹。

Let's try! 修复木质地板上的划痕

对于木质地板上的划痕，如果放任不管，它就会越变越大，还会积累灰垢。不过，只要家里准备了与地板颜色相同的木制品修补蜡笔，就能将有划痕的地板修复好。

所需物品：木制品修补蜡笔、塑料卡片、湿抹布、油性笔

在地板划痕处涂上修补蜡，彻底涂满划痕处。

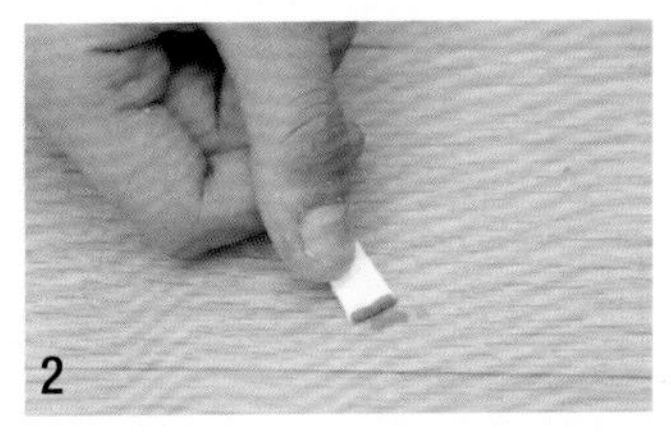

用塑料卡片刮几下，清除多余的修补剂，并将修补处弄平整，然后再用湿抹布擦拭。

用油性笔画出木纹。

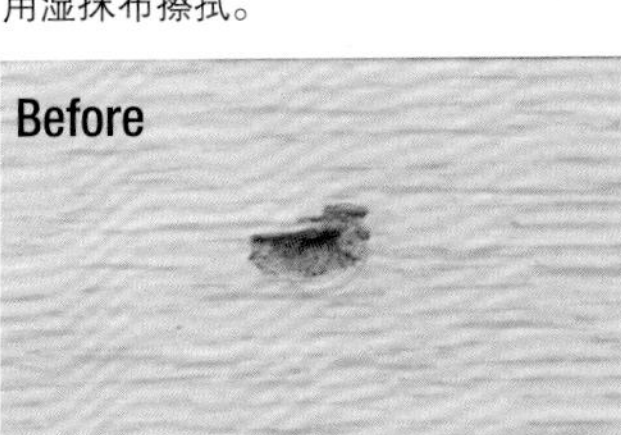

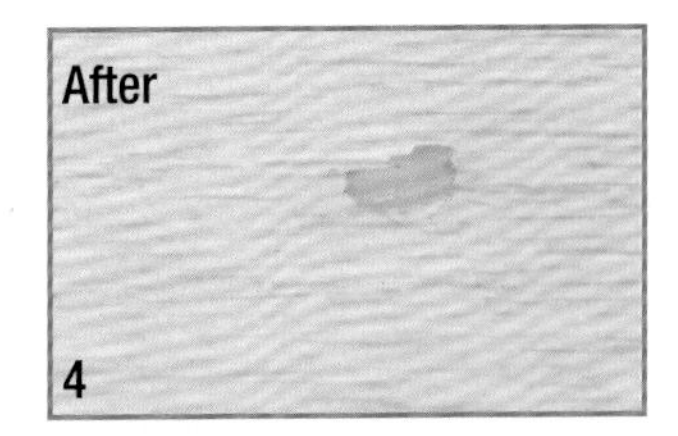

这样就把划痕处遮盖住了。使用这个方法，不仅可以修复地板，还可以用来修复家具、门板等。

Let's try! 调节玄关门的速度

如果门总是“咣”的一声关上，就会妨碍到邻居家的生活。其实，只要轻轻地转动一下门上面的螺丝钉，就能轻松解决这个问题，需要做的只是检查一下闭门器。所谓闭门器，是指关门时，起到制动作用的一种装置。调整闭合器上的螺丝，就可以调节液压，从而改变关门的速度。

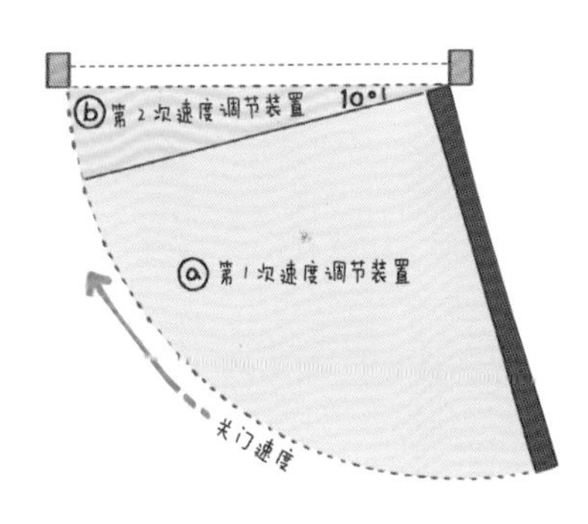

ⓐ **第1次速度调节装置：**从开始关门到角度为10°时的关门速度

ⓑ **第2次速度调节装置：**从角度为10°到完全关上时的关门速度

1. 如果关门时力度太大：将螺丝钉朝右拧，此时液压增强，关门速度就会变慢。

2. 如果关门时力度太小：将螺丝钉朝左拧，此时液压减弱，关门速度就会变快。

Let's try! 修补破了洞的纱窗

过去修补纱窗时，有用锡纸堵住窟窿的，也有在破洞处缝上一块纱窗网的。如今随着修补纱窗的专业用品越来越多，修补工作也变得更简单了。

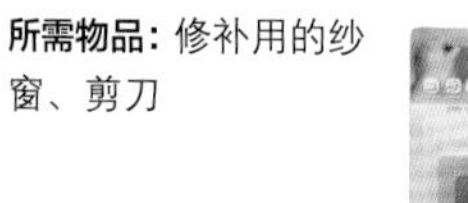

所需物品： 修补用的纱窗、剪刀

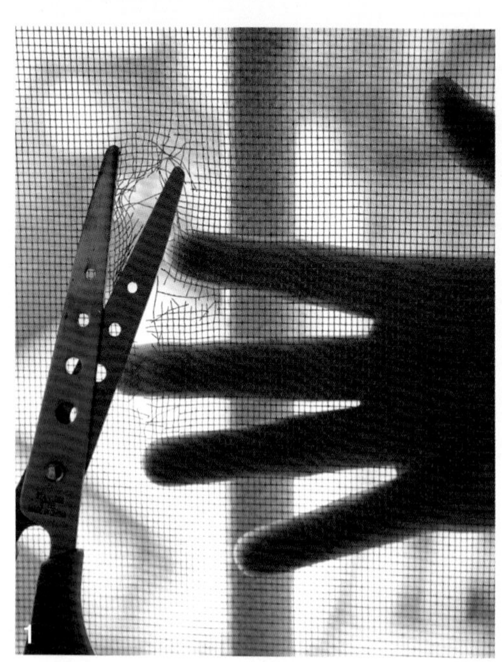

用剪刀将纱窗破洞附近修剪平整。

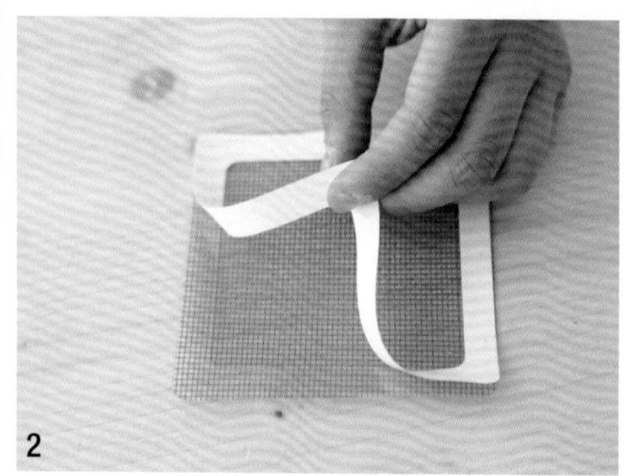

揭掉修补用纱窗上的双面胶隔离纸。

在修补用纱窗的两侧对掌按压。

小贴士： 一定要选购与破洞大小合适的修补用纱窗块，才能使修复后的纱窗看起来更自然。

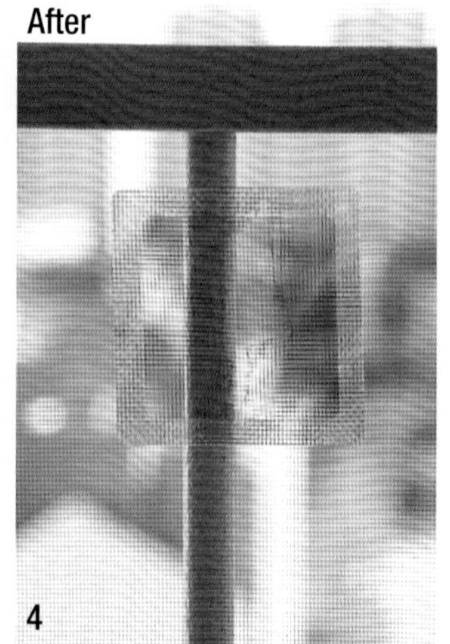

纱窗上的破洞修补好了！

Let's try! 瓷砖美缝

仅为一个卫生间做瓷砖美缝，就得花费不少钱。可如果不做，瓷砖的缝隙处一定会积聚污垢，产生霉菌。因此，即使价格昂贵，许多家庭也会请人做瓷砖美缝。其实自己动手做瓷砖美缝，并不像想象中那么难。如果您还在为此烦恼的话，那就按我的方法自己动手做一次吧！

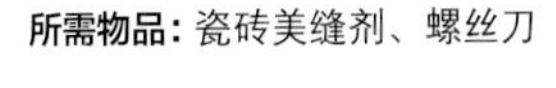

所需物品：瓷砖美缝剂、螺丝刀

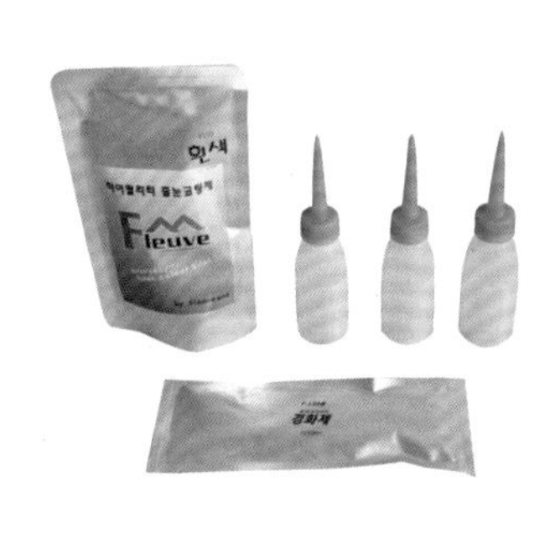

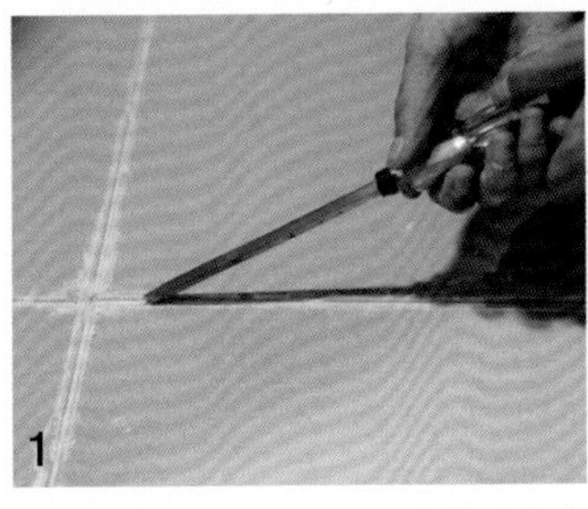

用螺丝刀或美工刀将瓷砖缝隙处的黏合剂刮出两毫米深。

小贴士：只有深度合适，才能把瓷砖美缝剂涂进去。即使是专业施工人员，也很看重这个步骤，施工时，这个步骤的工作量要占整体工作量的70%以上。

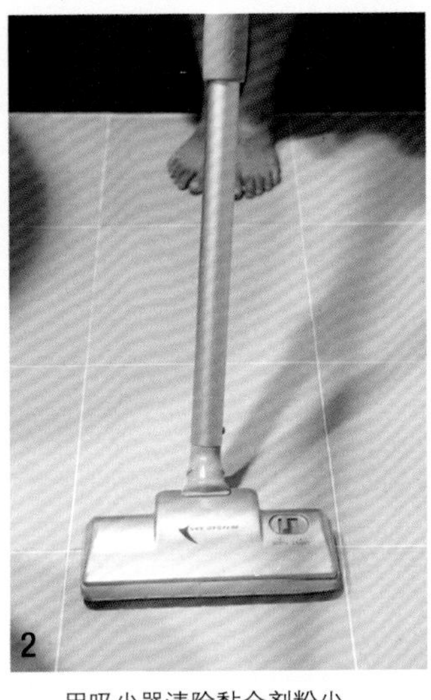

用吸尘器清除黏合剂粉尘。

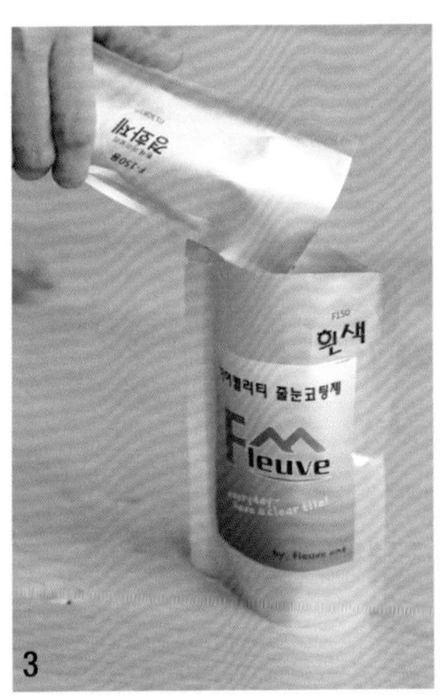

将瓷砖美缝剂的主材料和副材料混合后，再用筷子搅匀。

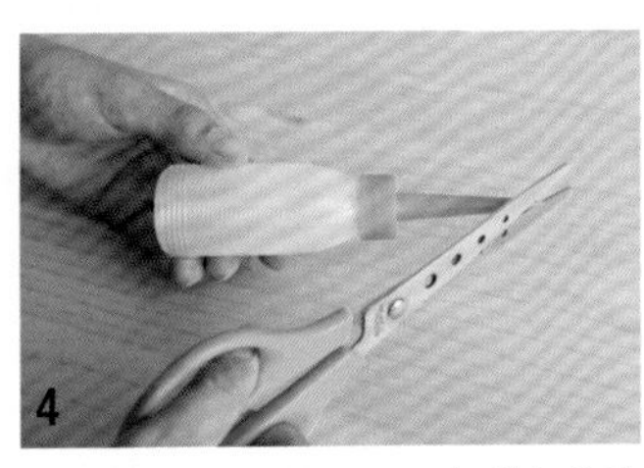

斜着剪开胶管头，再把搅匀的瓷砖美缝剂装进去。

拿着胶管，把瓷砖美缝剂涂在瓷砖缝隙处。

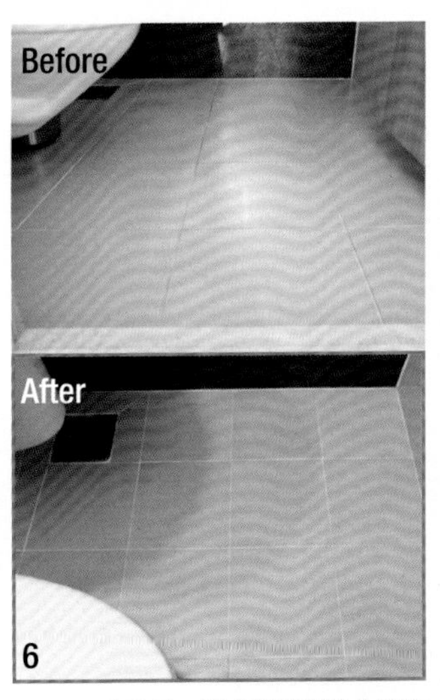

24 小时后，瓷砖美缝剂就会彻底凝固。涂了瓷砖美缝剂后，缝隙处就不会长霉菌了，清洁起来也更方便了。

Let's try! 更换卫生间硅胶

时间久了，硅胶的缝隙处就会生霉菌。如果您在为此烦恼，那就试着自己动手更换卫生间的硅胶吧！只要认真按照下面的步骤操作，就能干净利落地完成更换工作。

所需物品：管装硅胶、美工刀、遮蔽胶带

小贴士：管装硅胶使用方便，而且是小容量的，比较经济实惠。

清除原来的硅胶。用美工刀在硅胶两侧分别划一下，就可以轻松清除原来的硅胶。

在需要填充硅胶的位置的两侧贴上遮蔽胶带。

将新的胜胶挤到填充位置。

小贴士：建议选用透明硅胶。

将塑料卡片剪成长条形，然后把新填充的硅胶刮平整。

最后撕掉遮蔽胶带。

需要定期维护的各种日常用品

不论是寄托了某些回忆的物品，还是当初花了大价钱买回来的物品，我们都希望把它们永久珍藏下去。但事实上，只有在购买物品的瞬间，我们才会对它们无比珍视，随着时间的流逝，我们对它们的关注也变得越来越少了。摆放在商场里的物品总是显得干净整洁，如果我们在家里也能爱惜这些物品，那它们就会像在商场里一样崭新闪亮。同时，如果我们能时常用心地保养那些“老物件”，它们也会像新买来时一样干净漂亮。做好定期的维护工作，也会让我们对物品的感情越来越深。每个人都应该学会如何保养这些日常用品，下面就和我来一起来学习吧！

Let's try! 手表和手镯

手表天天接触皮肤，因此很容易沾上汗渍和灰垢。但如果我们能经常对其进行维护和保养，手表就能光亮如新。

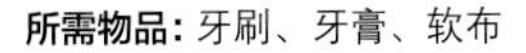

所需物品：牙刷、牙膏、软布

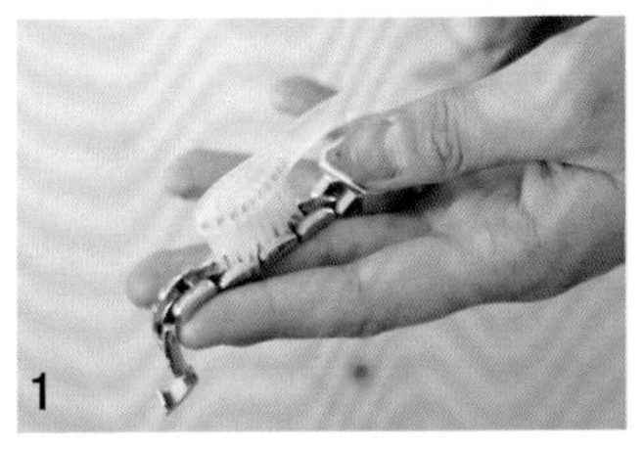

用牙刷仔细刷去表圈、表链和手表边线缝隙处的异物。

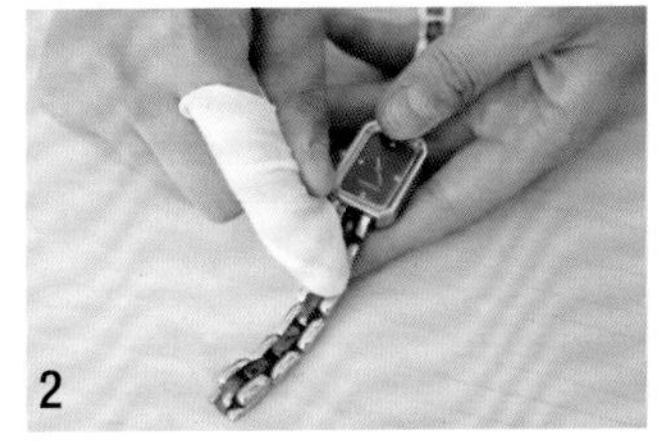

用蘸了水的布轻轻擦拭。

注意 最好不要打开水龙头直接冲洗。

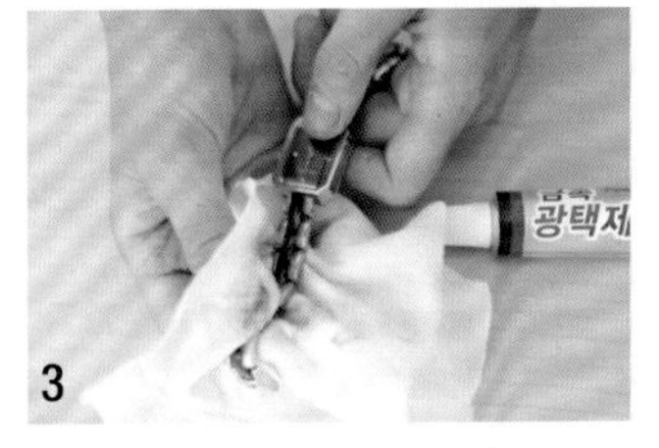

如果手表上有划痕，就用蘸有牙膏的干布擦拭，这样可以去除比较小的划痕。

Let's try! 皮包

皮革需要用适量的护理油来保养维护。相信许多人都有几个比较好的皮包，现在就来学习一下如何保养它们吧。

所需物品：皮革护理油、软布、抛光毛刷

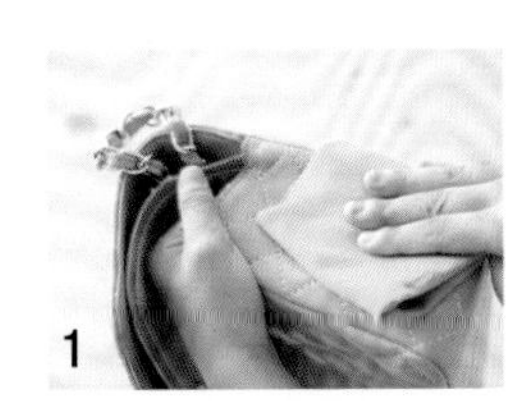

先将皮包清洁干净。用软布擦掉皮包表面的灰尘。擦侧面的灰尘时，可以将手放进包里面，这样更容易把皮包擦干净。

涂皮革护理油。先将护理油涂在软布上，然后用软布擦拭皮包。

小贴士：涂护理油前，要先检查一下皮革颜色是否变深。先在皮包底部做个简单的测试，没问题后再将护理油涂在整个皮包上。

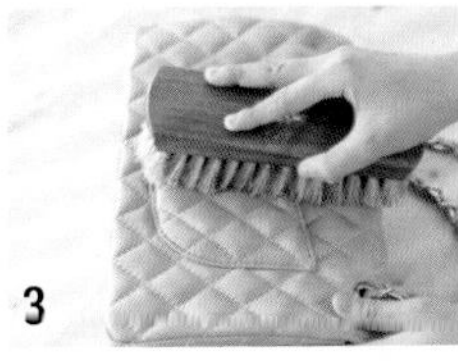

擦亮皮包。用抛光毛刷轻轻地在皮包表面刷一会儿，皮包就变得光亮如新了。

Let's try! 皮鞋

皮鞋代表着时尚的品位，最能吸引人的目光。不管衣服搭配得多么漂亮，如果脚上穿着一双磨破了跟或者很脏的鞋，都会让形象大打折扣。只要准备几件专用的保养产品，做好定期保养工作，就能让皮鞋显得光亮如新。

所需物品： 软毛刷、鞋油、皮鞋清洁剂、抛光毛刷、迷你刷、软布

擦掉皮鞋表面的灰尘。用软毛刷清除皮鞋表面的灰尘，再用软布蘸着皮革清洁剂进行擦拭。

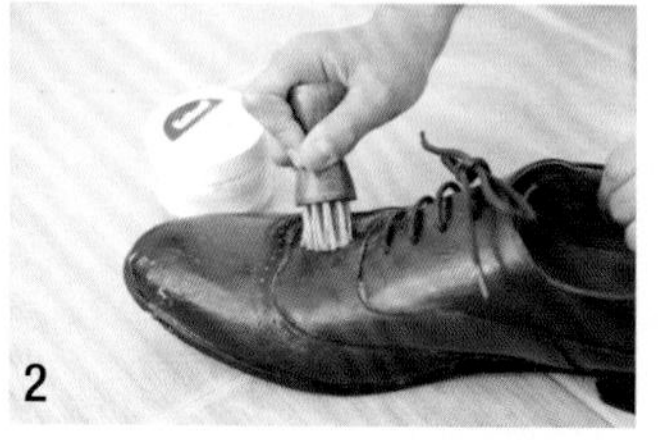

用迷你刷蘸些鞋油轻轻地擦在皮鞋表面，然后放置 15 分钟，使鞋油被充分吸收。

小贴士： 如果家里有皮革专用护理霜或护理剂的话，可以先给皮鞋做个保养，然后再擦鞋油。使用时，先将皮革护理霜或护理剂涂在软布上，然后再均匀地擦在皮鞋表面。

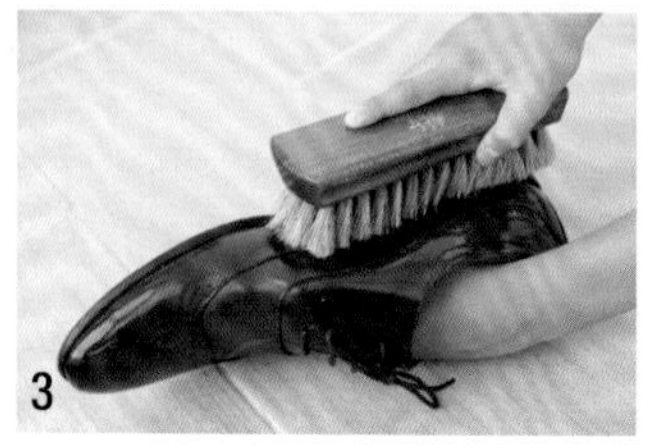

用抛光毛刷擦掉多余的鞋油，皮鞋就变得明光锃亮了。

Let's try! 运动鞋

运动鞋是需要经常洗刷的，但鞋上的污渍不易清除。现在好办啦！只要用一个塑料袋，就可以快速清除运动鞋上的污渍。

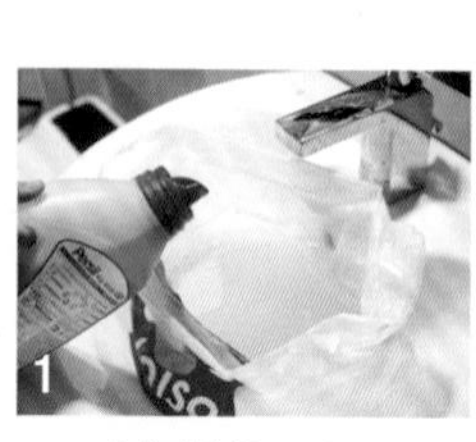

在塑料袋里装一些温水，再倒一些洗涤剂。

小贴士： 运动鞋泡在盆里会漂起来，并且水很快就会变凉，而使用塑料袋就能解决这些问题。

将运动鞋放进塑料袋里，摇晃几下，再将袋口密封起来，避免热气流失。

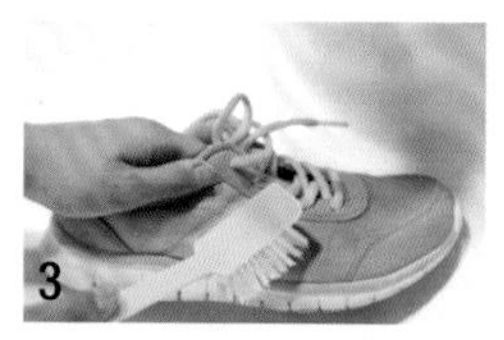

20 分钟后，取出运动鞋，用刷子刷干净。

将运动鞋装进洗衣袋，再放进甩干桶中脱水。

如图所示，将运动鞋挂起来晾干。

Let's try! 饰品

我们经常佩戴饰品，但很少对其进行清洗保养。要根据饰品材质的不同，选择不同的保养方法。

耳环

1 用棉棒蘸取中性清洁剂擦拭。

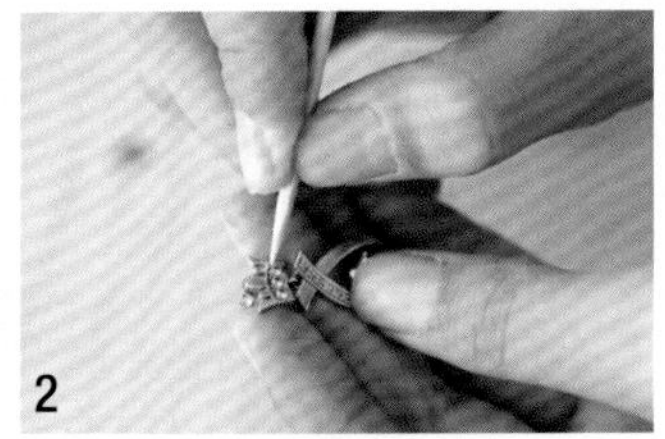

2 如果耳环的孔隙里夹有污垢，可以利用牙签剔除。

金项链

1 往杯子中倒一些水，再滴入一滴中性清洁剂，然后把金项链浸泡 30 分钟。

2 如果项链的孔隙中夹着污垢，就用细毛牙刷清除。

3 冲洗干净后用软布擦拭，项链就变得干净如初了。

银饰

1 如果银饰变色了，可以用蘸有牙膏的软布顺着一个方向擦拭，这样就不会在饰品上留下划痕。

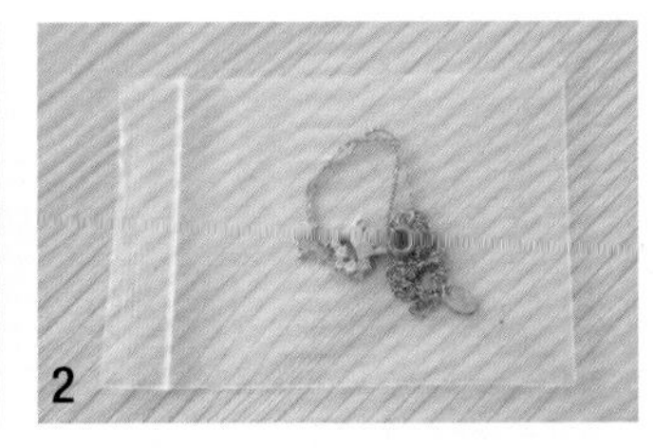

2 不佩戴时，将饰品保存在封口袋中。

CHAPTER
05

Laundering

洗熨

让全家人的衣服十年如新的3倍速洗衣妙招

过去没有洗衣皂和洗衣粉，主妇只能在溪边拼命地敲打着棒槌清洗衣服。与过去相比，现如今的主妇都太幸福了。但是，即使有了最新型的洗衣机，我们还是要自己动手晾衣服、叠衣服、熨衣服。或许有一天，发明家能发明一台机器，一次性解决这些问题。但现在我们还得靠自己的双手和智慧去整理那些堆在一起的衣服。3倍速洗衣妙招可以有效减少洗涤时间，完美快速地清除衣服上的顽渍，还能让您像达人一样叠好衣服。还等什么，快和我一起来学习神奇的3倍速洗衣法吧。掌握了这些方法，就可以让您的生活变得更加悠闲自在！

针对100位家庭主妇和单身女性展开的问卷调查!

洗熨衣服时，什么事情最麻烦？

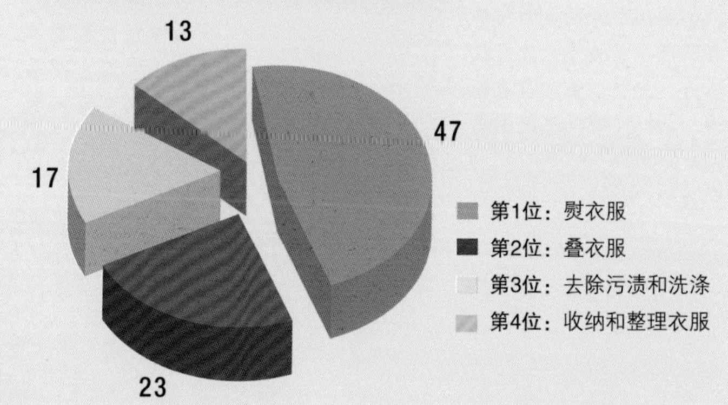

收纳女王的3倍速洗涤用品

洗涤剂

洗衣皂 洗衣皂有不错的去污效果，能够轻松去除顽渍，并且只含有少量的荧光增白剂、色素和表面活性剂等化学添加物，不会对人体健康和环境造成伤害。对于儿童衣服、沾有顽渍的袜子以及内衣等，最好用洗衣皂手洗。

洗衣粉 洗衣粉不但有很好的洗涤效果，而且比液体洗涤剂更经济实惠。但洗衣粉颗粒可能会留在衣服的纤维里，从而引起过敏反应和皮肤炎，因此建议先在洗衣机的洗涤桶内注入温水，加入洗衣粉转动3分钟后再放入衣服开始洗涤。

洗衣液 洗衣液的价格比洗衣粉贵，而其去污效果却没有洗衣粉好（洗衣粉的PH酸碱度为10~11，而洗衣液的PH酸碱度为8~9），但洗衣液易溶于水，不会留下残渍。但并不是放入的洗衣液越多，去污效果就越好，为了节省洗衣液和水资源，最好按照标准使用量调配。

含氧漂白剂 活性氧能够有效除去隐藏在纤维中的污垢，还能杀死有害细菌，因此可以将其与洗衣液一起使用。在洗涤白色衣服和彩色衣服时，它都有不错的效果。

家用干洗剂 只要有家用干洗剂，就不必再去干洗店，自己就可以在家里用水干洗衣服了。使用时，只要严格按照说明操作，就可以清除水溶性污渍，而且也不会使衣物变形缩水。只是要记住一点：使用家用干洗剂洗衣服时，绝不能用手搓衣服。

衣领净 它是清除衣服袖口、衣领等处污渍的专用产品。可以用小刷子将衣领净涂在需要清洗的部位，然后用水一洗，就可以轻松清除衣服上的顽渍；喷雾式衣领净对衣服的伤害更小。

便携式去污笔 如果衣服上不小心滴上咖啡、调味汁以及化妆液等污渍，就可以使用便携式去污笔。它能快速、轻松地清除污渍。使用去污笔时，如果能在污渍下面垫上一块手绢，就能避免污渍晕染开。

下面我将与大家分享自己的洗衣秘诀。虽然可能会因此而影响洗衣店的生意，但我更愿意帮您省一大笔洗衣费。我丈夫认为，洗衣店能给衣物做更专业的保养，因此特别喜欢把衣服送到洗衣店清洗，而我则更喜欢自己动手清洗家人的衣物。

洗衣和晾衣工具

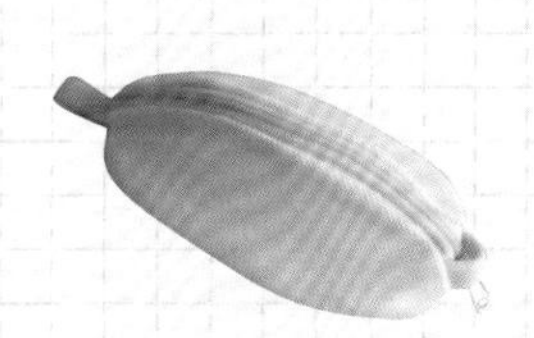

洗衣粉网袋　它由3层网制成，即使放入水中，洗衣粉也不会漏出来。在洗衣袋中加入洗衣粉，拉上拉链后，就可以放进洗衣机里了。

晾袜架　晾袜架只需占用一块手绢大小的空间，就能晾晒20双的袜子，非常节省空间。

洗衣网袋　如果利用洗衣网袋，就可以放心地把纤维材质的衣服放进洗衣机里洗涤，免去了手洗的麻烦。大到毛毯，小到长袜，各种衣物都可以利用洗衣网袋。购买时，要根据网的间隔和网袋的大小，选择自己需要的款式。

收衣筐　晾衣服或叠衣服时，都会用到收衣筐。只要选择合适的款式，就能让整理衣服的工作变得快速、简单、方便。给家里每人准备一个收衣筐，专门用于收衣服和叠衣服，这样可以节省不少整理时间。

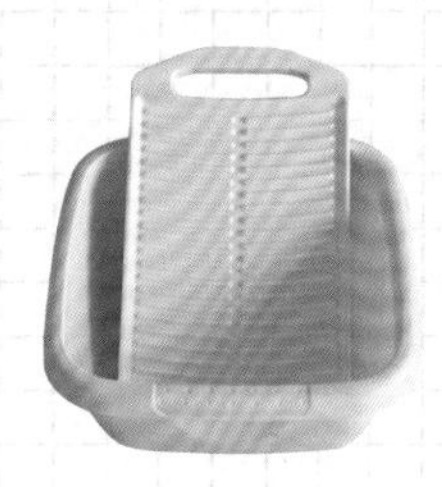

大盆和迷你搓衣板　比较大的搓衣板虽然也不错，但洗涤衣服局部的污渍时，使用迷你搓衣板更方便。尤其是迷你搓衣板可以在洗面台、大盆、洗涤槽等各个地方使用。购买时，最好选择可以放置洗衣皂，同时能够固定在大盆中的款式。

衣刷　在护理羊毛大衣或西装时，可以使用衣刷。下班回家后，可以先在玄关处用衣刷刷掉沾在衣服上的灰尘。只要养成使用衣刷的习惯，就能很好地保护衣服。

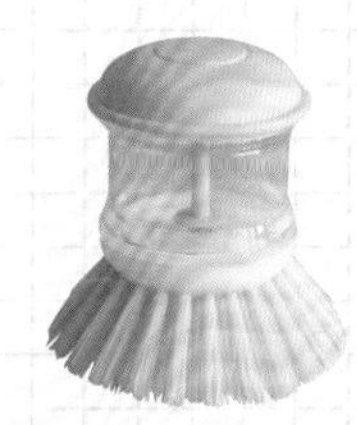

自动出皂粉的洗衣刷　只要轻轻按一下按钮，就能对衣服进行预先洗涤，并且双手不会沾到水。洗衣服前，先用洗衣刷搓一下袖子和衣领，再放进洗衣机，衣服就能被轻松地洗干净了。

熨衣工具

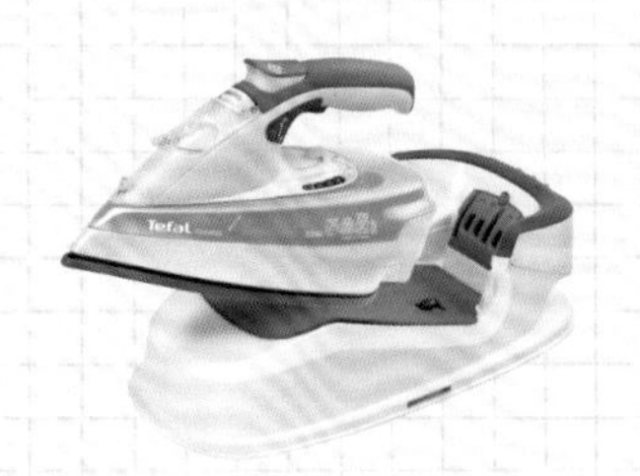

无绳电熨斗　无绳电熨斗需要先放在电源底座上充电，电热板才会慢慢热起来。由于它没有电线，熨衣服时可以自由转换方向。但是无绳电熨斗的底座体积较大，不便于携带。当然，市面上也有可以连接电线使用的无绳电熨斗，购买时可以选择自己需要的款式。

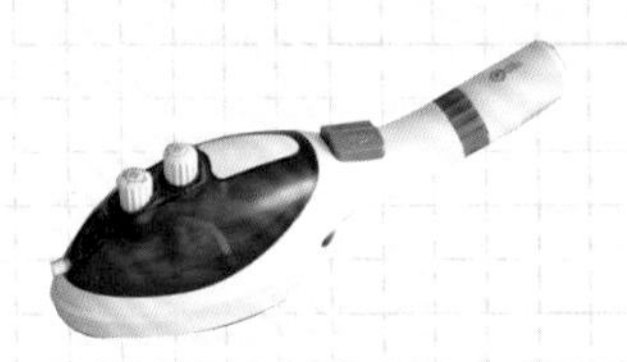

蒸汽电熨斗　蒸汽电熨斗是网上的热销产品，它可以将衣服挂在衣架熨烫，超级方便。要想把衣服熨得平整，不仅需要蒸汽，还需要合适的压力和热度，因此最好购买带电热板的蒸汽熨斗。

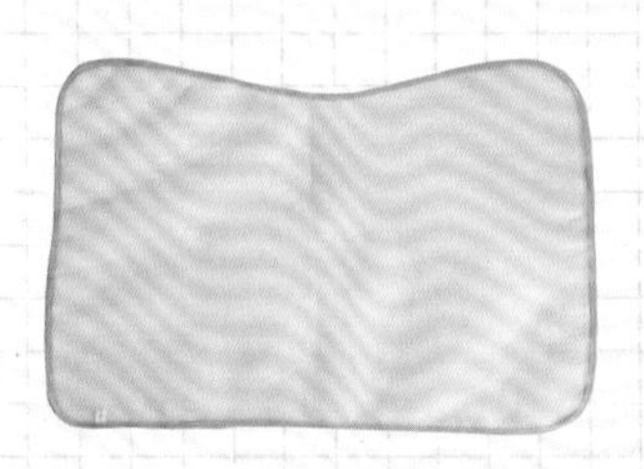

熨衣隔热垫　如果直接熨烫羊毛材质的衣服，就会使衣服表面受损。这时，我们可以使用熨衣隔热垫。由于熨衣隔热垫上有许多网眼，因此在使用熨衣隔热垫熨烫时，可以清楚地看到衣服上的褶皱。

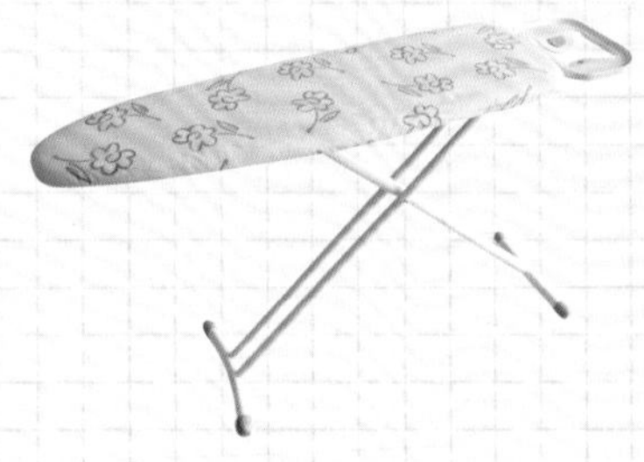

熨衣板　如果需要经常熨衣服，最好准备一个带支架的折叠式熨衣板。因为一般的坐式熨衣板虽能在狭小的空间里使用，但不便于长时间熨衣服。而使用折叠式熨衣板，就可以直接把衣服放在上面，挪动起来也很方便。即使长时间熨烫，人也不会感到疲劳。

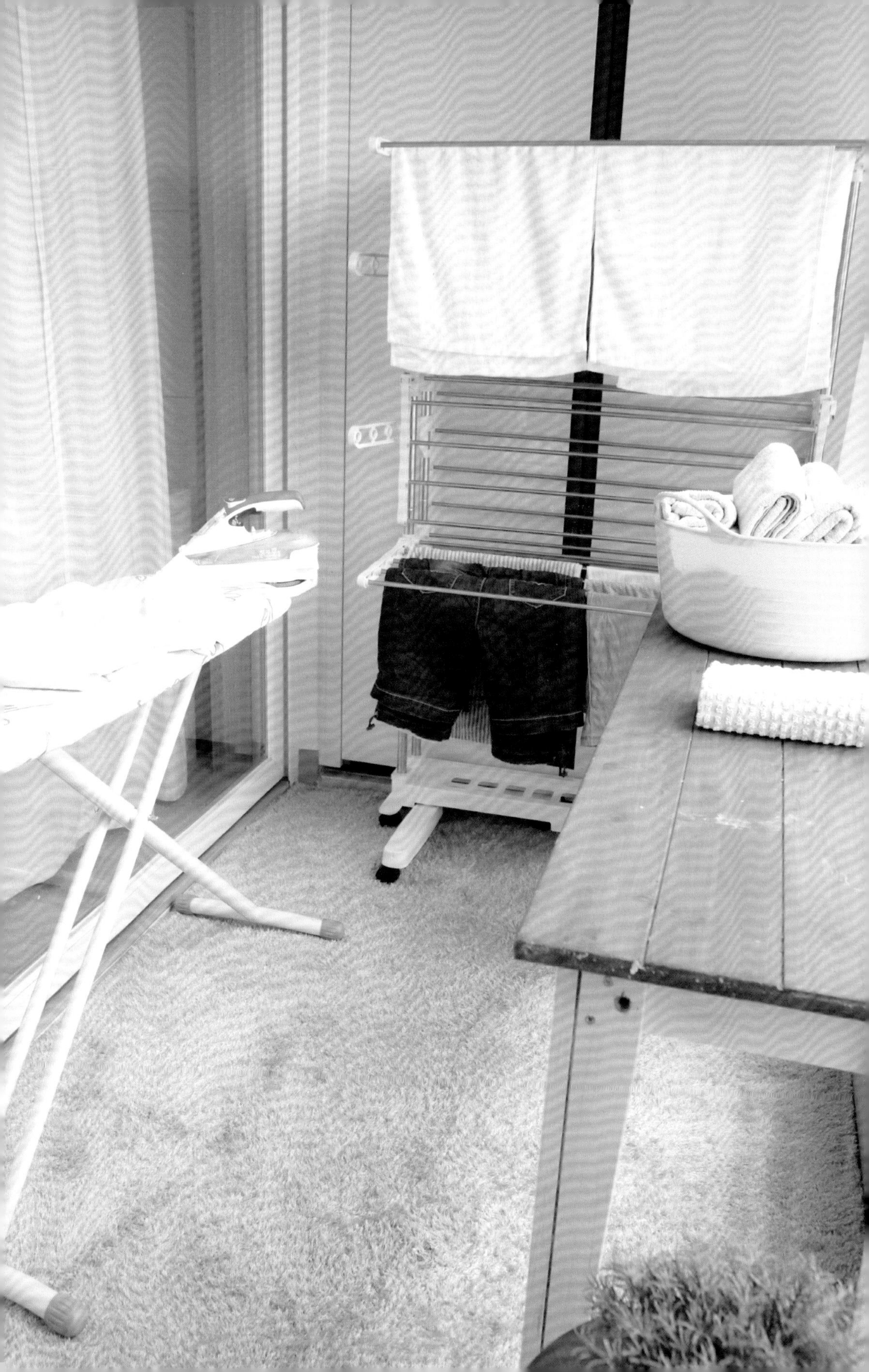

01 收纳

打造便利的洗衣空间

整理洗衣机附近的空间

只要减少“洗衣机 → 晾衣架 → 叠衣处”之间的距离，就能有效缩短洗衣时间

如果洗衣机附近的空间比较狭小，或者去晾衣服的通道被物品挡住了，那么洗衣服、晾衣服就要花费更多的时间，人也容易变得烦躁。为了方便洗衣服，可以事先做些准备工作。比如将洗衣用品准备好，选好晾衣服的场所等。如何才能创造一个便利的洗衣环境呢？快来跟我学习吧！

CHECK! 缩短洗衣时间的关键是缩短洗衣过程中的移动距离

缩短Ⓐ洗衣机 → Ⓑ晾衣架 → Ⓒ叠衣处之间的距离

将洗好的衣服搬到阳台，晾干后再叠起来放进衣柜，这绝不是一件简单的工作。只有“洗衣机（洗衣服）”、“晾衣架（晾衣服）”、“叠衣处（叠衣服、熨衣服）”这三个场所的距离较近时，才能减少洗衣时间。

改变晾衣架的位置

湿衣服要比干衣服重很多，这是毋庸置疑的事实。在家里，洗衣机的位置一般都是固定的，因此要将晾衣架安装在离洗衣机较近的位置，这就省去了把衣服搬来搬去的麻烦。

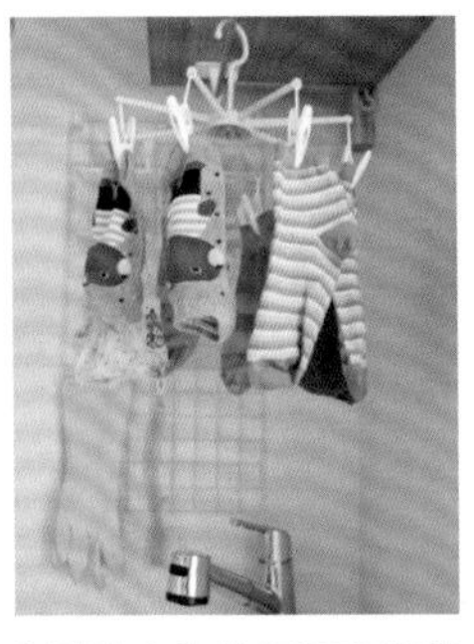

在手洗衣物的场所安装晾衣架

抹布、内衣、袜子以及泳衣等都是需要手洗的衣物。在手洗衣物的场所安装晾衣架，然后在这里将晾干的衣物叠好。还可以在晾衣架的下面准备一个收纳空间，用来存放各类抹布。

为每个家庭成员准备一个收衣筐，省去了叠衣服的麻烦

如果自己比较忙，可以为每个家庭成员准备一个收衣筐，然后把他们各自的衣服放进筐里，再送到每个人的房间。这样，妈妈省去了叠衣服、收纳衣服的麻烦，家人也更容易从收纳筐里找到自己想穿的衣服。

在阳台叠衣服、熨衣服

在阳台铺一个小地毯，用来叠衣服和熨衣服。这样，从晾衣架上取下衣服后就可以马上叠起来或熨烫平整。

IDEA 各种洗涤用品的收纳方法

洗涤剂 分类后放进收纳筐

各种抹布要竖着收纳在收纳筐里，并放进抽屉深处。

小贴士：抽屉里的收纳筐又深又长，可以收纳许多物品。在销售抽屉柜的网店里就可以购买到这种收纳筐。

将各种洗涤剂分类后，放进收纳筐。

洗涤工具 收纳在网架上，随用随拿

在洗衣服的场所安装一个网架。

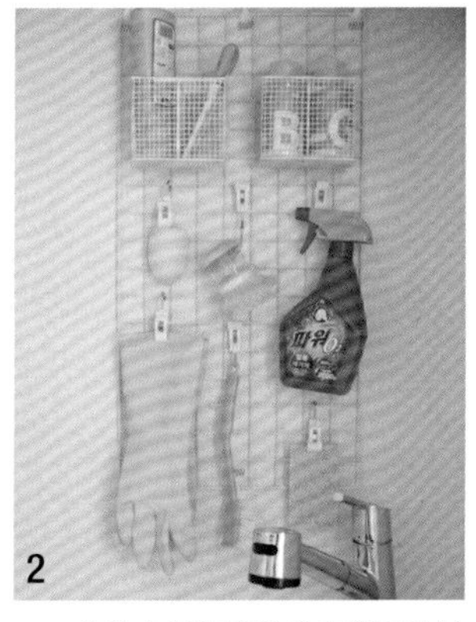

将洗衣刷和橡胶手套等工具挂在上面，需要时马上就能取下来。

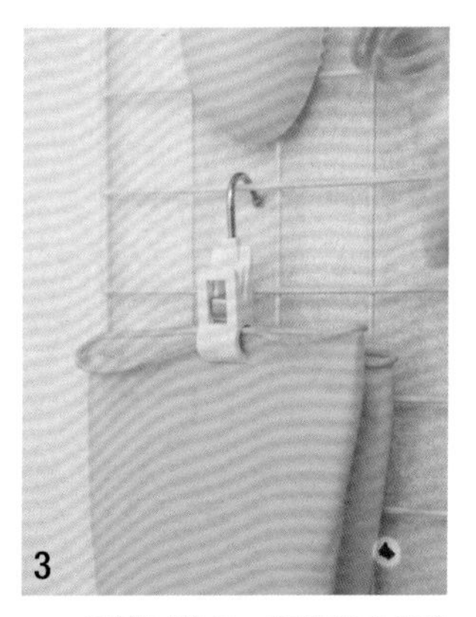

还可以准备一些带环夹子将洗涤工具（橡胶手套、海绵等）挂起来。

迷你晾衣架 将毛巾架倒挂起来

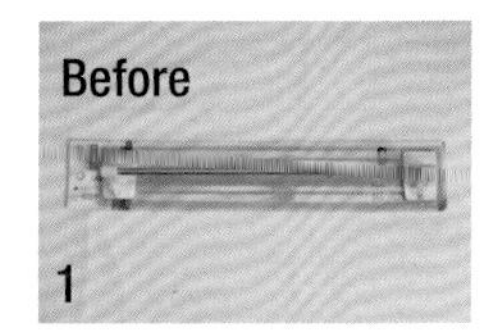

将毛巾架倒挂起来，就变成了迷你晾衣架，可以用来晾小件衣物。

将晾袜架挂在上面，可以晾许多衣物。

洗衣机旁边

将ㄈ字形置物架放在洗衣机旁边。

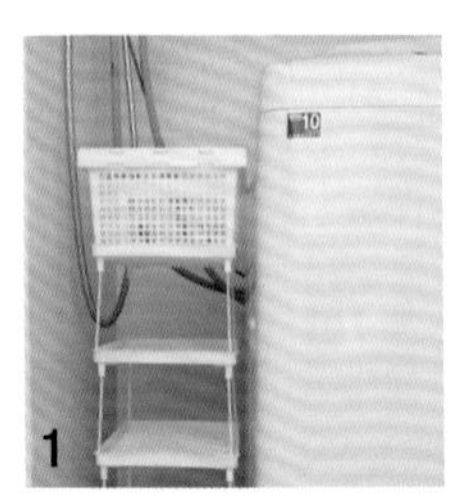

准备4个大小合适的ㄈ字形置物架，放在洗衣机与墙壁的空隙处。将置物架摞起来，然后在最上层放一个收纳筐。

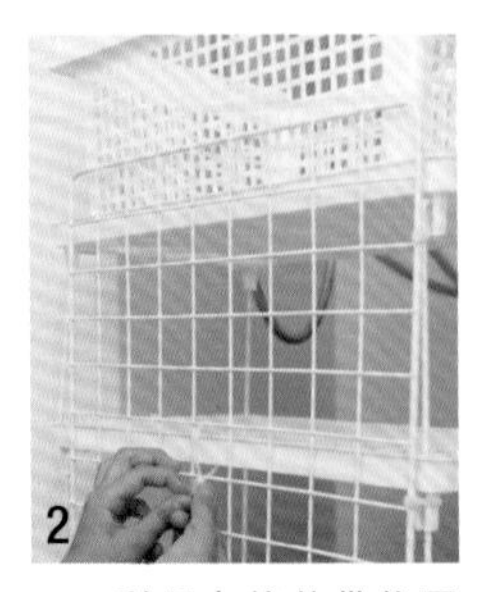

利用电线扎带将网架牢牢地固定在置物架的侧面。

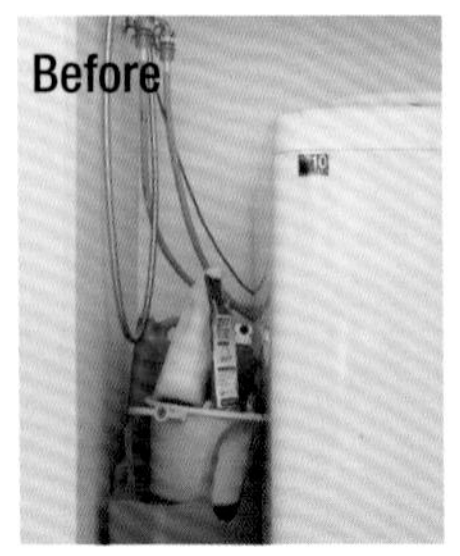

3

用收纳筐来收纳洗涤剂、晾衣架等。

洗衣服时，可以快速取出所需的洗涤剂。

洗衣机上面 安装晾衣架

在洗衣机上面的收纳柜门内侧安装一个吸附式晾衣架。

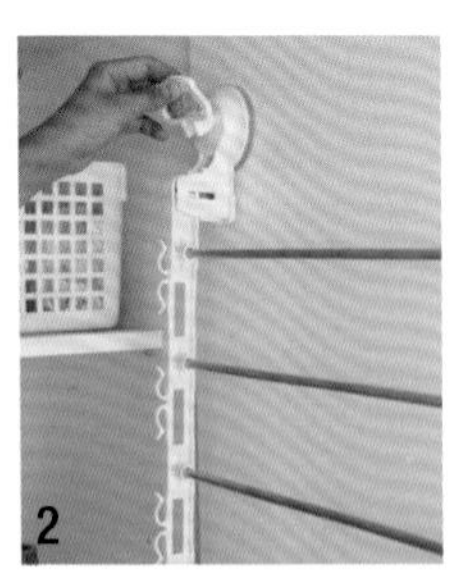

只要放下吸盘，就能将晾衣架牢牢地固定住。

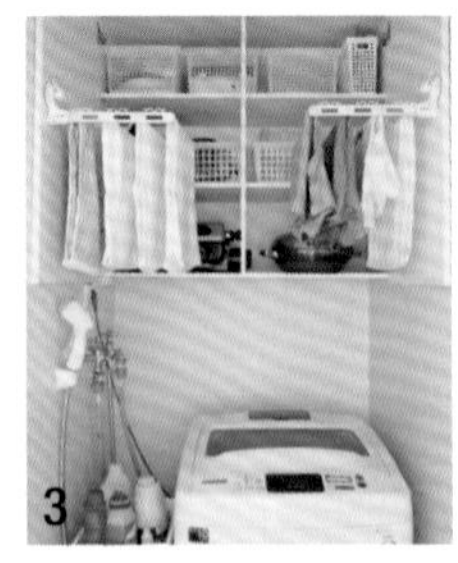

打开柜门，晾晒洗好的衣物。

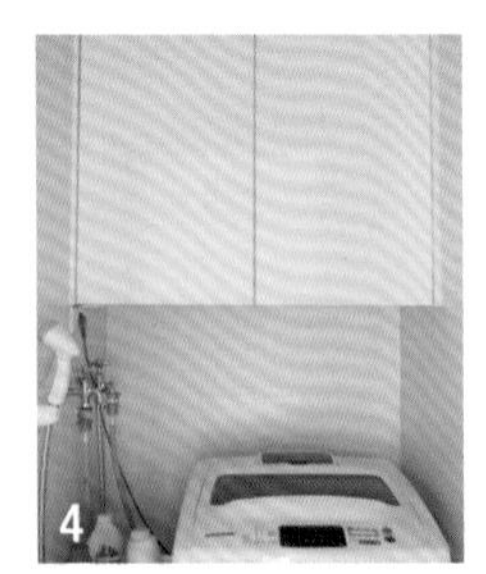

不用晾衣架时，将柜门关上。

清除洗衣桶内霉菌的方法

洗衣桶内比较潮湿，还有洗衣粉和洗衣液的残渍，因此很容易滋生黑色霉菌。如果在洗净的衣服上闻到了异味或穿后有皮肤过敏的现象，那就说明需要清洁洗衣桶了。

调配比例

过碳酸钠 400 克（或去污粉两小杯）+ 柠檬酸 20 克 + 洗衣粉 50 克

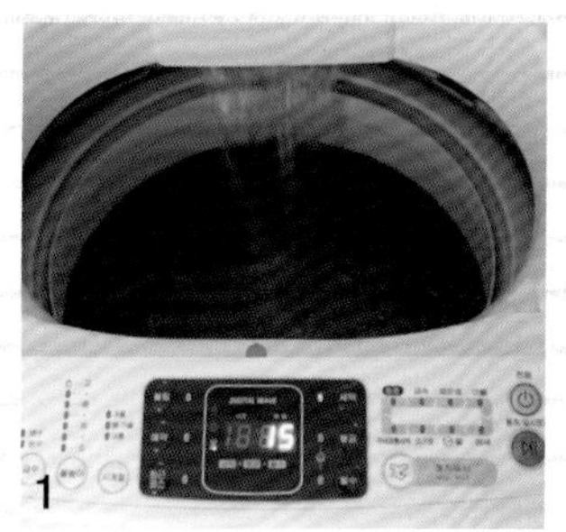

1 在洗衣桶内装满温水（40~50℃）。

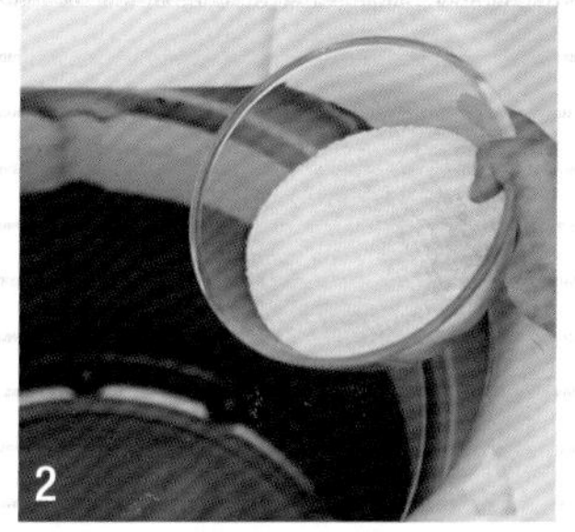

2 倒入调配好的清洁剂，启动洗涤程序运行 10 分钟。

小贴士： 过碳酸钠具有溶解黑色霉菌的作用，加上柠檬酸后会产生丰富的泡沫，从而将黑色霉菌清除干净。

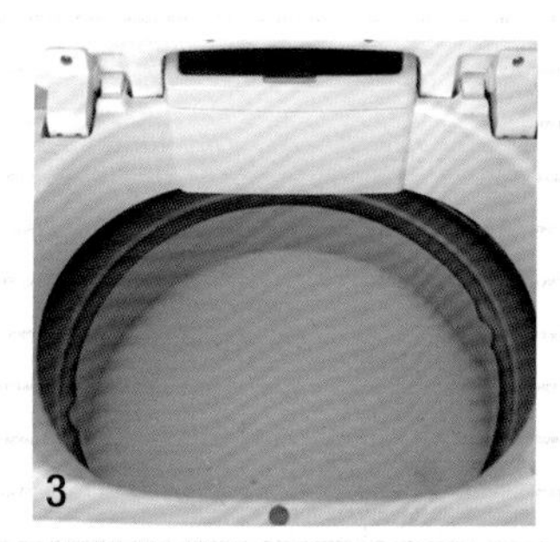

3 关掉电源开关，静置三四个小时。

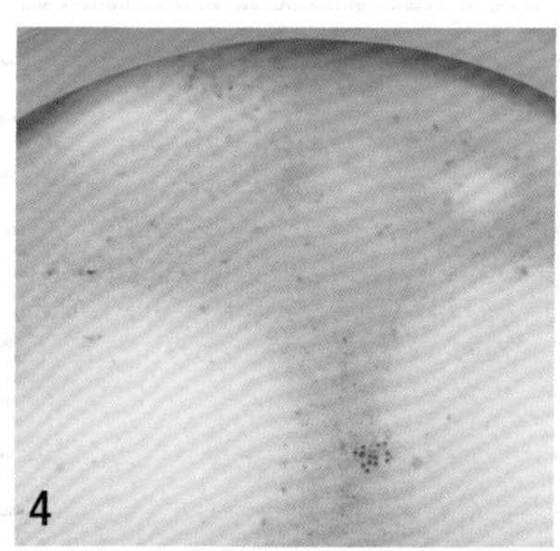

4 类似粉末状紫菜的黑色霉菌浮到泡沫上面了。

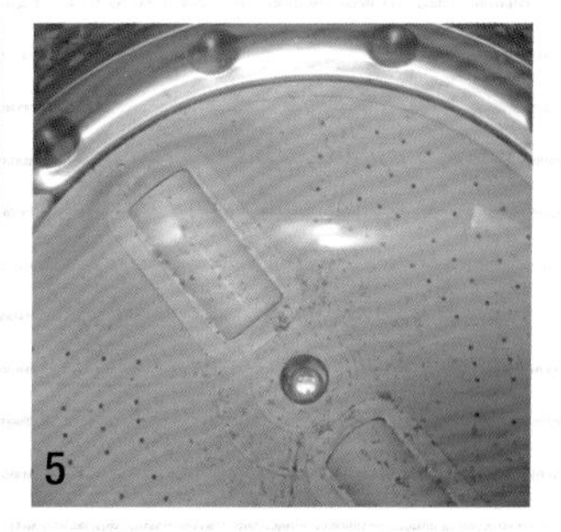

5 启动脱水程序，排掉洗衣桶内的脏水，再启动标准程序运转一两次。

小贴士： 清洁洗衣桶的关键是彻底清除从洗衣桶内分离出来的垃圾！因此要反复操作，直到洗衣桶的过滤网内没有任何脏东西为止。

02 家务

待洗衣物的分类方法

正确分类才是省时的关键！

想要提高洗衣效率，就要先根据洗衣机的类型将待洗衣物分类

你有没有遇到过这种情况：将你非常喜欢的一件白衬衣在放进洗衣机洗涤后，变成了别的颜色？想要避免这种失误，就要将衣物分类洗涤。可如果将衣服分好几次洗涤，又会费电费水。如何才能既减少洗涤的次数，又最大限度地减少对衣物的损害呢？快来和我学习妙招吧！

CHECK! 待洗衣物分类的 3 个重点

将衣物按照洗衣机的类型进行分类，其中需要小心洗涤的衣物要装进洗衣袋中，进行再次分类。

滚筒洗衣机：按白色和彩色衣物分类

因为只用少量的水进行洗涤，所以衣物十有八九会被染色。如果白色的毛巾渐渐变黑，或者白色的棉T恤变成了浅蓝色，那就是染色造成的！因此，在洗涤前要将白色衣服和彩色衣服分开。

小贴士：有色衣物不要与白色衣服放在一起洗涤。

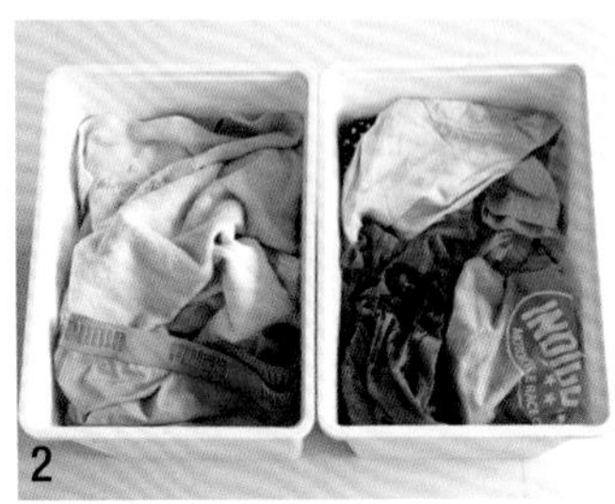

波轮洗衣机：将内衣和外衣分类

如果丈夫有脚气，把他的袜子和妻子的内衣放在一起洗，就好比把洗碗抹布和擦灰抹布放在一起洗一样。为了防止逆污染，要将其分类洗涤。

需要小心洗涤的衣物：放进洗衣袋中洗涤

用夹子将洗衣袋夹在脏衣篮里，然后将长袜、胸罩等需要小心洗涤的衣物分类放进去。

待洗衣物要先做"掉色检测"

用白毛巾蘸一些清洁剂。

擦拭衣服内侧的折边部分。

如果毛巾沾上了颜色，就说明这件衣服掉色，需要单独洗涤或者送到洗衣店干洗。

IDEA 让衣物分类变得轻松的洗衣袋运用妙招

磁铁+洗衣袋 放进洗衣机洗涤前先分类

利用磁铁将洗衣袋固定在洗衣机上。

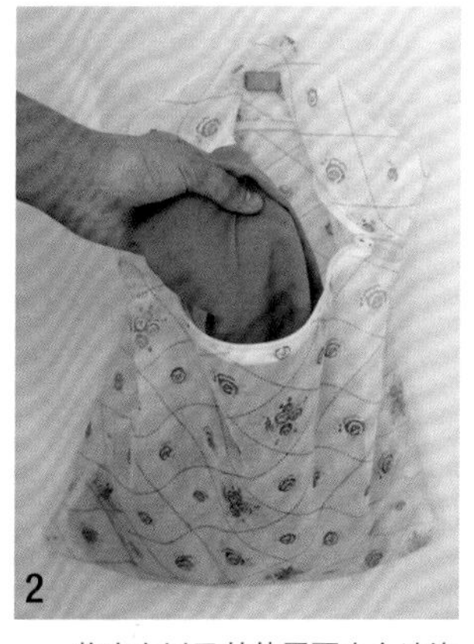

将内衣以及其他需要小心洗涤的衣物分类后，放进洗衣袋中。

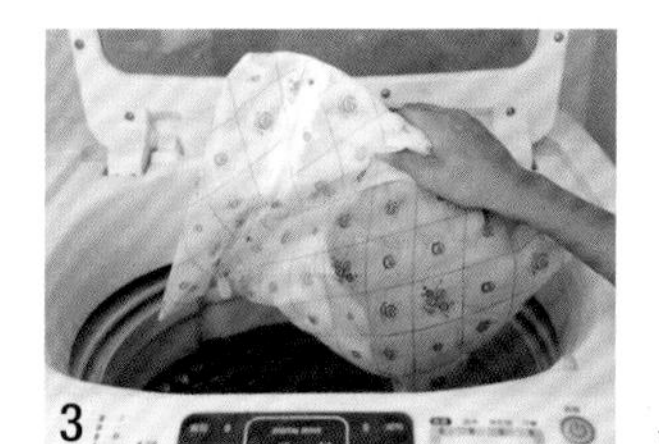

如果洗衣袋里放满了待洗衣物，就拉上拉链放进洗衣机里！

脏衣筐 利用洗衣袋划分脏衣筐的空间

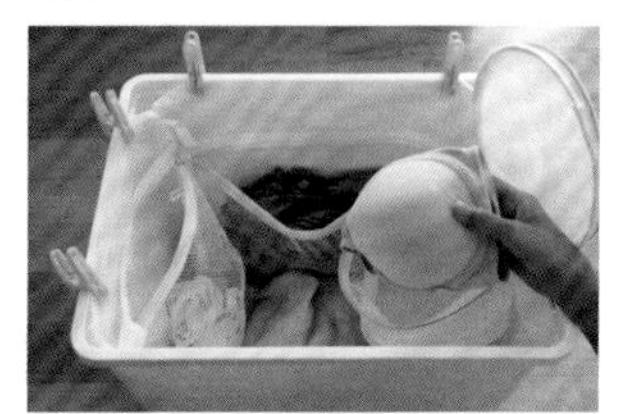

如果空间比较小，不能同时放下几个脏衣筐时，就利用洗衣袋来划分空间吧！用夹子把洗衣袋夹在脏衣筐里。将彩色衣服、需要小心洗涤的衣服和内衣等分别放进不同的洗衣袋中。

洗衣袋的使用方法

需要放进洗衣袋的衣服

针织衫、装饰比较多的衣服以及布料比较薄的衣服等。

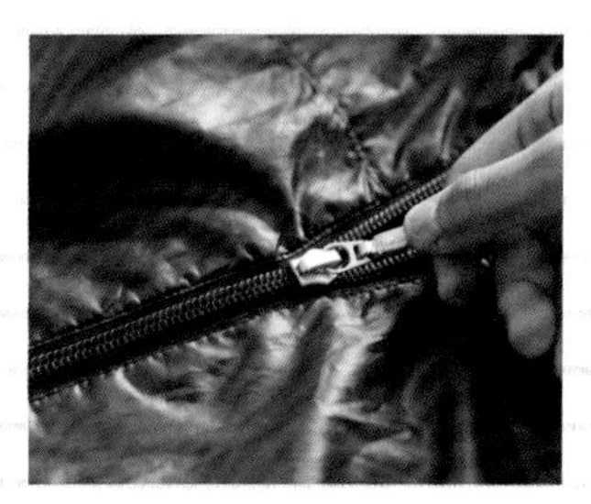

拉上拉链后放进去

衣服即使装进了洗衣袋，也很容易缠绕在一起，因此放入时要稍微叠一下。

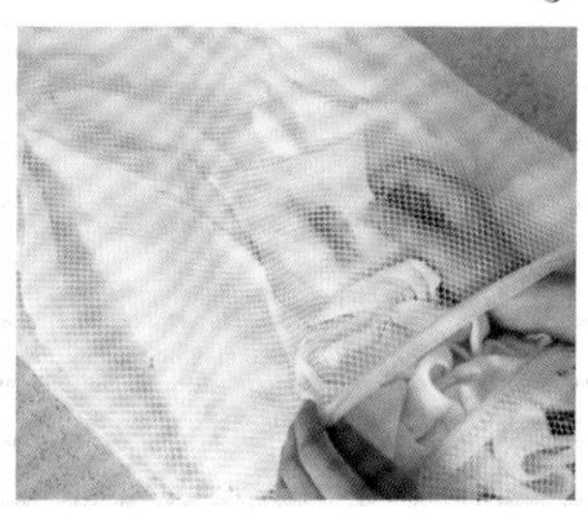

将污渍朝外放进去

衣物放进洗衣袋洗涤，洗涤的效果会差一些。因此放进洗衣袋时，要尽可能将污渍朝外，或者事先对衣服上的污渍进行简单处理。

03
洗涤

预先洗涤的技巧
让预先洗涤变得轻松简单的妙招

Idea 好点子

只要利用海绵刷和洗衣机的自动进水程序，就能加快预先洗涤的过程

洗衣服是件麻烦事，但如果因为怕麻烦而将所有衣物往洗衣机里一扔了事，那么洗完后一定会让您更加后悔。本节介绍的洗涤妙招，可以让您只花 3 分钟就把衣服弄干净，快来和我学习吧！

CHECK! 洗衣前需要做的 3 件事情

检查衣服口袋

检查一下衣服口袋里是否有卫生纸、圆珠笔或钱等物品。洗涤前的简单检查可以避免洗涤后出现不必要的麻烦。

检查污渍

洗衣机可以洗掉衣服上的一般污渍，但对于比较深的污渍，可能会洗得不太干净。如果洗涤前能将污渍洗干净，就省去了反复洗涤的麻烦，从而提高了工作效率。

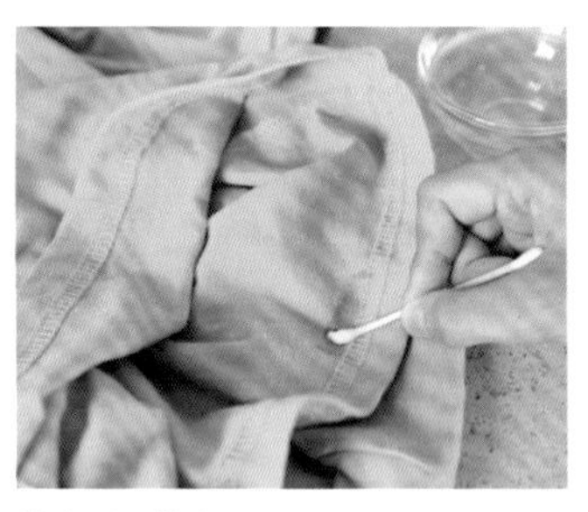

检查是否掉色

新买的彩色衣服要先检查一下是否掉色。可以用棉棒或白手巾蘸些洗涤剂，轻轻擦拭衣服背面的折边部分。如果毛巾或棉棒上沾上了颜色，就说明这件衣服掉色，需要单独洗涤或送到洗衣店干洗。

IDEA 预先洗涤的 3 倍速妙招

在洗衣机自动进水时，用手搓掉污渍

袖口、衣领等处的污渍虽然容易清除，但来回地接水洗涤也相当费劲。这时，可以试着直接在洗衣机里洗涤。

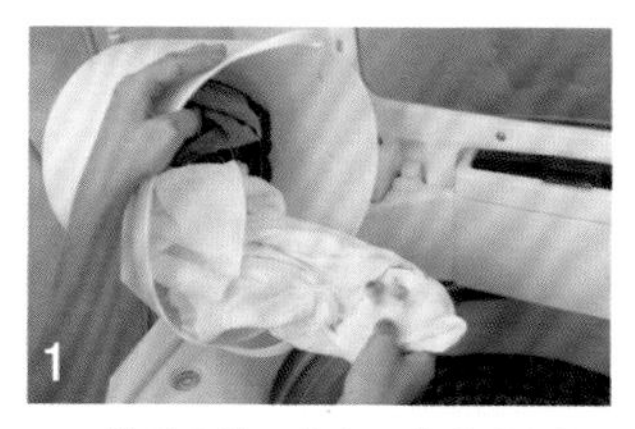

将脏衣筐里的衣服放进洗衣机，同时将有污渍的衣服拣出来。

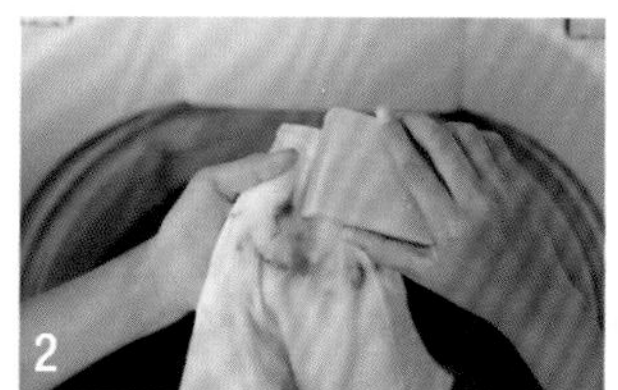

当洗衣机上水时，只需在衣服的污渍处蘸少量的水，涂上洗衣皂搓几下，就能清除污渍。

将污渍搓洗干净后再把衣服放进洗衣机里。这样简单处理之后，就能将衣服彻底洗干净了。

用海绵刷代替搓衣板

用洗衣刷洗衣服需要搓衣板。如果利用海绵刷，即使不用搓衣板，也能有效清除污渍，并且更加简单方便。

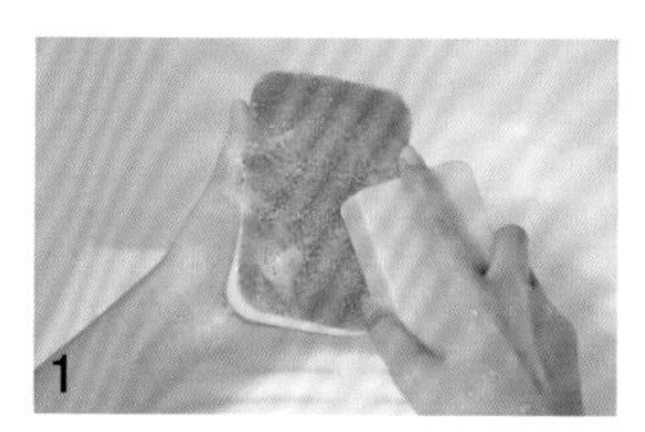

将洗涤剂涂在海绵刷较粗糙的一面。

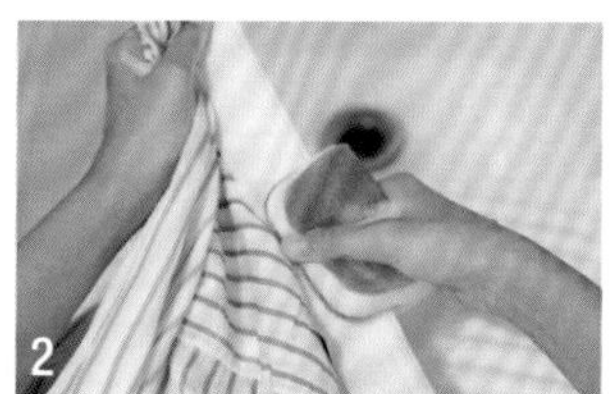

将海绵刷对折，搓洗衬衫的袖子和领子。即使不用搓衣板，也能洗掉污渍。

用海绵刷洗棉衣

棉衣的袖口、口袋和领口是需要进行预先洗涤的部位，但如果用一般刷子刷，就有可能损害衣服，因此建议使用比较柔软的海绵刷。

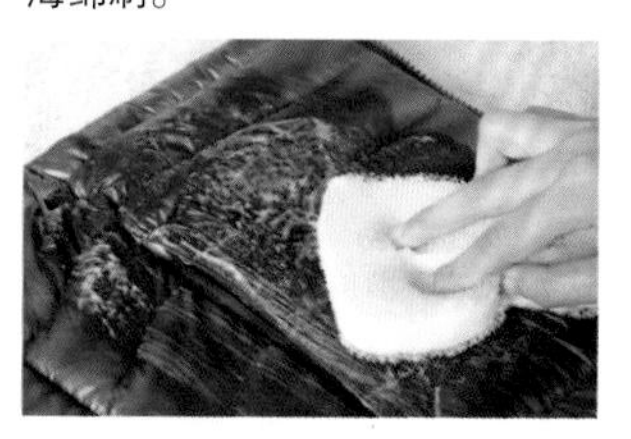

用海绵刷蘸一些洗涤剂，擦拭棉衣的口袋、袖口以及领口周围。

小贴士：如果衣服上的污渍比较多，使用海绵刷的效果会更明显。

利用婴儿爽身粉

将婴儿爽身粉撒在衣物比较脏的部位，即使不进行预先洗涤也没问题！

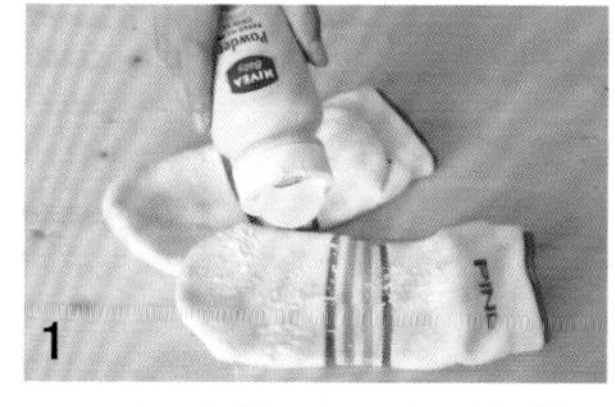

对于白袜子以及白衬衫等易脏衣物，洗涤前可以先撒些婴儿爽身粉。

小贴士：将适量的爽身粉撒在衣服上。

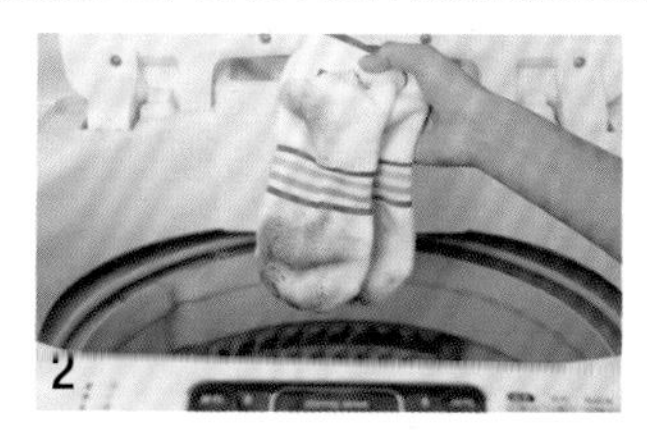

不用进行预先洗涤，直接放进洗衣机即可。

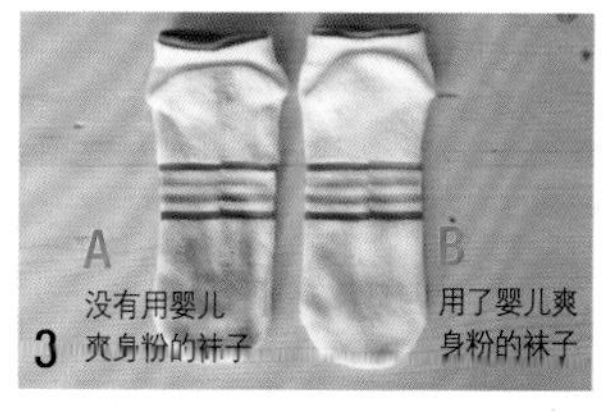

撒上婴儿爽身粉，即使没有进行预先洗涤，也能洗得非常干净。

小贴士：这是因为婴儿爽身粉覆盖在衣物表面，可以轻松去除汗渍和油垢。

04
洗涤

洗衣技巧

节省洗涤剂和用电量的科学高效的洗衣妙招

洗衣服是一门科学！适当运用时间、温度和洗涤剂

洗衣店洗出的白衬衫格外白亮洁净。其中的秘诀就是水温！因为洗衣店总是用 60 度的热水洗涤白衬衫。因此，如果你总是用冷水洗衣服，那就不要怪洗衣机的性能不佳了。本节要讲的 3 倍速洗衣妙招不仅可以节省洗涤剂和电费，增强去污效果，而且不会损伤布料，可以让你快速完成洗衣工作！如果感兴趣的话，就快来和我学习吧！

CHECK! 将去污效果提升 3 倍的科学洗衣方法

洗衣 3 要素：时间 + 温度 + 洗衣液

洗衣时间为 10 分钟

许多人以为洗涤时间越长，衣服就会越干净，其实洗涤超过 10 分钟后，无论再洗多长时间，去污效果也没有多大差别，反而有可能使污渍重新粘在衣服上。因此 10 分钟是最合适的洗衣时间，这点一定要记住。

水温越高越好

去污效果与水温成正比，水温越高，污渍越容易被清除。但从经济的角度考虑，最经济、去污效果最好的水温是 25~40 度。

小贴士：温度在 40~60 度时，最容易清除油垢！因为 40~60 度是脂肪的熔点，即脂肪被溶解的温度，此时可以轻松地清除油垢。

用计量杯测量洗衣液的用量

洗衣液的标准用量是占水容量的 0.1%。如果加入的洗衣液过多，反而会影响去污效果。怕麻烦的人一般都是凭感觉倒洗衣液。这样既不科学，又不准确。最好准备一个计量杯，准确测量出洗衣液的使用量。

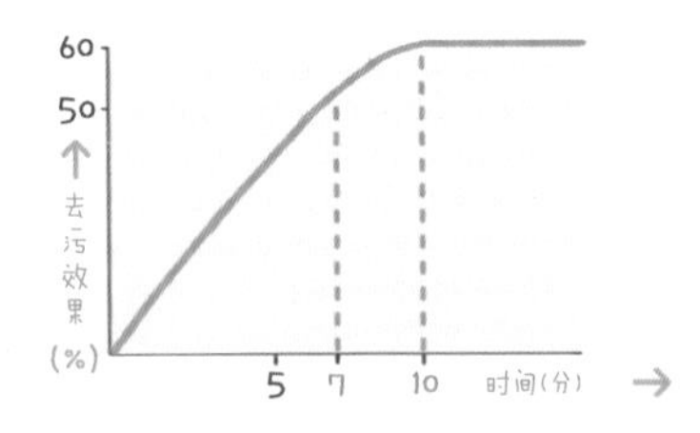

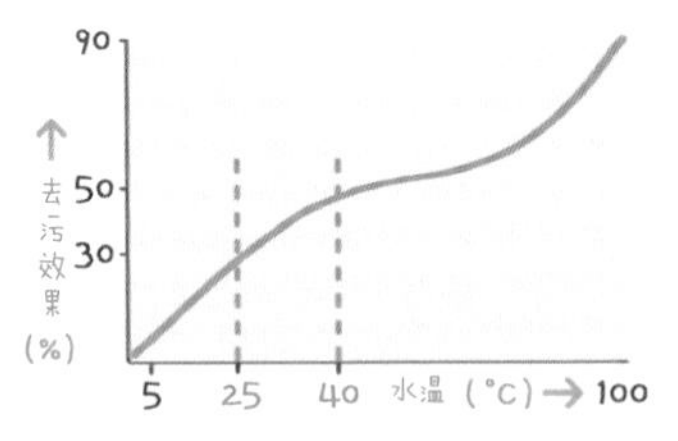

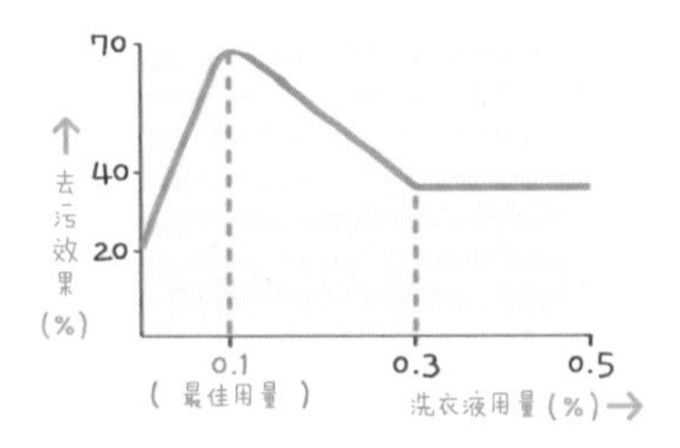

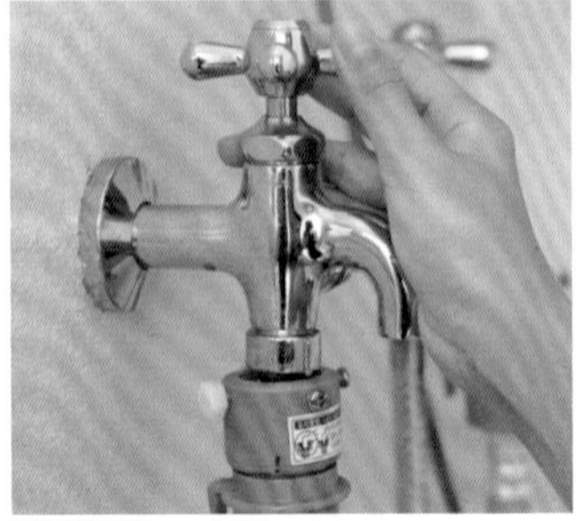

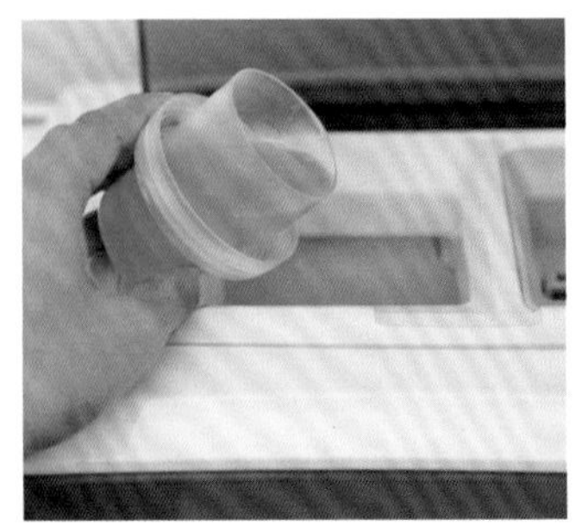

各类衣物的洗涤窍门

带装饰的衣物和有印花的衣服

只要将衣服翻过来洗涤，就能避免衣服上的装饰物遗失或将印花图案刮破。

牛仔裤

1

如果牛仔裤掉色，就在水中加入一些盐，记住盐的用量是洗衣液使用量的 1.5 倍。

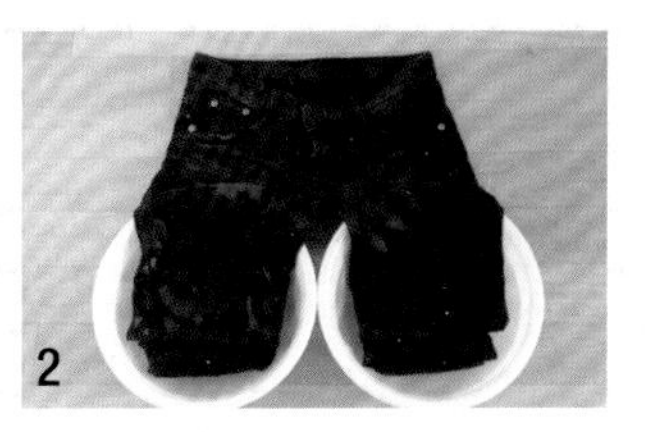

2

加入盐后，牛仔裤就不易掉色了。

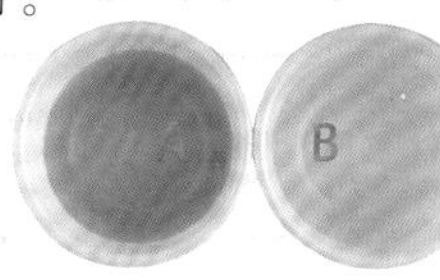

A 浸泡 15 分钟牛仔裤的净水
B 浸泡 15 分钟牛仔裤的盐水

窗帘

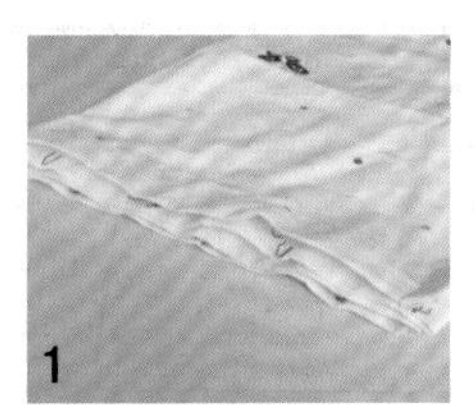

1

将窗帘折叠成合适的大小。记着要将窗帘夹子叠在里层。

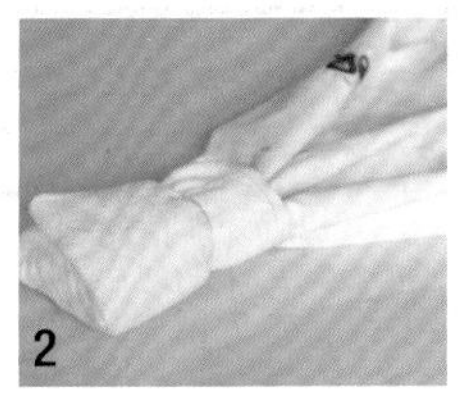

2

先用橡皮筋将窗帘夹子绑起来，然后套上洗衣服的网袋或毛巾，并用橡皮筋绑紧。

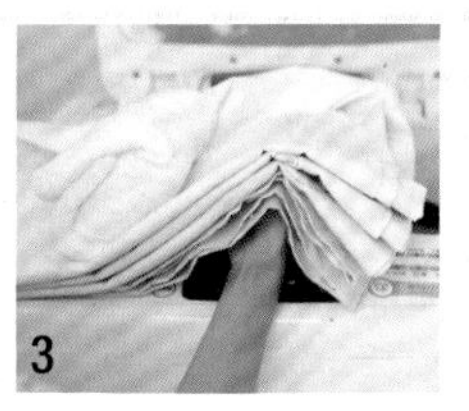

3

将窗帘放进洗衣机洗涤。如果窗帘很久没洗了，那就先用温水浸泡 1 个小时后再洗涤。

NG！如果像叠被子那样把窗帘叠起来，就不容易洗干净；如果将窗帘揉成一团扔进洗衣机里，它就很容易缠绕在一起。

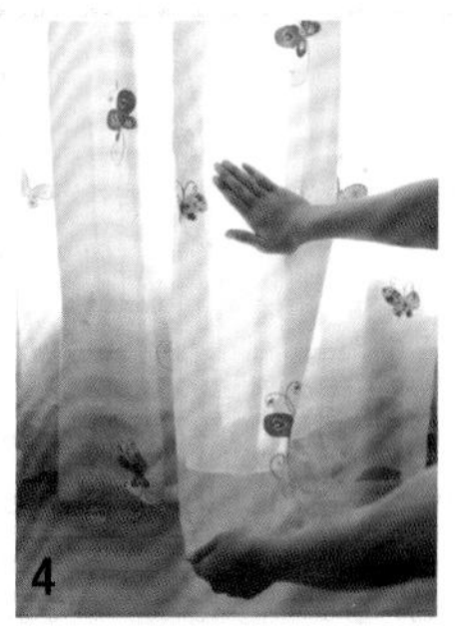

4

脱水后，将窗帘从洗衣机中取出来，安在窗户上，轻轻地拽一拽下端，这样就能将窗帘弄平整，晾干后也没有褶皱。

长袜

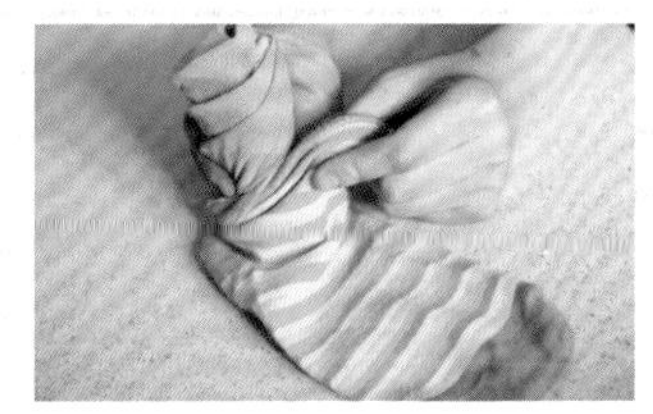

1. 放进短袜中洗涤。短袜比洗衣袋更方便，且能有效地防止长袜抽丝。

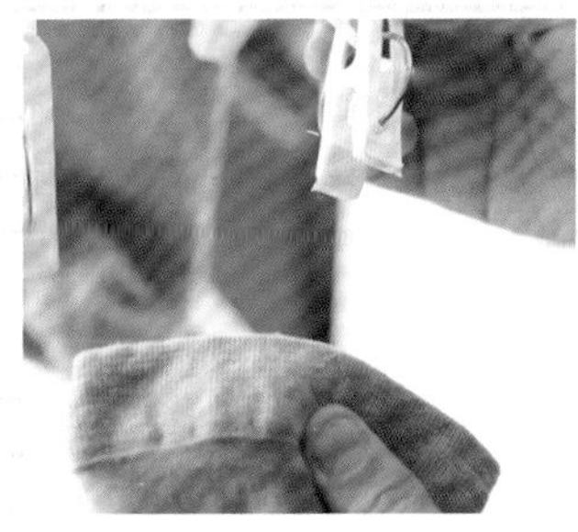

2. 在衣服夹子上贴上胶布，然后把长袜用夹子夹着挂起来，这样就能防止袜子抽丝。

节省干洗费的家庭干洗妙招

干洗的详细步骤

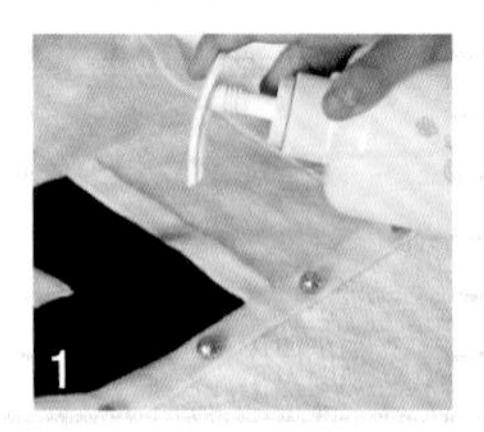

局部洗涤 如果衣服上有污渍，就用牙刷蘸取洗衣液，轻轻擦拭掉污渍。

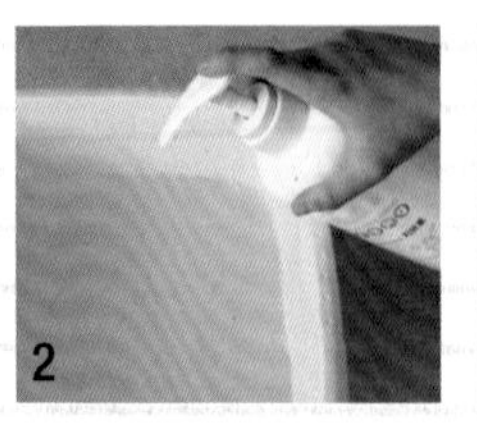

制作洗衣液 按照标准制作洗衣液。

叠衣服 根据洗衣盆的大小将衣服折叠起来。

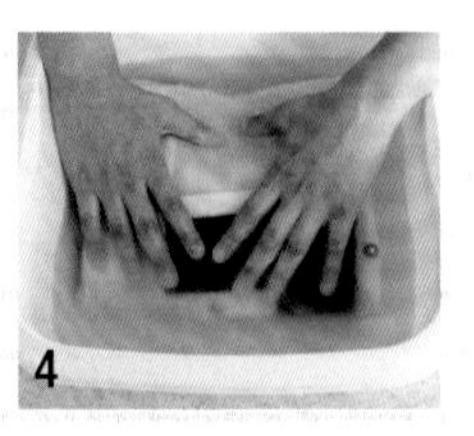

按压式洗涤 将衣服在水中反复按压，使衣物充分吸收洗衣液。这样反复进行十几次，再将衣服泡上一段时间。

NG！绝不能像手洗那样搓衣服。

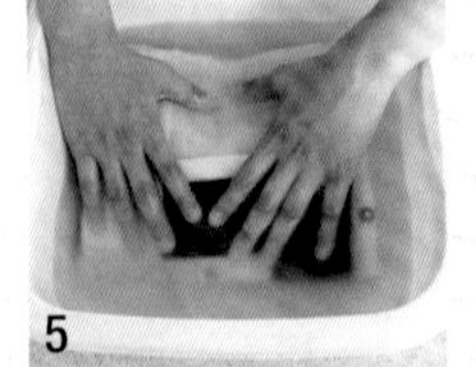

脱水 将衣服投两三次后，再进行脱水处理，可以用毛巾吸取衣服上的水分。

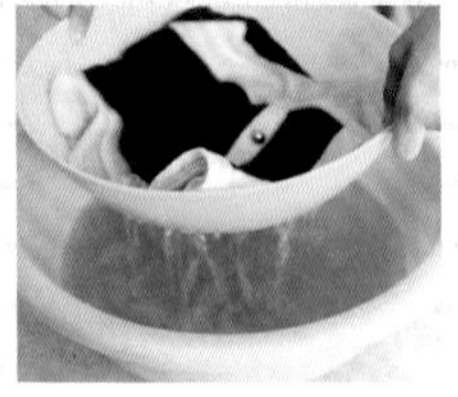

小贴士： 在水盆中放一个笸箩，将衣服放在里边，然后将笸箩端起来，控掉衣服中的水分，这样非常方便。

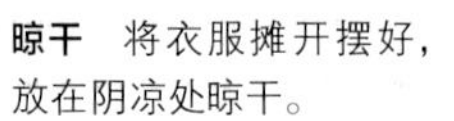

晾干 将衣服摊开摆好，放在阴凉处晾干。

干洗的简单步骤

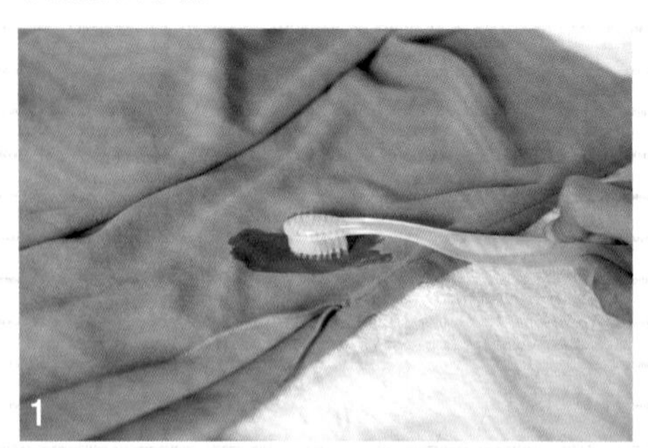

局部洗涤 如果衣服上有污渍，就用牙刷蘸些洗衣液，轻轻刷掉污渍。

羊毛洗涤程序 让洗衣机上水到最低水位，然后倒入家用干洗剂，启动羊毛洗涤程序。

小贴士： 羊毛洗涤程序不会搓洗衣物，效果和干洗差不多。许多衣物都可以使用羊毛洗涤程序进行洗涤。

恢复缩水针织衫的 3 个步骤

第 1 步

在冷水中加入含有大量硅树脂的高级护发素（潘婷等），使其溶解。（每 5 升水需要 15 克护发素。）

小贴士： 护发素中的硅元素既能保护发质，也能将缠绕在一起的羊毛舒展开。

将针织衫放入水中泡 30 分钟，然后拽一拽缩水的部分，最后脱水处理 30 秒。

第 2 步

如果第 1 步操作没有多大效果，就利用蒸汽电熨斗熨一下吧。

第 3 步

如果第 2 步操作也没有多大效果，就剪一个与衣物主体大小和两个袖子大小相同的纸板。

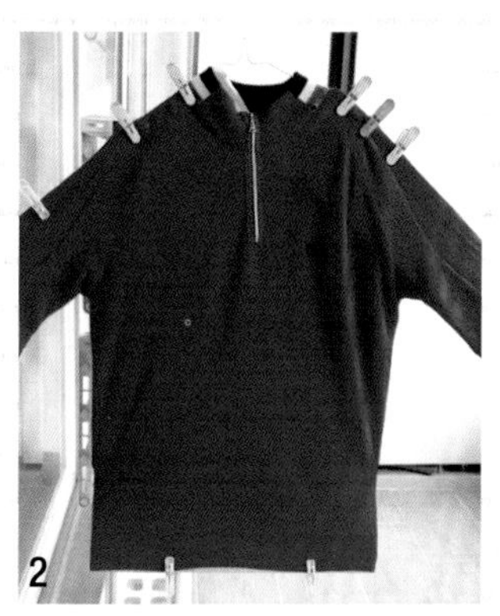

将纸板插到衣服内。晾晒时用夹子夹住袖子和下摆，防止衣服收缩。

Info.

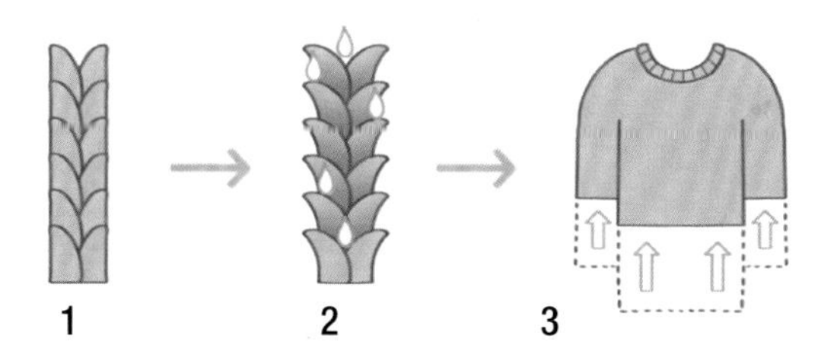

为什么羊毛材质的衣服会缩水？

羊毛的表面有许多 α 角蛋白，这种蛋白遇水后会吸收水分，使其组织结构遭到破坏，衣服就会缩短、变硬（如图 3）。家用干洗剂或羊毛专用洗涤剂可以避免其结构受到破坏，防止衣服缩水。所以，在洗涤羊毛类衣物时，要使用专用洗衣液。

IDEA 保持衣物清洁如新的 3 倍速洗衣妙招

清除洗衣粉残渍的方法

洗衣粉具有比洗衣液更强的去污效果，但会在衣服纤维里留下残渍。如果能有效溶解洗衣粉，就可以减少洗衣粉残渍，还能提高去污效果。

1

将洗衣粉倒在装内衣的小型洗衣袋中。

小贴士：要选用双层的洗衣袋，这样才能防止洗衣粉漏出来。

2

也可以将洗衣粉倒在长筒袜里，绑紧后再将袜子翻过来裹一下，然后将其放进洗衣机里。

3

向洗衣机加温水至最低水位，然后让洗衣机转动 3 分钟，确认一下洗衣粉是否溶解。最后放进待洗衣物，开始洗涤。

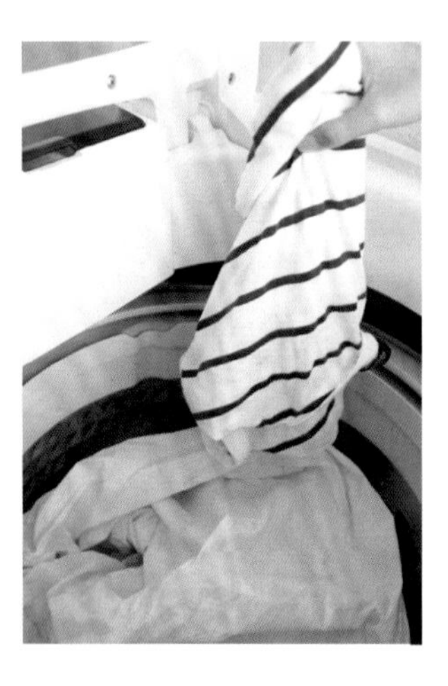

按照从大到小的顺序放入衣物 将被子、床单与衣服放在一起洗涤时，只要合理安排放进去的先后顺序，就能更有效地将衣物洗干净。按照先大后小的顺序放入衣物，洗衣机就会旋转得更快速流畅，衣服也会洗得更干净。

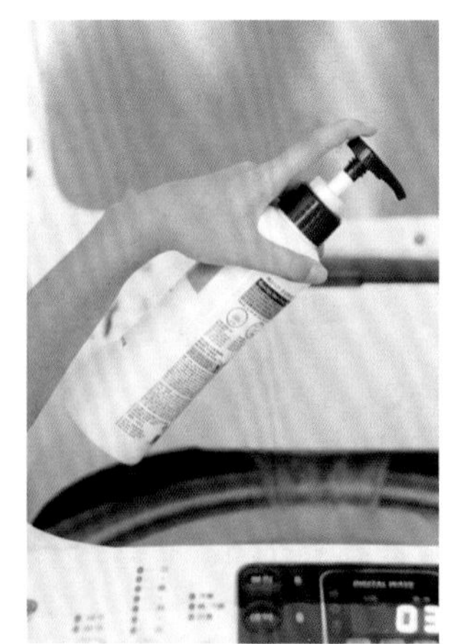

如果没有纤维柔软剂，也可以使用护发素 纤维柔软剂可以用稀释的护发素代替，即在护发素中加入 10 倍量的水。

消除衣服异味的方法

如果衣服没完全晾干，就会有股难闻的气味；皮脂分泌过多的人，衣服上也有一种特殊的体臭。之所以产生异味，主要是因为衣服上有细菌滋生，只要消灭了细菌，异味也就消失了。

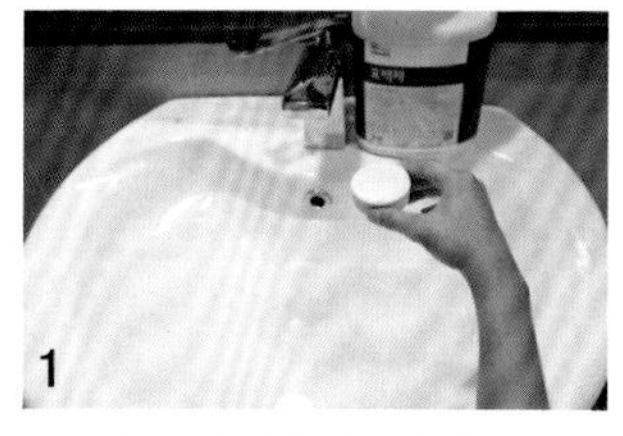

在 60 度的热水中倒入一定量的含氧漂白剂。

将衣服浸泡 5~10 分钟，然后脱水、烘干。

小贴士：最好将衣服多泡一会儿，这样去污效果会更好。

将袜子、内衣放到微波炉里杀菌

像袜子、内衣、毛巾等需要杀菌消毒的衣物，可以使用微波炉解决这个问题。注意：带有金属的衣物（拉链、纽扣等）、羊毛以及合成纤维等不能用微波炉消毒。

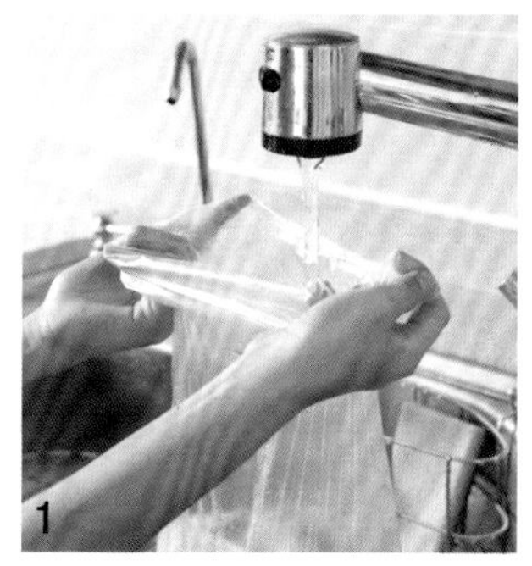

将衣物放进塑料袋，再倒入洗衣液和适量的水（能将衣物浸湿的水量）。

小贴士：如果不加水，衣服可能会被烤煳；如果加入过多的水，就需要煮得更久一些。

受热后，袋口会裂开，因此不要密封，将袋口简单地缠一下就可以了。把塑料袋放在盆里，然后放进微波炉 3~5 分钟。

小贴士：要时刻注意，以防衣服被烤煳。

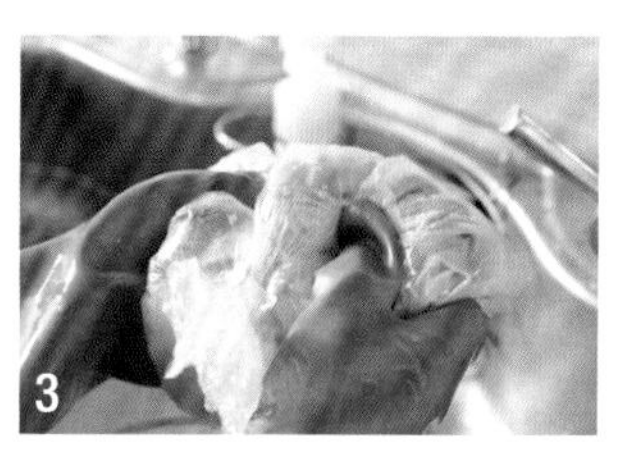

戴上橡胶手套，揉搓一会儿塑料袋，然后将其与其他待洗衣物一起放进洗衣机洗涤。

小贴士：袜子或内衣等需要杀菌的衣物，只要在洗涤前先煮一下就能彻底杀菌。

抹布也可以用微波炉杀菌

向塑料密闭容器中倒入一定量的水和厨房清洁剂。（一块抹布需用 200 毫升的水。）

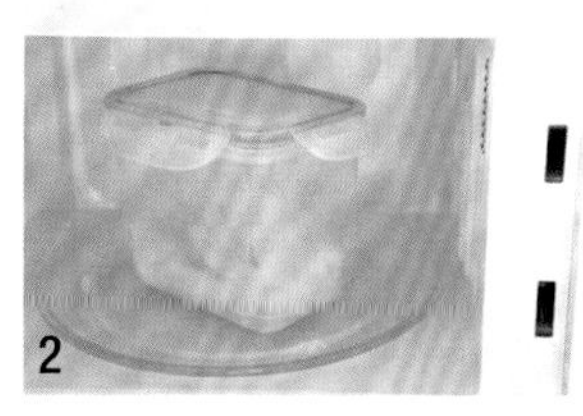

将容器摇几下，盖上盖子，注意不要将盖子扣紧，然后放进微波炉里煮 3 分钟。

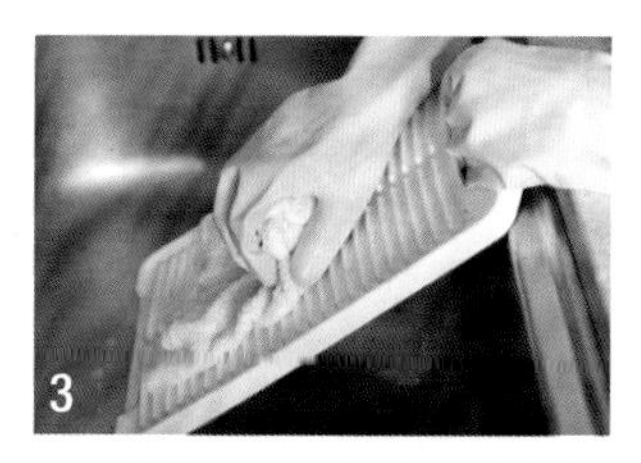

静置 10~20 分钟后再洗涤，就可以把抹布上的泡菜汤、佐料等污渍洗干净了。

小贴士：准备一个专用密闭容器，需要用微波炉煮衣物时，就拿出来使用。

05
洗涤

清除污渍
彻底清除顽渍的超强去污妙招

1. 垫一块毛巾 → 2. 将污渍翻过来 → 3. 拍打衣服

我家孩子小时候特别喜欢喝葡萄汁。但是葡萄汁的污渍很难清除，不管是用洗衣皂还是去污粉，都不能将其洗干净，最后我只能试着用了漂白剂……结果衣服完全被漂白了。此后，我反复地试验，终于找到了有效的去污方法。这里向大家介绍的去污妙招可以清除长期积累的顽固污渍。让我们一边按步骤操作，一边观察污渍的变化吧！

为什么很难清除长时间积累的污渍呢?

时间久了，污渍就会慢慢渗入到衣服纤维里，使衣服变色，这样就很难清除了。因此，清除污渍的最好方法就是发现当天及时清除，这点要谨记！

附着阶段（当天）
污渍附着在衣服纤维表面。

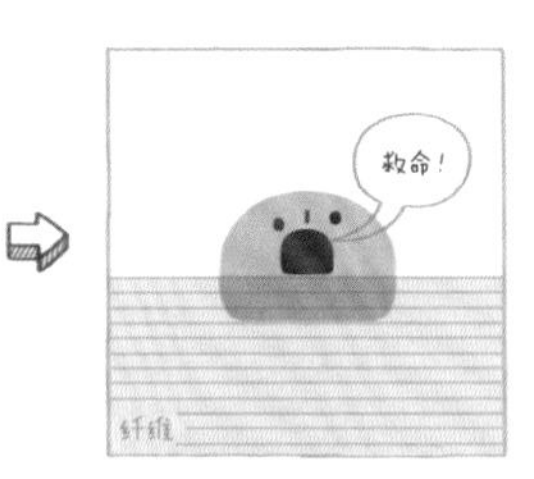

吸附阶段（1~5 天）
部分污渍被吸附在纤维层里。

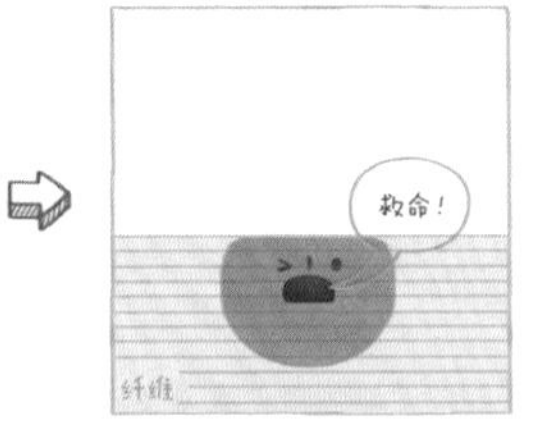

全部浸染阶段（20~30 天）
污渍完全渗入到衣服纤维层里。

清除污渍的必备用品

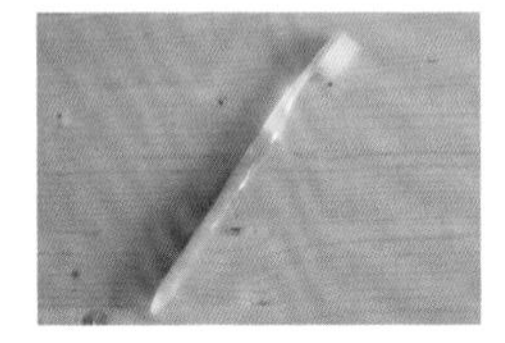

牙刷或去污棒 用牙刷或去污棒蘸一些漂白剂，涂在污渍上。

毛巾 将毛巾铺在衣服污渍下面，拍打衣服，污渍就转移到了毛巾上。这样做可以将污渍吸出来，避免其扩散。

含氧漂白剂

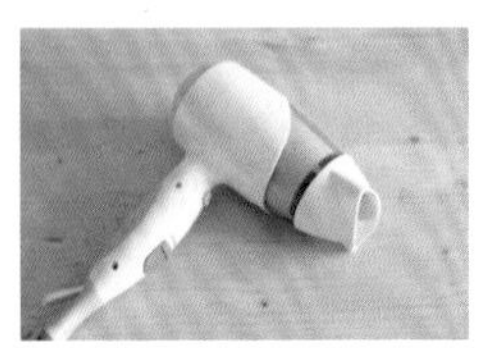

吹风机 温度越高，越容易清除污渍，因此要打开吹风机的热风。

CHECK! 完美清除顽渍的 3 步去污法

步骤 1 初级去污步骤 → 选择合适的洗衣液

先分析污渍的成分，再选择合适的洗衣液

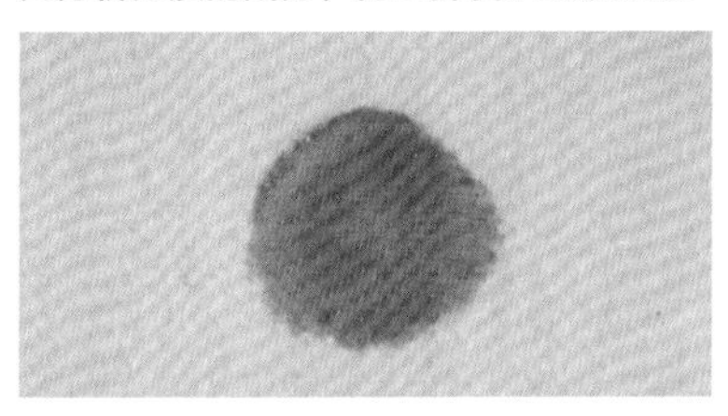

水溶性污渍：中性洗衣液

水溶性污渍可以溶于水，颜色和边缘都很鲜明。

比如：酒、酱油、咖啡、番茄酱、调味汁等。

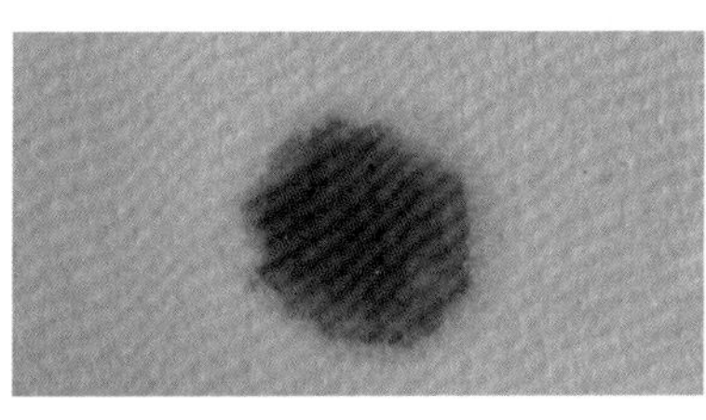

油溶性污渍：卸妆油 + 厨房清洁剂

油溶性污渍可以溶于油中，边缘不太清楚。

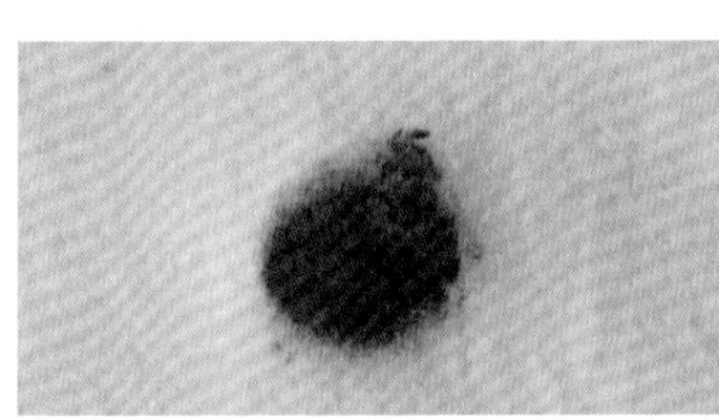

不溶性污渍：酒 + 水

尘土不溶于水和油。可以使用搓衣板、牙刷等清除。

比如：泥土、黏土、墨汁等。

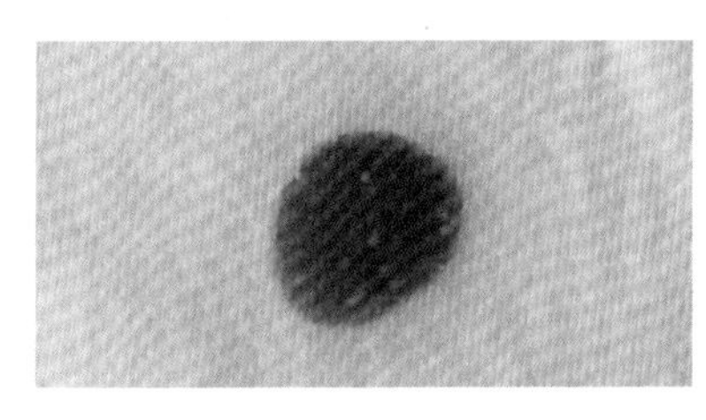

色素污渍：含氧漂白剂

色素污渍是指颜色较深的食物或色素污渍，可以使用漂白剂清除。

比如：红酒、葡萄汁、咖喱、笔渍以及尿液。

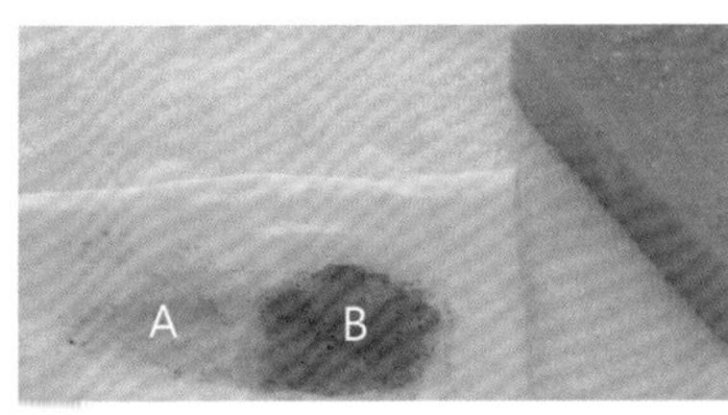

如图所示，在咖喱渍上抹上固体皂，污渍颜色会加深。

注意 肥皂会与咖喱、果汁等发生反应，使其颜色变深。所以最好使用中性洗衣液或漂白剂。

蛋白质类污渍：冷水 + 中性洗衣液

蛋白质受热后会凝固，致使污渍难以清除。因此要用冷水洗涤！

比如：血、肉、鸡蛋、牛奶、人体分泌物等。

移除法去污

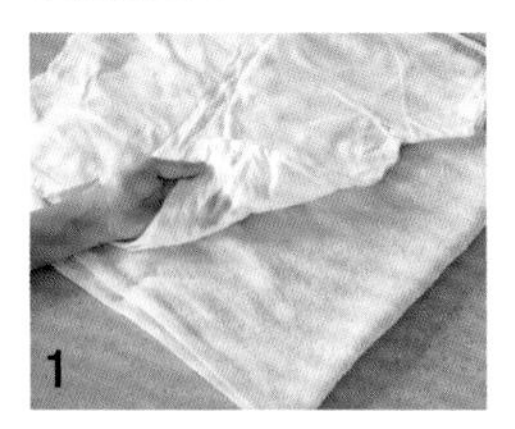

先在桌上铺一条毛巾，然后将衣服上的污渍贴在毛巾上。

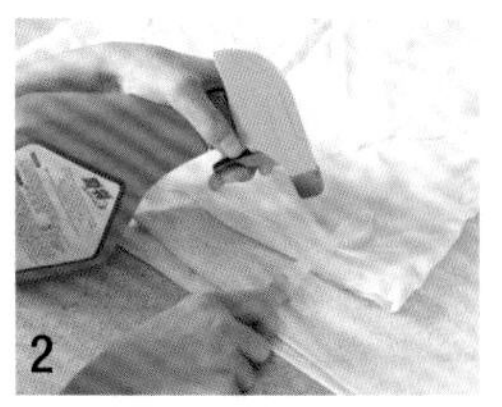

在污渍处倒上洗衣液和水，同时用牙刷拍打。

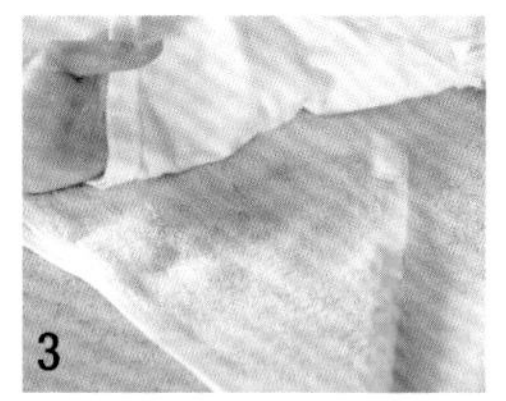

污渍被毛巾吸收了。

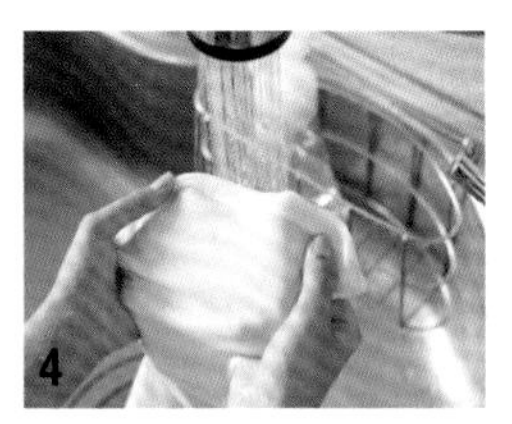

用清水冲洗干净。

不要用手搓洗污渍，这样会使污渍扩散，并且衣服也会被抻大。

不要用刷子刷污渍，这样会使污渍渗到纤维里。

步骤 2　中级去污步骤 → 使用漂白剂

如果第 1 步的操作没能彻底清除污渍，那么就使用漂白剂去污。

将含氧漂白剂涂在污渍上

将去污专用喷剂或含氧漂白剂涂在污渍上。

漂白剂可能会将衣服漂白，使用时要特别注意。

放进洗衣机里洗涤。

注意 含氯的漂白剂会使衣服漂白，因此不要使用！

配制强力漂白剂

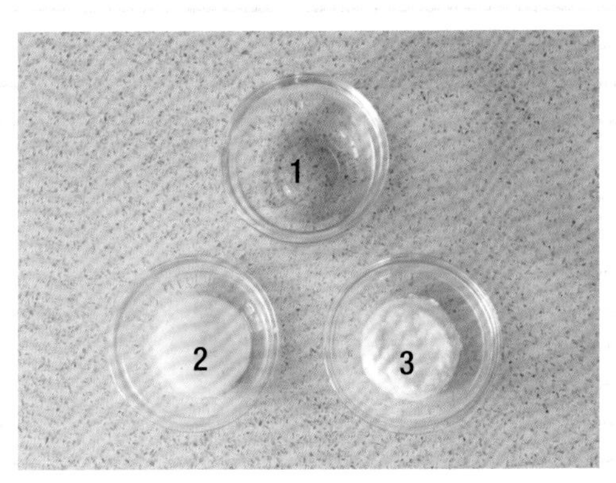

❶ 液体漂白剂
❷ 液体漂白剂 + 小苏打 =1:1
❸ 液体漂白剂 + 粉末漂白剂 =1:1

1 个月前的酱油污渍，如果使用漂白剂洗涤，结果会怎样呢？

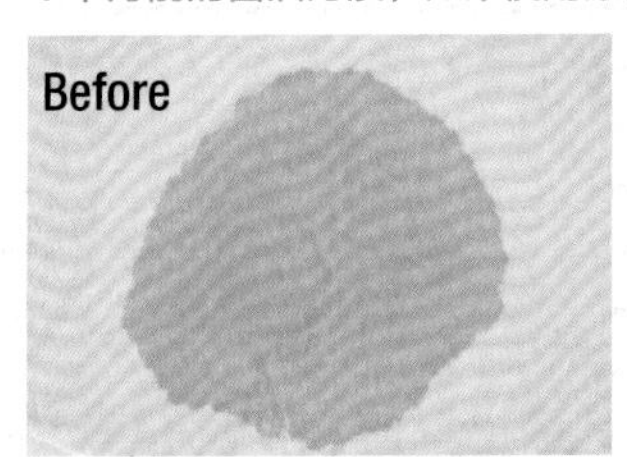

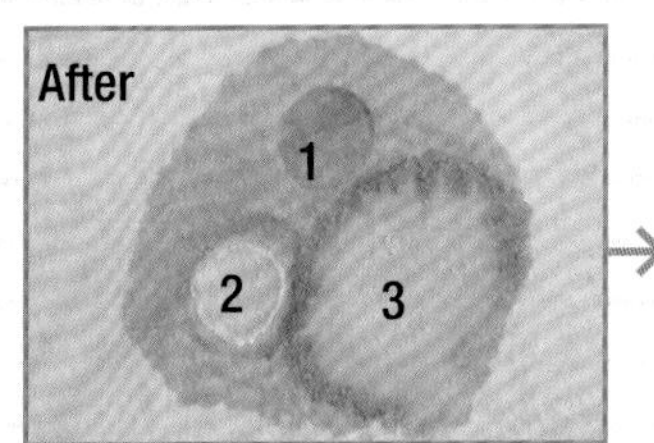

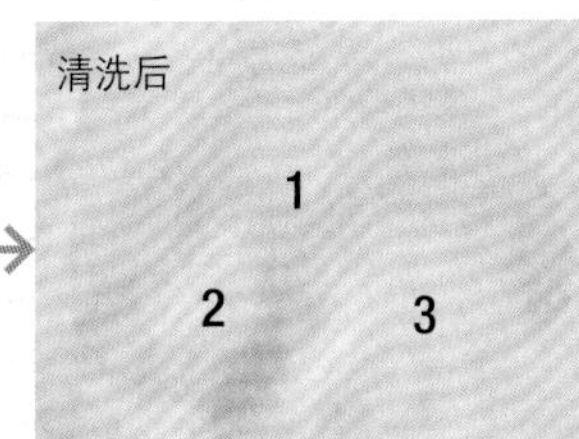

❶液体漂白剂 < ❷液体漂白剂 + 小苏打 < ❸液体漂白剂 + 粉末漂白剂

如果在液体漂白剂中加入弱碱性的小苏打（PH=8.2）或者碱性粉末漂白剂（PH=10.5），漂白剂的碱性就会增强，漂白效果就会提高。

洗衣液和漂白剂的区别

漂白剂的去污原理与洗衣液不同。

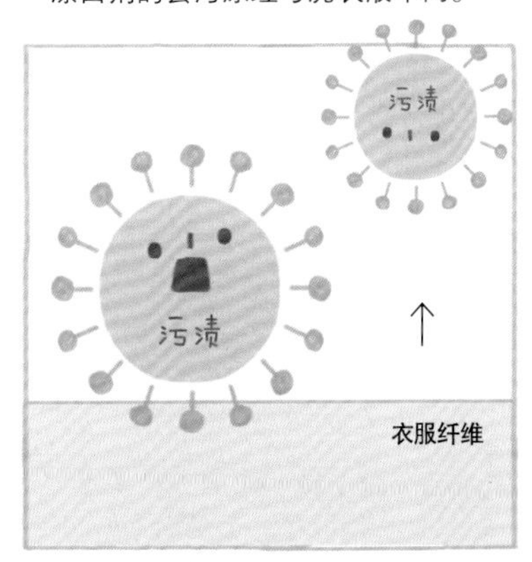

洗衣液　用表面活性剂吸附污渍，使污渍离开衣服纤维。

漂白剂　通过化学反应分解污渍。

小贴士：无论是去除一般的污渍还是顽固污渍，与洗衣液相比，使用漂白剂的效果都会更好。需要注意的是，含氯的漂白剂可能会将衣物整个漂白，因此应该使用含氧漂白剂。

步骤 3 强力去污步骤 → 加热处理

这个步骤能够去除时间较久的或极难清除的顽渍。只要按照步骤操作，即使 3 年前留在衣服上的污渍也能被彻底除去。只是这种方法可能会使衣服漂白，因此需要事先用棉棒在衣服的折边处做检测，确认衣服不掉色后再使用。

在毛巾上面铺开有污渍的衣服。

利用去污棒（制作方法参考下面）从污渍的四周向中心轻轻涂抹漂白剂。

注意 绝不能用去污棒搓污渍！这样会使污渍扩散。

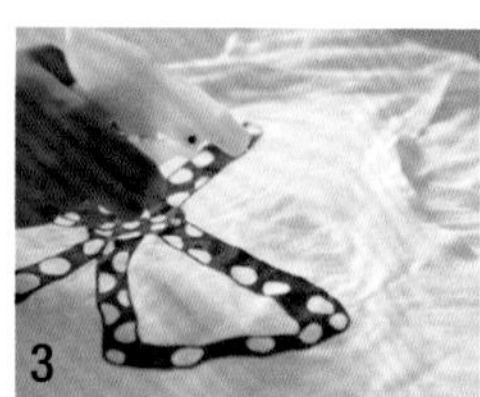

在污渍处喷些水。

用吹风机的热风吹 10 秒钟，吹风机要离衣服 15 厘米左右。如果使用蒸汽电熨斗，要距离衣服 7 厘米左右，并加热 3 秒钟。此时要特别小心，以防衣服变色。

小贴士： 温度为 50 度时最容易清除污渍。吹风机与衣物的距离保持在 15 厘米左右，这时风的温度大概是 50 度。

将第 1、2 步重复操作 3 次，看见污渍颜色变浅后，就可以用水冲洗干净了。

使用“木筷＋化妆棉”，1 分钟做好去污棒

如果使用牙刷洗刷污渍，会使污渍扩散到周边，还会破坏衣服纤维。因此我们可以尝试着自制一个去污棒。将化妆棉拧成一团后轻轻拍打污渍，即使只用少量的洗衣液，也能将污渍清除干净。原理与使用化妆棉擦掉指甲油相同。

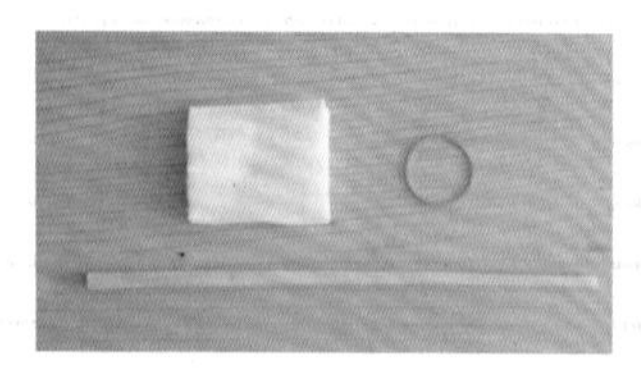

所需物品： 两张化妆棉、木筷、橡皮筋

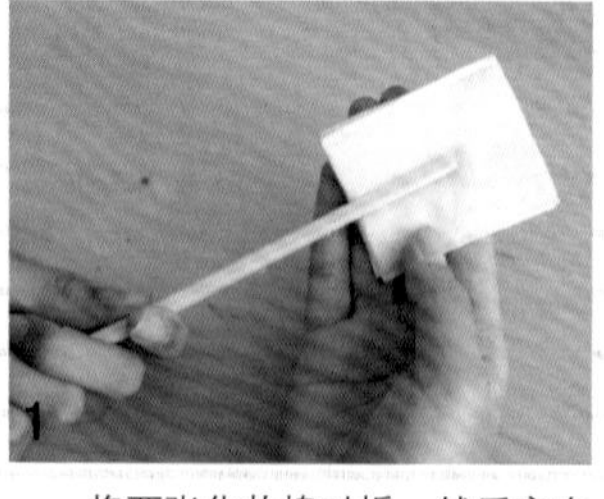

将两张化妆棉对折，然后裹在筷头上。

将化妆棉拧成团后，再用橡皮筋绑紧。

小贴士： 化妆棉比较薄，最好多用几张，这样去污效果会更好。

有效清除多种污渍

圆珠笔污渍

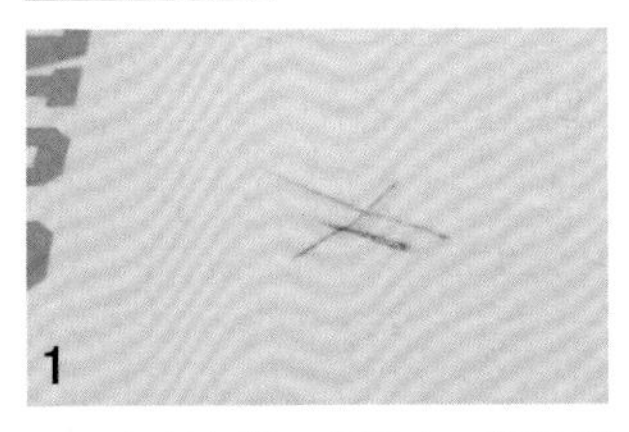

在桌上铺一条毛巾，将污渍贴在毛巾上，再用棉棒蘸一些酒精拍打。

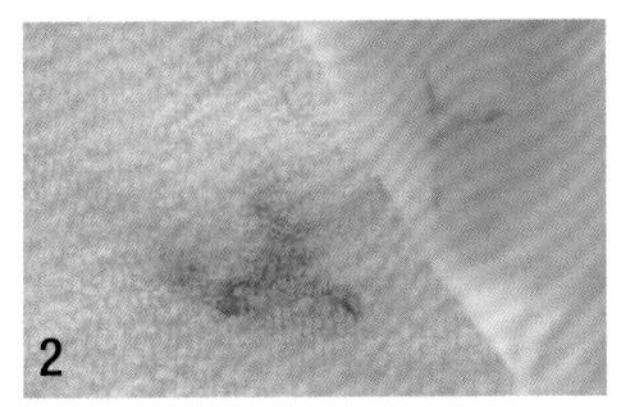

反复拍打几次，白衬衫上的笔渍就转移到毛巾上了。

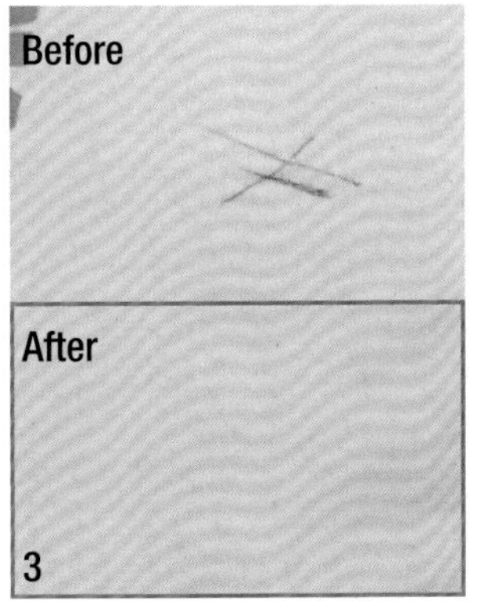

圆珠笔污渍彻底不见了！

沾有化妆品的帽子 调配比例 洗面奶：厨房清洁剂 =1:1

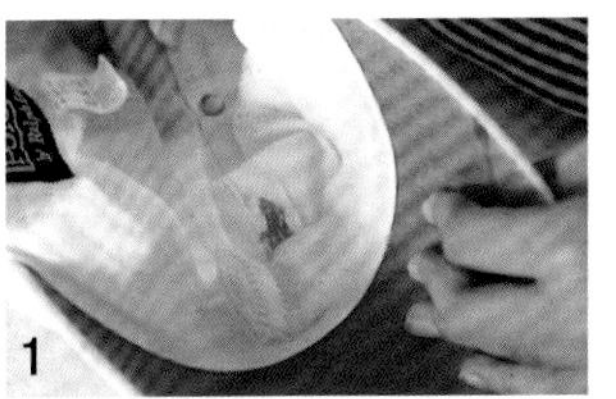

将厨房清洁剂涂在帽子上。

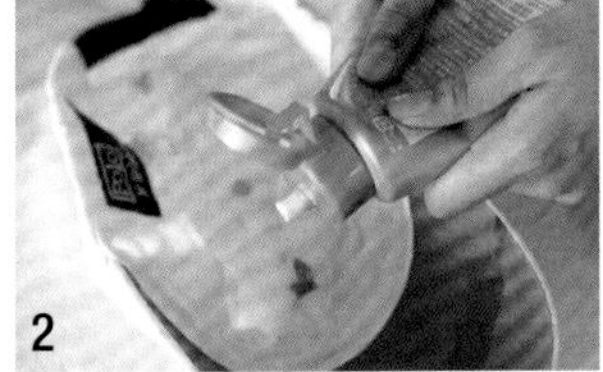

再涂一层洗面奶，然后揉搓污渍。

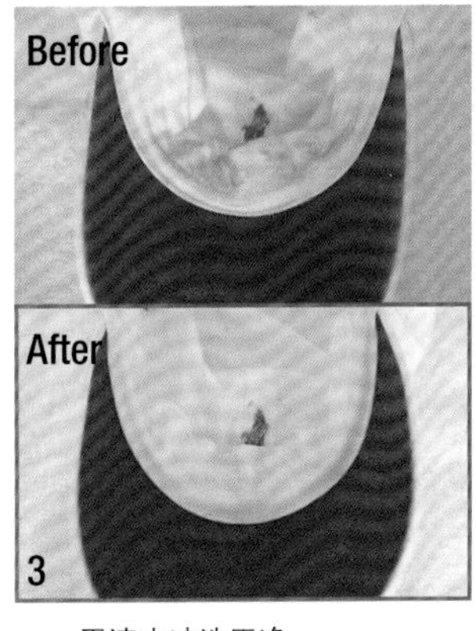

用清水冲洗干净。

围裙上的油渍 调配比例 洗面奶：厨房清洁剂 =1:1

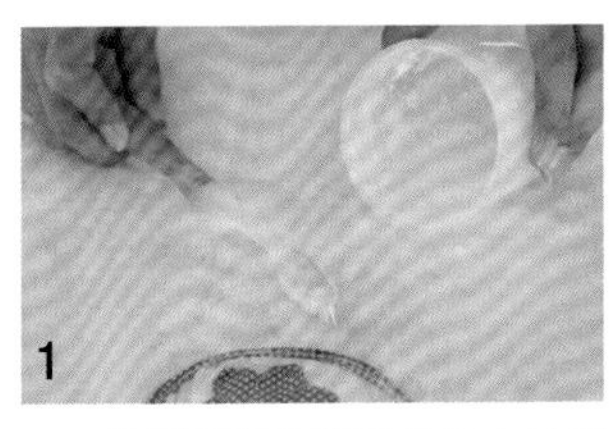

将调配好的清洁剂涂在油渍上，20 分钟后洗干净。

如果是长时间积累的油渍，可以先在塑料袋中加入水和去污粉，然后放入微波炉中加热 3 分钟。

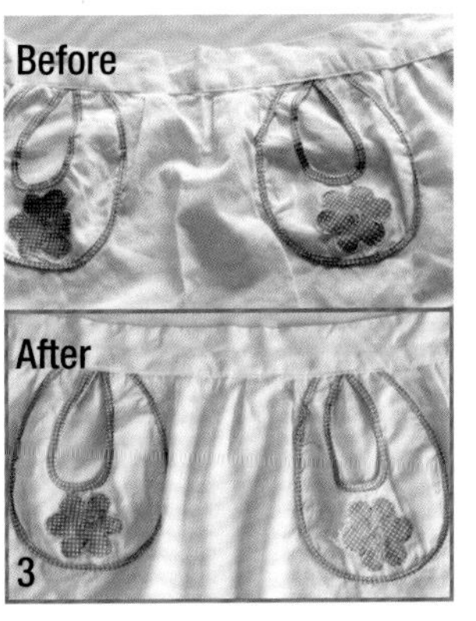

20 分钟后清洗，油渍彻底不见了。

口香糖

将冰袋放在口香糖上，待口香糖凝固后，将其揭掉。

在残留的口香糖上撒一些糖，并用手指搓一搓。

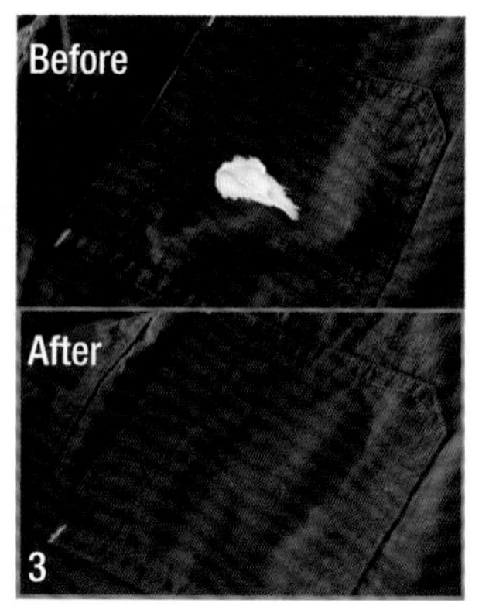

口香糖被彻底清除了，没有一点儿痕迹。

变黄的衣服 调配比例 过氧化氢：中性洗涤剂 =2:1

衣服发黄与苹果氧化的过程十分相似。苹果切开后，很快就会氧化成褐色。同理，残留在衣服上的皮脂、洗衣液、汗渍等污渍受氧气与紫外线的影响，也会逐渐变成黄色。

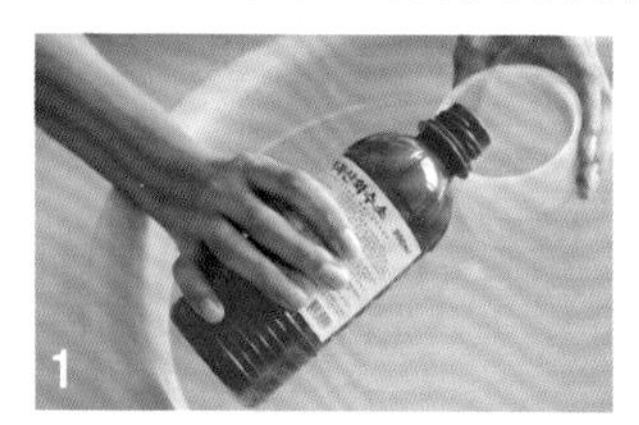

在 5 升（洗脸盆的容量）60 度的热水中加入 60 毫升过氧化氢和 25 毫升中性洗涤剂，搅匀，使其充分溶解。

小贴士：热水器中的热水温度一般为 60 度左右。

将发黄的衣服浸泡 30 分钟后冲洗干净。

原本发黄的棉 T 恤又洁白如新了。

06 家务

晾晒

将衣服彻底晾干且不起褶皱的秘诀

洗衣机工作结束的提示音响起 → 马上取出衣服抖一抖后晾晒 → 省去了熨衣服的麻烦

做家务是一种习惯。听到洗衣机结束工作的提示音，马上将衣服取出来，此时只需简单地把衣服抖一抖，衣服就能立刻变得平整无褶。如果总是偷懒，直到太阳快下山了才去晾衣服，那衣服上就会有许多褶皱，最后不得不使用熨斗熨平。赶快来和我学习快速晾干衣服的小妙招吧。它能帮您在短时间内晾干衣服，而且还不起褶皱！

CHECK! 节省熨烫时间的衣服褶皱处理法

整理衣服褶皱的最好方法就是在晾晒前尽可能地预防褶皱的出现。这样就免去了熨烫的麻烦，节省了做家务的时间。

加入纤维柔软剂

纤维柔软剂能有效预防衣服发皱。

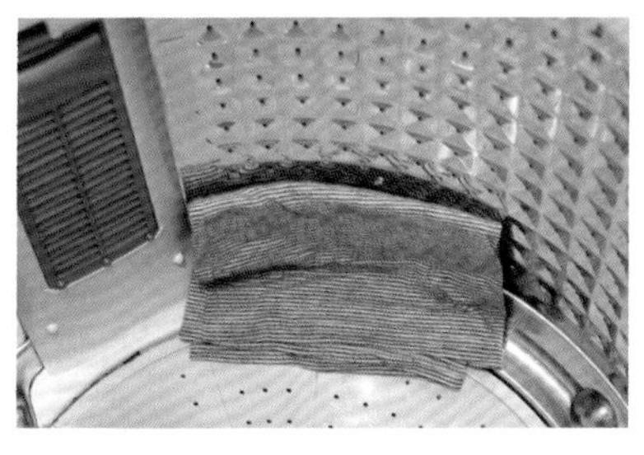

将衣服贴着桶壁放进甩干桶

先将容易发皱的衣服叠平整，然后一件件地贴着桶壁放进甩干桶。这样做能减少衣服在甩干桶内的移动，从而减少褶皱的形成。

减少脱水处理的时间

绝大部分的衣服褶皱都是衣物在甩干桶内进行脱水时产生的。在进行脱水处理的 30 秒至 1 分钟的时间段内，衣服的水分含量会迅速减少，之后就没有太大变化了。通常来讲，脱水处理 3 分钟就足够了。

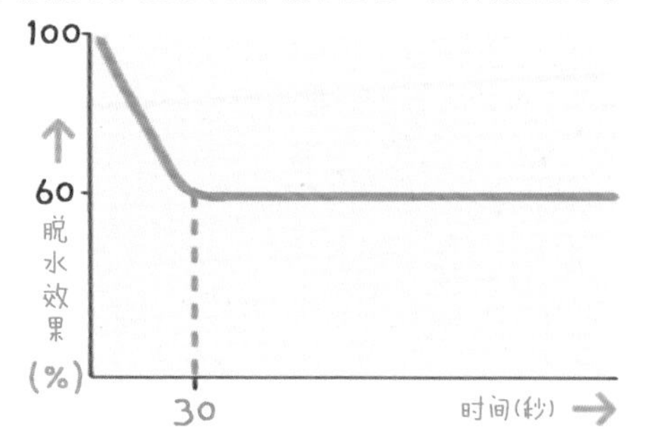

脚踩

在晾晒前，可以先把衬衫、裤子这类容易起褶的衣服叠好，然后在上面铺一条毛巾，用脚踩平整，这样晾干后就不会有褶皱了。

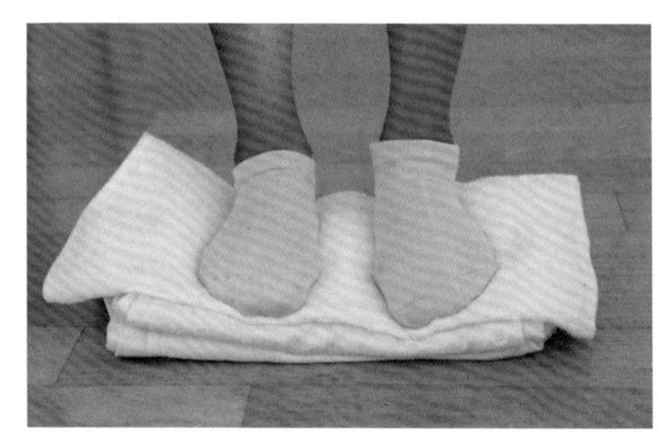

用衣夹将衣服拉直

在衬衫下摆处夹上衣夹。借着衣夹的重量将衬衫拉平整。

横着抖衣服

竖着抖衣服 如果竖着抖衣服，由于两臂间的距离比较小，抖衣服时用不上力，褶皱处就不会变平整。

横着抖衣服 如果横着抖衣服，两臂间的距离就比较宽，抖衣服时可以用上力，褶皱处就会变平整。

IDEA 快速晾干衣物的妙招

想要快速晾干衣物，关键是通风！只要通风顺畅，就能减少晾晒的时间。

牛仔裤

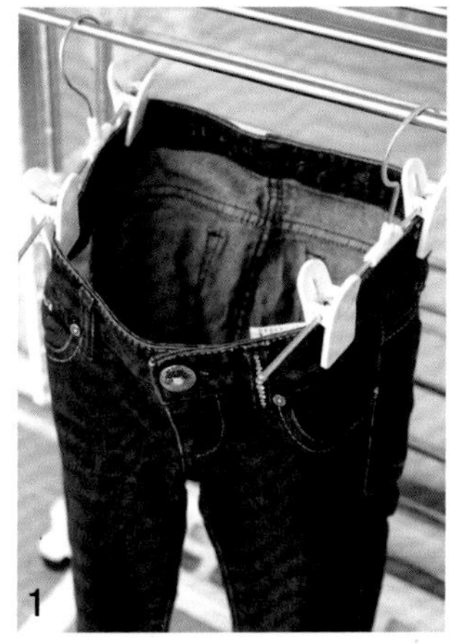

使用两个裤夹晾晒。关键是要根据裤子腰围的大小调节好两个夹子间的距离。

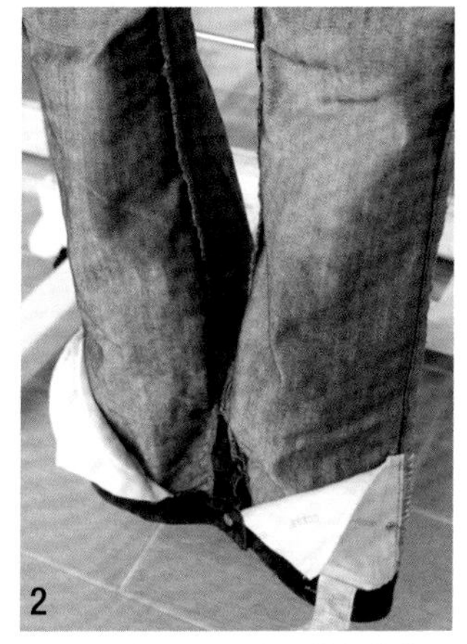

牛仔裤最不易晾干的部位就是裤兜了。将牛仔裤翻过来，然后用夹子夹住裤腿，倒着晾晒。这样做不仅可以快速晾干裤兜，而且还能将原本受裤子重量影响而变长的膝盖部分重新抻直。

裙子 用晾袜架夹住裙腰晾晒，就能将裙子快速晾干，且不起褶皱。

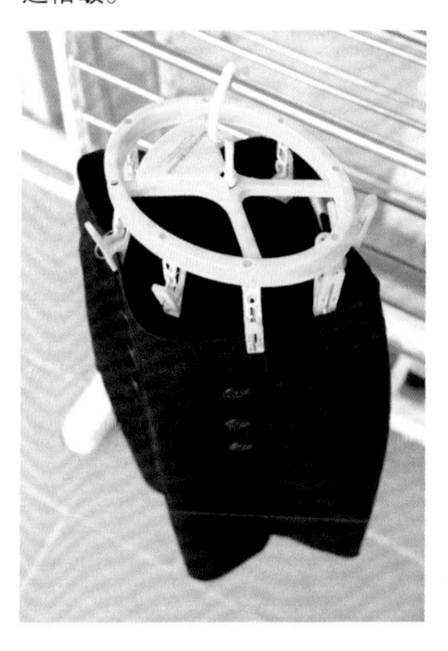

连帽卫衣 用衣服夹子将其倒着夹在晾衣竿上。衣服完全展开，没有重叠部分，这样就可以快速晾干。

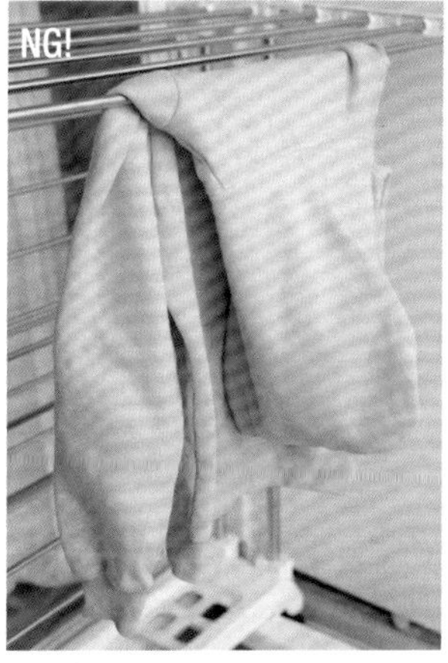

衣服未充分展开，有一部分重叠。

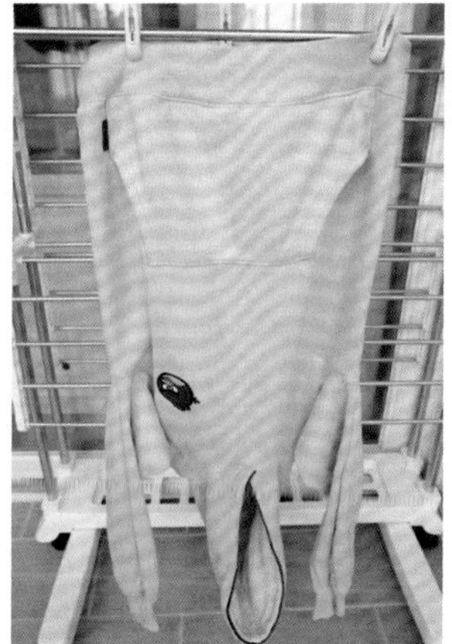

袜子 如果觉得用夹子把袜子一只只夹起来晾晒很麻烦，那就用晾衣网吧！将袜子一股脑地摊在晾衣网上，不仅可以快速晾干，而且收袜子时也很方便。

胸罩 将胸罩挂在晾衣架的侧架上晾干。这样晾晒，胸罩不仅不会掉下来，而且晾干后只要轻轻一拽就能收下来，非常方便。

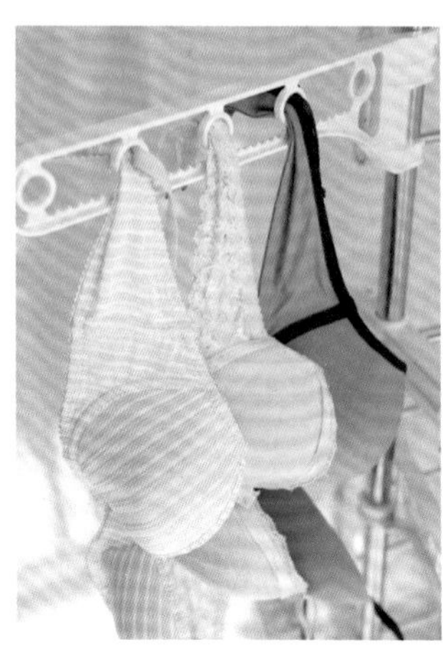

棉枕芯

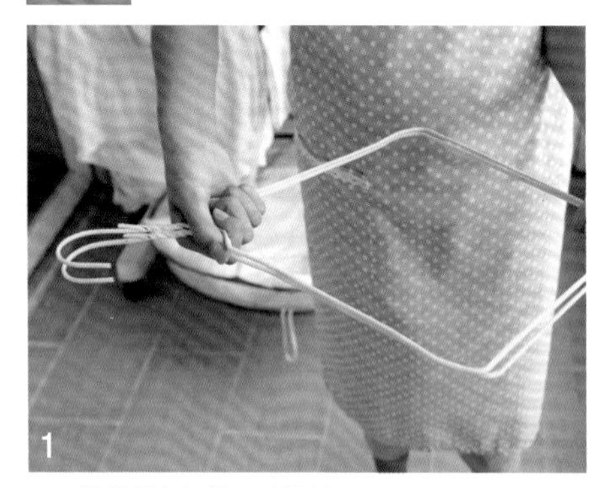

将铁丝衣架的下端拉长。

将棉枕芯插进衣架中晾晒。

被子

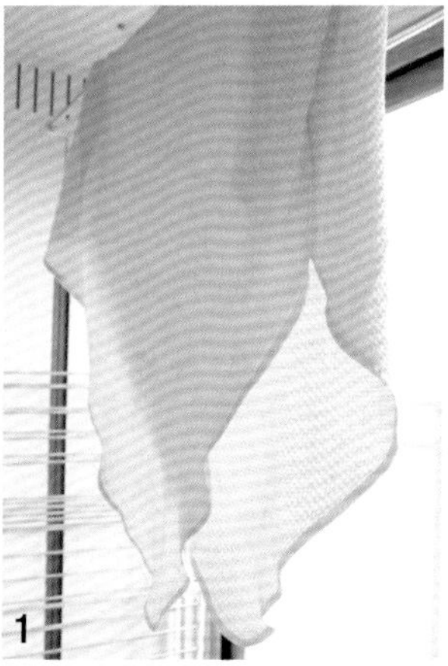

1

被子要斜着晾晒。斜着搭晾，整个被子的水分就会集中到倾斜的部分，这样就能将其快速晾干。

被子最不易晾干的位置就是里侧重叠的部分！把两个折成菱形的铁丝衣架挂在被子的两头，这样被子里侧的空气就流通顺畅了。

浴巾

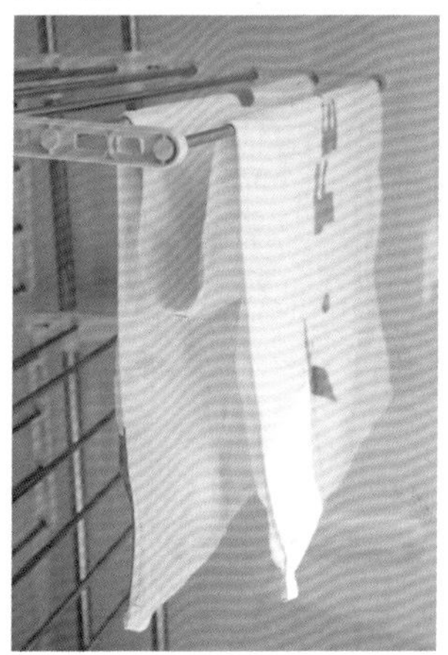

将浴巾搭成M形晾晒。由于通风顺畅，浴巾能快速晾干。

羊毛材质的衣服 羊毛衫等羊毛材质的衣服挂在晾衣架上晾晒，容易拉长、变形。此时可以利用网架，将衣服横着铺开晾晒。

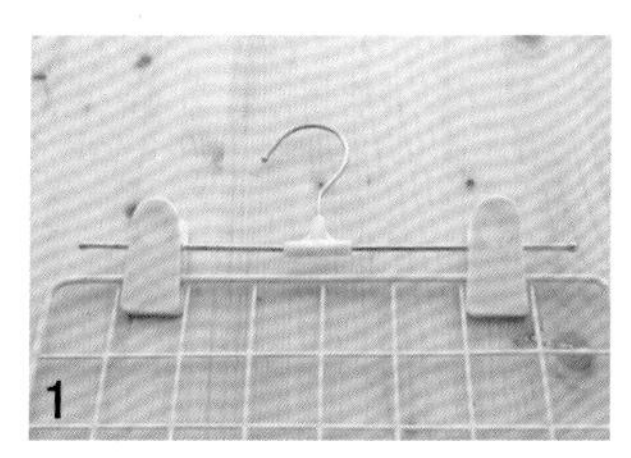

准备一个比较长的网架，然后把裤夹夹在网架的两侧。

将网架挂在晾衣竿下面。

将羊毛开衫、马甲、毛衣等易变形的衣服铺开晾晒。

小贴士： 也可以用比较宽的洗衣网袋代替网架。将衣服铺在洗衣网袋上，再用裤夹夹起来晾晒。

07
家务

熨衣服

熨衣服不再麻烦！完美无瑕的简化熨衣法

熨好衣服的关键在于找准熨烫线！

大多数主妇都认为熨衣服很麻烦。即使熨 1 件衬衫只花 5 分钟，也至少需要 30 分钟才能熨完一星期要穿的衬衫，而且还不一定能熨好。但是送去洗衣店，一想起花的冤枉钱，主妇们又会觉得“这样下去可不行”。我的“简化熨衣法”可以在短时间内把衣服熨得平整、漂亮。还在犹豫什么呢？快来和我学习吧！

CHECK! 提高熨衣效果的熨斗使用说明

熨衣服的基本要素 = 热气 + 水汽 + 压力

熨衣服是通过熨斗的热气、水汽和压力的作用使衣服发生可塑性变形。只有这 3 个要素配合完美，才能熨平衣服上的褶皱。

双手熨烫

如果熨完的衣服起了褶皱或衣线歪了，那一定是因为熨烫时没有将衣服抻直。应该一只手握着熨斗，另一只手轻轻地将衣服抻平，这样就不会把衣服的线条熨歪了。

压烫

熨衣服需要一定的压力，因此熨斗大多比较重。比如熨裤线或袖口等比较厚的部位时，应该轻轻地压住熨斗，使熨斗和衣服紧紧贴在一起。

喷蒸汽

有些衣服不好熨烫，比如薄衬衫、皮草等，这时我们可以利用蒸汽。让熨斗与衣物之间保持一定距离，再往衣服上喷蒸汽。蒸汽可以使衣服变得潮湿、柔软，这样就能将褶皱展平。

先处理需要低温熨烫的衣服 → 再处理需要高温熨烫的衣服

熨斗加热很容易，但凉下来就比较难了。先找出需要低温熨烫的衣服（合成纤维和丝绸），将它们熨好以后，再调到高温，熨烫棉、毛、麻等天然纤维材质的衣服。

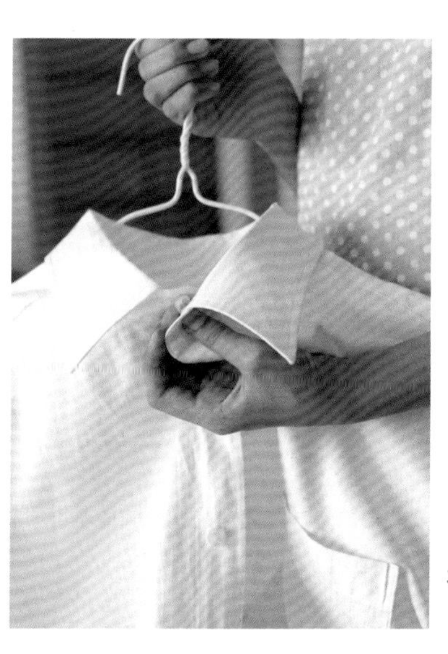

衣服熨好后要马上挂到衣架上

蒸汽变凉后，衣服会变得紧缩，因此熨好后要马上挂到衣架上。

IDEA 各类衣服的熨烫方法

衬衫 由窄处向宽处熨烫

衣领

将衣领展开熨烫。

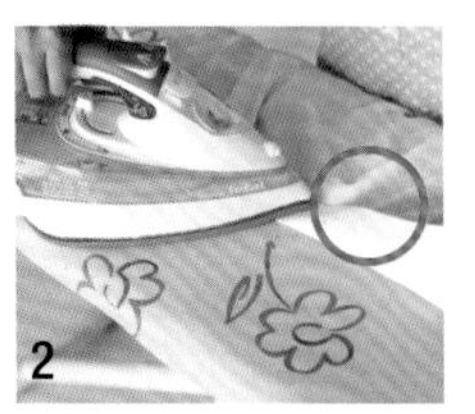

将衣领翻过去，轻轻地压烫一下后脖颈部位。这样可以防止将衣领烫糊，熨烫后的衣领翻折线也更自然平顺。

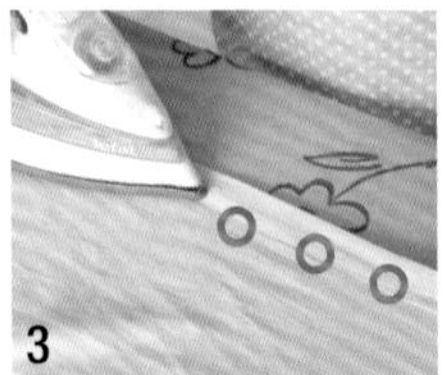

在纽扣的背面铺一条毛巾，然后自上而下熨烫。

不要直接在纽扣上熨烫！因为纽扣会妨碍熨斗工作，降低熨烫速度。

袖子

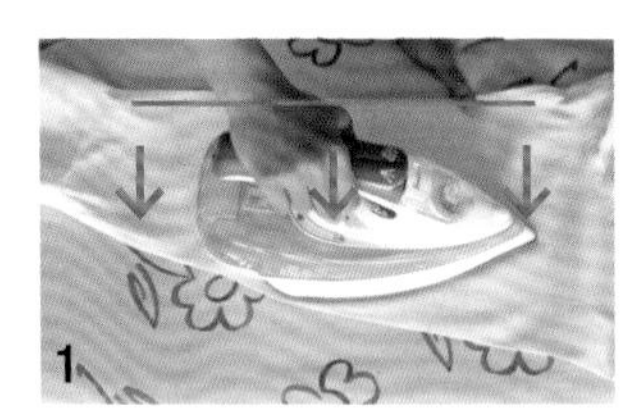

抓住衣身和袖子间的缝合处，先把肩膀部位熨烫平整，再顺着一个方向熨袖子。

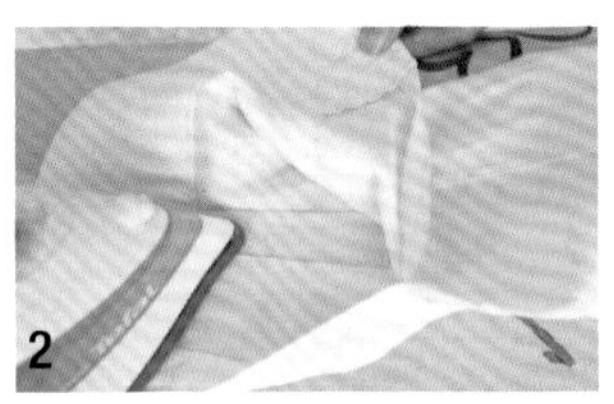

熨袖口时，把熨斗放到袖口里面熨烫，这样可以使袖口处的褶皱设计看起来更自然。

不要朝多个方向熨烫，因为这样会使衣服产生新的褶皱！一定要顺着一个方向熨烫。

前襟和后背

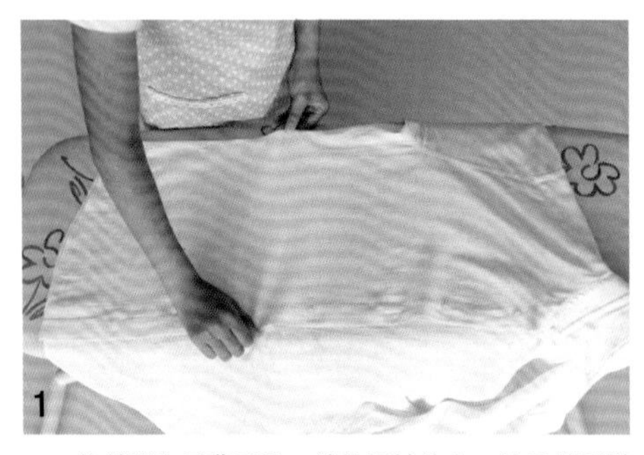

将前襟和后背重叠，并将褶皱抻直，然后铺到熨衣板上。

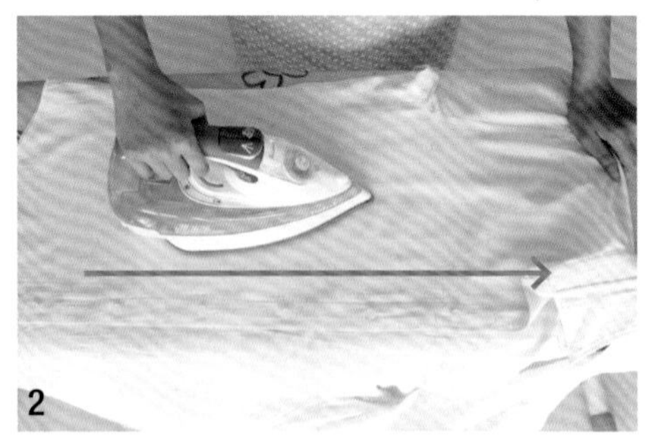

一只手拉紧衣服，避免衣服起褶儿，另一只手握着熨斗从衣服下端向肩膀方向熨烫。这样做可以将衣服的前襟和后背同时熨烫平整。

裙子 将晾衣架挂到熨衣板上

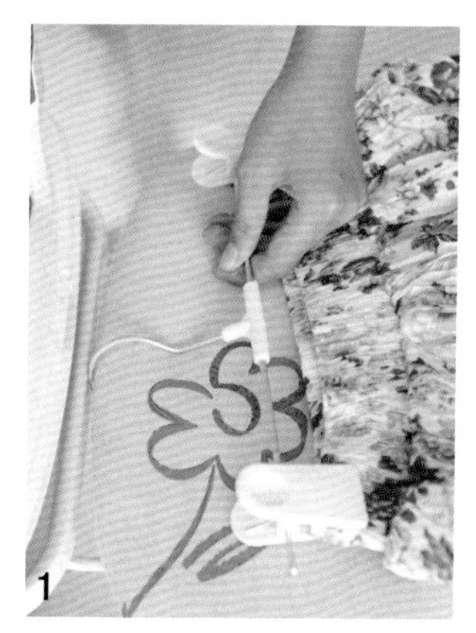

将裙子夹在晾衣架上，然后将晾衣架挂在熨衣板上。

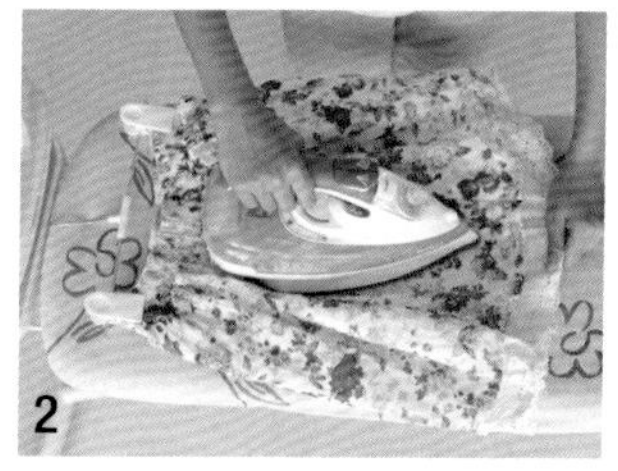

一只手拉紧裙摆，另一只手握着熨斗熨烫。

小贴士：在熨衣板上将裙摆铺开，利用蒸汽就可以将裙子熨烫平整。

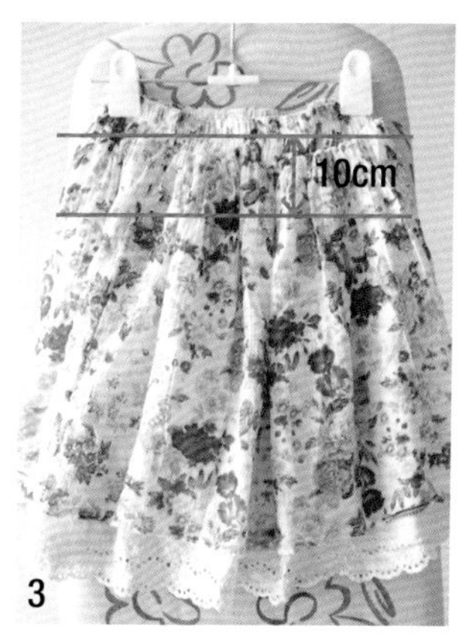

百褶裙紧贴腰身处 10 厘米宽的部位是熨烫的重点！

裤子 用夹子夹住裤脚

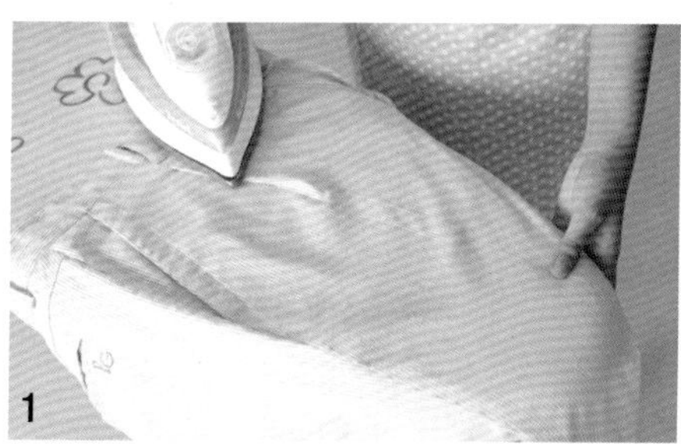

先把裤腰套在熨衣板上熨平整。

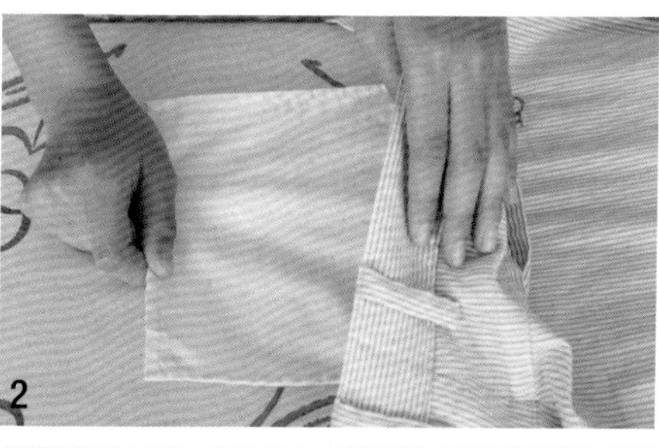

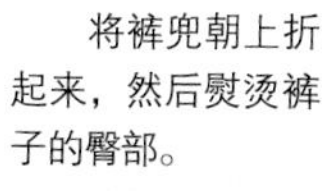

将裤兜朝上折起来，然后熨烫裤子的臀部。

找准裤线。将四条裤线对好后，用夹子把裤脚夹在熨衣板上，这样可以避免将裤线熨歪。

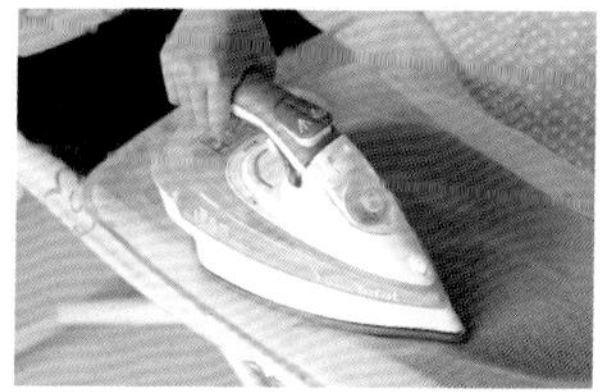

注意 如果直接用熨斗熨烫羊毛裤，裤子会发亮，因此要铺上熨衣隔热垫后再熨。

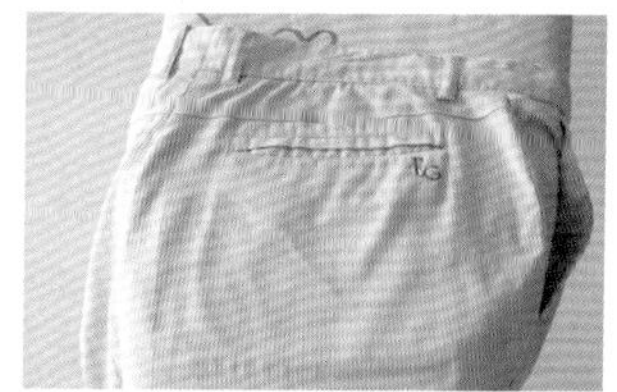

注意 熨裤子的臀部时，如果不把裤兜折上去，就会在裤子上留下兜印儿。

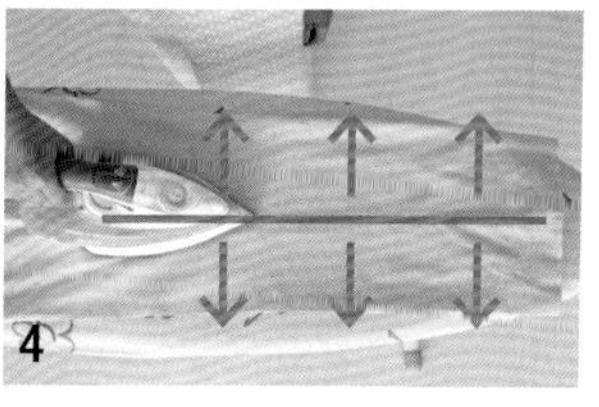

从脚踝向腰部、从裤子中间的缝合线向两侧熨烫。

围巾 不能推烫

NG!

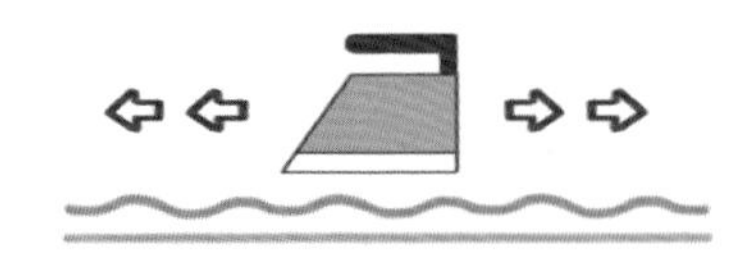

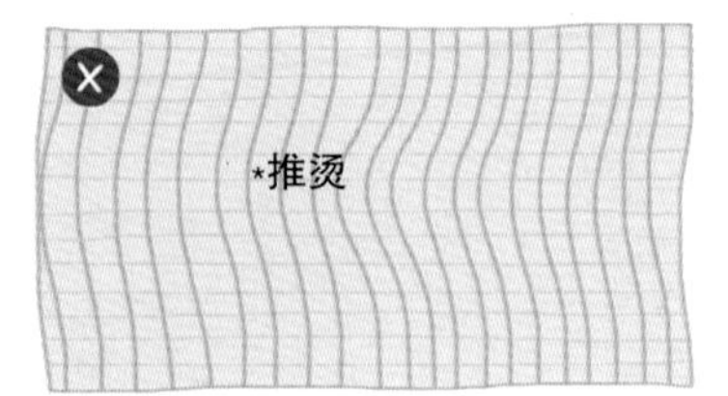

对于围巾之类比较薄的织物，如果采用推烫的方式，织物的组织结构会发生弯曲。只有将其洗涤后，才能恢复原来的结构。

GOOD!

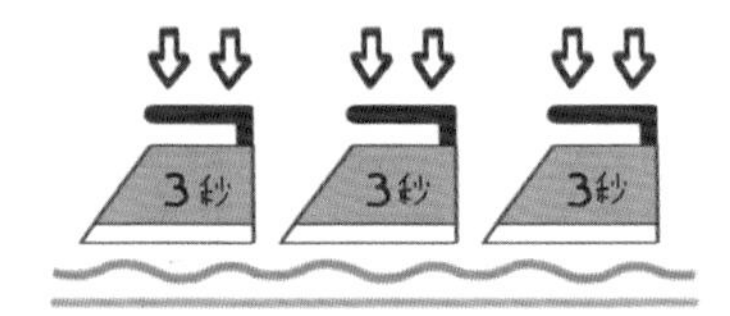

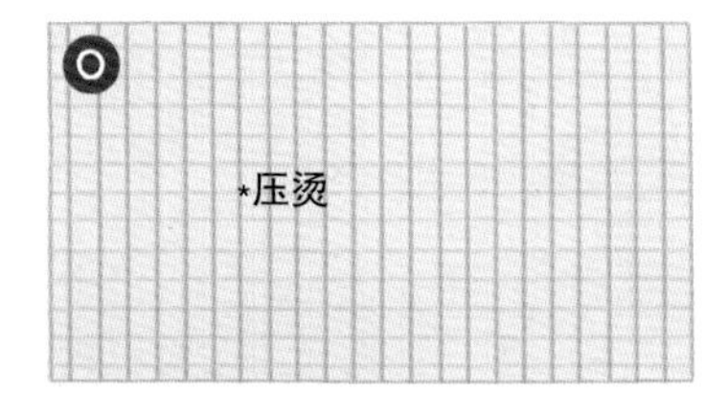

应该采用压烫方式。平均每个位置压烫 3 秒，然后将熨斗拿起来，放到下个位置。这样既不会破坏织物的组织结构，又能熨平褶皱。

小贴士： 围巾在熨烫后容易变亮。因此一定要先在上面盖一层布，然后再熨。

床单类 叠起来熨烫

床罩和床单的面积比较大，熨起来非常麻烦。

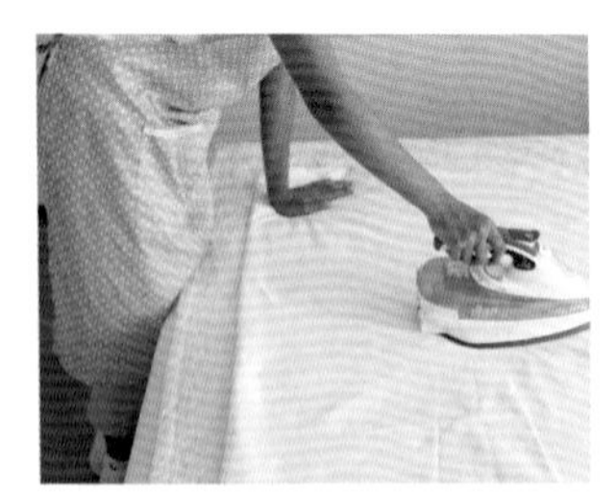

铺在床上熨烫 把床单、床罩等铺在床上，这样熨烫起来就非常方便了。熨的同时还能消灭床上的尘螨，起到杀菌的作用。

叠成四折后熨烫 甩干后，将其叠成四折，然后放到熨衣板上熨烫。刚甩干时，由于衣物中还残留有水分，熨斗产生的热气能够渗入到床单内部，因此熨烫效果比较好。

脚踩 过去为了抻开被套上的褶皱，常常用脚踩。尤其是对于面积较大的被套，这种方法非常有效。甩干后，将其叠起来，然后在上面铺一条浴巾，用脚踩两三分钟，就能将被套上的褶皱全部展开。

IDEA 不用熨斗的 3 倍速熨衣妙招

不用熨斗的熨衣方法

使用吹风机

就像能把弯曲的头发吹直一样，吹风机也能吹开衣服上的褶皱。如果家里没有熨斗，可以试着用吹风机吹平衣服上的褶皱。

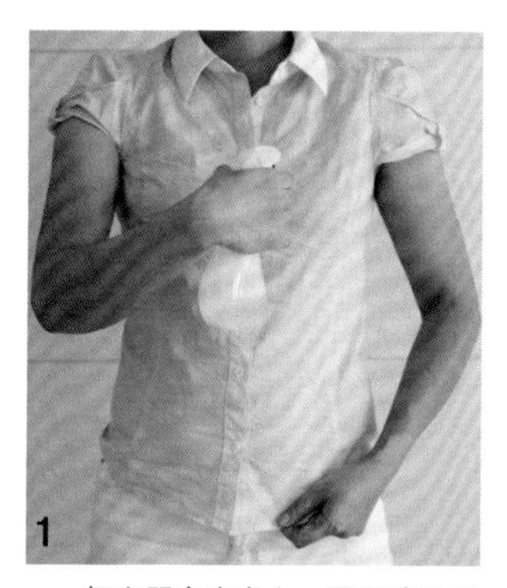

把衣服穿在身上，再用喷雾器向上喷些水。

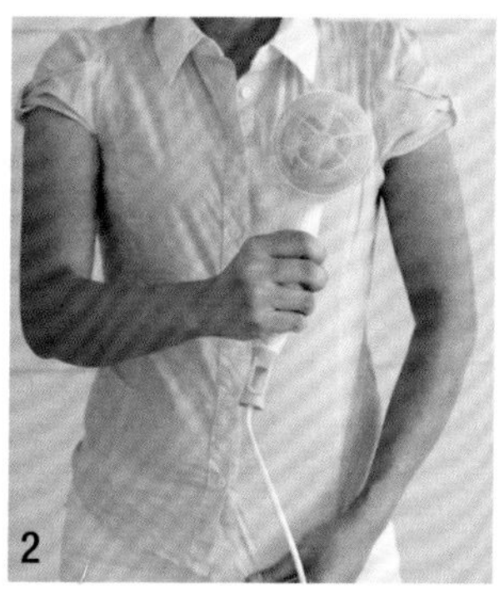

拉紧衣服下摆，拿着吹风机从上向下吹。

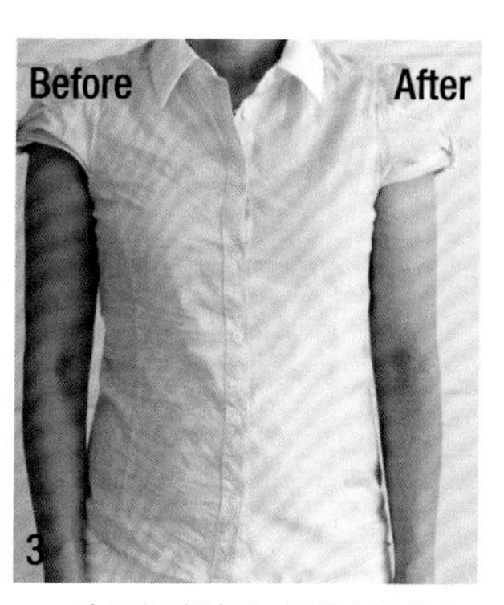

吹风机吹过后，褶皱变平整了。

喷水后压平整

如果觉得使用吹风机太麻烦，那么可以使用旅行包将衣服压平整。

向褶皱处喷一些水。

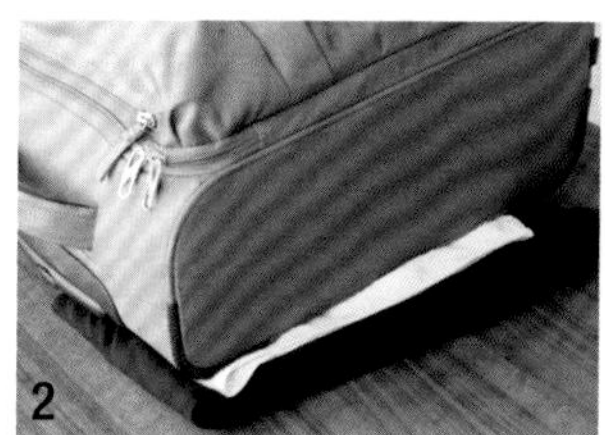

把衣服叠起来，在上面铺一条浴巾，然后把旅行包压在浴巾上面。

衬衫甩干后要马上熨烫

刚甩干的衣服还残留一些的水分，因此这时是熨烫的最佳时机。

蒸汽电熨斗为什么在家里就不好用了呢?

小型蒸汽电熨斗是电视购物里热卖的商品。许多人都以为把衣服挂在衣架上，使用蒸汽电熨斗就能轻松地熨平衣服上的褶皱，可买回来试了一下，发现根本不好用，于是就退货了。其实只要了解了蒸汽电熨斗的使用技巧，用起来就会非常方便！这里我要向大家介绍一些电视里没有教的蒸汽电熨斗的使用技巧。

POINT 1 将衣服固定好

如果挂在衣撑上的衣服像芦苇那样飘来荡去，电熨斗的高压蒸汽就发挥不出任何作用，因此熨好衣服的前提是要把衣服固定好。

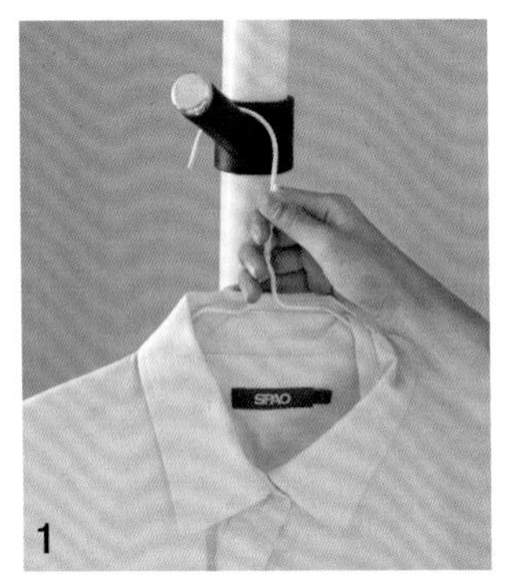

把衣撑挂在门把手、书桌抽屉拉手或衣柜拉手上。

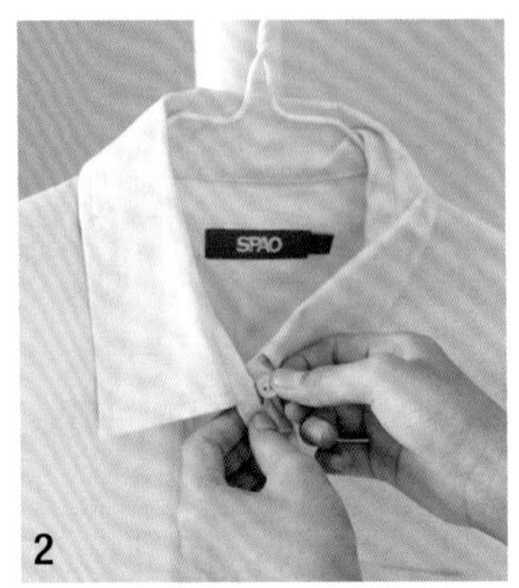

将衬衫最上面和最下面的纽扣扣上，这样衣服就不会荡来荡去了。

POINT 2 拉紧衣服

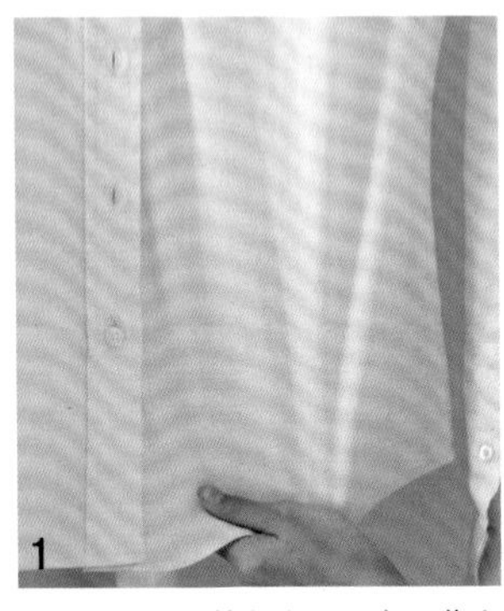

用一只手拉紧衣服。高压蒸汽喷在衣服上与很重的熨斗压在衣服上的效果相同，都可以将褶皱熨平。

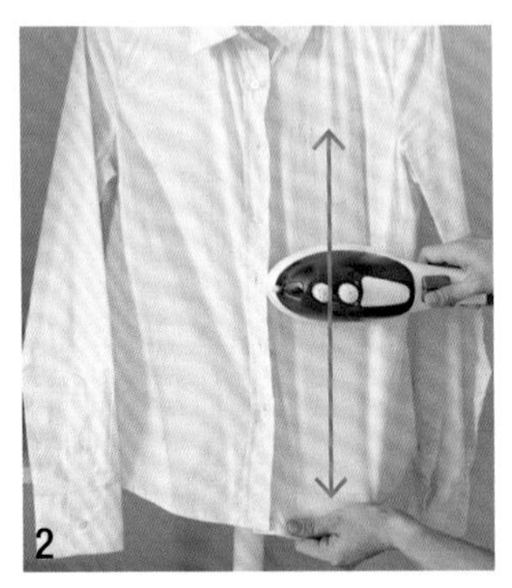

顺着拉伸的方向移动熨斗，反复熨烫。熨到底部时不要移开熨斗，折回去做往返运动。

POINT 3 喷蒸汽要短促，并且要多喷几次！

喷蒸汽时，要短促有力，并且要多喷几次，这样作用在衣服上的压力就会变大，熨烫效果就会更好。

往下熨时多喷些蒸汽，往上熨时将其烘干，这样熨烫效果会更好。

POINT 4 铺平熨烫更方便

蒸汽电熨斗虽然不能熨出自然顺直的线条，但是使用起来非常方便。可以将衣服铺在床上或被子上熨烫。比起将衣服挂起来熨烫，铺平后的熨烫效果更好。

POINT 5 分步熨烫

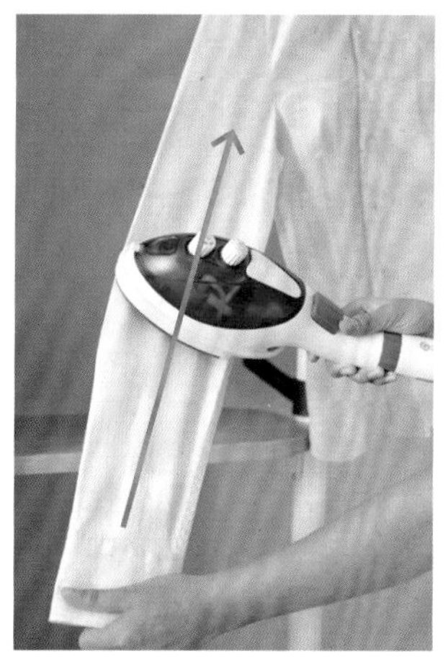

袖子　将袖子抻直后熨烫。

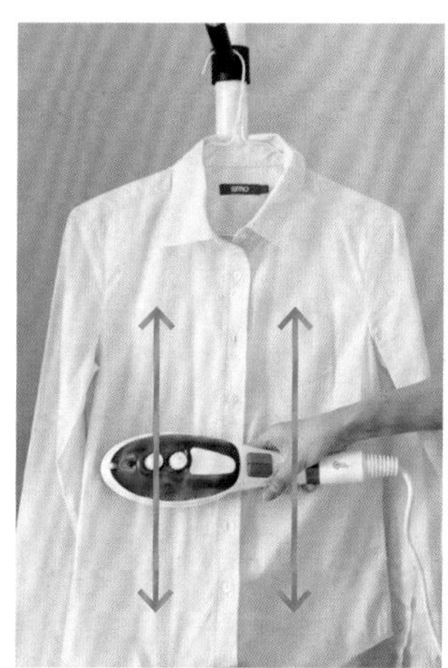

衣身　拉紧衣服下摆，先从上向下往返熨烫，然后再从左向右熨烫。

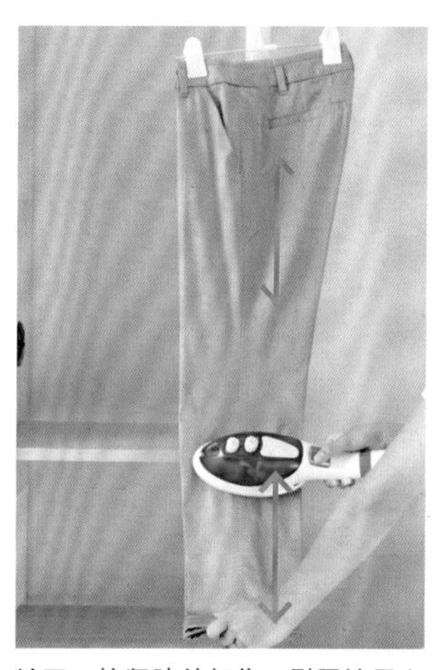

裤子　拉紧膝盖部位，熨平裤子上半部分；然后再拉紧裤脚，熨平裤子下半部分。

叠衣服
收纳达人的衣柜整理妙招

08 收纳

① 叠成正方形 → ② 防止叠好的衣服散开 → ③ 叠成统一大小

大家都会叠衣服，但所有关于收纳的书籍还是会不厌其烦地教大家如何叠衣服。这说明叠衣服虽然简单，却很重要。想要叠好衣服，关键在于掌握方法。快来和我学习收纳达人的叠衣妙招吧，我会教您如何叠好经常穿的 T 恤、有肩带的胸罩等衣物，并且保证叠好的衣服不会散开！还犹豫什么？一起行动吧！

CHECK! 叠衣服的基本原则是什么？

叠成正方形

只有将衣服叠成正方形，才能竖着收纳。

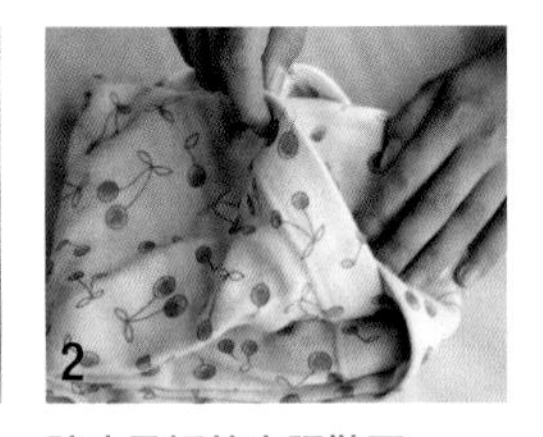

防止叠好的衣服散开

对于孩子的衣服或比较薄的内衣，可以将衣服的一部分插进另一部分，这样叠好的衣服就不会散开了。

叠成统一大小

如果叠好的衣服大小不一，就会浪费许多收纳空间。利用纸板制作一个叠衣板，就能把衣服叠成相同大小了。

收纳达人的叠衣妙招

T 恤衫横向收纳法

将衣服翻过来。

将袖子斜着叠好。

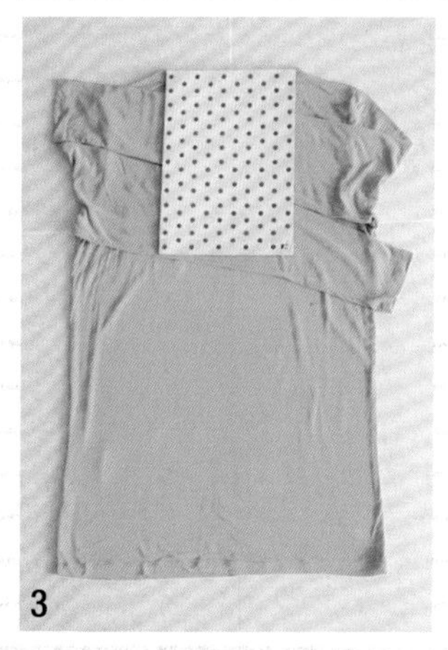

将一个笔记本放在脖领处。

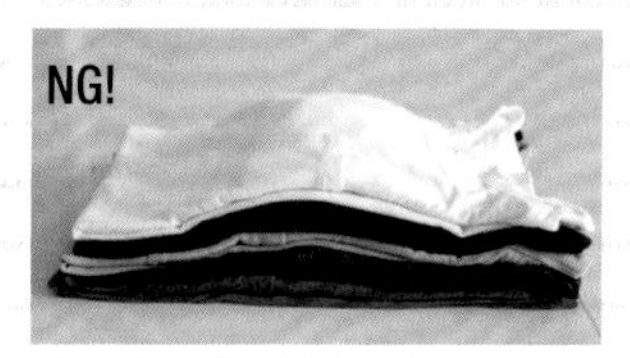

如果把袖子叠在一起，袖子部分就会变厚，衣服摞起来会很不整齐。

如果斜着叠，袖子部分就会很平整，衣服摞起来后也很平坦。

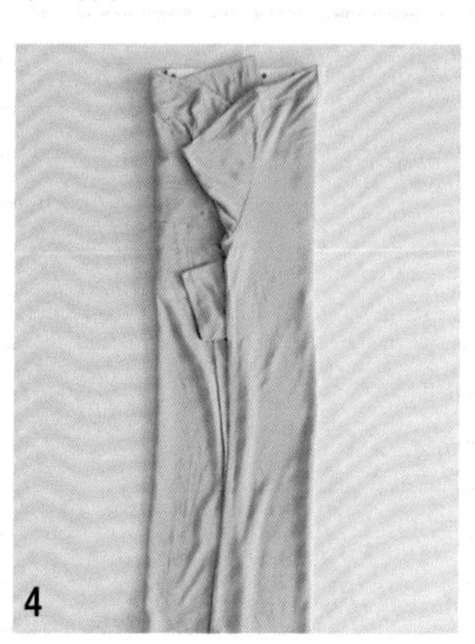

折叠两肋部分。

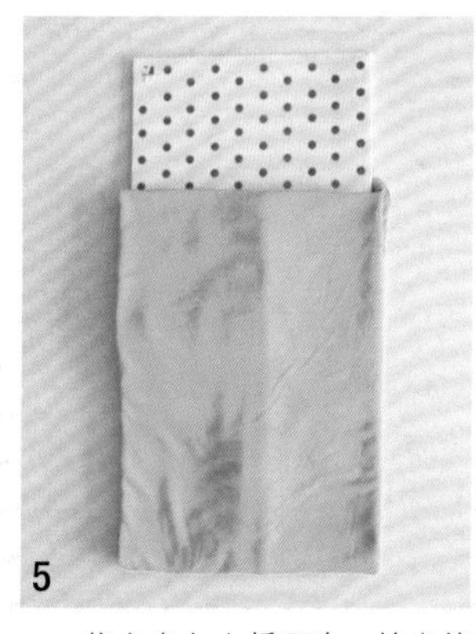

将衣身向上折两次，抽出笔记本。

T 恤衫叠好了。这时可以把叠好的衣服整整齐齐地摞起来了。

注意 将衣服叠成相同大小的方法

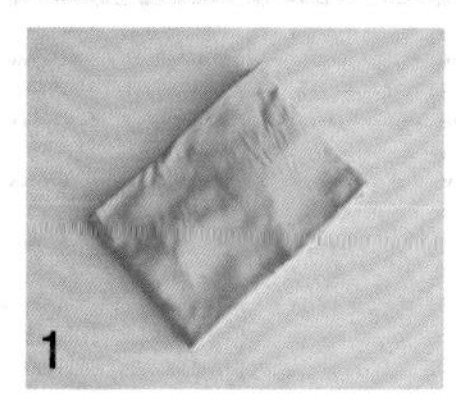

先叠好一件衣服。

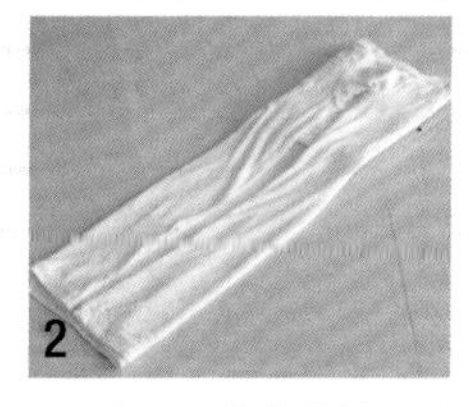

将另一件要叠的衣服翻过来，放在叠好的衣服上面。比着叠好的衣服把两肋部分折叠起来。

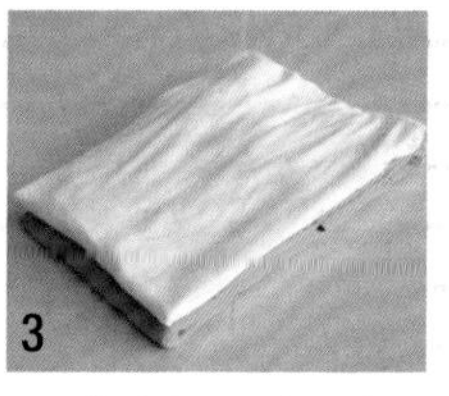

将衣身向上折，衣服就叠好了。

按照同样的方法操作，就能将衣服叠成相同大小了。

T 恤衫纵向收纳法

将衣服竖着对折。

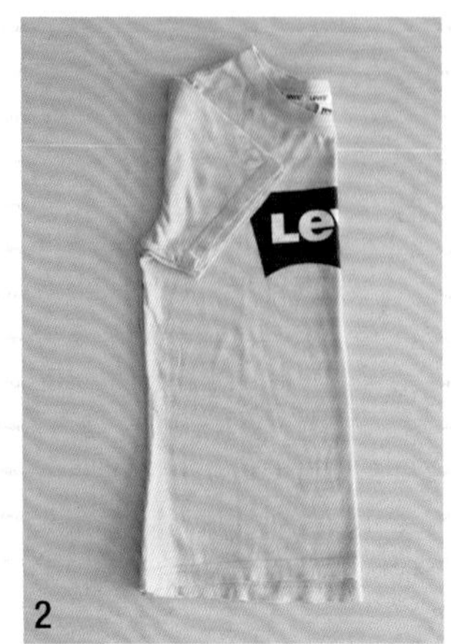

如图所示，把袖子折过来。

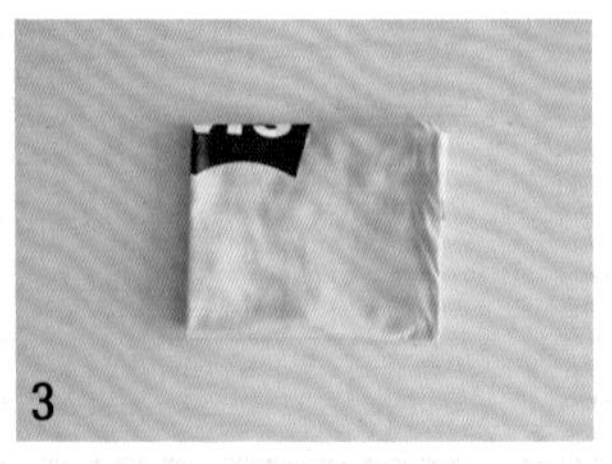

根据收纳空间的高度，将衣服折成大小合适的正方形。

连帽卫衣

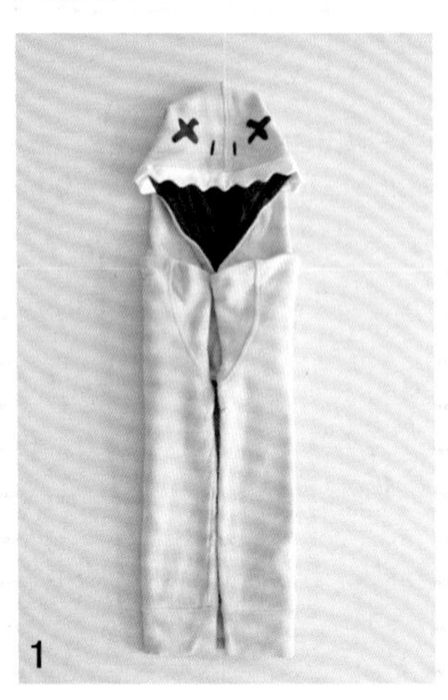

将两条袖子折成一字形，然后把两肋部分折起来。

将衣服三等分后，再将衣服下摆折上来。

把衣身部分塞进帽子里。这种叠法既能减少衣服的体积，又能防止衣服散开。

裤子

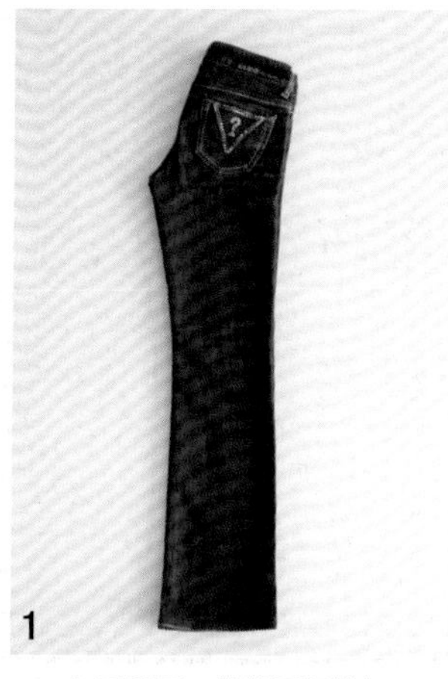

1

如图所示，将裤子摆放好。

小贴士：把拉链、纽扣叠到里面，这样叠好以后，裤子才显得更整齐。

2

如图所示，折叠裤腰和裤腿。

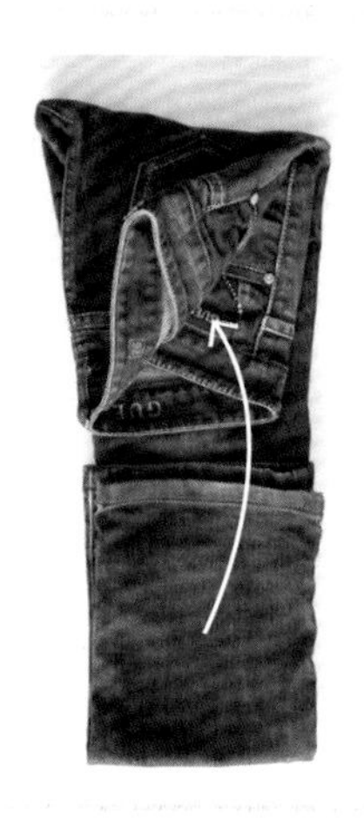

3

打开裤子的前腰，把裤腿插进去。

4

叠好的裤子不会散开。

裙子

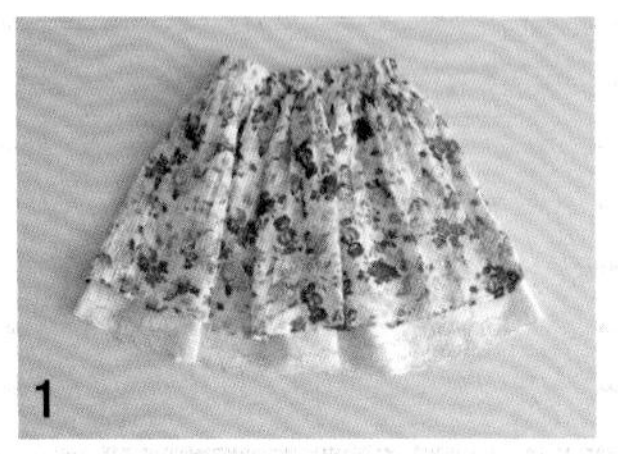

1 将裙子展开。

2 将裙摆部分折成与裙腰同宽。

3 横着对折成正方形，然后竖着收纳起来。

三角裤

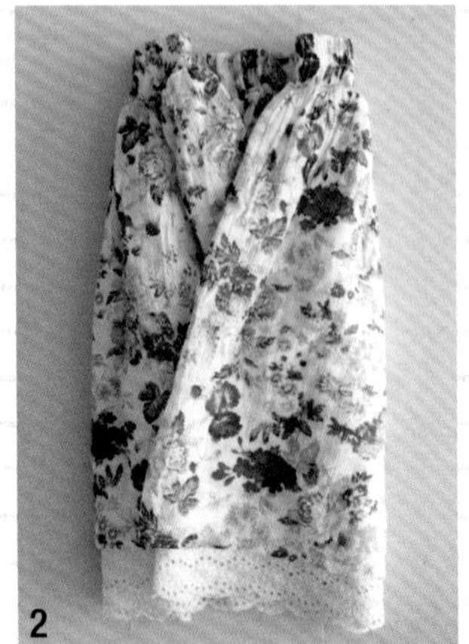

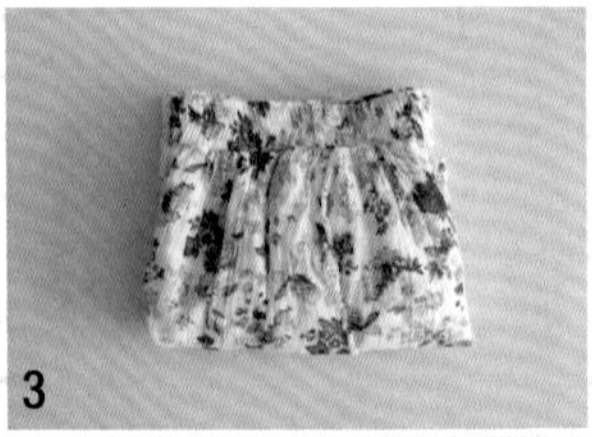

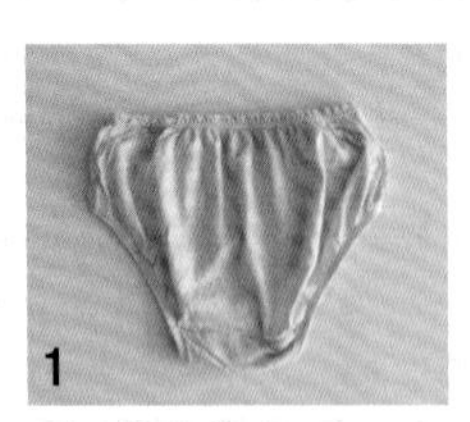

1 把臀部朝上展开。

2 竖着三等分后，将两侧向中间折叠。

3 打开裤腰，将另一端插进去。

4 这样叠好的内裤就不会散开了。

四角裤

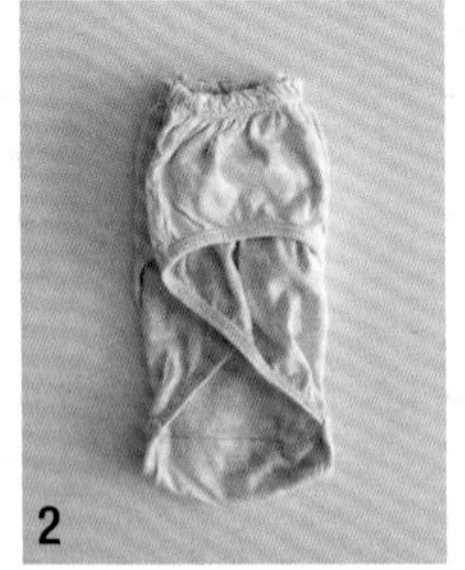

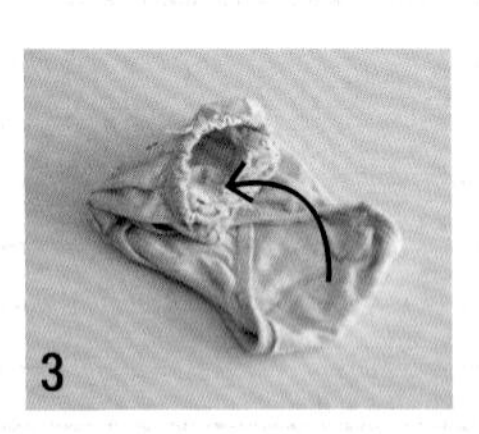

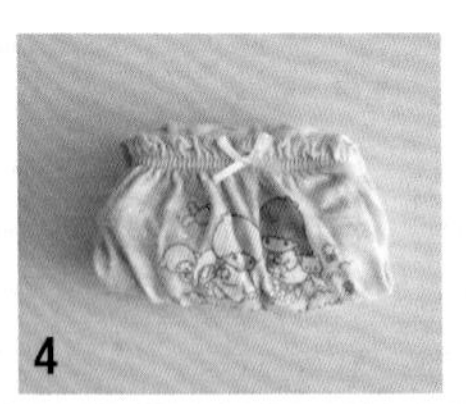

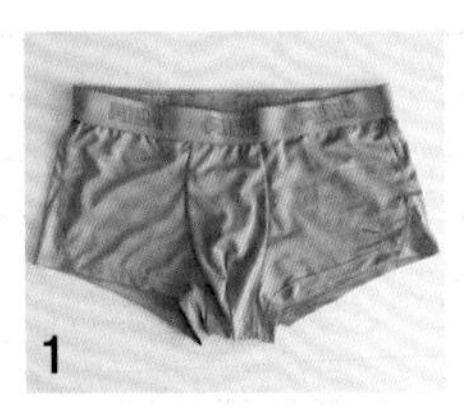

1 正面朝上摆放。

2 竖着三等分后，将两侧向中间折叠。

3 横着三等分后，再打开裤腰，将另一端插进去。

4 这样叠好的内裤就不会散开了。

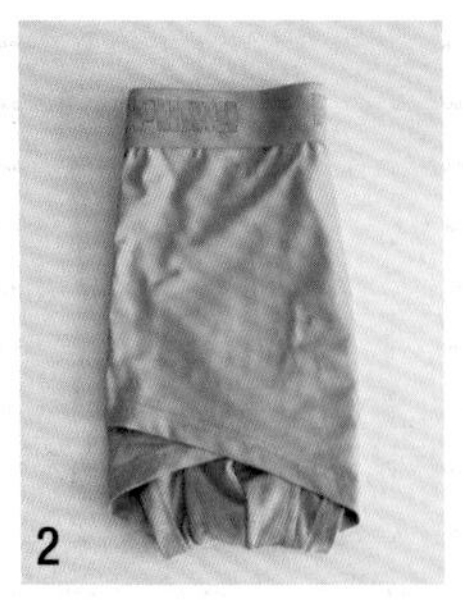

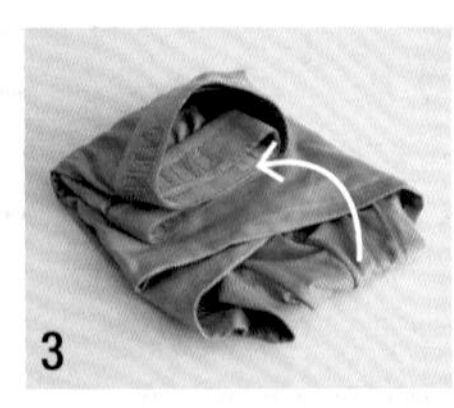

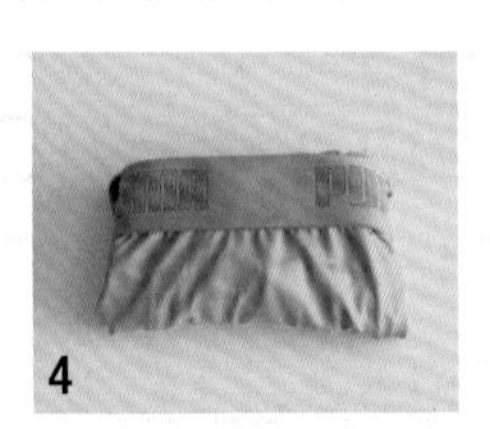

袜子

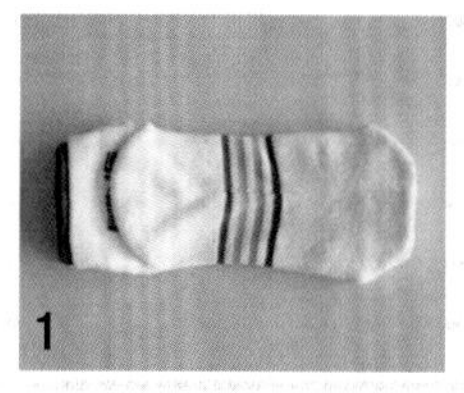

将脚底部分向上压平。

三等分后，把袜筒向上折叠。

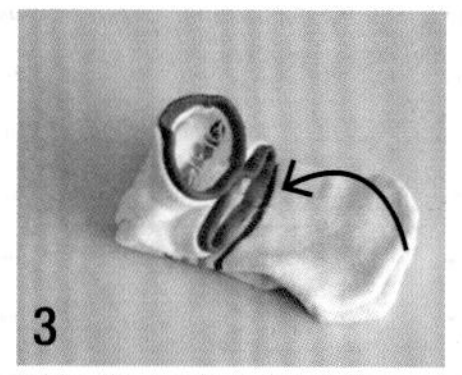

把脚趾部分插进袜筒里。

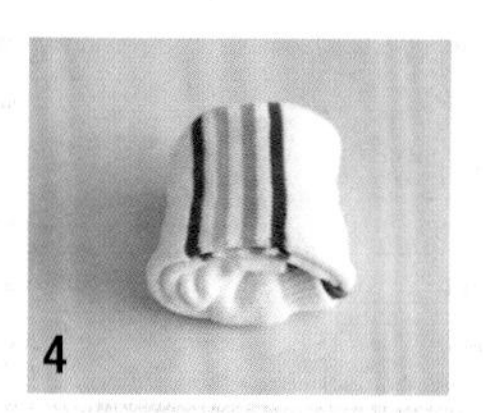

袜子叠好了。

胸罩　罩杯可以转动的胸罩

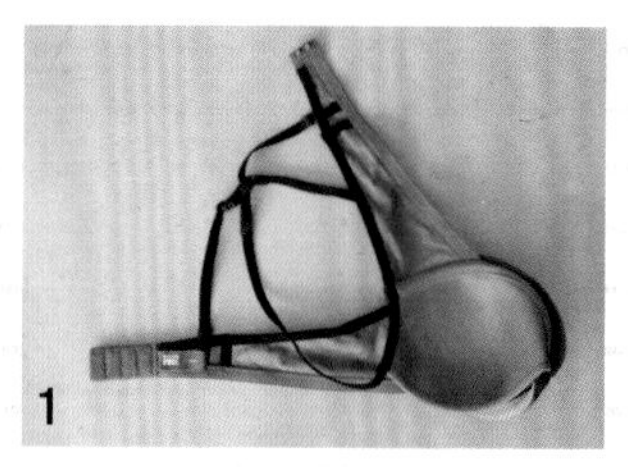

将两个罩杯叠放在一起。

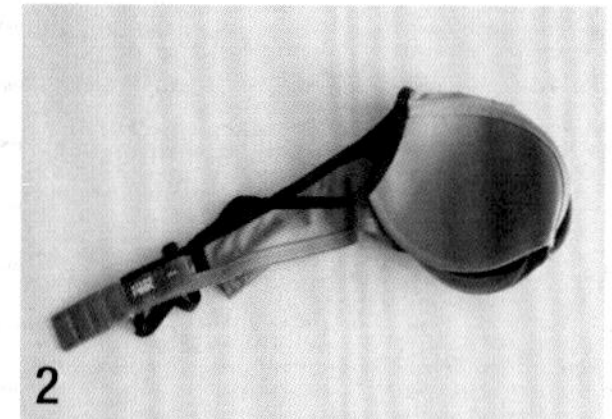

将两条肩带叠放在一起。

把肩带塞到罩杯里，这样胸罩就不会散开了。

胸罩　罩杯不可以转动的胸罩

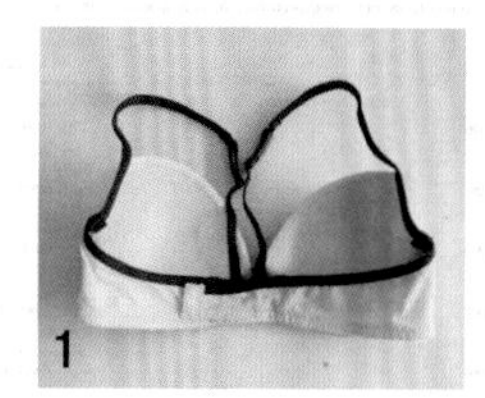

将肩带理顺。

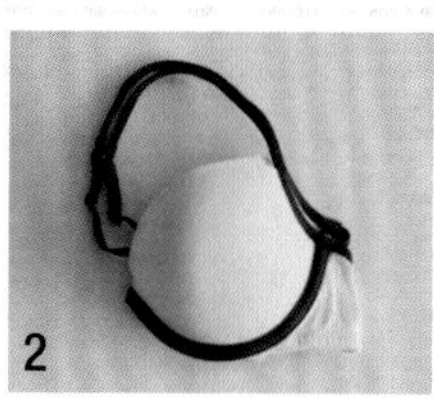

将两个罩杯叠放在一起。

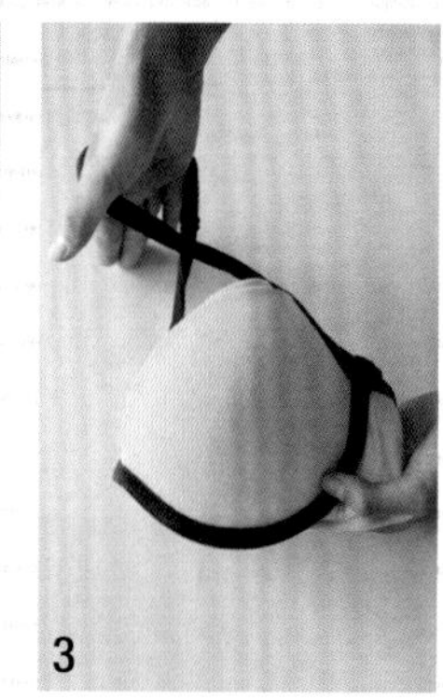

左手抓住罩杯，右手插到肩带里旋转 180 度，

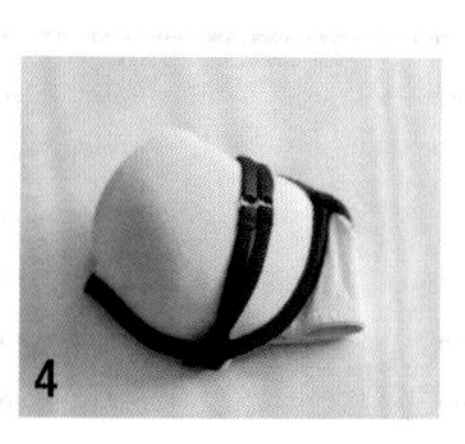

将肩带缠在罩杯上。

儿童内衣套装

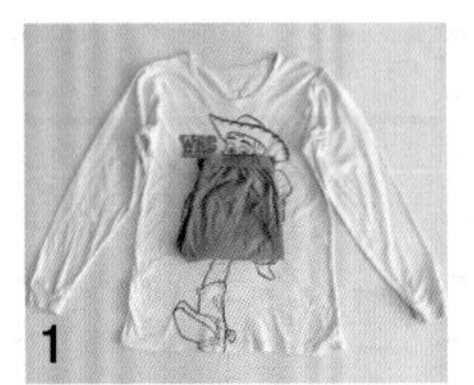

1

先将裤子四等分，然后折叠，再放到上衣的中间位置。

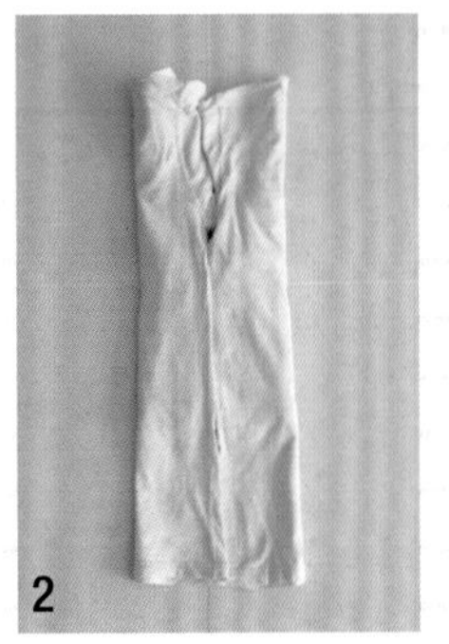

2

整理好袖子后，将两肋部分向中间折叠。

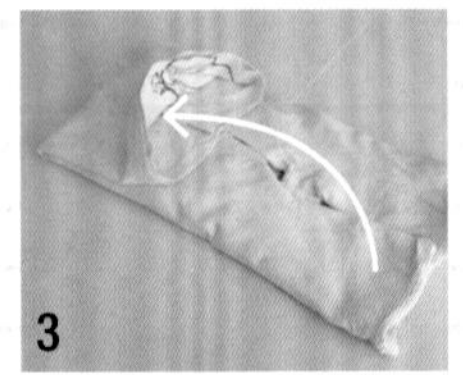

3

如图所示，将衣领部分插进衣腰。

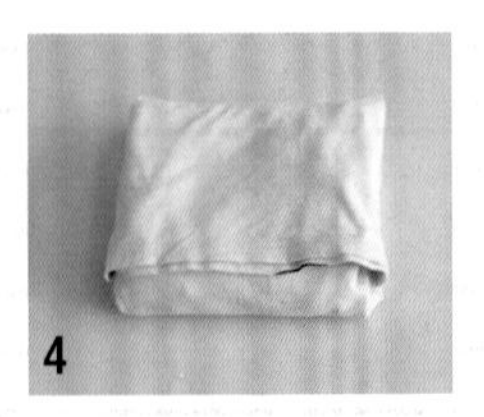

4

这样既可以将衣服整套取出，又能防止孩子把衣服弄散。

BONUS

3 秒钟叠好 T 恤衫！

第1秒

将衣服横着铺开，使领口朝左。用右手抓住❶衣服右侧横切线的中间位置。

第2秒

左手先抓住❷右肩部，再抓住❸衣服右下端，注意抓右下端时不要松开右肩部。

第3秒

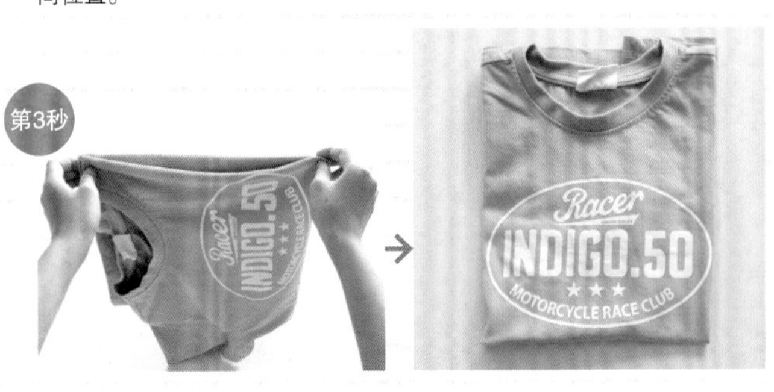

轻轻抖一下，平放在桌子上，再把另一只袖子折到后面就可以了。